住宅地から考える
コンパクトなまちづくり

谷口守・松中亮治・中道久美子 著

A Pictorial Encyclopedia of Residential Zones in Japan

— For Sustainable Urban Planning —

技報堂出版

目　次

はじめに ―――― 1

第1部　「まちかど図鑑」・本編 ―――― 3

本書のなりたちと使用方法 ………… 5
　(1) 本書のなりたち ………… 5
　(2) この図鑑の特長と意義 ………… 5
　(3) 留意事項など ………… 7
「まちかど図鑑」の記載内容 ………… 9
　(1) 基本構成について ………… 9
　(2) 住宅地タイプごとの記載内容 ………… 10
住宅地タイプ判別フローチャート ………… 15
　(1) 大都市圏中心都市（CM） ………… 18
　(2) 大都市圏衛星都市（SM） ………… 20
　(3) 地方中心都市（CL） ………… 22
　(4) 地方都市（LL） ………… 24
1　大都市圏中心都市（CM） ………… 26
2　大都市圏衛星都市（SM） ………… 50
3　地方中心都市（CL） ………… 88
4　地方都市（LL） ………… 130

第2部　「まちかど図鑑」・資料編 ―――― 169

1　「まちかど図鑑」が示すこと ………… 170
2　「まちかど図鑑」記載事項に関する参考情報 ………… 173
　(1) 住宅地タイプの設定方法 ………… 173
　(2) 自動車燃料消費量の推計方法 ………… 175
　(3) 行動群の設定 ………… 178
　(4) 定量的評価指標に関連して ………… 180
　(5) 本書の分析内容に直接関連する論文・書籍リスト ………… 182
　(6) 現地画像提供者 ………… 182
　(7) 住宅地タイプ別該当住区一覧 ………… 183

＊第1部に掲載した地図の作成に当たっては，国土地理院長の承認を得て，数値地図25000（地図画像），数値地図25000（地名・公共施設）及び数値地図50mメッシュ（標高）を使用したものである。（承認番号　平成18総使，第600号）

はじめに

われわれの住まう「まち」は多様です。わが国には多くの都市があり，その都市は個性の異なる住宅地などの，より小さなまちから構成されています。その小さなまちはそれぞれに個性があり，様々な条件がその個性の演出に関わっています。あなたの家があるまちかどと，最寄りの駅前のまちかどとは同じ市内であっても何気ない風景さえ異なります。一戸建てが並んだニュータウン，密集した団地，商店の混じった住宅地など，日本にはたくさんのまちがあり，それぞれに成り立ちの異なるまちかどの風景を目にすることができます。本書はそのような日本のありふれたまちかどを網羅し，それぞれの性質を実際のデータとともに客観的に整理することを意図した，まちづくりを考えるための図鑑です。

なお，最近は数多くの優れたまちづくりの本が出版されており，その中には多くの興味深い事例が紹介されています。しかし，それらはいずれも景観のよい地区であったり，何か事業を行って成功している都市などであったり，特定の意図を持って選別された「よい」まちのみが紹介されていることがほとんどです。これは昆虫図鑑に例えれば，美しくて見栄えのよいカブトムシとアゲハチョウしか表示していない図鑑しか出版されていないということに等しいといえます。昆虫の多様性を支えているのは，ハチやバッタ，蛾などのおびただしい種類の目立たない昆虫群です。まちづくりや都市計画において，我々はカブトムシやアゲハチョウの議論だけですべてを語ったつもりになっているのではないでしょうか。この疑問こそがこの図鑑の作成動機です。

今，日本のまちづくりは非常に難しい課題に直面しています。人口減少に伴い，これ以上郊外に拡大した都市をつくり続けるわけにはいきません。国の審議会でも都市構造をコンパクト化，集約化することの意義が認められるようになったのは喜ばしいことです。しかし，一方で現実に目を向けると，ビジネスとして成立しやすい特定の都心のみの都市再生ばかりがまちづくりとして耳目を集めています。本当は，今こそ我々の身近にあるありふれたまちかど一つ一つに着目し，その再生を考えなければならない時なのです。そのためには身近な都市再生が実現できるような経済的，行政的仕組みをつくりあげるとともに，我々一人一人が個々のありふれたまちの性質を知っていなければ有効な対策を打つことはできません。このまちかど図鑑が，そのような目立たない都市再生に少しでも有効活用されるのであれば，それは望外の幸です。

なお，このような網羅的で，かつ十分な統計情報と現地調査に基づいた，国内外にも例のないまちかど図鑑を作成するには多くの労苦を伴いました。特に営利事業ではなく，一研究室の研究プロジェクトとして遂行したことに意義を感じています。内容としては現在までに学会などで発表してきた研究論文の内容を，一般の方にもわかるように平易に書き直したものといえます。長年にわたる統計情報の収集や現地調査においては，池田大一郎氏(現在広島市勤務)をはじめとする岡山大学環境理工学部社会システム計画学研究室のメンバーに多くの協力を得ました。また，東京大学大学院の原田昇教授には全国都市パーソントリップ調査技術検討ワーキング(事務局:国土交通省国土技術政策総合研究所)座長，及び日本交通政策研究会総合都市交通計画プロジェクト主査の立場から，貴重な議論の機会とデータ活用に関する有益な助言をいただきました。研究助成として，日本学術振興会科学研究費助成(基盤B)「減少社会におけるコンパクトシティ・マネジメント手法の確立」2004～06年度，及び財団法人第一住宅建設協会「ありふれた『まちかど』図鑑」の編纂とその住環境改善ガイドラインとしての実用化」2005年度，を得ています。さらに，本書の編集にあたっては，細かな色づかいに至るまで技報堂出版の石井洋平氏に無理をきいていただきました。これら多くのサポートに対し，厚く御礼申し上げます。

なお，このような取り組みは全くはじめてのことであり，まちかど図鑑の内容にもまだ一部に不備な点が残っているかもしれません。それらについてはご指摘をいただきながら，さらに内容の改善を進めていきたいと考えています。

2007年2月

著者代表　谷口　守

第 1 部
「まちかど図鑑」・本編

本書のなりたちと使用方法

(1) 本書のなりたち

本書は第一部の図鑑本編と，第二部の資料編から構成されています。この図鑑では人口数百万の大都市から数万の地方都市に至るまで，居住という観点に着目した場合，わが国の都市がどのような「まちかど」から構成されているかを網羅的にカバーしています。カバーした方法の詳細は後述しますが，全部で135タイプの「まちかど」から構成されています。

なお，この図鑑では一つの「まちかど」が代表する地区として，その周辺のおよそ20～30 ha程度の広さを標準的なひとまとまりとして考えています。正方形に例えれば，一辺が500 m程度の長さを持つ広さの地区に相当します。なお，この大きさは統計情報でいえば「町丁目」という分類にほぼ対応しています。このことは，例えば自分の家のあるところから数百 m離れると，まちの様子が少し変わっていく(異なるタイプの「まちかど」が見られる)ということと同じ意味になります。本書ではこのように各「まちかど」が代表する地区のことを，「住宅地タイプ」と呼ぶことにします。本書のタイトルはわかりやすく「まちかど」図鑑としていますが，より正確にいえば，わが国の都市における「住宅地タイプ」の図鑑であるといえます。

この図鑑では，地区の簡単な情報をもとに，そこがどのタイプの住宅地タイプ(まちかど)に該当するかを容易に判別できる仕組みを導入しています。具体的には，17ページにおいてその住宅地が属する圏域(①大都市圏中心都市，②大都市圏衛星都市，③地方中心都市，④地方都市)ごとに，フローにそって一つずつ判断を進めていけば，調べたい住宅地タイプの掲載されているページ数がわかるようになっています。そしてそのページを見れば，そのまちかどの様子，土地利用規制や交通条件，居住者(その住宅地タイプに住んでいる人たち)の構成，交通環境負荷，意識などの情報が引き出せるようになっています。

また，後半の資料編(第2部)では，どのような判断基準に基づいてこのようなまちかど(住宅地タイプ)の分類を実施したかについて，その情報を整理しています。また，本図鑑作成の際に，データ分析の対象とした実際の住宅地一覧を巻末に示します。

(2) この図鑑の特長と意義

この図鑑には次のような二つの大きな特長があります。

1) わが国の都市における居住空間を網羅的にカバーしていること。
2) 十分な数の実際のデータに基づいて作成されていること。

本図鑑のデータ収集の対象とした住宅地(町丁目)は，巻末の一覧表に示すとおりおよそ2,000地区にのぼります。これら対象地の選定方法は，わが国の都市居住者の交通行動の特性を十分な精度で捉えることを目的とし，1987年以降4回の調査実績のある全国都市パーソントリップ調査の町丁目選定法にならっています。具体的には人口規模や都市圏内での位置，そして都市部も地方部も含めて日本中から偏りがない選定方法となるようにすることも考慮して，その特徴の上で漏れる都市がないように最初におよそ70の都市を選定します。そしてその各都市において，30の町丁目をランダムサンプリングする方法でわが国の都市における居住空間を網羅的にカバーしています。なお，このようにして抽出した数多くの町丁目は，その特性が互いに類似したものも含まれているため，第2部で解説する方法に従って独自に分類し，最終的に本書で整理する135の住宅地タイプとして集約を行っています。なお，本書では「住宅地」という呼び方をしていますが，住宅が含まれる地区はすべて対象として考慮しています。このため，「都心商業地」や「工場地域」も人が居住している限りすべて「住宅地」の範疇に含めており，実質的に都市に含まれるすべての町丁目を対象にしているといえます。

また，2000年以降，全国に点在するこれら135すべての住宅地タイプに属する町丁目について，各タイプ2地区以上を抽出して実際に研究メンバーが訪問し，現地の状況を確認するとともに，分類や指標値の妥当性についても気の遠くなるような吟味を重ねてきました。なお，交通環境負荷といった統計的妥当性が必要とされる指標値については，6万7千人程度の分析サンプルを確保できる全国都市パーソントリップ調査などの結果を援用することで，十分な数の実際のデータに基づいた信頼性の高い図鑑を作成しています。

このような特長を確保することにつとめた結果，このまちかど図鑑は下記のような意義をもあわせて持つことになりました。

1）ありふれた「まちかど」への着目

「はじめに」でも述べましたが，既にあるまちづくりに関する出版物の多くは「成功事例」「モデル地区」「グッドプラクティス集」といった人間の特定の価値観に基づいた選別の目が加えられ，抽出されたごく一部の事例を対象としたものがほとんどです。それに対して本書ではどこにでもあるありふれたまちの実態がそもそもどうなっているのか，その興味に初めてこたえることのできる構成になっています。

2）政策に結びつくスケールでの議論が可能に

統計情報の入手のしやすさから，市や区レベルでの都市分析は各所で実施されています。しかし，本書の中にも示されているとおり，同じ市の中でも町丁目間で居住者の自動車燃料消費量が3倍以上も異なることがよくあります。また，鉄道駅の新設や土地利用コントロールといった様々な政策メニューの影響は，市などのレベルで分析してもつかむことはできず，この図鑑で扱っているような町丁目程度のスケールで検討しないと意味がありません。本書はこのようなニーズにこたえるため，町丁目スケールでの図鑑化を行うとともに，政策メニューに直接関連する指標群を図鑑の中に情報として加えました。

3）コンパクトなまちづくりのためのガイドラインとしての活用

コンパクトなまちづくりに対する要求が現在高くなっていますが，その多くは本当にその取り組みを実施することで環境負荷が下がるかどうかの検討はなされていません。たとえば何らかの都市コンパクト化事業を実施した際に，居住者の交通行動がもたらす交通環境負荷を一定レベル以下におさえることができるかどうかを，本書を用いれば簡単に判定できることになります。また，もし不十分な場合はどのような事項についてどの程度改善が必要かを簡単に把握できるため，交通環境改善のためのガイドラインとしてそのまま活用することが可能です。

4）住民の合意形成の場におけるカルテとしての活用

本書は各ページに一つの住宅地タイプをおさめる形で編集を行っていますので，各ページをカードのように切り離して考えれば，地区カルテとして活用することが可能です。特に地区の特性と一般的な景観及び地図情報がセットになって表現されているため，都市計画の専門知識を持たない者にとっても，政策とそれによって実現しうるまちかど風景との関連が容易に理解できます。住民が参加してのプランづくりの場において，わかりやすい地区カルテとしての活用が期待されます。

5）将来に残す「まちかど」記録（アーカイブ）

例えば100年前と今のまちの写真を比較したとき，その大きな違いに驚いた人は少なくないでしょう。過去のまちの情景や居住者のデータは単に興味深いだけでなく，まちづくりの情報としても重要です。しかし，今回の現地調査を通じ，新宿再開発のような大きなプロジェクトでもない限り，一般のまちかどの様子は10年程度ではあまり変化が見られないことが明らかになりました。このようなゆっくりした変化は，体系的にまちを「記録」しておくことの重要性をつい忘れさせてしまいます。しかし，後になってしまえば，残っていない過去の情報を作り出すことはできません。本書は100年後，200年後において，かつての日本のまちかどがどのようなものであったのか，その実情を体系的に知るためのよすがとなることも意図の一つとしています。

（3）留意事項など

ここまで読んでいただければ，まちかど図鑑の本体をそれぞれの興味に応じて活用していただくことが簡単にできると思います。また，含まれている様々な情報については凡例のページ（第3章）を参照することが必要になります。なお，以下は図鑑を厳密に活用いただく上で注意が必要となる留意点です。必要な場合に立ち戻ってお読みいただければと思います。

1）分類条件に関連して

・およそ2,000の分析対象町丁目を135の住宅地タイプに分類する際は，①都市タイプ（圏域），②人口密度，③土地利用規制，④交通条件，⑤都心までの距離の5つの条件を元に判断を行っています（第二部参照）。すなわち，その町丁目が駅から近いかどうか，都市の中のどこに位置するかと行った空間的な位置条件も含んだ分類となっています。

・本書では住宅地タイプの分類においては，今後のコンパクトな都市構造の実現を考える上で指標として重要な意味を持つ居住者の自動車燃料消費量に重点をおいています。このためまちかどの風景的な要素は類似していても，居住者の交通行動の異なる町丁目は分けて分類を行っています。

・土地利用に関する分類条件として，実際の土地利用状況ではなく，③土地利用規制を採用しています。これは，政策としてどのような土地利用コントロールを行えばどのようなまちができるのか，その対応関係を見極める上で③土地利用規制を用いる方が有用なまちかど図鑑になるという判断に基づいています。

・④交通条件について，対象地区中心から鉄道駅への距離を変数として用いていますが，これは地下鉄やJRなどのヘビーレイルと呼ばれる本格的な鉄道線を対象としています。なお，路面電車，新交通システムなどの軌道駅の存在はここでの分類条件には含めていませんが，別途関連指標として計測し，提示しています。

・まちかど図鑑は対象地区を引きやすくするために，まず①都市タイプ（圏域）によって最初に4グループに判別する仕組みを導入し，その上で135の住宅地タイプへそれぞれ判別を行っています。なお，ごく一部の住宅地タイプは一つの圏域だけに限定されず異なる圏域に含まれるケースがあり，それら重複を除くと純粋な住宅地タイプの数は129となっています。そのような圏域重複型の住宅地タイプについて，この図鑑本文中では指標値は同じになりますが両方の圏域のページでそれぞれ対応する事例を引いて解説を行っています。

2）記載情報に関連して

・本書で記載している各住宅地タイプにおけるまちかどの写真は，地区の中で景観が良かったり美しい場所を選んでいるわけではなく，あくまでその住宅地タイプにおける代表的な景観を提示しています。対象地区や場所の選定において，特定の価値観に基づく感情を持ち込んでいないということが，本書の大きな特長であるといえます。

・自動車燃料消費量は居住者のパーソントリップをベースに，すべてガソリンベースに換算した値を用いています。なお，物流による自動車燃料消費は本書の数値には含まれていません。

・住宅地タイプの表示順序は一人当たり平日平均自動車燃料消費量の多い順としています。一方，住宅地タイプの各ページでは，参考情報としてそのタイプに所属する町丁目ごとの平均自動車燃料消費量の中央値を目印として記載しています。

・個人交通行動に関連する指標はこのような分析に精度的に耐えうる全国都市パーソントリップ調査（第2回（1992年）及び第3回（1999年））の結果を用いています。その一方で現地の写真情報は2000年以降に収集しなおしたもので，両者の間に若干の時間的ギャップが存在します。なお，先述したように10年未満のスケールでは住宅地タイプの変化はタイプ変化という形ではそれほど顕在化しないことが確認されています[10]が，その変化の方向性についてはいくつかのパターンが既に確認できており，大きな流れとしては低密化の方向にあります[13]。

「まちかど図鑑」の記載内容

（1） 基本構成について

この図鑑をはじめて使用される場合，次章の「**住宅地タイプ判別フローチャート**」をまず用いることで，調べようとしている地区を「引く」のが最も簡単な使用法です。地区の特徴に関する簡単な質問に答えることによって，目的とする住宅地タイプのページを容易に割り出すことができます。このフローチャートでは，対象とする地区が①**大都市圏中心都市**（CM：Central City in Metropolitan Area），②**大都市圏衛星都市**（SM：Satellite City in Metropolitan Area），③**地方中心都市**（CL：Central City in Local Area），④**地方都市**（LL：Local City in Local Area）4つの都市タイプ（圏域）のいずれに属するかを最初に判断し，その上で土地利用規制を軸に対象地区がどの住宅地タイプに所属するかの判別を段階的に行います。

なお，図鑑の本体といえるp.26からの**住宅地タイプの一覧**においては，上記の4つの都市タイプ（圏域）ごとに，平日の一人当たり自動車燃料消費量の多い住宅地タイプから順に並べて表示を行っています。また，このまちかど図鑑は**図-1**に示すような構成をとっており，まず個々のタイプの解説

図-1　まちかど図鑑の全体構成

に先立ち圏域ごとの住宅地タイプを一覧に示し，あわせて各住宅地タイプの居住密度と自動車依存の関連を図化しています。

また，圏域ごとに最初に提示した26ページなどの住宅地タイプの一覧表では，住宅地タイプそれぞれに該当する土地利用規制に対応した色（住宅系は緑，商業系は赤，工業系は青など）を配しています。その後に続く居住密度と自動車依存の関連を示す27ページなどの図では，類似した土地利用規制群がわかるよう，カラー楕円表示をしています。

(2) 住宅地タイプ（まちかど）ごとの記載内容

先に述べたように，各住宅地タイプは4つの都市タイプ（圏域）ごとに一人当たり平日自動車燃料消費量が多い順に並んでいます。また，各住宅地タイプのまちかど図鑑としての情報は，それぞれ1枚のページの中にすべて収める形にしています。凡例を**図-2**に示しますが，各ページの中に記載されている情報は，その住宅地タイプの名称，特徴，分類条件，現地写真，地図，定量的指標値，定性的指標値です。また，住宅地タイプごとに複数の対象地区における写真と地図を掲載することを原則としました。掲載情報に関する詳細な内容は以下のとおりです。

① 住宅地タイプ番号

④における4種類の都市タイプ（圏域）をあらわす記号と，それぞれの都市特性グループの中で何番目に一人当たり平日自動車燃料消費量が多いかという順位の数字を組みあわせることによって，識別のための住宅地タイプ番号を設定しています。

② 住宅地タイプ名称

⑤の分類条件に対応する形で，各住宅地タイプの特徴を表した名称です。

③ 住宅地タイプの特徴

住宅地タイプ特性（特に⑧定量的評価指標）から判断した住宅地タイプの代表的な特徴です。

④ 該当する都市タイプ（圏域）

大都市圏中心都市，大都市圏衛星都市，地方中心都市，地方都市という4種類の都市タイプ（圏域）のうち，該当する都市タイプを表記しています。

⑤ 分類条件

住宅地タイプを設定した際の分類条件を整理しています。

⑥ 画像

その住宅地タイプに該当するまちかどの写真画像。住宅地タイプ1種類につき，なるべく異なる対象地区（町丁目）から画像を2枚入れることを基本としています。合わせて，住宅地の住所，撮影年月，撮影者の情報を掲載しています。なお，これらの画像は2000年～2006年の約6年間にわたって独自に現地調査を重ね，順次収集を行ったものです。

⑦ 画像撮影住区地図

⑥の画像を撮影した対象地区（町丁目）を地図として提示しています。地図には25000段彩・陰影画像を80%に縮小した縮尺1/31,250を使用しています。この地図の色の濃淡は土地の高低（標高）を表現しており，薄いクリーム色から緑色になるほど山地であったり標高が高いことを示しています。また，部分的に濃い緑色の箇所は「樹木に囲まれた居住地」を示しています。

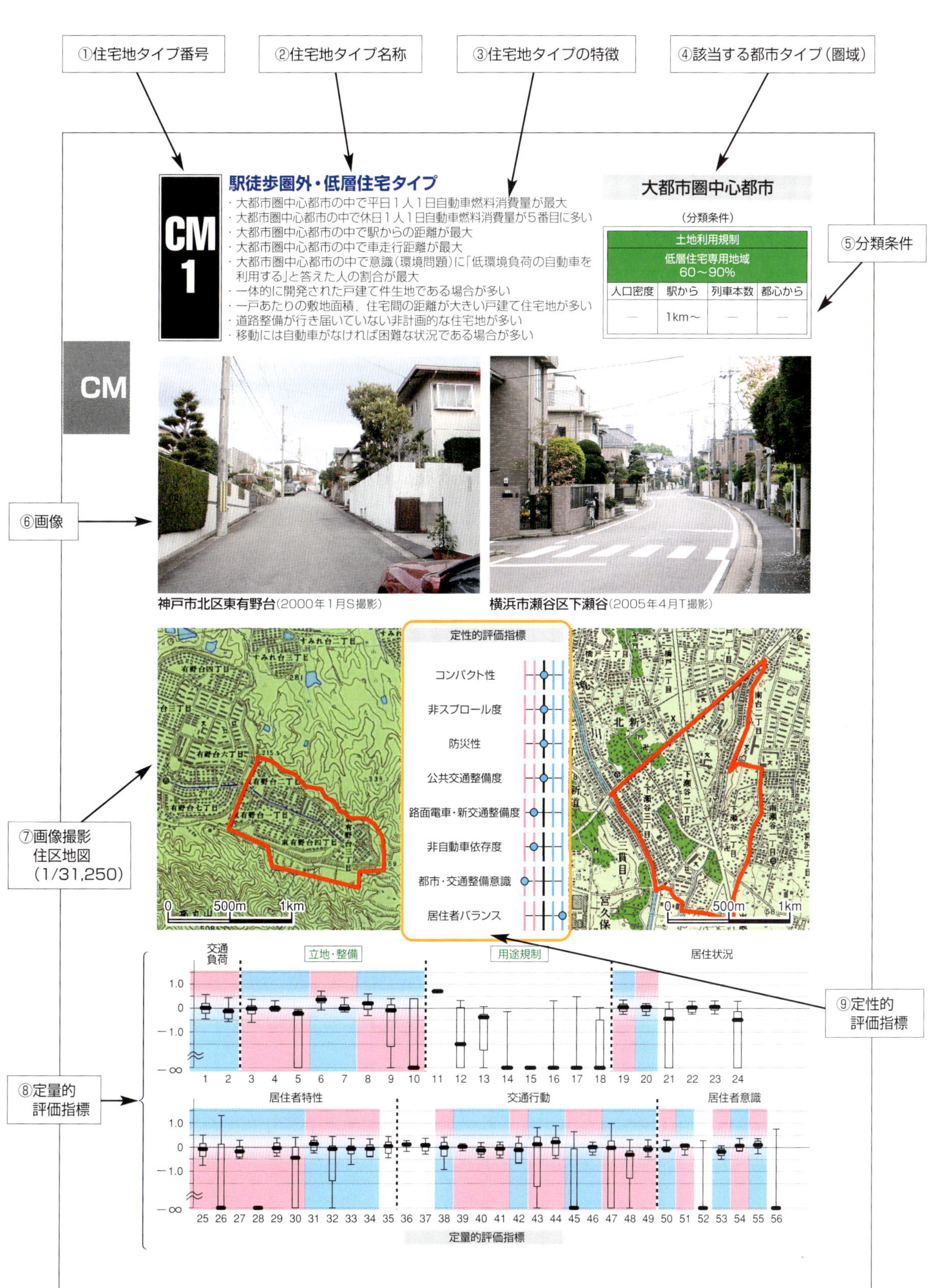

図-2　まちかど図鑑（住宅地タイプごと）の凡例

表-1　定量的評価指標　一覧

No	分類		詳細
1	交通負荷	平日消費	平日1人1日平均 自動車燃料消費量[cc]
2		休日消費	休日1人1日平均 自動車燃料消費量[cc]
3	立地・整備	戸　数	世帯密度[世帯/ha]
4		(戸　建)	戸建世帯密度[世帯/ha]
5		(集　合)	集合世帯密度[世帯/ha]
6		都　心	都心までの距離[km]
7		駅	最寄駅までの距離[km]
8		列　車	最寄駅の列車本数[本/日]
9		バ　ス	バス停密度[箇所/ha]
10		基　盤	基盤整備率[%]
11	用途規制	低　住	低層住宅専用地域[%]
12		高　住	中高層住宅専用地域[%]
13		住　居	住居地域[%]
14		近　商	近隣商業地域[%]
15		商　業	商業地域[%]
16		準　工	準工業地域[%]
17		工　業	工業・工業専用地域[%]
18		調　整	市街化調整区域[%]
19	居住状況	人口密度	[人/ha]
20		車 保 有	自動車保有台数[台/世帯]
21		世帯[%] 1人	1人世帯の割合[%]
22		世帯[%] 2人	2人世帯の割合[%]
23		世帯[%] 3人以上	3人以上世帯の割合[%]
24		高齢化率	高齢化率[%]

注）緑文字は政策コントロールが比較的可能な分野

No	分類		詳細
25	居住者特性	①	非車依存ホワイトカラー[%]
26		②	非車依存ブルーカラー[%]
27		③	非車依存学生[%]
28		④	非車依存農林漁業[%]
29		⑤	非車依存就業者[%]
30		⑥	非車依存高齢者[%]
31		⑦	車依存就業者公共交通併用[%]
32		⑧	車完全依存就業者[%]
33		⑨	車依存女性就業者[%]
34		⑩	車依存非就業者[%]
35		⑪	生徒・児童・園児[%]
36	交通行動	総移動時間	1人1日平均総移動時間[分]
37		総移動距離	1人1日平均総移動距離[km]
38		車走行距離	1人1日平均自動車走行距離[km]
39		総滞留時間	1人1日平均外出先総滞留時間[分]
40		自由滞留時間	1人1日平均外出先 自由滞留時間[分]
41		都市内自由滞留	1人1日平均外出先 自都市内自由滞留時間[分]
42		市外へ	市外へ出かける人の割合[%]
43		交通機関分担率 鉄　道	鉄道による分担率[%]
44		交通機関分担率 バ　ス	バスによる分担率[%]
45		交通機関分担率 タクシー	タクシーによる分担率[%]
46		交通機関分担率 自 動 車	自動車による分担率[%]
47		交通機関分担率 二 輪 者	二輪車による分担率[%]
48		交通機関分担率 自 転 者	自転車による分担率[%]
49		交通機関分担率 徒　歩	徒歩による分担率[%]
50	居住者意識	環境問題 自 動 車	低環境負荷の自動車を利用する
51		環境問題 公共交通	公共交通を利用する
52		環境問題 他	その他・無回答
53		まちづくり 中 心 車	自動車中心の 中心市街地を整備して欲しい
54		まちづくり 中心公共	徒歩・公共交通中心の 中心市街地を整備して欲しい
55		まちづくり 郊　外	郊外を開発して欲しい
56		まちづくり 他	その他・無回答

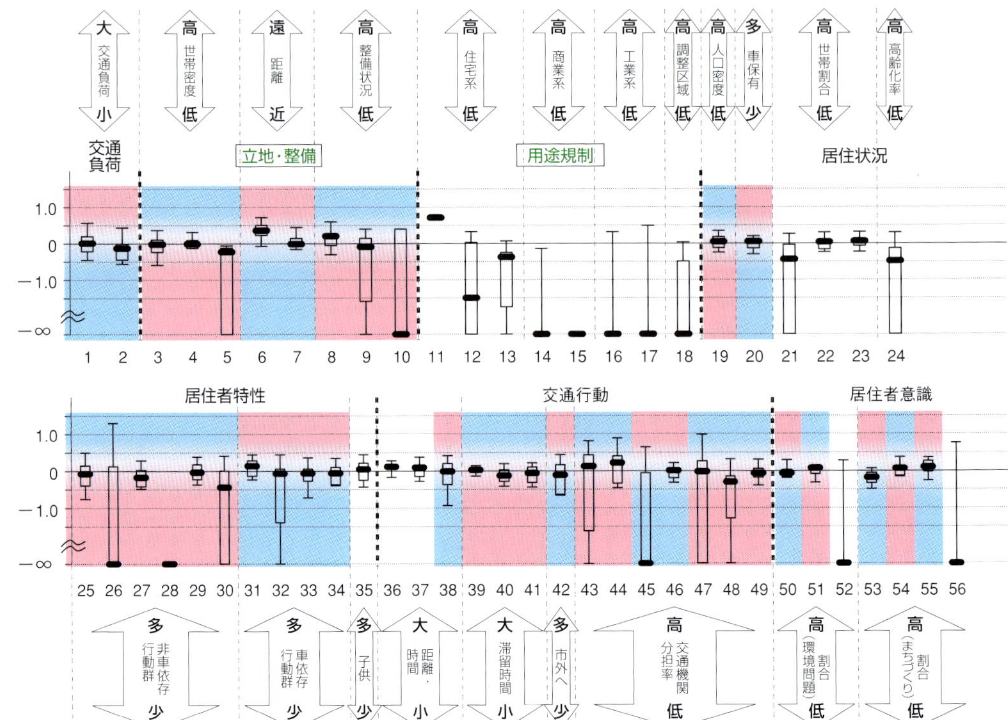

図-3　まちかど図鑑における箱ひげ図の読み取り方(サンプル)

なお，この地図の作成にあたっては，国土地理院の承認を得て，同院発行の25000段彩・陰影画像（地図画像）を使用しました。

⑧ 定量的評価指標

この図鑑では，12ページの**表-1**に示す全部で56項目の定量的な指標を住宅地タイプごとに算出しています。それらは交通負荷，立地・整備，用途規制，居住状況，居住者特性，交通行動，居住者意識と内容は多岐にわたります。なお，各指標の有する意味をわかりやすく捉えるため，その値が大きくなれば都市コンパクト化や個人交通行動の面から交通環境負荷低減に向かうと考えられる指標には青色，逆に交通環境負荷増大に向かうと考えられる指標には赤色を目安としてつけています。

なお，各住宅地タイプにおける指標値を相対的に理解するため，そのばらつきを標準化した上で箱ひげ図として表現しています。箱ひげ図とはデータのばらつきをわかりやすく示すため，最大値と最小値の間のばらつきを図化する際，**図-4**のように25%～75%の順位にあたる部分を箱で表現する方法です。なお，実際の図鑑の中では**表-1**と同様に，箱ひげ図の上で交通環境負荷低減に向かうと考えられる方向には青色，その逆を赤色として表現しています。また，都市計画に関連する諸政策の実施により何らかのコントロールが可能と思われる項目群（立地・整備，及び用途規制）を緑色の囲み文字で示しています。

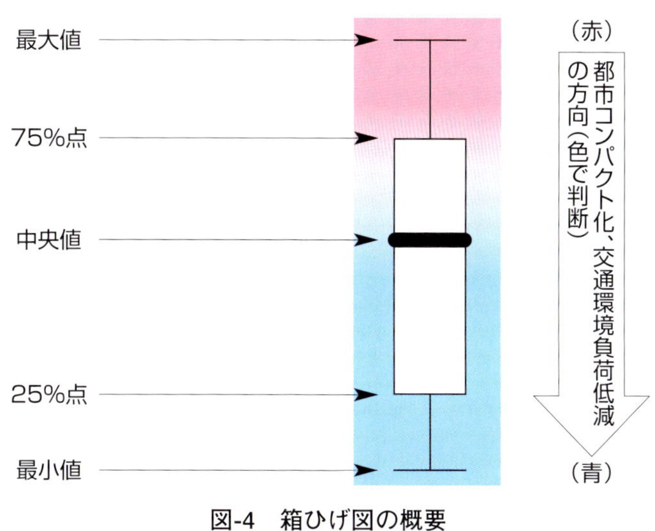

図-4　箱ひげ図の概要

なお，これら定量的指標のうち，居住者特性（指標No.25～35）については行動特性の類似した居住者をまとめて「行動群」という概念を用いています（詳細は第2部において解説）。車に依存したタイプ（赤色表示）の居住者の割合が高くなれば，その住宅地タイプ居住者全体の車依存度は高くなるということになります。

また，指標No.4，5，50～56において，データの都合上サンプル数が不足し十分な精度が確保できない住宅地タイプについては，箱ひげ図を空欄としています。

⑨ 定性的評価指標（5段階）

各住宅地タイプの特徴を述べるには，⑧定量的評価指標だけでは必ずしも十分とはいえません。

現地調査の結果や複数の⑧定量的評価指標の値などから総合的に判断した8種類の定性的指標群も参考までに加えています。なお，いずれの定性的評価項目も5段階で評価することとし，5に近いほど交通環境負荷を低減する傾向があるか，地域の持続性を考えるうえで望ましい性格を備えた地区であると判断しています。定性的指標であるため厳密性にやや欠けるという面はありますが，特定の定量的指標で表現できない事項に対し，あくまで参考として表現しています。

1）コンパクト性

人口密度，住宅密度（戸建・集合），都心からの距離，駅からの距離といったコンパクト性に関連する複数の評価項目から総合的に判断しています。

2）非スプロール度

地形図，現地調査から得られた建物の建ち方，開発のされ方，インフラの整備状況など，関連する複数の評価項目から総合的に判断しています。

3）防災性

地形図，現地調査から得られた密集度，建物の構造や古さなどから総合的に判断しています。

4）公共交通整備度

駅からの距離，バス停密度，列車本数など，公共交通の全般的な整備レベルに関する諸情報より総合的に判断しています。

5）路面電車・新交通整備度

上記の公共交通の中でも特に路面電車，LRT，及び新交通システムなど，軌道系（一般鉄道を除く）の公共交通に関する整備レベルに関する諸情報より総合的に判断しています。

6）非自動車依存度

行動群割合，自動車走行距離，交通機関分担率など複数の交通行動データに基づき，総合的に判断しています。

7）都市・交通整備意識

居住者意識（全国都市パーソントリップ調査附帯アンケート）の環境問題・まちづくりに対する回答をもとに判断しています。なお，データの都合上サンプル数が不足し十分な精度が確保できない住宅地タイプについては，空欄としています。

8）居住者バランス

居住者が特定の年齢層（とくに子供と高齢者）に偏っていないかどうかについて，高齢化率，行動群割合から判断しています。

住宅地タイプ判別フローチャート

ここでは，自分の住んでいる住宅地がどの住宅地タイプに当てはまるか簡単に判別する方法を示します。まず，次のページでは都市タイプを判別します。そして，その判別結果に従って，18ページ以降では土地利用規制，人口密度，最寄り駅からの距離，最寄り駅の列車本数，都心からの距離という5つの指標によって住宅地タイプを判別していきます。

土地利用規制（用途地域）のイメージについては，次ページの「用途地域の概要とイメージ」を参考にして下さい。

参考：用途地域の概要とイメージ

住宅系	①，②		③，④	
	第１種低層住居専用地域	第２種低層住居専用地域	第１種中高層住居専用地域	第２種中高層住居専用地域
	建築できる建物は，住宅のほか，診療所，小中学校，日常生活に必要な50m²以内の店舗併用住宅に限られます。	建築できる建物は，住宅のほか，診療所，小中学校，日常生活に必要な150m²以内の店舗等に限られます。	建築できる建物は，住宅のほか，学校，病院，児童厚生施設，500m²以内の店舗等に限られます。	1 500m²超又は3階以上の店舗や事務所などは建築できません。

住宅系	⑤		
	第１種住居地域	第２種住居地域	準住居地域
	住環境を害するような，工場，パチンコ屋，カラオケボックス，3 000m²超の事務所，店舗等の建築はできません。	主に住居の環境を守るための地域です。小規模の工場，パチンコ屋，ボウリング場，ホテルなどは建てられます。	自動車車庫の面積制限がなくなり，自動車修理工場については150m²まで建築ができます。

商業系	⑥	⑦
	近隣商業地域	商業地域
	まわりの住民が日用品の買い物などをするための地域です。商 店のほかに事務所や小規模の工場も建てられます。	銀行・映画館・飲食店・百貨店などが集まる繁華街に適した地域です。工場が制限されるほかは，ほとんど何でも建てられます。

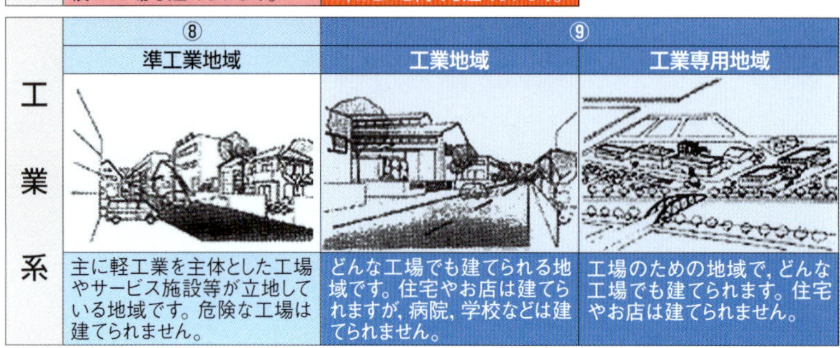

工業系	⑧	⑨	
	準工業地域	工業地域	工業専用地域
	主に軽工業を主体とした工場やサービス施設等が立地している地域です。危険な工場は建てられません。	どんな工場でも建てられる地域です。住宅やお店は建てられますが，病院，学校などは建てられません。	工場のための地域で，どんな工場でも建てられます。住宅やお店は建てられません。

イラスト
(財)日本建築センター「平成4年建築基準法改正の解説」より

まず，あなたの住んでいる都市について，
当てはまる場合はYes，当てはまらない場合はNoで答えて下さい。

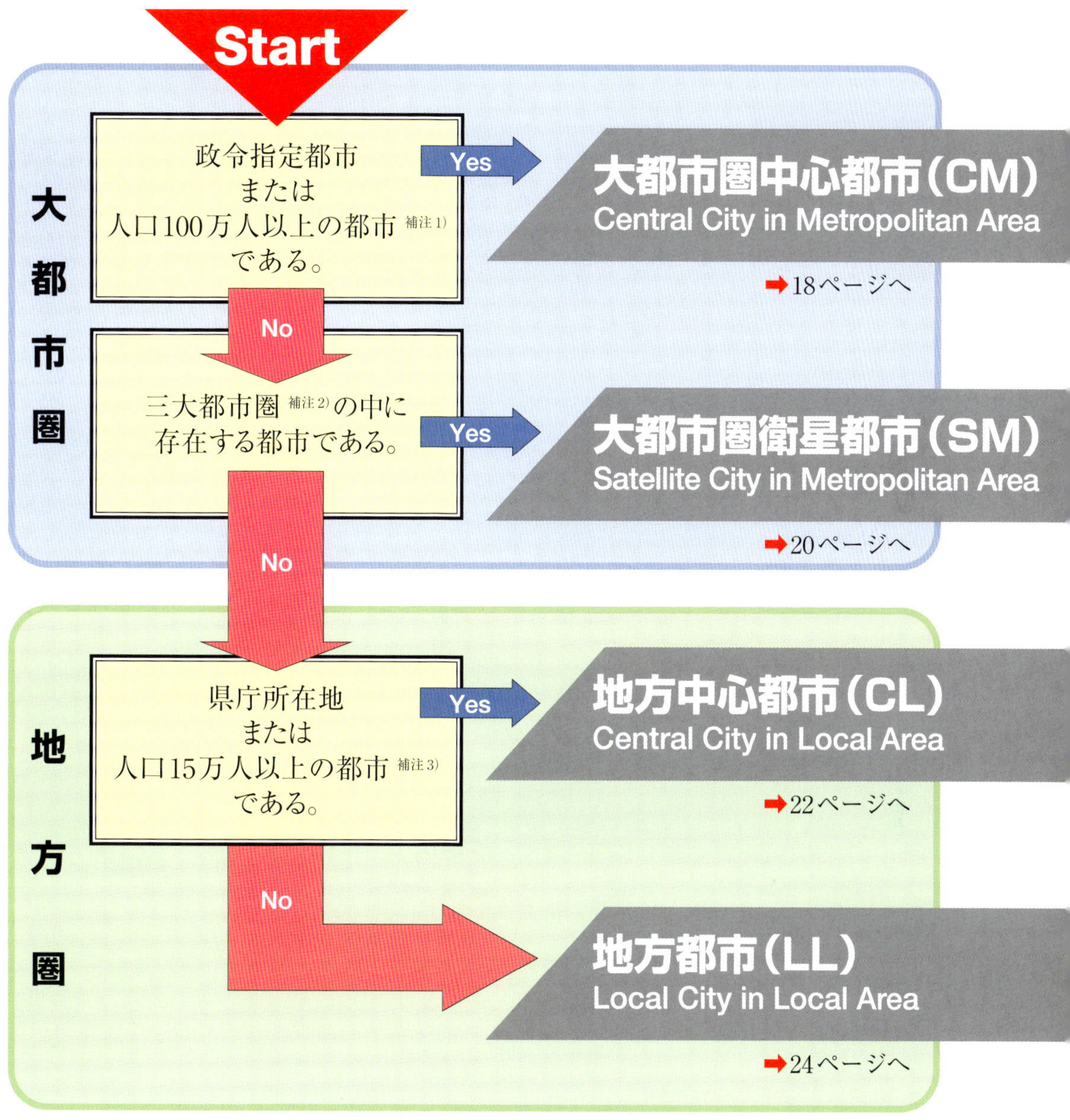

補注1）政令指定都市または人口100万人以上の都市：東京都区部，札幌市，仙台市，横浜市，川崎市，名古屋市，京都市，大阪市，神戸市，広島市，北九州市，福岡市

補注2）三大都市圏：東京都，神奈川県，千葉県，埼玉県，茨城県（ただし県北地域の都市は除く），愛知県（ただし三河地方の都市は除く），岐阜県（ただし岐阜市以北，多治見市以東の都市は除く），三重県（ただし津市以南の都市は除く），大阪府，兵庫県（ただし但馬地方の都市は除く），京都府（ただし京都市，亀岡市以南の都市のみ），滋賀県（ただし湖南・湖東地方の都市のみ），奈良県（ただし御所市以北，奈良市以西の都市のみ），和歌山県（ただし紀北地方の都市のみ）

補注3）上記以外の都市の中で人口15万人以上の都市：函館市，小樽市，旭川市，釧路市，帯広市，苫小牧市，弘前市，八戸市，郡山市，いわき市，日立市，足利市，高崎市，長岡市，高岡市，松本市，浜松市，沼津市，清水市，富士市，豊橋市，岡崎市，豊田市，倉敷市，呉市，福山市，宇部市，大牟田市，久留米市，佐世保市

(1)大都市圏中心都市(CM)

次に，あなたの住んでいる住区(町丁目単位の住宅地)について，当てはまるものを選んでください。

CM

Start

<土地利用規制について>
次の中で当てはまるものを選んで下さい。
(用途地域のイメージは16ページをご参照下さい。)

① 住区内には一戸建て住宅がほとんどである。
(低層住宅専用地域90％～) ➡ **CM10** (37ページへ)

② 住区内には一戸建て住宅が多い。
(低層住宅専用地域60～90％) ➡ 1 へ

③ 住区内には団地，マンションなど3階以上の住宅が非常に多い。
(中高層住宅専用地域90％～) ➡ **CM2** (29ページへ)

④ 住区内には団地，マンションなど3階以上の住宅が数件ある。
(中高層住宅専用地域60～90％) ➡ 2 へ

⑤ 住区内に低層・中高層の住宅が混在し，小規模な店舗もある。
(住居地域60％～) ➡ 3 へ

⑥ 市の中心駅の周辺部で，日用品買物等のための店舗がある。
(近隣商業地域60％～) ➡ **CM22** (49ページへ)

⑦ 市の中心駅が近く，銀行，映画館，百貨店等が集中している。
(商業地域60％～) ➡ **CM20** (47ページへ)

⑧ 住区内に主に軽工業の工場が存在し，店舗，住宅等も混在する。
(準工業地域60％～) ➡ **CM11** (38ページへ)

⑨ 住区内に工場が存在し，学校，病院，ホテル等はない。
(工業・工業専用地域60％～) ➡ **CM9** (36ページへ)

⑩ 駅周辺部で，住宅と店舗が両方とも存在する。
(住宅系及び商業系混合住区) ➡ **CM6** (33ページへ)

⑪ 住区内には田畑，山地，川原等の緑地が残っている。
(市街化調整区域25～50％) ➡ **CM17** (44ページへ)

⑫ 住区内の半分程度を田畑，山地，川原等の緑地が占める。
(市街化調整区域50～75％) ➡ **CM16** (43ページへ)

⑬ 住区内の大部分を田畑，山地，川原等の緑地が占める。
(市街化調整区域75％～) ➡ **CM3** (30ページへ)

⑭ 上記のどれにも当てはまらず，住宅系(④～⑧)の要素が混在する。 ➡ 6 へ

⑮ 上記のどれにも当てはまらず，商業系(⑨～⑩)の要素が混在する。 ➡ **CM4** (31ページへ)

⑯ 上記のどれにも当てはまらず，工業系(⑪～⑫)の要素が混在する。 ➡ **CM19** (46ページへ)

1～6 については，Yes, Noで答えて下さい。

1 <駅からの距離について>

徒歩15分圏内に駅がある
(住区内の中心から最寄り駅までの距離が1km未満)

Yes ➡ **CM15** (42ページへ)
No ➡ **CM1** (28ページへ)

2 <人口密度について>

家の周りのほとんどの土地に家が建っている
(人口密度100人/ha以上)

Yes ➡ **CM14** (41ページへ)
No ➡ **CM12** (39ページへ)

3 <人口密度について>

家の周りのほとんどの土地に家が建っている
(人口密度100人/ha以上)

Yes ➡ 4 へ
No ➡ **CM7** (34ページへ)

4
＜人口密度について＞
家の周りが住宅で密集している
（人口密度150人/ha以上）
Yes ➡ CM18 （45ページへ）
No ➡ 5 へ
5
＜駅からの距離について＞
徒歩15分圏内に駅がある
（住区内の中心から最寄り駅までの距離が1km未満）
Yes ➡ CM13 （40ページへ）
No ➡ CM8 （35ページへ）
6
＜人口密度について＞
家の周りのほとんどの土地に家が建っている
（人口密度100人/ha以上）
Yes ➡ CM21 （48ページへ）
No ➡ CM5 （32ページへ）

(2)大都市圏衛星都市(SM)

次に，あなたの住んでいる住区(町丁目単位の住宅地)について，当てはまるものを選んでください。

SM

Start

<土地利用規制について>
次の中で当てはまるものを選んで下さい。
(用途地域のイメージは16ページをご参照下さい。)

① 住区内には一戸建て住宅がほとんどである。
(低層住宅専用地域90％～) ➡ 1 へ

② 住区内には一戸建て住宅が多い。
(低層住宅専用地域60～90％) ➡ 3 へ

③ 住区内には団地，マンションなど3階以上の住宅が非常に多い。
(中高層住宅専用地域90％～) ➡ 7 へ

④ 住区内には団地，マンションなど3階以上の住宅が数件ある。
(中高層住宅専用地域60～90％) ➡ 8 へ

⑤ 住区内に低層・中高層の住宅が混在し，小規模な店舗もある。
(住居地域60％～) ➡ 12 へ

⑥ 市の中心駅の周辺部で，日用品買物等のための店舗がある。
(近隣商業地域60％～) ➡ **SM6** (57ページへ)

⑦ 市の中心駅が近く，銀行，映画館，百貨店等が集中している。
(商業地域60％～) ➡ 16 へ

⑧ 住区内に主に軽工業の工場が存在し，店舗，住宅等も混在する。
(準工業地域60％～) ➡ **SM3** (54ページへ)

⑨ 住区内に工場が存在し，学校，病院，ホテル等はない。
(工業・工業専用地域60％～) ➡ **SM23** (74ページへ)

⑩ 駅周辺部で，住宅と店舗が両方とも存在する。
(住宅系及び商業系混合住区) ➡ **SM15** (66ページへ)

⑪ 住区内には田畑，山地，川原等の緑地が残っている。
(市街化調整区域25～50％) ➡ 17 へ

⑫ 住区内の半分程度を田畑，山地，川原等の緑地が占める。
(市街化調整区域50～75％) ➡ **SM26** (77ページへ)

⑬ 住区内の大部分を田畑，山地，川原等の緑地が占める。
(市街化調整区域75％～) ➡ **SM17** (68ページへ)

⑭ 上記のどれにも当てはまらず，住宅系(④～⑧)の要素が混在する。 ➡ 19 へ

⑮ 上記のどれにも当てはまらず，商業系(⑨～⑩)の要素が混在する。 ➡ **SM18** (69ページへ)

⑯ 上記のどれにも当てはまらず，工業系(⑪～⑫)の要素が混在する。 ➡ **SM20** (71ページへ)

1 ～ 20 については，Yes, Noで答えて下さい。

1 <人口密度について>
家の周りのほとんどの土地に家が建っている
(人口密度100人/ha以上)
Yes ➡ **SM36** (87ページへ)
No ➡ 2 へ

2 <駅からの距離について>
徒歩15分圏内に駅がある
(住区内の中心から最寄り駅までの距離が1km未満)
Yes ➡ **SM35** (86ページへ)
No ➡ **SM4** (55ページへ)

3 <人口密度について>
住区内に空き地，公園，山林が多い
(人口密度50人/ha未満)
Yes ➡ **SM1** (52ページへ)
No ➡ 4 へ

4 <人口密度について>
家の周りのほとんどの土地に家が建っている
(人口密度100人/ha以上)
Yes ➡ **SM27** (78ページへ)
No ➡ 5 へ

5 <駅からの距離について>
徒歩15分圏内に駅がある
(住区内の中心から最寄り駅までの距離が1km未満)
Yes ➡ **SM28** (79ページへ)
No ➡ 6 へ

Satellite City in Metropolitan Area

SM

6 <都心からの距離について>

市の郊外部に位置する
（住区内の中心から都心までの距離が5km超）

Yes ➡ **SM12**（63ページへ）
No ➡ **SM13**（64ページへ）

7 <駅からの距離について>

徒歩15分圏内に駅がある
（住区内の中心から最寄り駅までの距離が1km未満）

Yes ➡ **SM21**（72ページへ）
No ➡ **SM16**（67ページへ）

8 <人口密度について>

住区内に空き地，公園，山林が多い
（人口密度50人/ha未満）

Yes ➡ **SM10**（61ページへ）
No ➡ 9 へ

9 <人口密度について>

家の周りが住宅で密集している
（人口密度150人/ha以上）

Yes ➡ **SM29**（80ページへ）
No ➡ 10 へ

10 <人口密度について>

家の周りのほとんどの土地に家が建っている
（人口密度100～150人/ha）

Yes ➡ **SM25**（76ページへ）
No ➡ 11 へ

11 <駅からの距離について>

徒歩15分圏内に駅がある
（住区内の中心から最寄り駅までの距離が1km未満）

Yes ➡ **SM11**（62ページへ）
No ➡ **SM22**（73ページへ）

12 <人口密度について>

住区内に空き地，公園，山林が多い
（人口密度50人/ha未満）

Yes ➡ 13 へ
No ➡ 14 へ

13 <駅からの距離について>

徒歩15分圏内に駅がある
（住区内の中心から最寄り駅までの距離が1km未満）

Yes ➡ **SM14**（65ページへ）
No ➡ **SM2**（53ページへ）

14 <人口密度について>

家の周りのほとんどの土地に家が建っている
（人口密度100人/ha以上）

Yes ➡ **SM24**（75ページへ）
No ➡ 15 へ

15 <駅からの距離について>

徒歩15分圏内に駅がある
（住区内の中心から最寄り駅までの距離が1km未満）

Yes ➡ **SM19**（70ページへ）
No ➡ **SM31**（82ページへ）

16 <人口密度について>

家の周りのほとんどの土地に家が建っている
（人口密度100人/ha以上）

Yes ➡ **SM32**（83ページへ）
No ➡ **SM34**（85ページへ）

17 <人口密度について>

住区内に空き地，公園，山林が多い
（人口密度50人/ha未満）

Yes ➡ 18 へ
No ➡ **SM30**（81ページへ）

18 <駅からの距離について>

徒歩15分圏内に駅がある
（住区内の中心から最寄り駅までの距離が1km未満）

Yes ➡ **SM8**（59ページへ）
No ➡ **SM7**（58ページへ）

19 <人口密度について>

住区内に空き地，公園，山林が多い
（人口密度50人/ha未満）

Yes ➡ **SM9**（60ページへ）
No ➡ 20 へ

20 <人口密度について>

家の周りのほとんどの土地に家が建っている
（人口密度100人/ha以上）

Yes ➡ **SM33**（84ページへ）
No ➡ **SM5**（56ページへ）

(3)地方中心都市(CL)

次に，あなたの住んでいる住区(町丁目単位の住宅地)について，当てはまるものを選んでください。

Start

<土地利用規制について>
次の中で当てはまるものを選んで下さい。
(用途地域のイメージは16ページをご参照下さい。)

① 住区内には一戸建て住宅がほとんどである。
(低層住宅専用地域90％～) ➡ **CL7** (96ページへ)

② 住区内には一戸建て住宅が多い。
(低層住宅専用地域60～90％) ➡ 1 へ

③ 住区内には団地，マンションなど3階以上の住宅が非常に多い。
(中高層住宅専用地域90％～) ➡ 5 へ

④ 住区内には団地，マンションなど3階以上の住宅が数件ある。
(中高層住宅専用地域60～90％) ➡ 6 へ

⑤ 住区内に低層・中高層の住宅が混在し，小規模な店舗もある。
(住居地域60％～) ➡ 10 へ

⑥ 市の中心駅の周辺部で，日用品買物等のための店舗がある。
(近隣商業地域60％～) ➡ **CL5** (94ページへ)

⑦ 市の中心駅が近く，銀行，映画館，百貨店等が集中している。
(商業地域60％～) ➡ 15 へ

⑧ 住区内に主に軽工業の工場が存在し，店舗，住宅等も混在する。
(準工業地域60％～) ➡ **CL19** (108ページへ)

⑨ 住区内に工場が存在し，学校，病院，ホテル等はない。
(工業・工業専用地域60％～) ➡ **CL32** (121ページへ)

⑩ 駅周辺部で，住宅と店舗が両方とも存在する。
(住宅系及び商業系混合住区) ➡ **CL24** (113ページへ)

⑪ 住区内には田畑，山地，川原等の緑地が残っている。
(市街化調整区域25～50％) ➡ 18 へ

⑫ 住区内の半分程度を田畑，山地，川原等の緑地が占める。
(市街化調整区域50～75％) ➡ 20 へ

⑬ 住区内の大部分を田畑，山地，川原等の緑地が占める。
(市街化調整区域75％～) ➡ 22 へ

⑭ 上記のどれにも当てはまらず，住宅系(④～⑧)の要素が混在する。 ➡ 23 へ

⑮ 上記のどれにも当てはまらず，商業系(⑨～⑩)の要素が混在する。 ➡ **CL30** (119ページへ)

⑯ 上記のどれにも当てはまらず，工業系(⑪～⑫)の要素が混在する。 ➡ **CL22** (111ページへ)

1 ～ 24 については，Yes, Noで答えて下さい。

1 <人口密度について>
住区内に空き地，公園，山林が多い
(人口密度50人/ha未満)
Yes ➡ 2 へ
No ➡ 3 へ

2 <駅からの距離について>
徒歩15分圏内に駅がある
(住区内の中心から最寄り駅までの距離が1km未満)
Yes ➡ **CL35** (124ページへ)
No ➡ **CL34** (123ページへ)

3 <人口密度について>
家の周りのほとんどの土地に家が建っている
(人口密度100人/ha以上)
Yes ➡ **CL23** (112ページへ)
No ➡ 4 へ

4 <駅からの距離について>
徒歩15分圏内に駅がある
(住区内の中心から最寄り駅までの距離が1km未満)
Yes ➡ **CL8** (97ページへ)
No ➡ **CL11** (100ページへ)

5 <人口密度について>
住区内に空き地，公園，山林が多い
(人口密度50人/ha未満)
Yes ➡ **CL2** (91ページへ)
No ➡ **CL25** (114ページへ)

Central City in Local Area

6 ＜人口密度について＞

住区内に空き地，公園，山林が多い
（人口密度50人/ha未満）

Yes ➡ **CL21** （110ページへ）
No ➡ 7 へ

7 ＜人口密度について＞

家の周りのほとんどの土地に家が建っている
（人口密度100人/ha以上）

Yes ➡ **CL36** （125ページへ）
No ➡ 8 へ

8 ＜駅からの距離について＞

徒歩15分圏内に駅がある
（住区内の中心から最寄り駅までの距離が1km未満）

Yes ➡ **CL16** （105ページへ）
No ➡ 9 へ

9 ＜列車本数について＞

列車本数が多くない
（最寄り駅の列車本数が114本/日未満）

Yes ➡ **CL1** （90ページへ）
No ➡ **CL17** （106ページへ）

10 ＜人口密度について＞

住区内に空き地，公園，山林が多い
（人口密度50人/ha未満）

Yes ➡ 11 へ
No ➡ 12 へ

11 ＜駅からの距離について＞

徒歩15分圏内に駅がある
（住区内の中心から最寄り駅までの距離が1km未満）

Yes ➡ **CL6** （95ページへ）
No ➡ **CL4** （93ページへ）

12 ＜人口密度について＞

家の周りのほとんどの土地に家が建っている
（人口密度100人/ha以上）

Yes ➡ 13 へ
No ➡ 14 へ

13 ＜都心からの距離について＞

市の都心部に位置する
（住区内の中心から都心までの距離が1.6km以内）

Yes ➡ **CL38** （127ページへ）
No ➡ **CL27** （116ページへ）

14 ＜駅からの距離について＞

徒歩15分圏内に駅がある
（住区内の中心から最寄り駅までの距離が1km未満）

Yes ➡ **CL20** （109ページへ）
No ➡ **CL26** （115ページへ）

15 ＜人口密度について＞

住区内に空き地，公園，山林が多い
（人口密度50人/ha未満）

Yes ➡ **CL10** （99ページへ）
No ➡ 16 へ

16 ＜人口密度について＞

家の周りのほとんどの土地に家が建っている
（人口密度100人/ha以上）

Yes ➡ **CL39** （128ページへ）
No ➡ 17 へ

17 ＜駅からの距離について＞

徒歩15分圏内に駅がある
（住区内の中心から最寄り駅までの距離が1km未満）

Yes ➡ **CL37** （126ページへ）
No ➡ **CL40** （129ページへ）

18 ＜人口密度について＞

住区内に空き地，公園，山林が多い
（人口密度50人/ha未満）

Yes ➡ 19 へ
No ➡ **CL31** （120ページへ）

19 ＜都心からの距離について＞

市の郊外部に位置する
（住区内の中心から都心までの距離が5km超）

Yes ➡ **CL13** （102ページへ）
No ➡ **CL18** （107ページへ）

20 ＜人口密度について＞

住区内に空き地，公園，山林が多い
（人口密度50人/ha未満）

Yes ➡ 21 へ
No ➡ **CL9** （98ページへ）

21 ＜駅からの距離について＞

徒歩15分圏内に駅がある
（住区内の中心から最寄り駅までの距離が1km未満）

Yes ➡ **CL33** （122ページへ）
No ➡ **CL15** （104ページへ）

22 ＜駅からの距離について＞

徒歩15分圏内に駅がある
（住区内の中心から最寄り駅までの距離が1km未満）

Yes ➡ **CL12** （101ページへ）
No ➡ **CL28** （117ページへ）

23 ＜人口密度について＞

住区内に空き地，公園，山林が多い
（人口密度50人/ha未満）

Yes ➡ 24 へ
No ➡ **CL29** （118ページへ）

24 ＜駅からの距離について＞

徒歩15分圏内に駅がある
（住区内の中心から最寄り駅までの距離が1km未満）

Yes ➡ **CL3** （92ページへ）
No ➡ **CL14** （103ページへ）

(4)地方都市(LL)

次に，あなたの住んでいる住区(町丁目単位の住宅地)について，当てはまるものを選んでください。

Start

<土地利用規制について>
次の中で当てはまるものを選んで下さい。
(用途地域のイメージは16ページをご参照下さい。)

① 住区内には一戸建て住宅がほとんどである。
(低層住宅専用地域90％～) ➡ **LL3** (134ページへ)

② 住区内には一戸建て住宅が多い。
(低層住宅専用地域60～90％) ➡ 1 へ

③ 住区内には団地，マンションなど3階以上の住宅が非常に多い。
(中高層住宅専用地域90％～) ➡ **LL23** (154ページへ)

④ 住区内には団地，マンションなど3階以上の住宅が数件ある。
(中高層住宅専用地域60～90％) ➡ 2 へ

⑤ 住区内に低層・中高層の住宅が混在し，小規模な店舗もある。
(住居地域60％～) ➡ 5 へ

⑥ 市の中心駅の周辺部で，日用品買物等のための店舗がある。
(近隣商業地域60％～) ➡ **LL34** (165ページへ)

⑦ 市の中心駅が近く，銀行，映画館，百貨店等が集中している。
(商業地域60％～) ➡ 11 へ

⑧ 住区内に主に軽工業の工場が存在し，店舗，住宅等も混在する。
(準工業地域60％～) ➡ **LL17** (148ページへ)

⑨ 住区内に工場が存在し，学校，病院，ホテル等はない。
(工業・工業専用地域60％～) ➡ **LL33** (164ページへ)

⑩ 駅周辺部で，住宅と店舗が両方とも存在する。
(住宅系及び商業系混合住区) ➡ **LL28** (159ページへ)

⑪ 住区内には田畑，山地，川原等の緑地が残っている。
(市街化調整区域25～50％) ➡ 12 へ

⑫ 住区内の半分程度を田畑，山地，川原等の緑地が占める。
(市街化調整区域50～75％) ➡ 15 へ

⑬ 住区内の大部分を田畑，山地，川原等の緑地が占める。
(市街化調整区域75％～) ➡ 17 へ

⑭ 上記のどれにも当てはまらず，住宅系(④～⑧)の要素が混在する。 ➡ 20 へ

⑮ 上記のどれにも当てはまらず，商業系(⑨～⑩)の要素が混在する。 ➡ **LL29** (160ページへ)

⑯ 上記のどれにも当てはまらず，工業系(⑪～⑫)の要素が混在する。 ➡ **LL19** (150ページへ)

1 ～ 21 については，Yes, Noで答えて下さい。

1 <人口密度について>
住区内に空き地，公園，山林が多い
(人口密度50人/ha未満)
Yes ➡ **LL6** (137ページへ)
No ➡ **LL12** (143ページへ)

2 <人口密度について>
住区内に空き地，公園，山林が多い
(人口密度50人/ha未満)
Yes ➡ **LL11** (142ページへ)
No ➡ 3 へ

3 <駅からの距離について>
徒歩15分圏内に駅がある
(住区内の中心から最寄り駅までの距離が1km未満)
Yes ➡ **LL35** (166ページへ)
No ➡ 4 へ

4 <列車本数について>
列車本数が多くない
(最寄り駅の列車本数が114本/日未満)
Yes ➡ **LL18** (149ページへ)
No ➡ **LL30** (161ページへ)

5 <人口密度について>
住区内に空き地，公園，山林が多い
(人口密度50人/ha未満)
Yes ➡ 6 へ
No ➡ 9 へ

LL

Local City in Local Area

6 ＜駅からの距離について＞

徒歩15分圏内に駅がある（住区内の中心から最寄り駅までの距離が1km未満）

Yes ➡ 7 へ
No ➡ 8 へ

7 ＜都心からの距離について＞

市の都心部または都心周辺部に位置する（住区内の中心から都心までの距離が1.6km以内）

Yes ➡ **LL26**（157ページへ）
No ➡ **LL9**（140ページへ）

8 ＜都心からの距離について＞

市の都心部または都心周辺部に位置する（住区内の中心から都心までの距離が1.6km以内）

Yes ➡ **LL27**（158ページへ）
No ➡ **LL16**（147ページへ）

9 ＜人口密度について＞

家の周りのほとんどの土地に家が建っている（人口密度100人/ha以上）

Yes ➡ **LL31**（162ページへ）
No ➡ 10 へ

10 ＜駅からの距離について＞

徒歩15分圏内に駅がある（住区内の中心から最寄り駅までの距離が1km未満）

Yes ➡ **LL20**（151ページへ）
No ➡ **LL21**（152ページへ）

11 ＜人口密度について＞

住区内に空き地，公園，山林が多い（人口密度50人/ha未満）

Yes ➡ **LL36**（167ページへ）
No ➡ **LL37**（168ページへ）

12 ＜人口密度について＞

住区内に空き地，公園，山林が多い（人口密度50人/ha未満）

Yes ➡ 13 へ
No ➡ **LL8**（139ページへ）

13 ＜駅からの距離について＞

徒歩15分圏内に駅がある（住区内の中心から最寄り駅までの距離が1km未満）

Yes ➡ **LL4**（135ページへ）
No ➡ 14 へ

14 ＜都心からの距離について＞

市の郊外部に位置する（住区内の中心から都心までの距離が5km超）

Yes ➡ **LL22**（153ページへ）
No ➡ **LL13**（144ページへ）

15 ＜駅からの距離について＞

徒歩15分圏内に駅がある（住区内の中心から最寄り駅までの距離が1km未満）

Yes ➡ **LL10**（141ページへ）
No ➡ 16 へ

16 ＜都心からの距離について＞

市の都心部または都心周辺部に位置する（住区内の中心から都心までの距離が1.6km以内）

Yes ➡ **LL25**（156ページへ）
No ➡ **LL7**（138ページへ）

17 ＜駅からの距離について＞

徒歩15分圏内に駅がある（住区内の中心から最寄り駅までの距離が1km未満）

Yes ➡ **LL2**（133ページへ）
No ➡ 18 へ

18 ＜列車本数について＞

列車本数が多くない（最寄り駅の列車本数が114本/日未満）

Yes ➡ 19 へ
No ➡ **LL5**（136ページへ）

19 ＜都心からの距離について＞

市の郊外部に位置する（住区内の中心から都心までの距離が5km超）

Yes ➡ **LL1**（132ページへ）
No ➡ **LL14**（145ページへ）

20 ＜人口密度について＞

住区内に空き地，公園，山林が多い（人口密度50人/ha未満）

Yes ➡ 21 へ
No ➡ **LL24**（155ページへ）

21 ＜駅からの距離について＞

徒歩15分圏内に駅がある（住区内の中心から最寄り駅までの距離が1km未満）

Yes ➡ **LL32**（163ページへ）
No ➡ **LL15**（146ページへ）

1 大都市圏中心都市(CM)
Central City in Metropolitan Area

CM

住宅地タイプ分類表(大都市圏中心都市)

住宅地タイプ※	分類条件		
	土地利用規制	人口密度	駅から
CM1	低層住宅専用地域60～90%	—	1km～
CM2	中高層住宅専用地域90%～	—	—
CM3	市街化調整区域75%～	—	—
CM4	商業系混在	—	—
CM5	住宅系混在	～100人/ha	—
CM6	住宅系及び商業系混合	—	—
CM7	住居地域60%～	～100人/ha	—
CM8	住居地域60%～	100～150人/ha	1km～
CM9	工業・工業専用地域60%～	—	—
CM10	低層住宅専用地域90%～	—	—
CM11	準工業地域60%～	—	—
CM12	中高層住宅専用地域60～90%	～100人/ha	—
CM13	住居地域60%～	100～150人/ha	～1km
CM14	中高層住宅専用地域60～90%	100人/ha～	—
CM15	低層住宅専用地域60～90%	—	～1km
CM16	市街化調整区域50～75%	—	—
CM17	市街化調整区域25～50%	—	—
CM18	住居地域60%～	150人/ha～	—
CM19	工業系混在	—	—
CM20	商業地域60%～	—	—
CM21	住宅系混在	100人/ha～	—
CM22	近隣商業地域60%～	—	—

※上から平日1人1日自動車燃料消費量の多い順

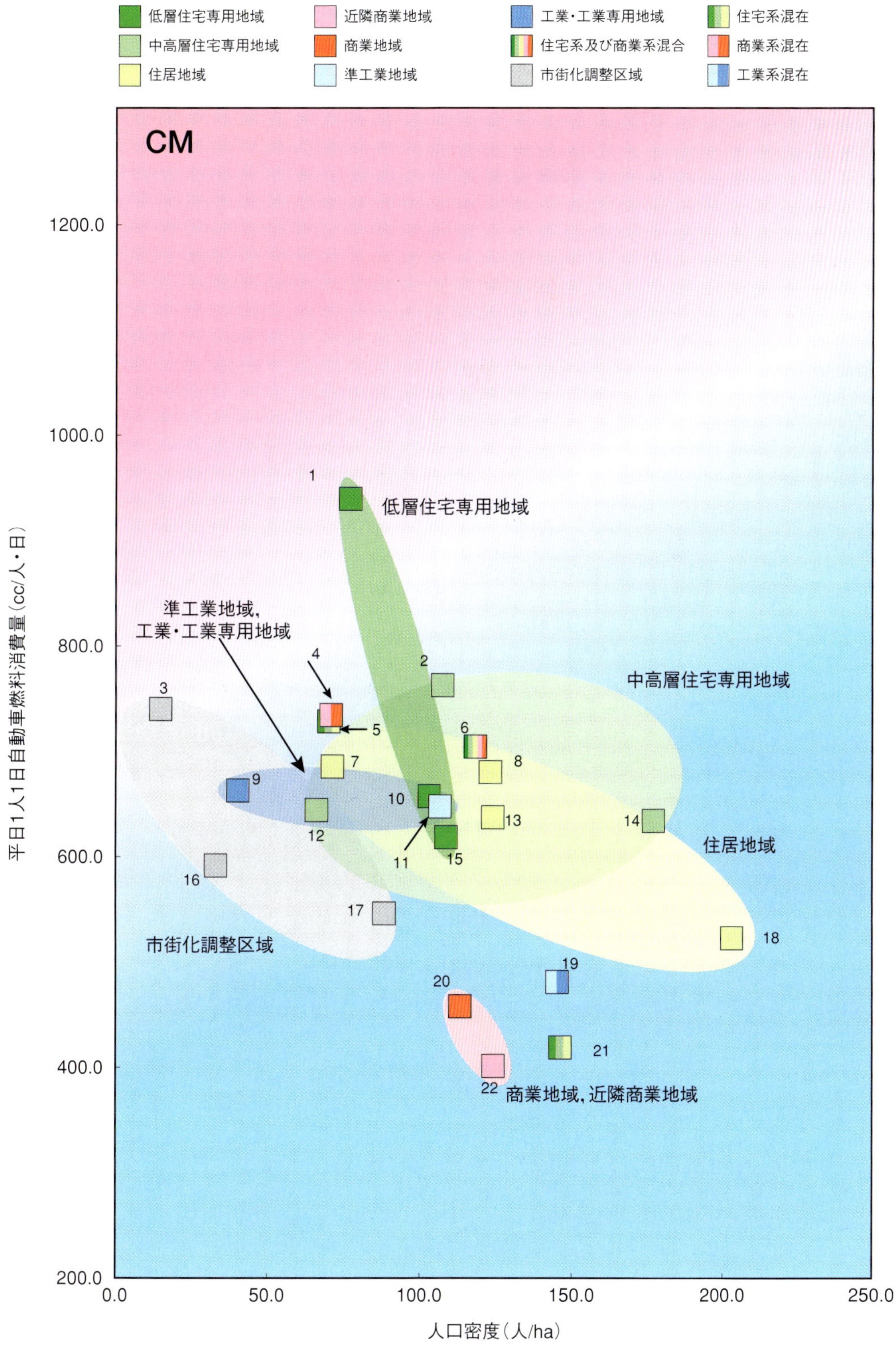

低層住宅専用地域
近隣商業地域
工業・工業専用地域
住宅系混在
中高層住宅専用地域
商業地域
住宅系及び商業系混合
商業系混在
住居地域
準工業地域
市街化調整区域
工業系混在

CM

平日1人1日自動車燃料消費量（cc/人・日）

1200.0
1000.0
800.0
600.0
400.0
200.0

1 低層住宅専用地域
準工業地域，
工業・工業専用地域
2 3 4 5 6 7 8 9 10 11 12 13 14 15 16 17 18 19 20 21 22
中高層住宅専用地域
住居地域
市街化調整区域
商業地域，近隣商業地域

0.0 50.0 100.0 150.0 200.0 250.0

人口密度（人/ha）

住宅地タイプ別の人口密度と平日1人1日自動車燃料消費量の関係（大都市圏中心都市CM）

※図中では大都市圏中心都市に属する住宅地タイプであることを表す「CM」を省略し，番号のみを記載しています。

CM 1

駅徒歩圏外・低層住宅タイプ

- 大都市圏中心都市の中で平日１人１日自動車燃料消費量が最大
- 大都市圏中心都市の中で休日１人１日自動車燃料消費量が５番目に多い
- 大都市圏中心都市の中で駅からの距離が最大
- 大都市圏中心都市の中で車走行距離が最大
- 大都市圏中心都市の中で意識（環境問題）に「低環境負荷の自動車を利用する」と答えた人の割合が最大
- 一体的に開発された戸建て住宅地である場合が多い
- 一戸あたりの敷地面積，住宅間の距離が大きい戸建て住宅地が多い
- 移動には自動車がなければ困難な状況である場合が多い

大都市圏中心都市

（分類条件）

土地利用規制			
低層住宅専用地域 60～90%			
人口密度	駅から	列車本数	都心から
—	1km～	—	—

CM

神戸市北区東有野台（2000年１月S撮影）　**横浜市瀬谷区下瀬谷**（2005年４月T撮影）

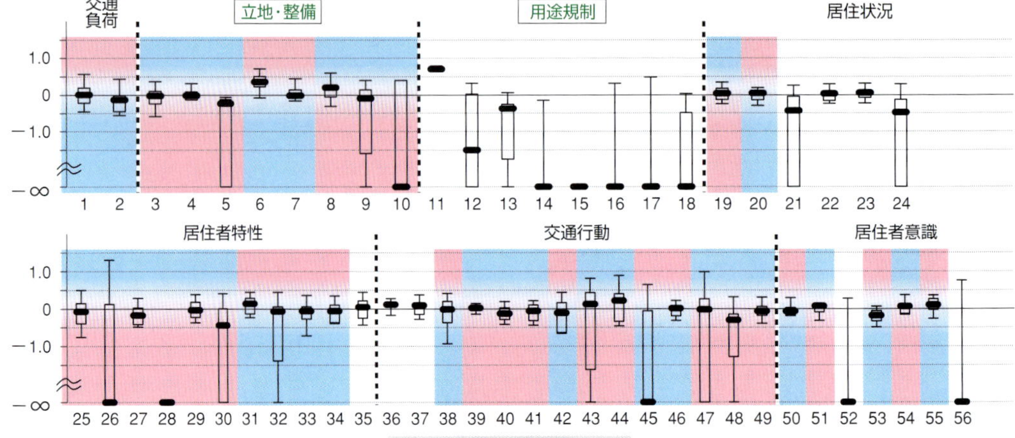

CM
2

中高層住宅専用タイプ

- 大都市圏中心都市の中で平日１人１日自動車燃料消費量が２番目に多い
- 大都市圏中心都市の中で中高層住宅専用地域割合が最大
- 大都市圏中心都市の中で行動群１（非車依存ホワイトカラー）割合，行動群２（非車依存ブルーカラー）割合が最小，行動群７（車依存就業者公共交通併用）割合，行動群１１（生徒・児童・園児）割合が最大
- 大都市圏中心都市の中で意識（まちづくり）に「自動車中心の中心市街地を整備して欲しい」と答えた人の割合が最小，「徒歩・公共交通中心の中心市街地を整備して欲しい」と答えた人の割合が最大
- 住区の一部に一体的に開発された大規模集合住宅団地が含まれる場合が多い

大都市圏中心都市

（分類条件）

土地利用規制			
中高層住宅専用地域 90%～			
人口密度	駅から	列車本数	都心から
－	－	－	－

福岡市城南区別府団地（2005年12月T撮影）

名古屋市瑞穂区松園町（2005年7月N撮影）

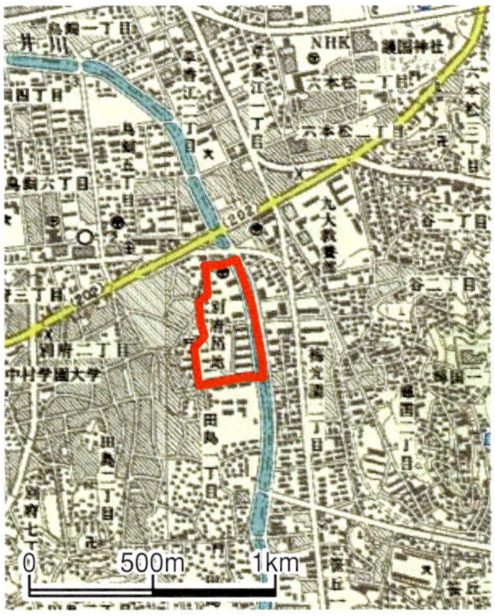

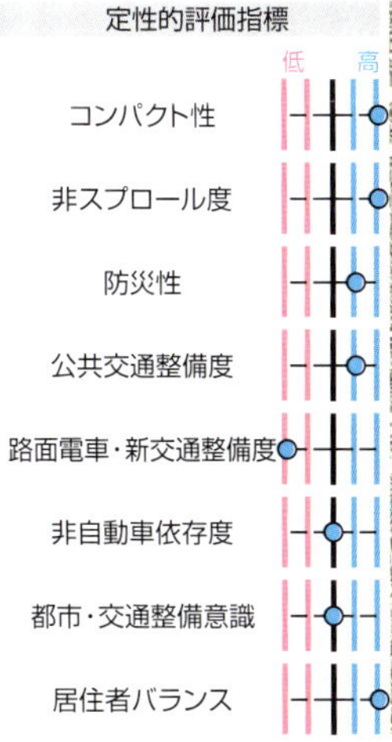

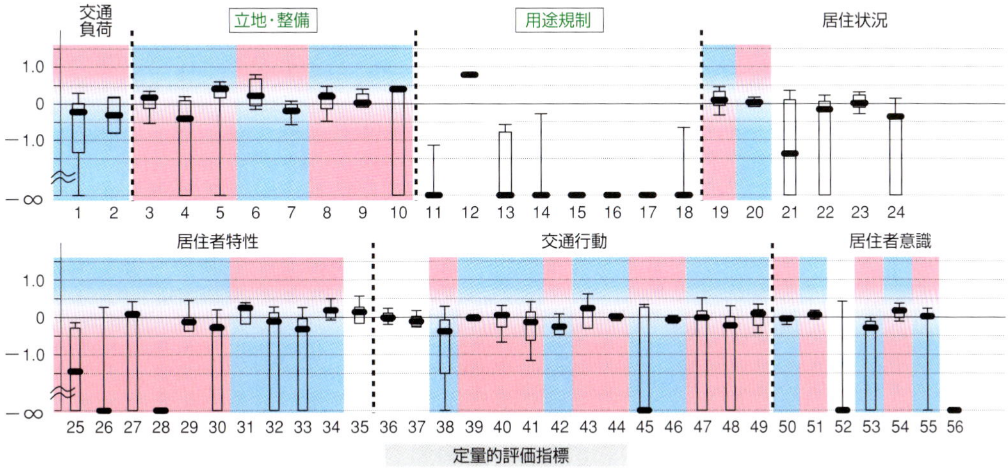

定性的評価指標

低　高

コンパクト性
非スプロール度
防災性
公共交通整備度
路面電車・新交通整備度
非自動車依存度
都市・交通整備意識
居住者バランス

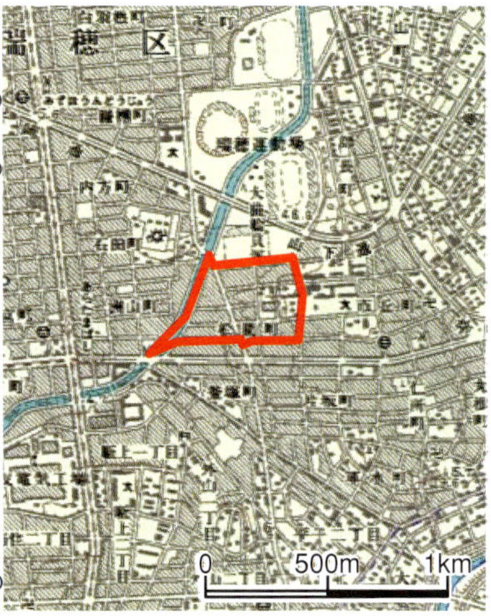

交通負荷　立地・整備　用途規制　居住状況

居住者特性　交通行動　居住者意識

定量的評価指標

CM 3

調整区域(強)タイプ

- 大都市圏中心都市の中で平日1人1日自動車燃料消費量が3番目に多い
- 大都市圏中心都市の中で住宅密度が最小
- 大都市圏中心都市の中で列車本数，バス停密度が最小
- 全住宅地タイプの中で基盤整備率が最小
- 大都市圏中心都市の中で人口密度が最小
- 全住宅地タイプの中で世帯あたり自動車保有台数が最大
- 大都市圏中心都市の中で1人世帯割合が最小，3人以上世帯割合が最大
- 大都市圏中心都市の中で行動群4(非車依存農林漁業)割合，行動群8(車完全依存就業者)割合，行動群9(車依存女性就業者)割合が最大，行動群5(非車依存就業者)割合が最小
- 大都市圏中心都市の中で自動車分担率が最大，徒歩分担率が最小
- 大都市圏中心都市の中で意識(環境問題)に「公共交通を利用する」と答えた人の割合が最小
- 山地，農地の占める面積が非常に大きい

大都市圏中心都市

(分類条件)

土地利用規制			
市街化調整区域 75%～			
人口密度	駅から	列車本数	都心から
—	—	—	—

広島市西区山手町(2005年10月N撮影)

福岡市西区今宿町(2005年12月T撮影)

定性的評価指標（低 ― 高）

- コンパクト性
- 非スプロール度
- 防災性
- 公共交通整備度
- 路面電車・新交通整備度
- 非自動車依存度
- 都市・交通整備意識
- 居住者バランス

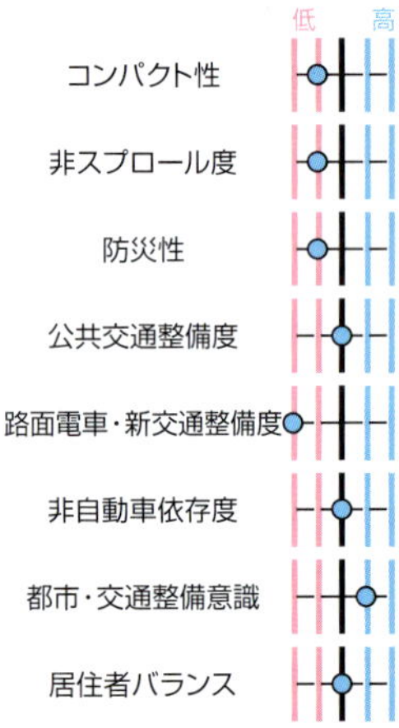

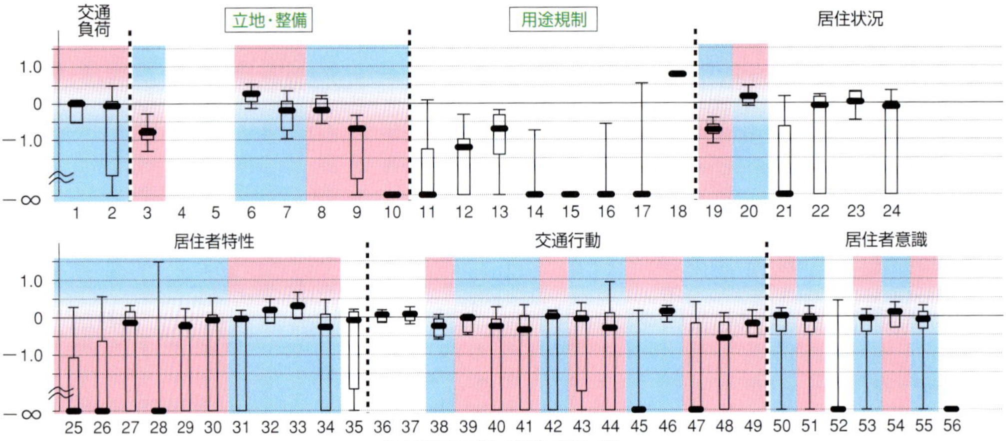

定量的評価指標

交通負荷 / 立地・整備 / 用途規制 / 居住状況 / 居住者特性 / 交通行動 / 居住者意識

CM 4

商業系混在タイプ

- 大都市圏中心都市の中で平日１人１日自動車燃料消費量が４番目に多い
- 大都市圏中心都市の中で休日１人１日自動車燃料消費量が３番目に多い
- 大都市圏中心都市の中で総滞留時間が最小
- 大都市圏中心都市の中でバス分担率が最小
- 小規模な店舗とともに，大規模な店舗，オフィスビル，マンションなどが混在して立地している
- 道路整備が行き届いている場合が多い

大都市圏中心都市

（分類条件）

土地利用規制			
商業系混在（商業系（近隣商業地域含む）割合が最も大きい）			
人口密度	駅から	列車本数	都心から
—	—	—	—

川崎市幸区中幸町(2004年10月T撮影)

大阪市北区天満１～４丁目(2005年９月N撮影)

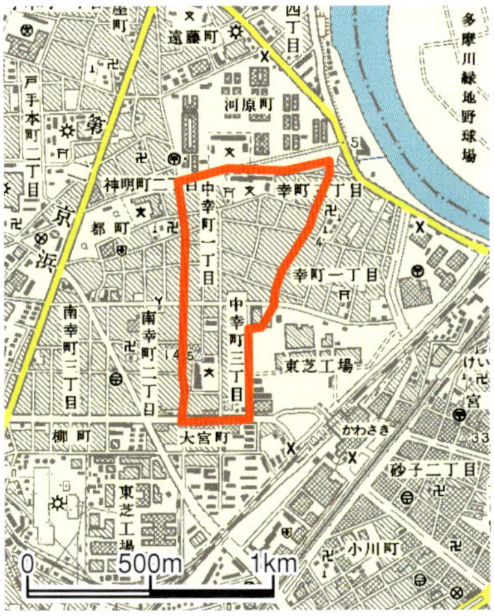

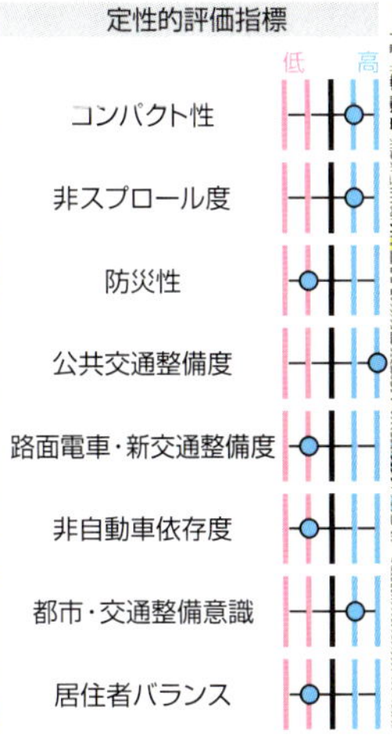

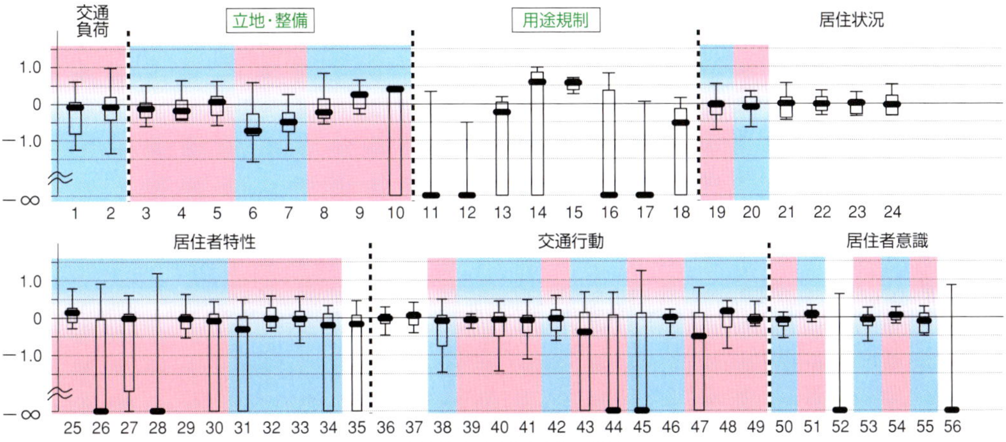

定性的評価指標

低 高

- コンパクト性
- 非スプロール度
- 防災性
- 公共交通整備度
- 路面電車・新交通整備度
- 非自動車依存度
- 都市・交通整備意識
- 居住者バランス

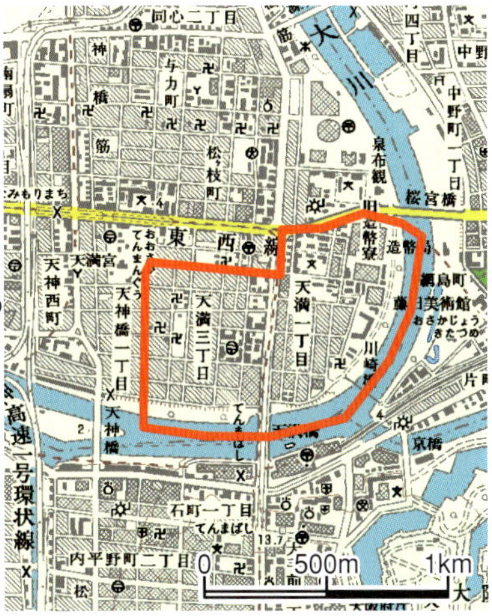

交通負荷 | 立地・整備 | 用途規制 | 居住状況

1.0 0 −1.0 −∞

1 2 3 4 5 6 7 8 9 10 11 12 13 14 15 16 17 18 19 20 21 22 23 24

居住者特性 | 交通行動 | 居住者意識

1.0 0 −1.0 −∞

25 26 27 28 29 30 31 32 33 34 35 36 37 38 39 40 41 42 43 44 45 46 47 48 49 50 51 52 53 54 55 56

定量的評価指標

CM 5

中低密・住宅系混在タイプ

・大都市圏中心都市の中で平日1人1日自動車燃料消費量が5番目に多い
・戸建て住宅，マンションなどが混在して立地している
・道路整備が行き届いている場合が多い

大都市圏中心都市

（分類条件）

土地利用規制			
住宅系混在（住宅系土地利用割合が最も大きい）			
人口密度	駅から	列車本数	都心から
～100人/ha	—	—	—

京都市左京区北白川（2004年12月T撮影）

横浜市港北区綱島東（2005年7月N撮影）

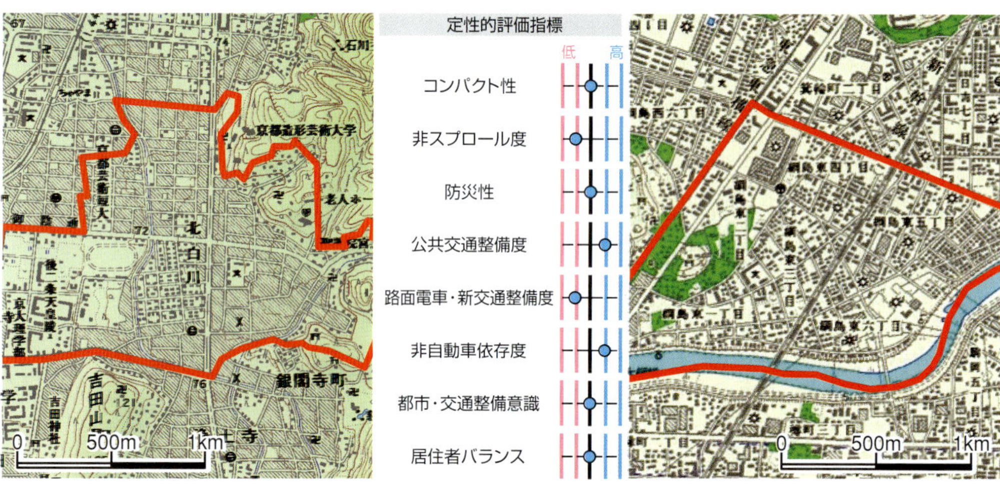

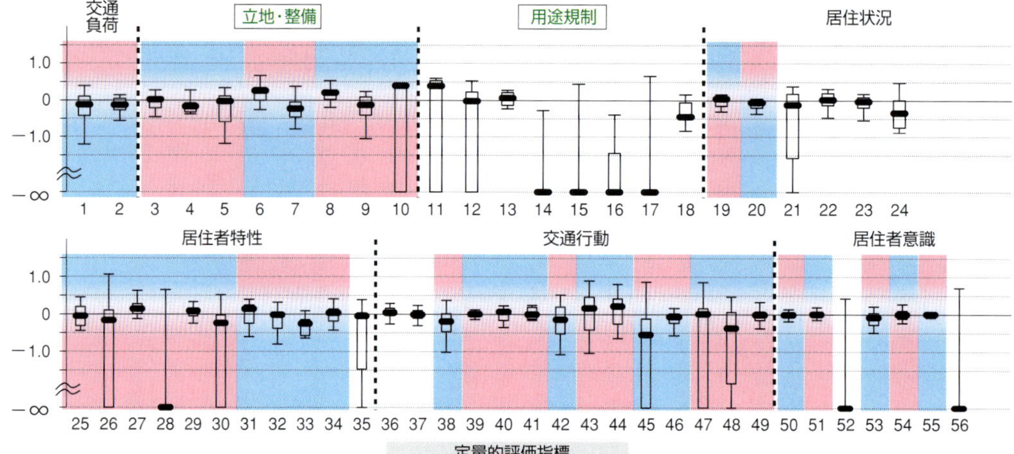

CM 6

住宅系及び商業系混合タイプ

・店舗，オフィスビル，マンション，戸建て住宅などが密集し，混合して立地している

大都市圏中心都市

（分類条件）

土地利用規制			
住宅系及び商業系混合 住宅系60－80％，残りは商業系）			
人口密度	駅から	列車本数	都心から
—	—	—	—

CM

福岡市中央区赤坂（2005年12月T撮影）

神戸市須磨区大田町（2000年1月S撮影）

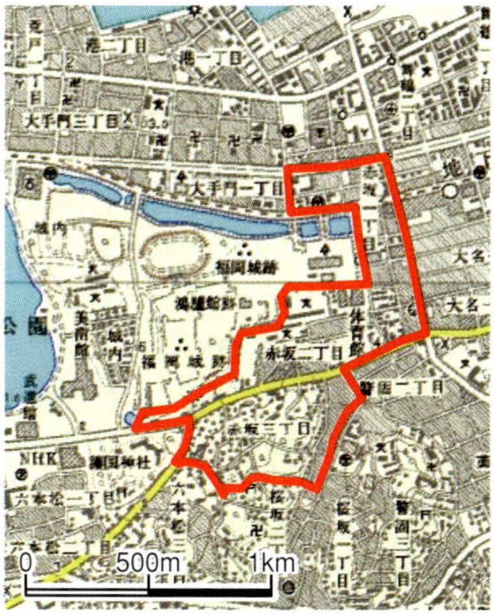

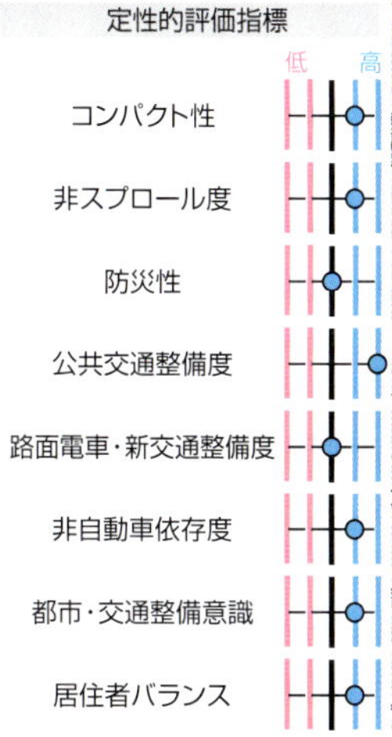

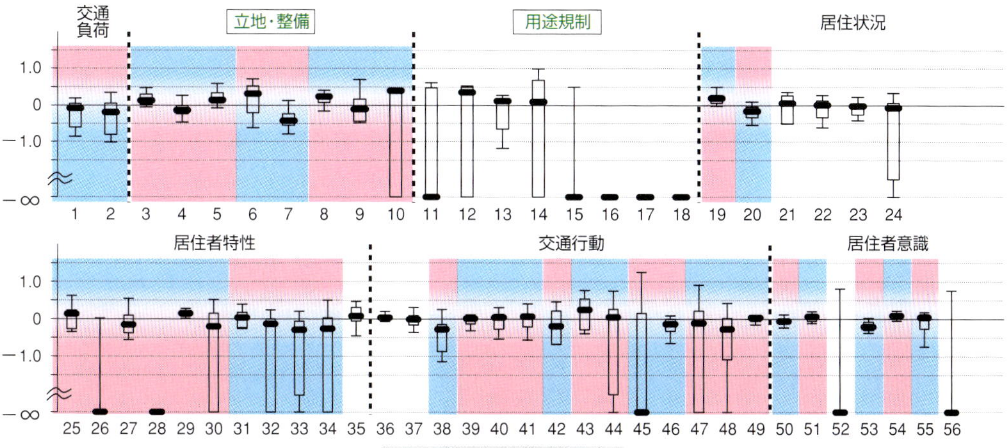

定性的評価指標

低　高

コンパクト性
非スプロール度
防災性
公共交通整備度
路面電車・新交通整備度
非自動車依存度
都市・交通整備意識
居住者バランス

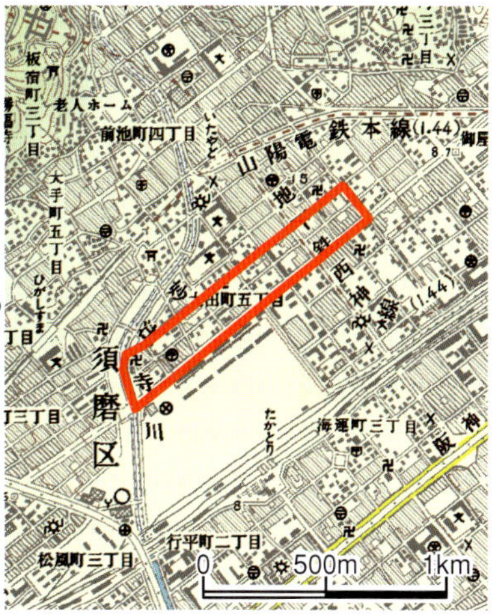

交通負荷　立地・整備　用途規制　居住状況

1.0
0
－1.0
－∞

1 2 3 4 5 6 7 8 9 10 11 12 13 14 15 16 17 18 19 20 21 22 23 24

居住者特性　交通行動　居住者意識

1.0
0
－1.0
－∞

25 26 27 28 29 30 31 32 33 34 35 36 37 38 39 40 41 42 43 44 45 46 47 48 49 50 51 52 53 54 55 56

定量的評価指標

CM 7

中低密・住居地域タイプ

- 大都市圏中心都市の中で休日１人１日自動車燃料消費量が３番目に少ない
- 大都市圏中心都市の中で市外へ行く人の割合が最小
- 戸建て住宅，マンションなどの住宅とともに，店舗も混合して立地している
- 道路整備が行き届いていない場合が多い

大都市圏中心都市

（分類条件）

土地利用規制			
住居地域 60%～			
人口密度	駅から	列車本数	都心から
～100 人/ha	—	—	—

CM

北九州市八幡東区諏訪（2004年12月T撮影）

名古屋市中村区烏森町（2005年9月N撮影）

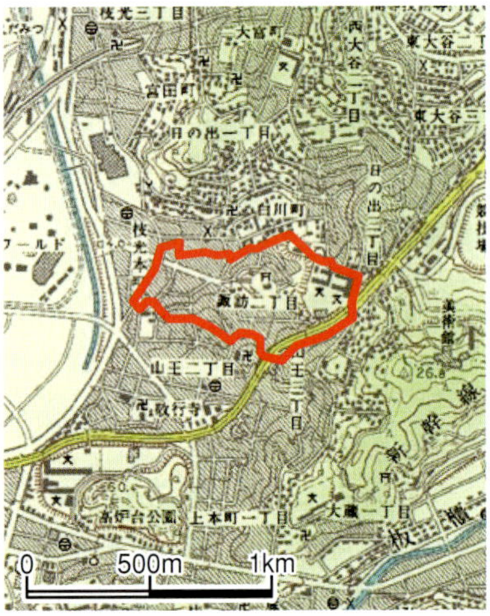

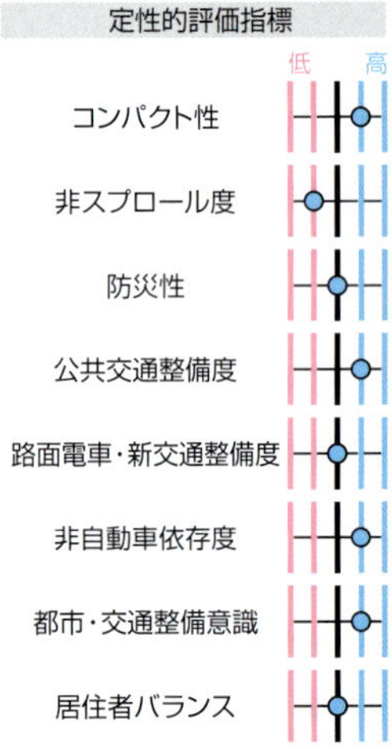

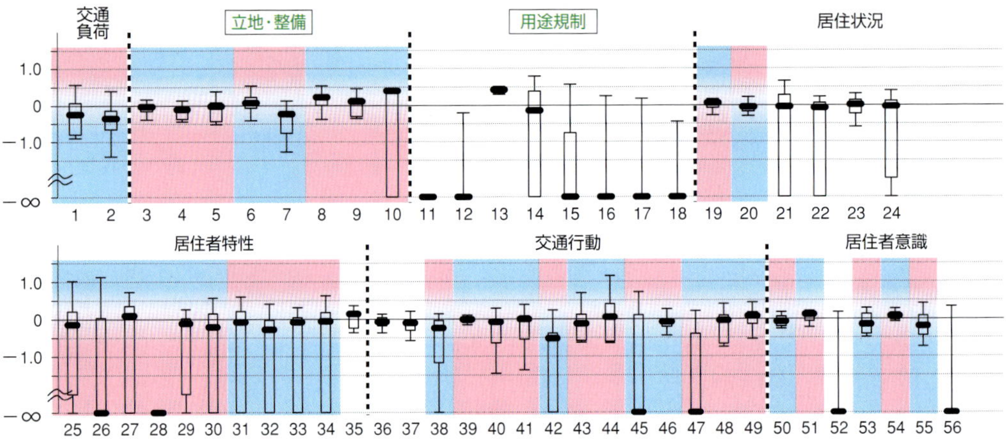

定性的評価指標

低　高

- コンパクト性
- 非スプロール度
- 防災性
- 公共交通整備度
- 路面電車・新交通整備度
- 非自動車依存度
- 都市・交通整備意識
- 居住者バランス

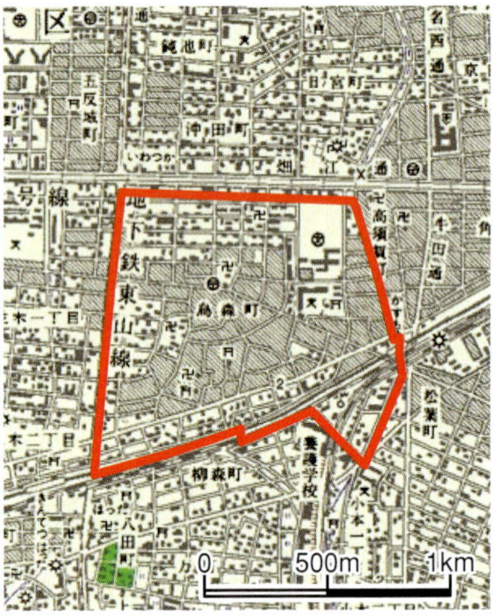

交通負荷　立地・整備　用途規制　居住状況

居住者特性　交通行動　居住者意識

定量的評価指標

CM 8

高密・駅徒歩圏外・住居地域タイプ

- 大都市圏中心都市の中で２人世帯割合が最大
- 大都市圏中心都市の中で行動群５（非車依存就業者）割合が最大
- 大都市圏中心都市の中で総滞留時間が最大
- 大都市圏中心都市の中で鉄道分担率が最小
- 全住宅地タイプの中でバス分担率が最大
- 戸建て住宅，マンションなどの住宅とともに店舗も混合しており，密集して立地している
- 基盤整備が行き届いている場合が多い

大都市圏中心都市

（分類条件）

土地利用規制			
住居地域 60%～			
人口密度	駅から	列車本数	都心から
100～150人/ha	1km～	—	—

広島市中区西川口町（2002年1月I撮影）

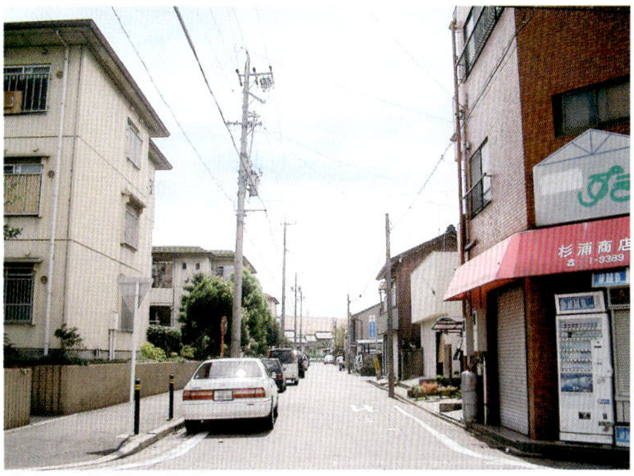

名古屋市港区港北町（2005年9月N撮影）

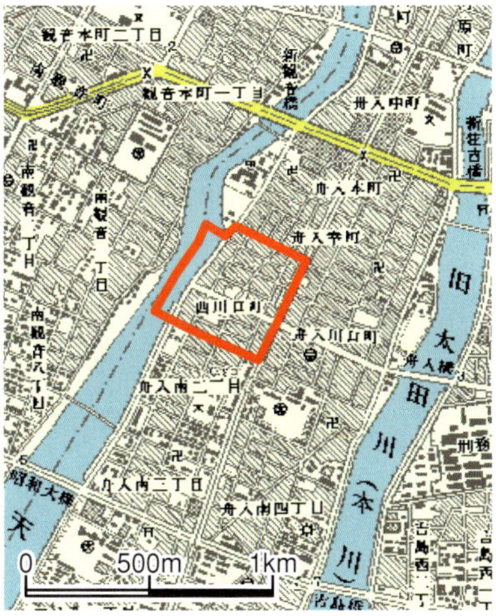

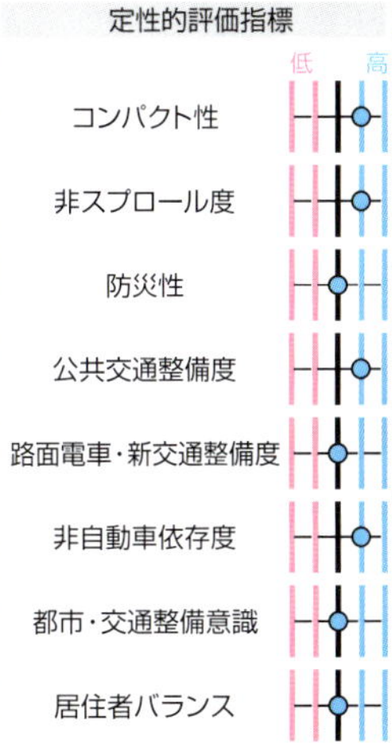

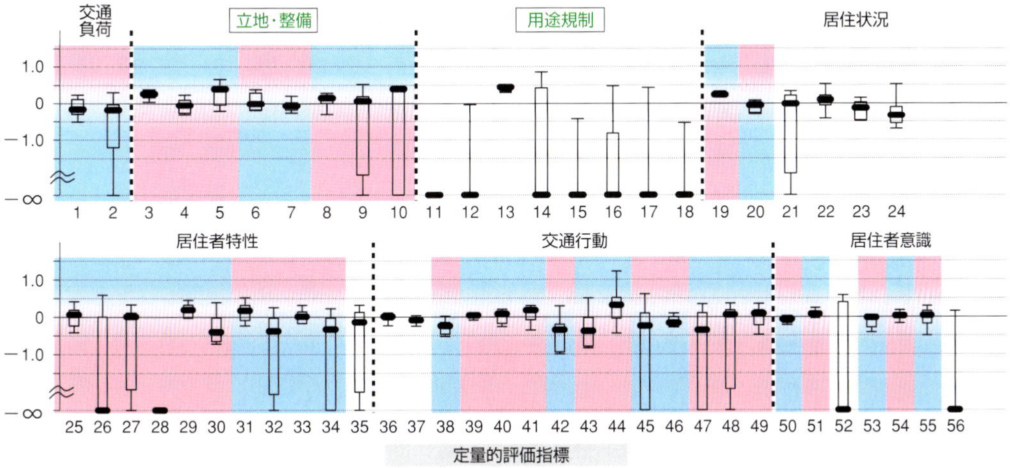

定性的評価指標（低／高）

- コンパクト性
- 非スプロール度
- 防災性
- 公共交通整備度
- 路面電車・新交通整備度
- 非自動車依存度
- 都市・交通整備意識
- 居住者バランス

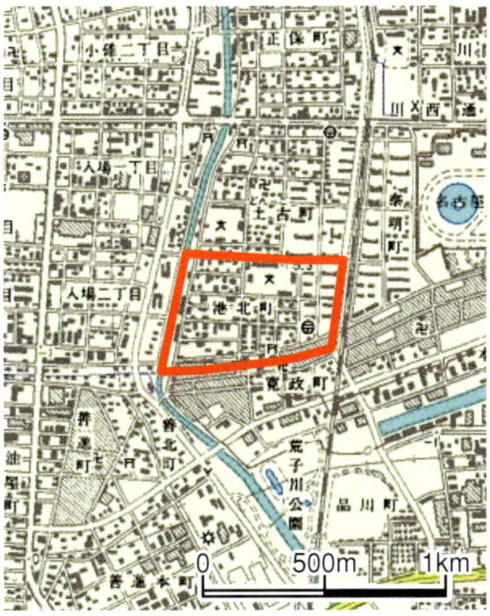

交通負荷 / 立地・整備 / 用途規制 / 居住状況

居住者特性 / 交通行動 / 居住者意識

定量的評価指標

CM 9

工業・工業専用地域タイプ

- 大都市圏中心都市の中で休日1人1日自動車燃料消費量が2番目に少ない
- 全住宅地タイプの中で1人世帯割合が最大
- 全住宅地タイプの中で高齢化率が最大
- 全住宅地タイプの中で行動群2（非車依存ブルーカラー）割合が最大，行動群9（車依存女性就業者）割合が最小
- 大都市圏中心都市の中で行動群3（非車依存学生）割合，行動群7（車依存就業者公共交通併用）割合が最小
- 大都市圏中心都市の中で自都市内自由滞留時間が最大
- 大都市圏中心都市の中でタクシー分担率が最小，徒歩分担率が最大
- 大都市圏中心都市の中で意識（まちづくり）に「郊外を開発して欲しい」と答えた人の割合が最小

大都市圏中心都市

（分類条件）

土地利用規制			
工業・工業専用地域 60%～			
人口密度	駅から	列車本数	都心から
—	—	—	—

CM

京都市南区吉祥院（2006年10月H撮影）

大阪市淀川区田川1～3丁目（2006年10月H撮影）

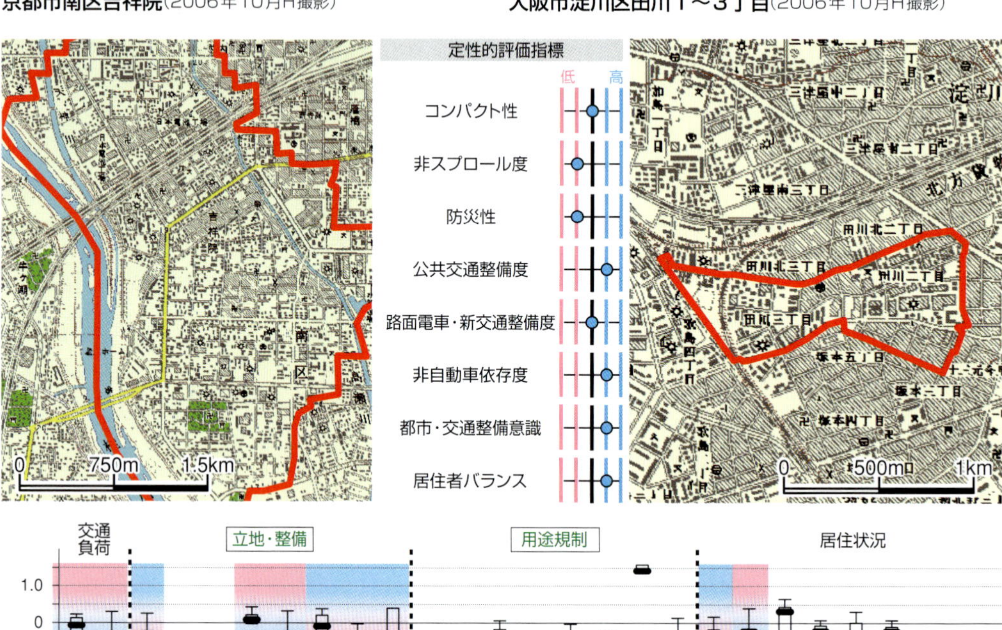

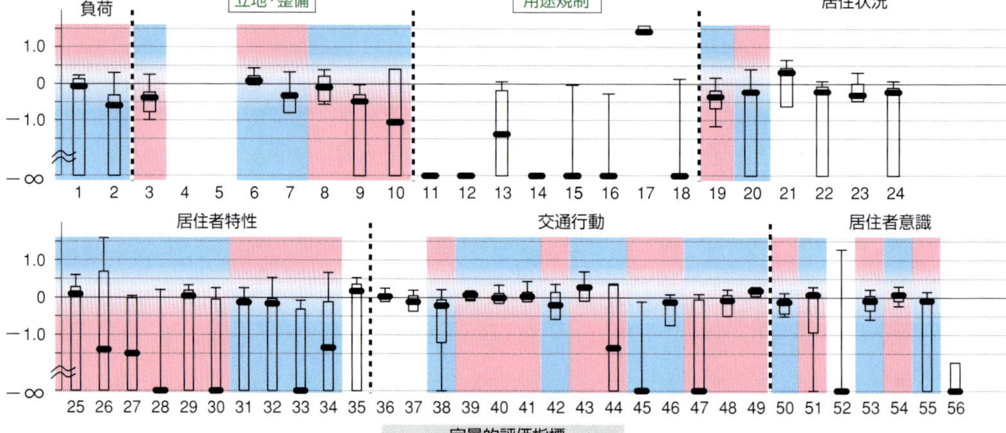

CM 10

低層住宅専用タイプ

・全住宅地タイプの中で休日1人1日自動車燃料消費量が最大
・大都市圏中心都市の中で都心からの距離が最大
・大都市圏中心都市の中で低層住宅専用地域割合が最大
・大都市圏中心都市の中で行動群10(車依存非就業者)割合が最大
・大都市圏中心都市の中で総移動時間，総移動距離が最大
・大都市圏中心都市の中で自転車分担率が最小
・大都市圏中心都市の中で意識(まちづくり)に「郊外を開発して欲しい」と答えた人の割合が最大
・一体的に開発された戸建て住宅地である場合が多い

大都市圏中心都市

(分類条件)

土地利用規制			
低層住宅専用地域 90%〜			
人口密度	駅から	列車本数	都心から
—	—	—	—

CM

横浜市南区永田山王台(2005年4月T撮影)

川崎市麻生区千代ヶ丘(2005年7月N撮影)

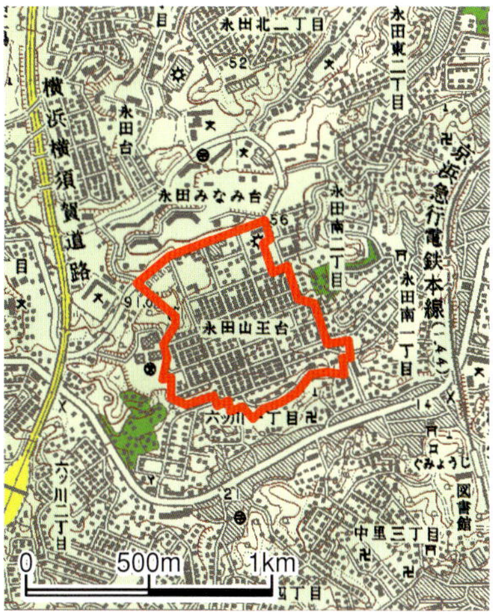

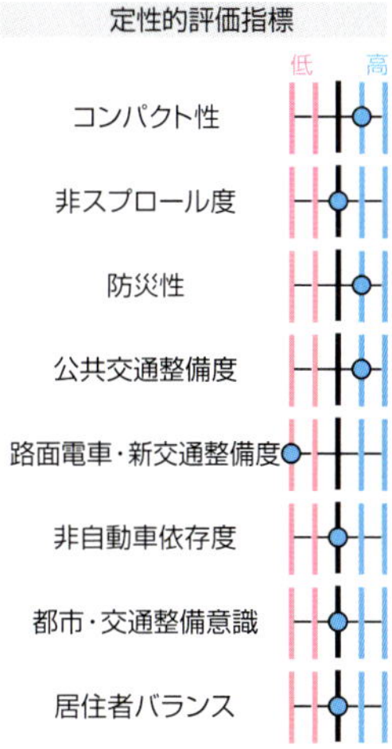

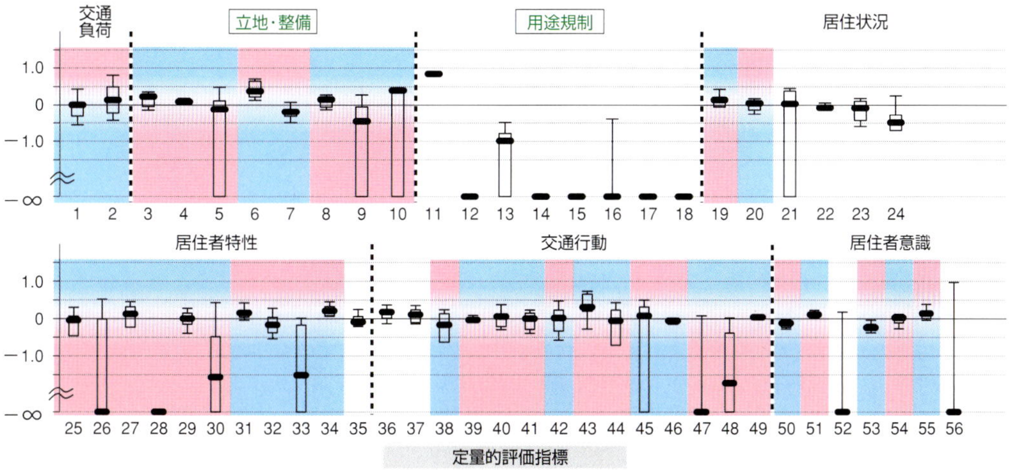

定性的評価指標

低 高

コンパクト性
非スプロール度
防災性
公共交通整備度
路面電車・新交通整備度
非自動車依存度
都市・交通整備意識
居住者バランス

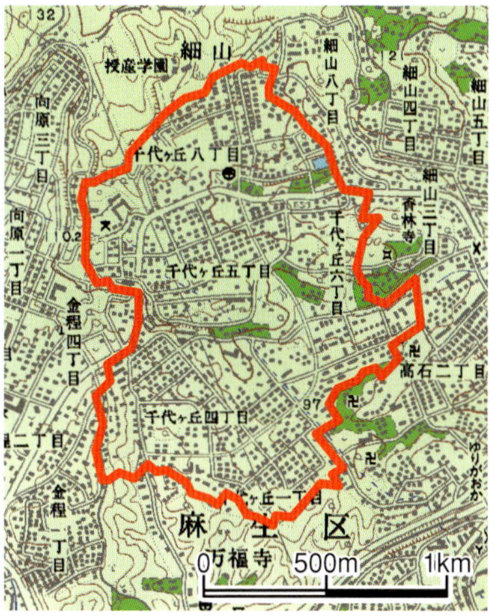

交通負荷 | 立地・整備 | 用途規制 | 居住状況

1 2 3 4 5 6 7 8 9 10 11 12 13 14 15 16 17 18 19 20 21 22 23 24

居住者特性 | 交通行動 | 居住者意識

25 26 27 28 29 30 31 32 33 34 35 36 37 38 39 40 41 42 43 44 45 46 47 48 49 50 51 52 53 54 55 56

定量的評価指標

CM 11

準工業地域タイプ

- 大都市圏中心都市の中で休日１人１日自動車燃料消費量が２番目に多い
- 大都市圏中心都市の中で準工業地域割合が最大
- 全住宅地タイプの中で３人以上世帯割合が最小
- 大都市圏中心都市の中で高齢化率が最大
- 全住宅地タイプの中で行動群１１（生徒・児童・園児）割合が最小
- 大都市圏中心都市の中で自由滞留時間が最小
- 大都市圏中心都市の中で自転車分担率が最大
- 工場とともに戸建て住宅，マンション，店舗などが混在して立地している

大都市圏中心都市

（分類条件）

土地利用規制			
準工業地域 60%〜			
人口密度	駅から	列車本数	都心から
―	―	―	―

CM

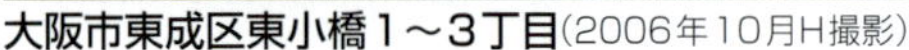

大阪市東成区東小橋１〜３丁目（2006年10月H撮影）

名古屋市中川区南脇町（2005年7月N撮影）

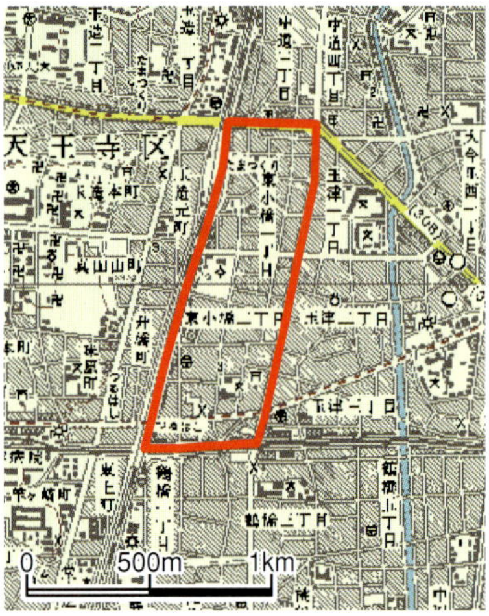

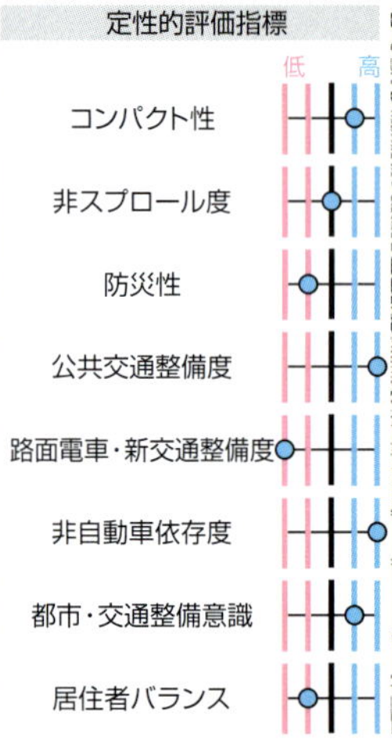

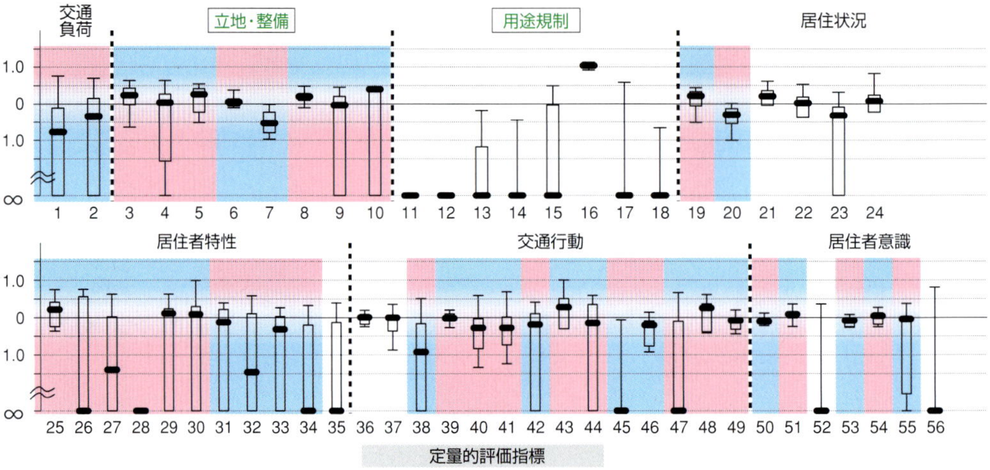

定性的評価指標（低〜高）

- コンパクト性
- 非スプロール度
- 防災性
- 公共交通整備度
- 路面電車・新交通整備度
- 非自動車依存度
- 都市・交通整備意識
- 居住者バランス

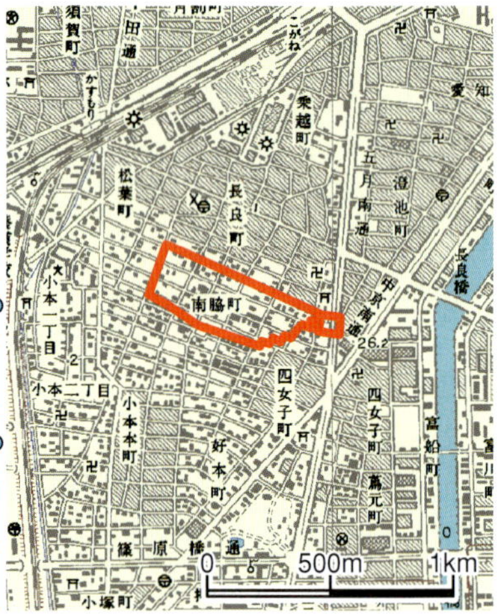

交通負荷 / 立地・整備 / 用途規制 / 居住状況

1.0 / 0 / −1.0 / −∞

1 2 3 4 5 6 7 8 9 10 11 12 13 14 15 16 17 18 19 20 21 22 23 24

居住者特性 / 交通行動 / 居住者意識

1.0 / 0 / −1.0 / −∞

25 26 27 28 29 30 31 32 33 34 35 36 37 38 39 40 41 42 43 44 45 46 47 48 49 50 51 52 53 54 55 56

定量的評価指標

CM 12

中低密・中高層住宅タイプ

- 全住宅地タイプの中でタクシー分担率が最大
- 大都市圏中心都市の中で二輪車分担率が最大
- 大都市圏中心都市の中で意識（まちづくり）に「自動車中心の中心市街地を整備して欲しい」と答えた人の割合が最大，「徒歩・公共交通中心の中心市街地を整備して欲しい」と答えた人の割合が最小
- 比較的大規模なマンションや集合住宅団地が立地している一方で，その他の場所には戸建て住宅が多く立地している場合が多い

大都市圏中心都市

（分類条件）

土地利用規制			
中高層住宅専用地域 60～90%			
人口密度	駅から	列車本数	都心から
～100人/ha	—	—	—

京都市上京区京極（上立売通）(2004年10月T撮影)

北九州市八幡西区上上津役(2004年12月T撮影)

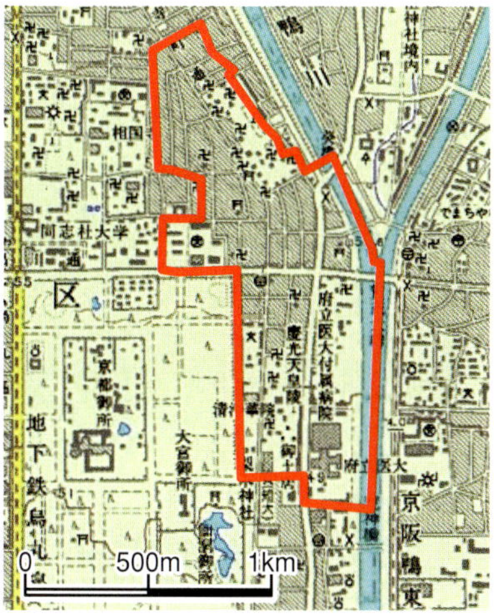

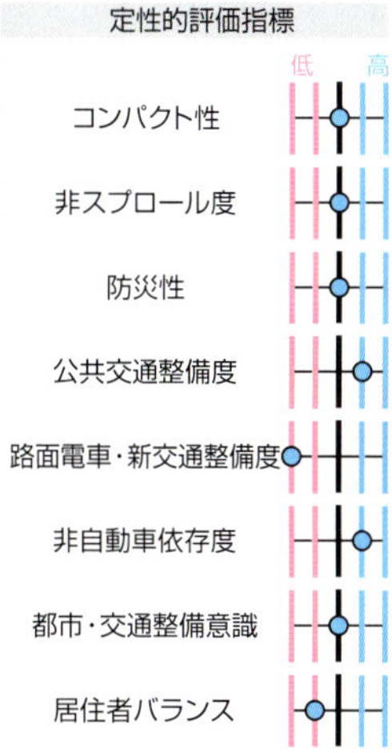

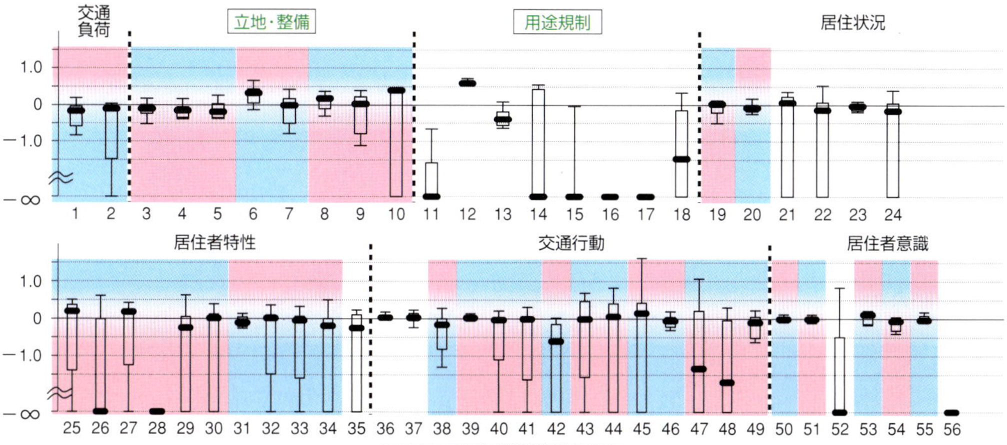

定性的評価指標（低 — 高）

- コンパクト性
- 非スプロール度
- 防災性
- 公共交通整備度
- 路面電車・新交通整備度
- 非自動車依存度
- 都市・交通整備意識
- 居住者バランス

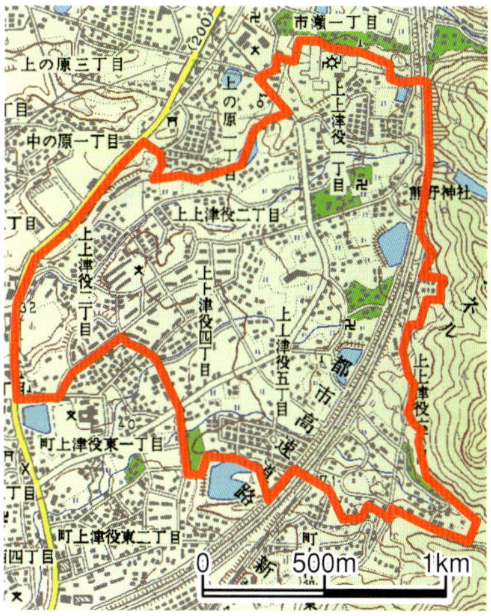

（地図縮尺：0 500m 1km）

定量的評価指標

交通負荷（1–2）／立地・整備（3–10）／用途規制（11–18）／居住状況（19–24）

居住者特性（25–35）／交通行動（36–49）／居住者意識（50–56）

（縦軸：1.0, 0, −1.0, −∞）

CM 13

高密・駅徒歩圏内・住居地域タイプ

・大都市圏中心都市の中でバス停密度が最大
・大都市圏中心都市の中で自都市内自由滞留時間が最小
・戸建て住宅，マンションなどが混合，密集して立地している
・住居地域であるため店舗も立地できるが，店舗は比較的少なく住宅が大半を占める場合が多い

大都市圏中心都市

（分類条件）

土地利用規制			
住居地域 60%〜			
人口密度	駅から	列車本数	都心から
100〜150人/ha	〜1km	—	—

CM

横浜市中区打越（2005年7月N撮影）

川崎市中原区木月住吉町（2005年7月N撮影）

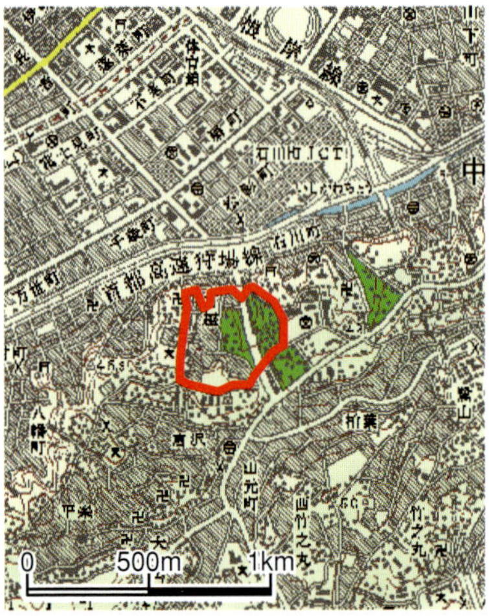

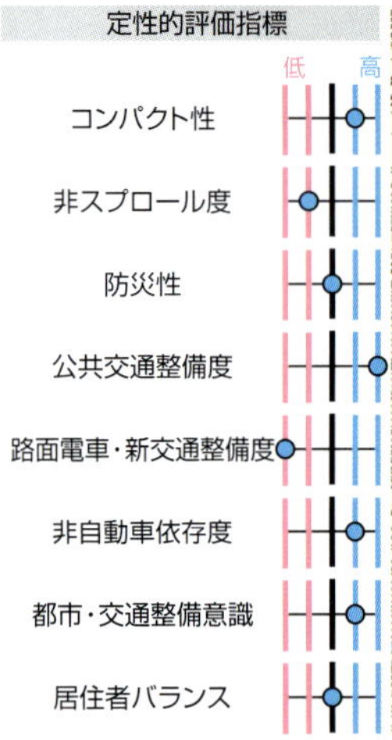

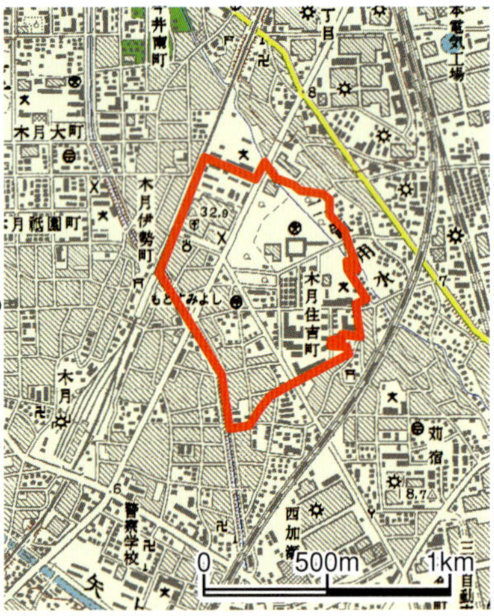

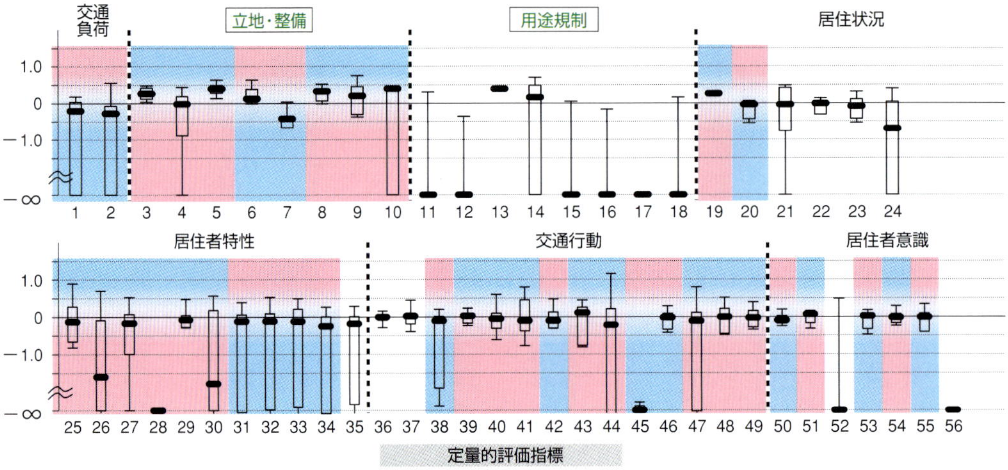

CM 14

高密・中高層住宅タイプ

・大都市圏中心都市の中で二輪車分担率が最小
・大規模なマンションが多く立地している場合が多い

大都市圏中心都市

(分類条件)

土地利用規制			
中高層住宅専用地域 60～90%			
人口密度	駅から	列車本数	都心から
100 人/ha～	—	—	—

川崎市多摩区登戸新町(2005年7月N撮影)

福岡市城南区鳥飼(2005年12月T撮影)

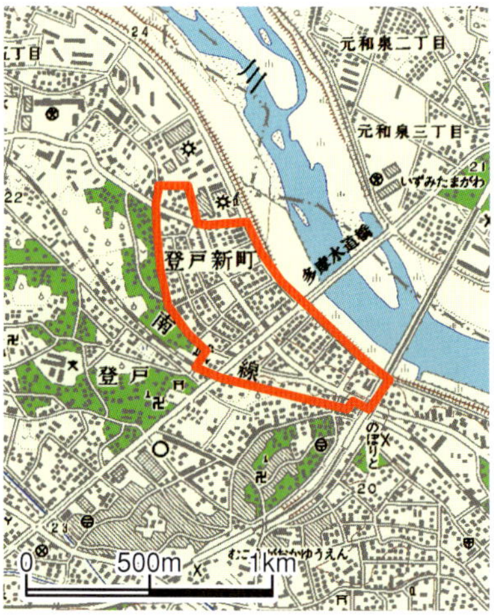

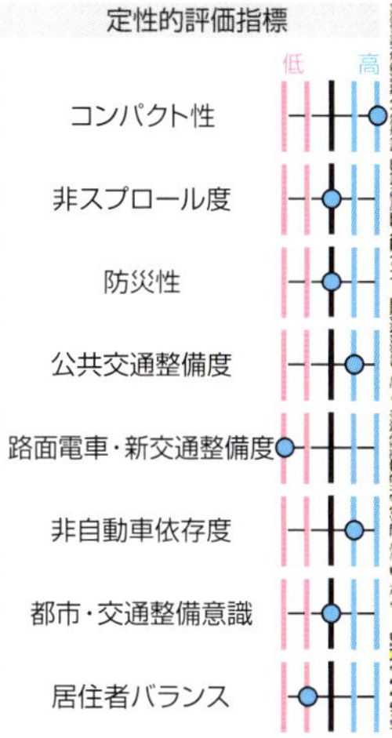

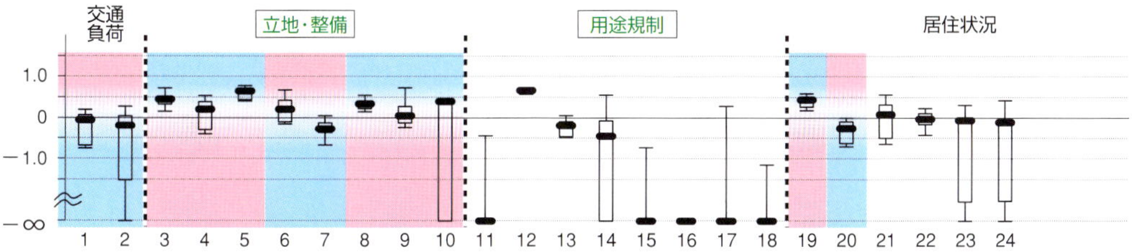

定性的評価指標

低 高

コンパクト性
非スプロール度
防災性
公共交通整備度
路面電車・新交通整備度
非自動車依存度
都市・交通整備意識
居住者バランス

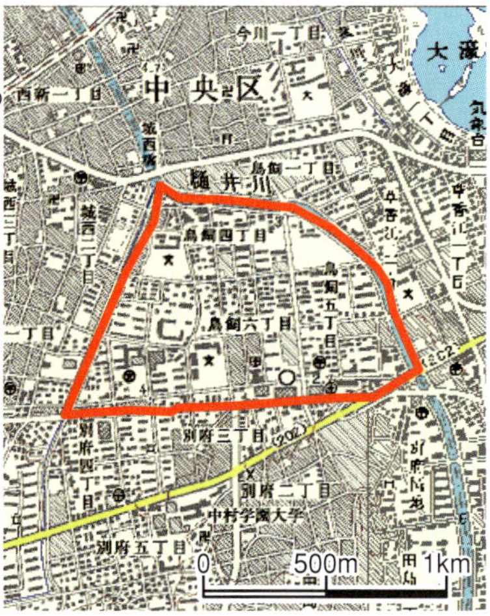

交通負荷　立地・整備　用途規制　居住状況

1.0 0 −1.0 −∞

1 2 3 4 5 6 7 8 9 10 11 12 13 14 15 16 17 18 19 20 21 22 23 24

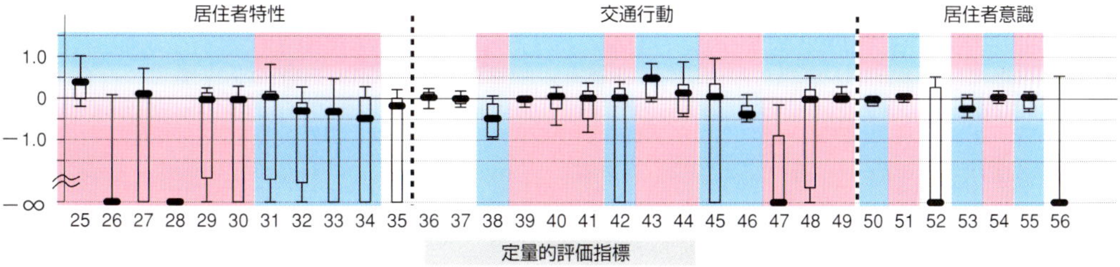

居住者特性　交通行動　居住者意識

1.0 0 −1.0 −∞

25 26 27 28 29 30 31 32 33 34 35 36 37 38 39 40 41 42 43 44 45 46 47 48 49 50 51 52 53 54 55 56

定量的評価指標

CM

CM 15

駅徒歩圏内・低層住宅タイプ

・全住宅地タイプの中で行動群3（非車依存学生）割合が最大，行動群8（車完全依存就業者）割合が最小
・全住宅地タイプの中で鉄道分担率が最大
・住区の一部に一体的に開発された戸建て住宅地が含まれる場合が多い

大都市圏中心都市

（分類条件）

土地利用規制			
低層住宅専用地域 60～90%			
人口密度	駅から	列車本数	都心から
—	～1km	—	—

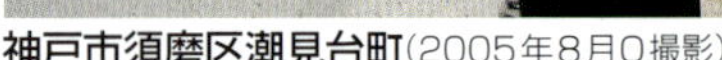

神戸市須磨区潮見台町（2005年8月O撮影）

福岡市東区香椎（2006年12月N撮影）

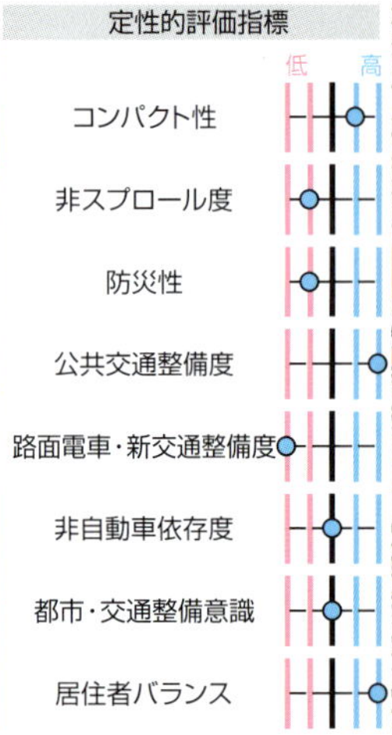

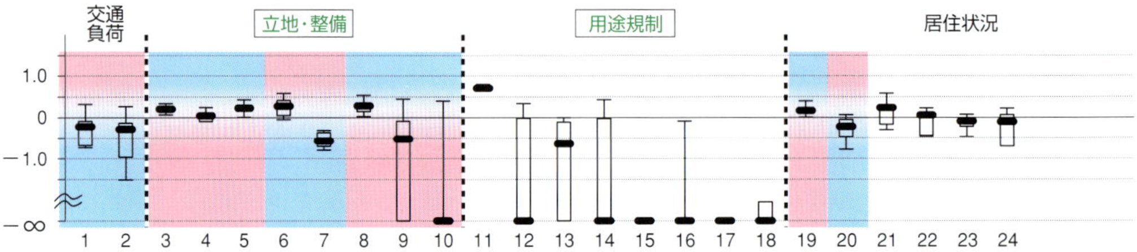

定性的評価指標

低　高

コンパクト性
非スプロール度
防災性
公共交通整備度
路面電車・新交通整備度
非自動車依存度
都市・交通整備意識
居住者バランス

交通負荷　立地・整備　用途規制　居住状況

1.0　0　−1.0　−∞

1 2 3 4 5 6 7 8 9 10 11 12 13 14 15 16 17 18 19 20 21 22 23 24

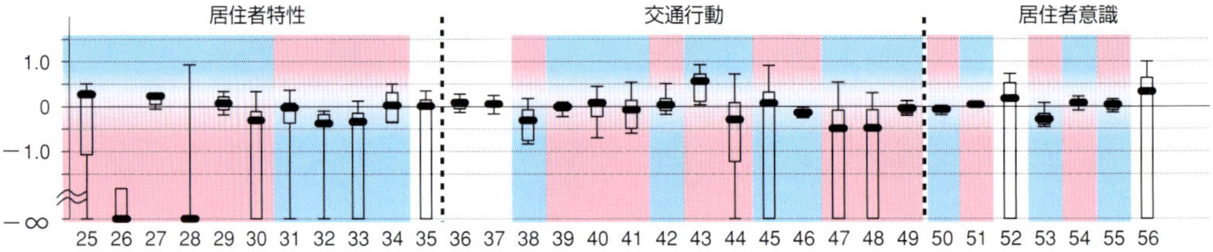

居住者特性　交通行動　居住者意識

1.0　0　−1.0　−∞

25 26 27 28 29 30 31 32 33 34 35 36 37 38 39 40 41 42 43 44 45 46 47 48 49 50 51 52 53 54 55 56

定量的評価指標

CM 16

調整区域タイプ

- 大都市圏中心都市の中で戸建住宅密度，集合住宅密度が最小
- 山地，農地の占める面積が非常に大きいが，その他の平地には住宅がある程度密集して立地し，集落が形成されている場合が多い

大都市圏中心都市

（分類条件）

土地利用規制			
市街化調整区域 50〜75％			
人口密度	駅から	列車本数	都心から
—	—	—	—

福岡市早良区大字重留・重留（2005年12月T撮影）

京都市左京区松ヶ崎（2002年1月S撮影）

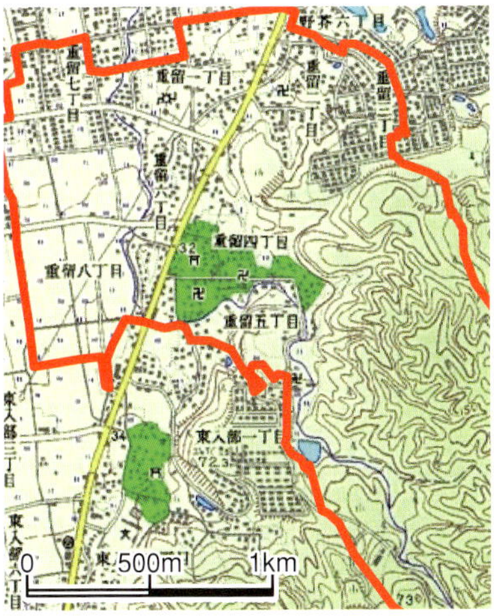

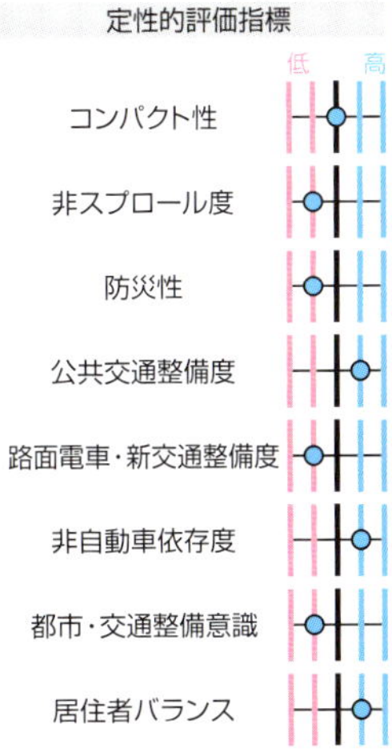

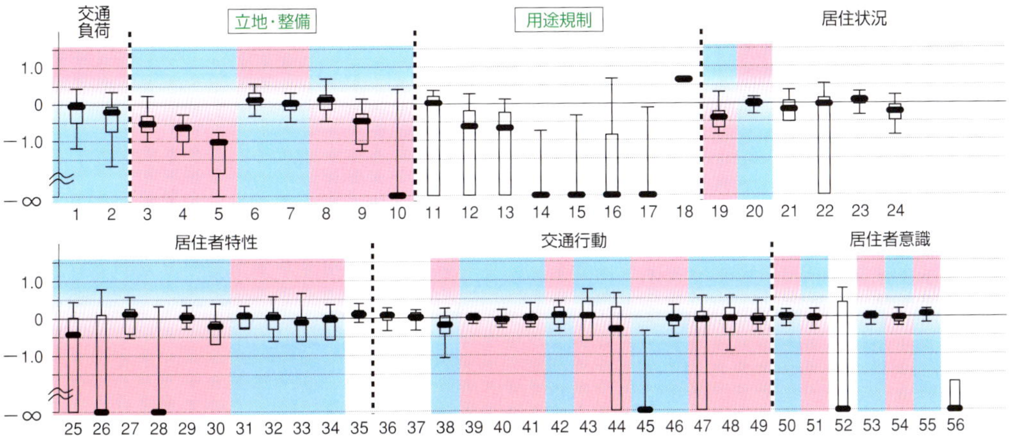

定性的評価指標

低　高

- コンパクト性
- 非スプロール度
- 防災性
- 公共交通整備度
- 路面電車・新交通整備度
- 非自動車依存度
- 都市・交通整備意識
- 居住者バランス

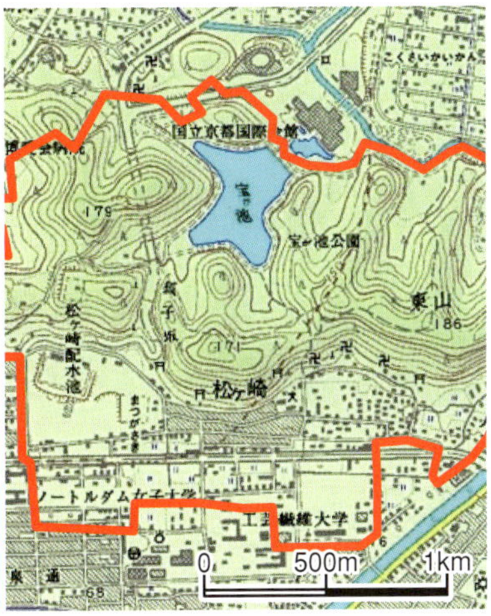

交通負荷　立地・整備　用途規制　居住状況

1.0　0　−1.0　−∞

1 2 3 4 5 6 7 8 9 10 11 12 13 14 15 16 17 18 19 20 21 22 23 24

居住者特性　交通行動　居住者意識

1.0　0　−1.0　−∞

25 26 27 28 29 30 31 32 33 34 35 36 37 38 39 40 41 42 43 44 45 46 47 48 49 50 51 52 53 54 55 56

定量的評価指標

CM

CM 17

線引き境界タイプ

・住区の一部に山地，農地を含むが，その他の平地には住宅がある程度密集して立地し，集落が形成されている場合が多い

大都市圏中心都市

（分類条件）

土地利用規制			
市街化調整区域 25～50％			
人口密度	駅から	列車本数	都心から
—	—	—	—

北九州市八幡西区小嶺（2004年12月T撮影）

広島市安芸区瀬野（2005年10月N撮影）

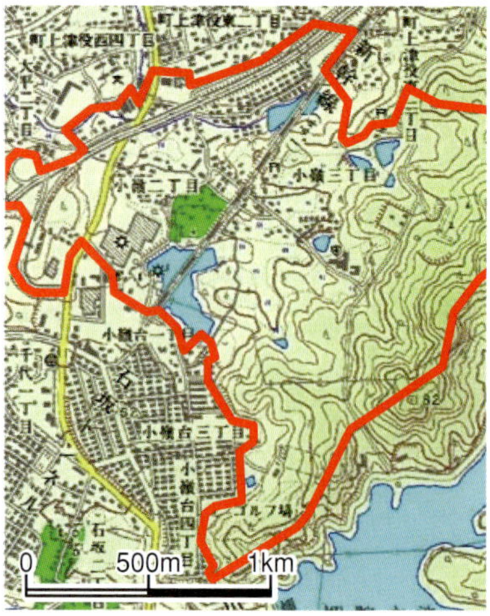

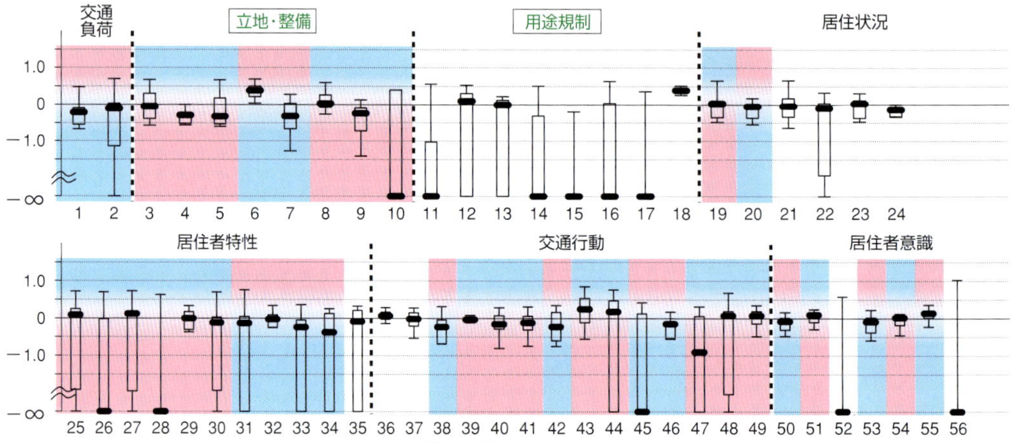

定性的評価指標（低・高）

- コンパクト性
- 非スプロール度
- 防災性
- 公共交通整備度
- 路面電車・新交通整備度
- 非自動車依存度
- 都市・交通整備意識
- 居住者バランス

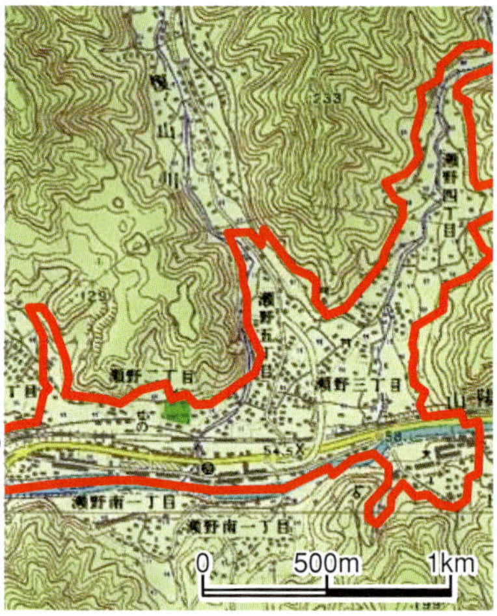

交通負荷 ／ 立地・整備 ／ 用途規制 ／ 居住状況

1.0 ／ 0 ／ −1.0 ／ −∞

1 2 3 4 5 6 7 8 9 10 11 12 13 14 15 16 17 18 19 20 21 22 23 24

居住者特性 ／ 交通行動 ／ 居住者意識

1.0 ／ 0 ／ −1.0 ／ −∞

25 26 27 28 29 30 31 32 33 34 35 36 37 38 39 40 41 42 43 44 45 46 47 48 49 50 51 52 53 54 55 56

定量的評価指標

CM 18

超高密・住居地域タイプ

- 大都市圏中心都市の中で平日1人1日自動車燃料消費量が5番目に少ない
- 全住宅地タイプの中で住宅密度，集合住宅密度が最大
- 大都市圏中心都市の中で戸建住宅密度が最大
- 大都市圏中心都市の中で住居地域割合が最大
- 大都市圏中心都市の中で人口密度が最大
- 戸建て住宅，マンションなどの住宅とともに，店舗も混合しており非常に密集して立地している

大都市圏中心都市

（分類条件）

土地利用規制			
住居地域 60%〜			
人口密度	駅から	列車本数	都心から
150 人/ha〜	—	—	—

神戸市長田区戸崎通（2000年1月S撮影）

名古屋市南区呼続元町（2005年7月N撮影）

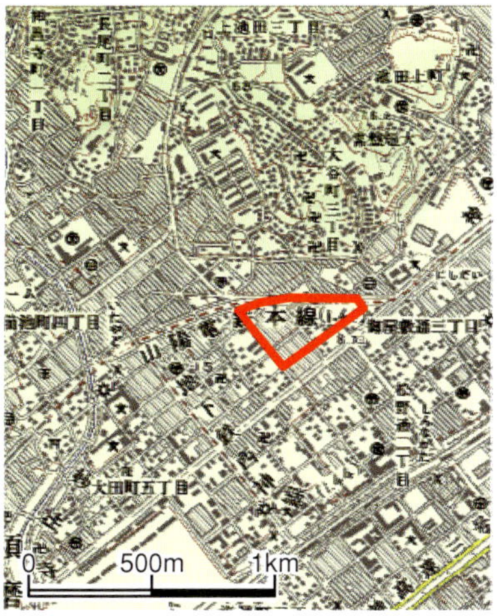

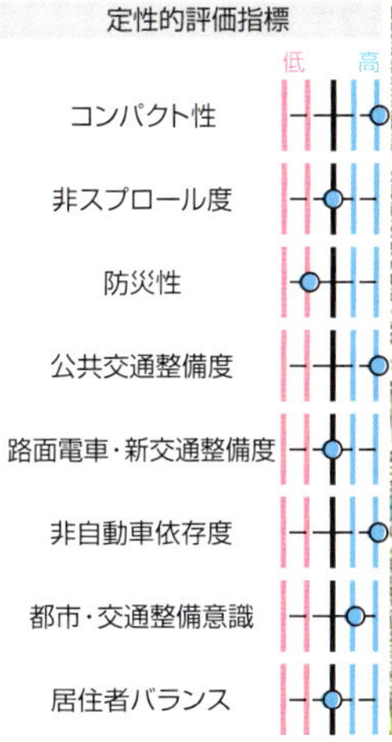

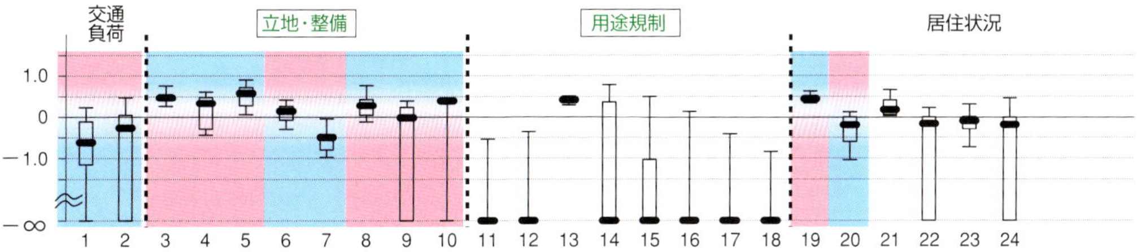

定性的評価指標（低・高）
- コンパクト性
- 非スプロール度
- 防災性
- 公共交通整備度
- 路面電車・新交通整備度
- 非自動車依存度
- 都市・交通整備意識
- 居住者バランス

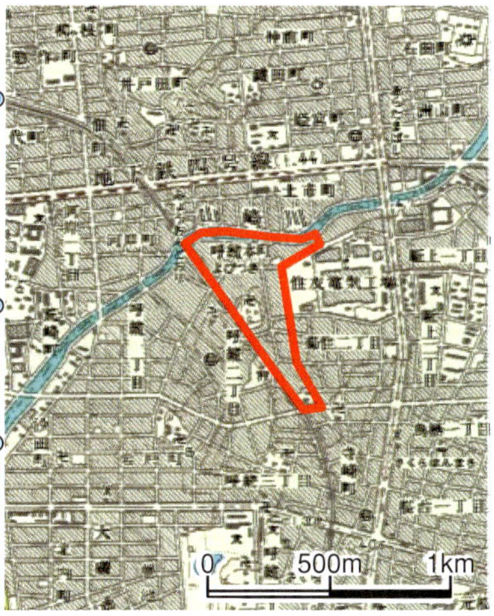

交通負荷 / 立地・整備 / 用途規制 / 居住状況

1.0 / 0 / −1.0 / −∞

1 2 3 4 5 6 7 8 9 10 11 12 13 14 15 16 17 18 19 20 21 22 23 24

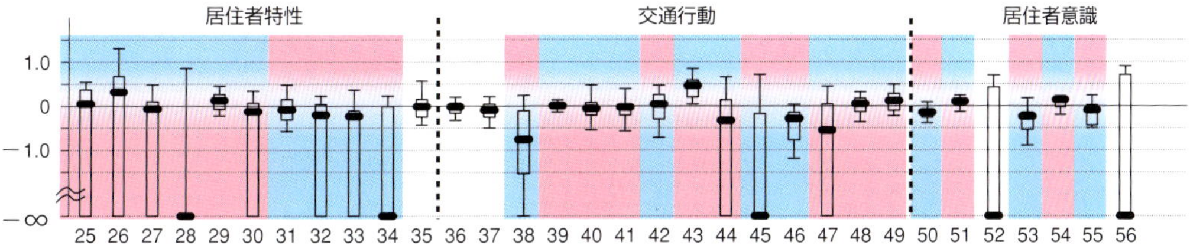

居住者特性 / 交通行動 / 居住者意識

1.0 / 0 / −1.0 / −∞

25 26 27 28 29 30 31 32 33 34 35 36 37 38 39 40 41 42 43 44 45 46 47 48 49 50 51 52 53 54 55 56

定量的評価指標

CM 19

工業系混在タイプ

・大都市圏中心都市の中で平日１人１日自動車燃料消費量が４番目に少ない
・大都市圏中心都市の中で休日１人１日自動車燃料消費量が最小
・全住宅地タイプの中で世帯あたり自動車保有台数が最小
・大都市圏中心都市の中で行動群６（非車依存高齢者）割合が最大
・大都市圏中心都市の中で自由滞留時間が最大
・工場とともに戸建て住宅，マンション，店舗などが混在，密集して立地している場合が多い

大都市圏中心都市

（分類条件）

土地利用規制			
工業系混在 （工業系土地利用割合が最も大きい）			
人口密度	駅から	列車本数	都心から
—	—	—	—

大阪市港区市岡１〜４丁目（2006年10月H撮影）

京都市上京区出水（知恵光院通）（2006年10月H撮影）

定性的評価指標

低　高

コンパクト性
非スプロール度
防災性
公共交通整備度
路面電車・新交通整備度
非自動車依存度
都市・交通整備意識
居住者バランス

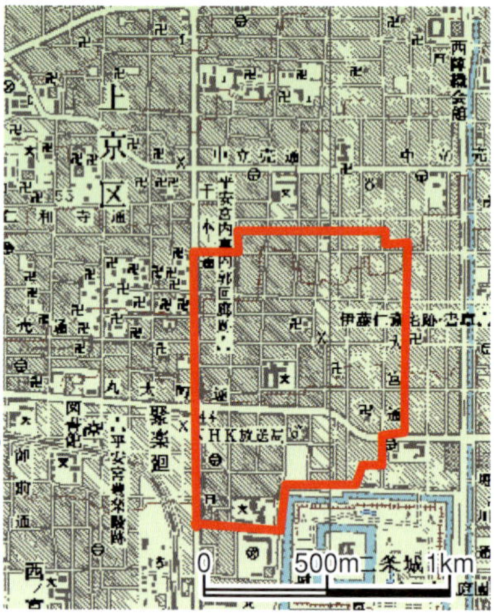

交通負荷　立地・整備　用途規制　居住状況

居住者特性　交通行動　居住者意識

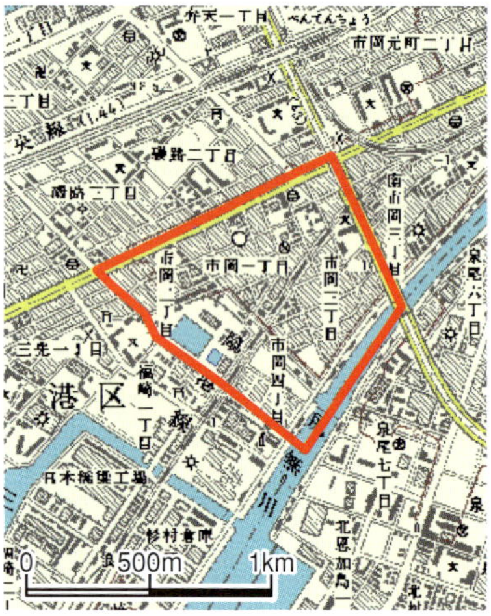

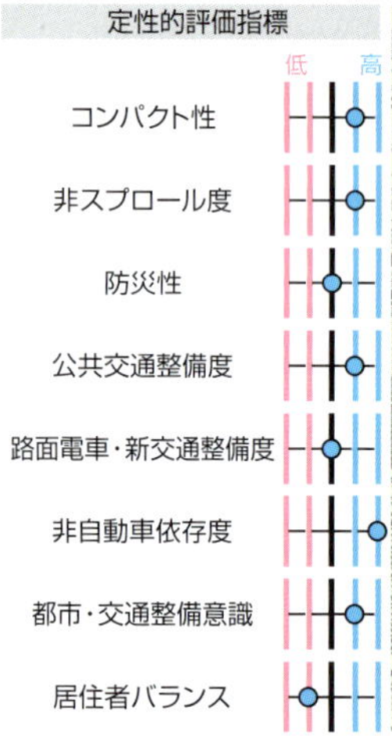

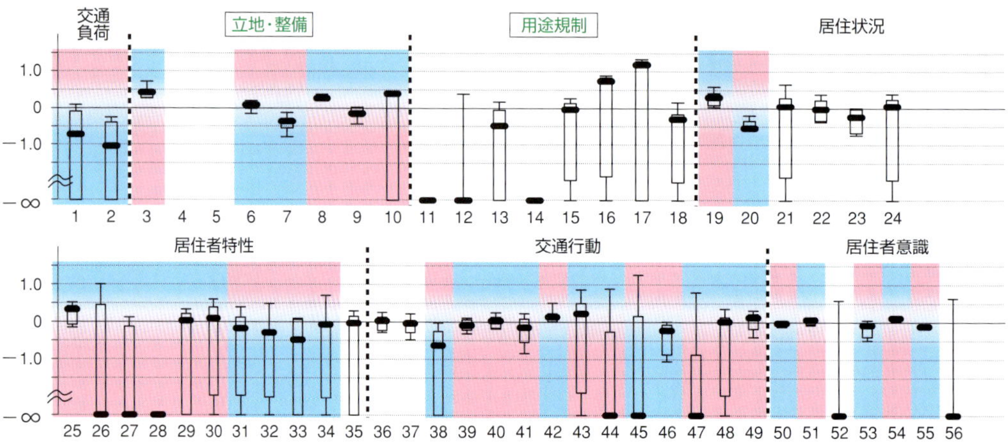

定量的評価指標

CM 20

商業地域タイプ

- 大都市圏中心都市の中で平日1人1日自動車燃料消費量が3番目に少ない
- 大都市圏中心都市の中で平日1人1日自動車燃料消費量が4番目に少ない
- 全住宅地タイプの中で列車本数が最大
- 全住宅地タイプの中で基盤整備率が最大
- 全住宅地タイプの中で行動群1（非車依存ホワイトカラー）割合が最大，行動群10（車依存非就業者）割合が最小
- 大都市圏中心都市の中で総移動距離が最小
- 全住宅地タイプの中で自動車分担率が最小
- 大都市圏中心都市の中で意識（環境問題）に「低環境負荷の自動車を利用する」と答えた人の割合が最小
- 全住宅地タイプの中で意識（環境問題）に「公共交通を利用する」と答えた人の割合が最大

大都市圏中心都市

（分類条件）

土地利用規制			
商業地域 60%～			
人口密度	駅から	列車本数	都心から
—	—	—	—

京都市下京区格致（醒ヶ井通）(2002年1月S撮影)

大阪市浪速区大国1～3丁目(2006年10月H撮影)

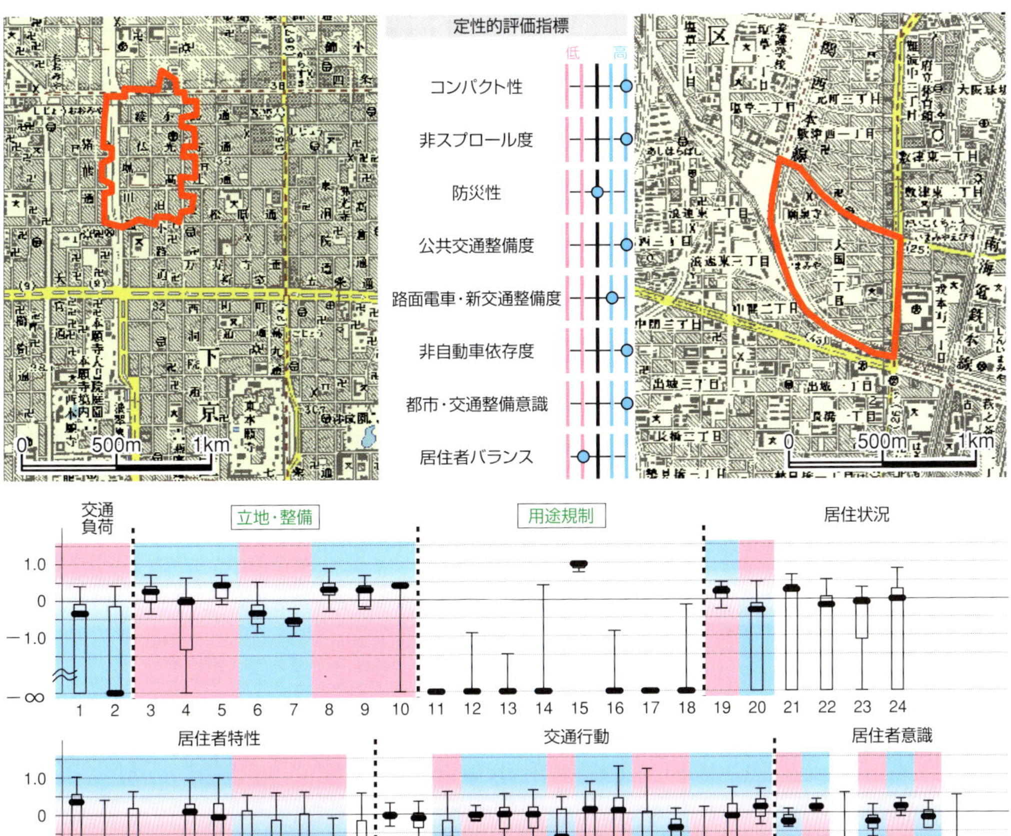

CM 21

高密・住宅系混在タイプ

・大都市圏中心都市の中で平日1人1日自動車燃料消費量が2番目に少ない
・大都市圏中心都市の中で市外へ行く人の割合が最大
・戸建て住宅，マンションなどが混在，密集して立地している

大都市圏中心都市

（分類条件）

土地利用規制			
住宅系混在（住宅系土地利用割合が最も大きい）			
人口密度	駅から	列車本数	都心から
100人/ha～	—	—	—

横浜市港北区大豆戸町（2005年7月N撮影）

川崎市中原区小杉陣屋町（2005年7月N撮影）

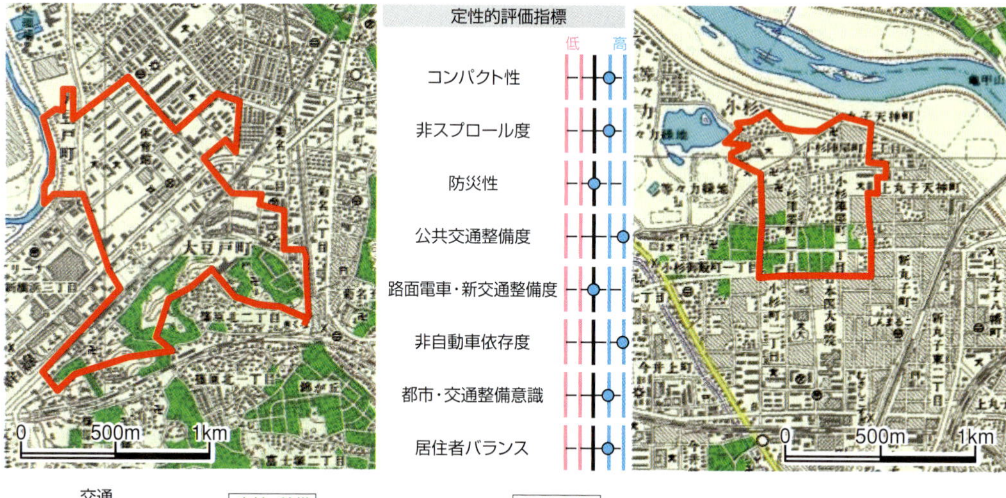

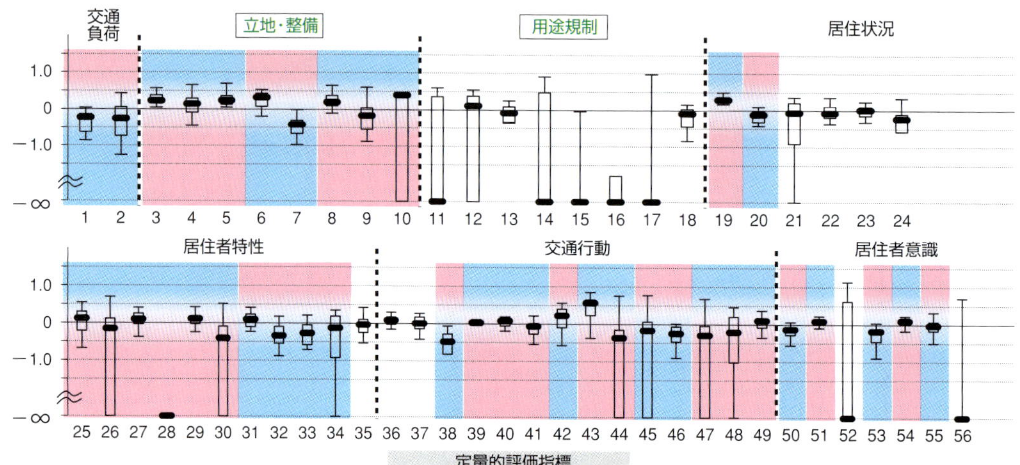

CM 22

近隣商業地域タイプ

・大都市圏中心都市の中で平日1人1日自動車燃料消費量が最小
・大都市圏中心都市の中で休日1人1日自動車燃料消費量が4番目に多い
・大都市圏中心都市の中で都心からの距離が最小
・大都市圏中心都市の中で駅からの距離が最小
・全住宅地タイプの中で近隣商業地域割合が最大
・大都市圏中心都市の中で総移動時間が最小
・全住宅地タイプの中で車走行距離が最小
・比較的小規模な店舗が多く立地している

大都市圏中心都市

（分類条件）

土地利用規制			
近隣商業地域 60%～			
人口密度	駅から	列車本数	都心から
—	—	—	—

CM

横浜市保土ヶ谷区岩間町（2005年7月N撮影）

京都市下京区植柳（油小路通）（2002年10月T撮影）

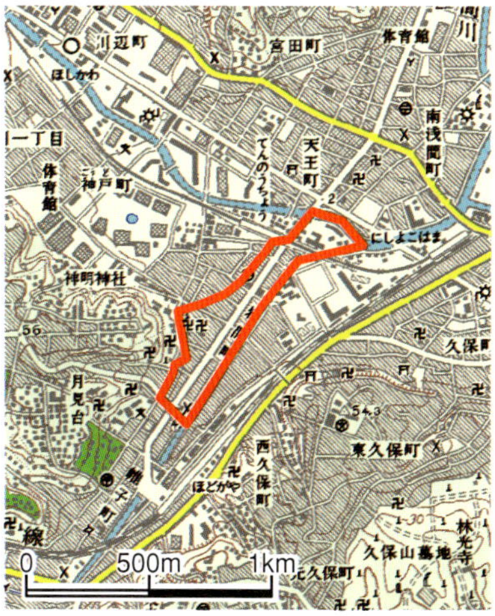

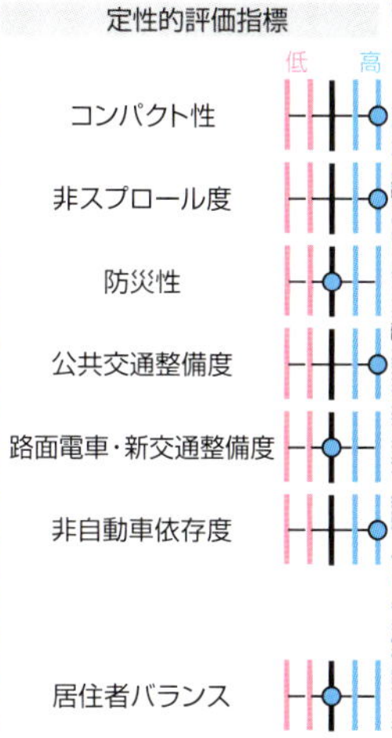

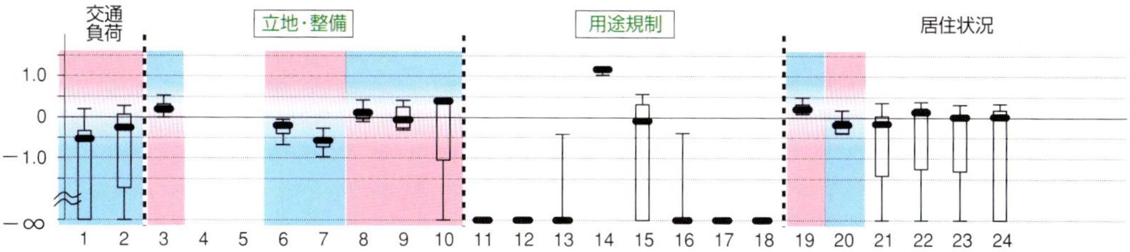

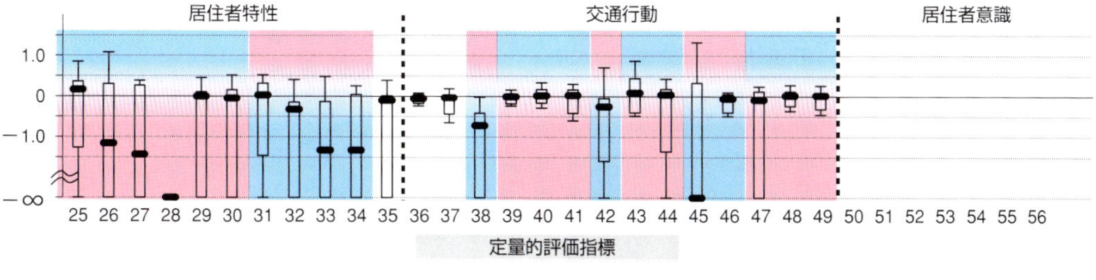

定性的評価指標（低／高）

- コンパクト性
- 非スプロール度
- 防災性
- 公共交通整備度
- 路面電車・新交通整備度
- 非自動車依存度
- 居住者バランス

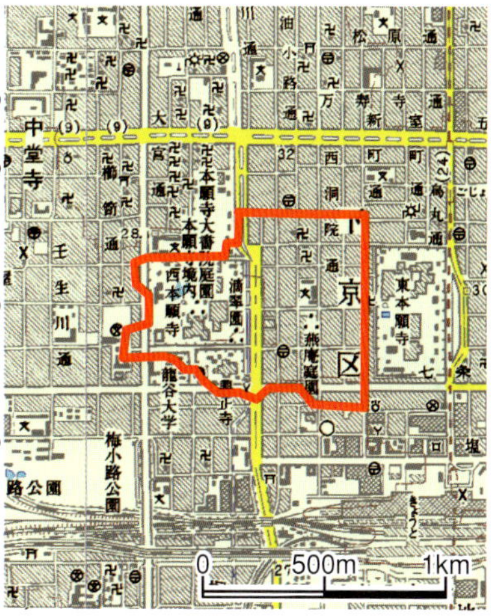

交通負荷／立地・整備／用途規制／居住状況

居住者特性／交通行動／居住者意識

定量的評価指標

2 大都市圏衛星都市(SM)
Satellite City in Metropolitan Area

SM

住宅地タイプ分類表(大都市圏衛星都市)

住宅地タイプ※	分類条件			
	土地利用規制	人口密度	駅から	都心から
SM1	低層住宅専用地域60〜90%	〜50人/ha	—	—
SM2	住居地域60%〜	〜50人/ha	1km〜	—
SM3	準工業地域60%〜	—	—	—
SM4	低層住宅専用地域90%〜	〜100人/ha	1km〜	—
SM5	住宅系混在	50〜100人/ha	—	—
SM6	近隣商業地域60%〜	—	—	—
SM7	市街化調整区域25〜50%	〜50人/ha	1km〜	—
SM8	市街化調整区域25〜50%	〜50人/ha	〜1km	—
SM9	住宅系混在	〜50人/ha	—	—
SM10	中高層住宅専用地域60〜90%	〜50人/ha	—	—
SM11	中高層住宅専用地域60〜90%	50〜100人/ha	〜1km	—
SM12	低層住宅専用地域60〜90%	50〜100人/ha	1km〜	5km〜
SM13	低層住宅専用地域60〜90%	50〜100人/ha	1km〜	〜5km
SM14	住居地域60%〜	〜50人/ha	〜1km	—
SM15	住宅系及び商業系混合	—	—	—
SM16	中高層住宅専用地域90%〜	—	1km〜	—
SM17	市街化調整区域75%〜	—	—	—
SM18	商業系混在	—	—	—
SM19	住居地域60%〜	50〜100人/ha	〜1km	—
SM20	工業系混在	—	—	—
SM21	中高層住宅専用地域90%〜	—	〜1km	—
SM22	中高層住宅専用地域60〜90%	50〜100人/ha	1km〜	—
SM23	工業・工業専用地域60%〜	—	—	—
SM24	住居地域60%〜	100人/ha〜	—	—
SM25	中高層住宅専用地域60〜90%	100〜150人/ha	—	—
SM26	市街化調整区域50〜75%	—	—	—
SM27	低層住宅専用地域60〜90%	100人/ha〜	—	—
SM28	低層住宅専用地域60〜90%	50〜100人/ha	〜1km	—
SM29	中高層住宅専用地域60〜90%	150人/ha〜	—	—
SM30	市街化調整区域25〜50%	50人/ha〜	—	—
SM31	住居地域60%〜	50〜100人/ha	1km〜	—
SM32	商業地域60%〜	100人/ha〜	—	—
SM33	住宅系混在	100人/ha〜	—	—
SM34	商業地域60%〜	〜100人/ha	—	—
SM35	低層住宅専用地域90%〜	〜100人/ha	〜1km	—
SM36	低層住宅専用地域90%〜	100人/ha〜	—	—

※上から平日1人1日自動車燃料消費量の多い順

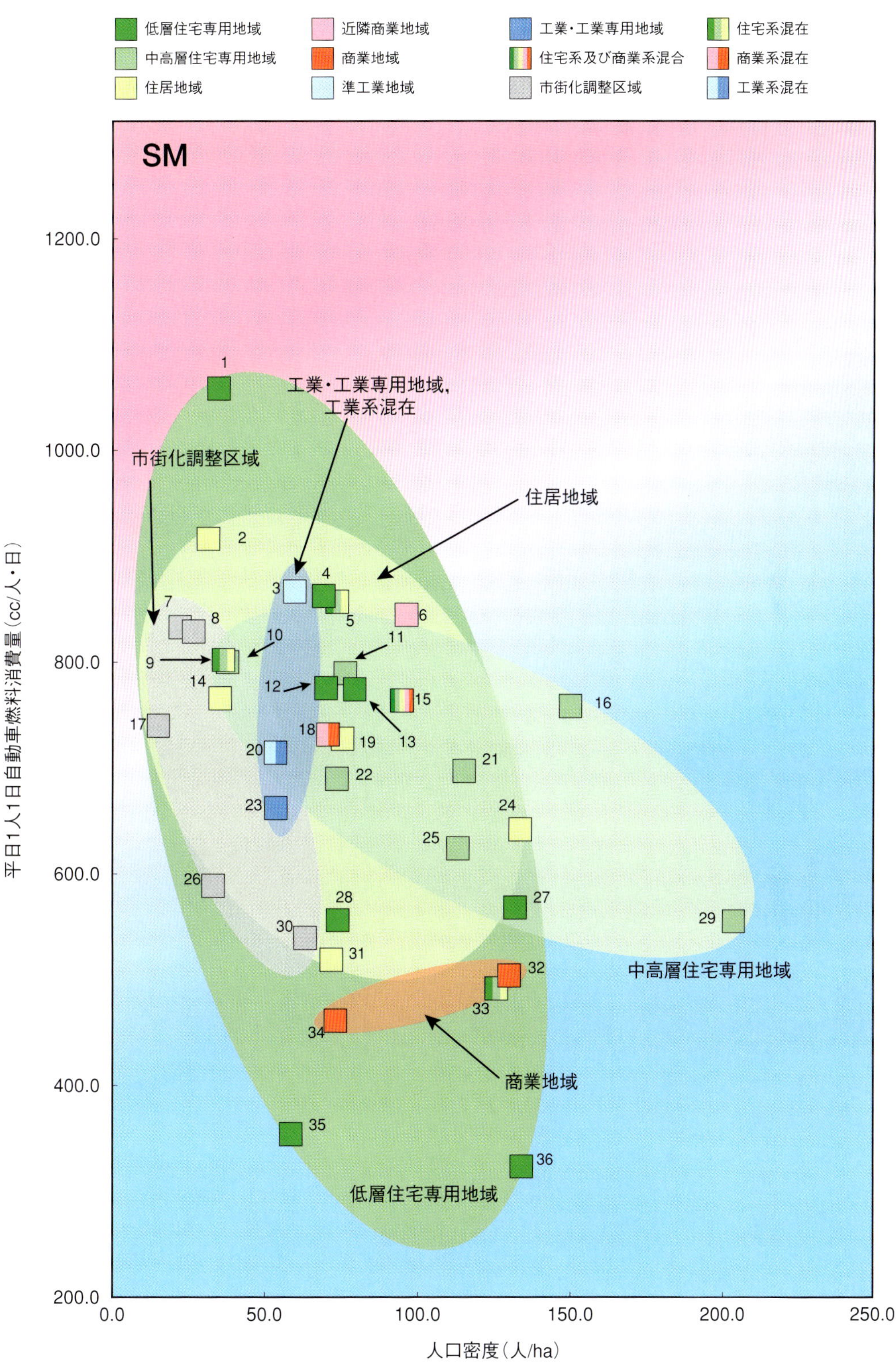

住宅地タイプ別の人口密度と平日1人1日自動車燃料消費量の関係(大都市圏衛星都市SM)

※図中では大都市圏中心都市に属する住宅地タイプであることを表す「SM」を省略し,番号のみを記載しています。

SM

SM 1

低密・低層住宅タイプ

- 大都市圏衛星都市の中で平日1人1日自動車燃料消費量が最大
- 大都市圏衛星都市の中で休日1人1日自動車燃料消費量が4番目に多い
- 大都市圏衛星都市の中で行動群3（非車依存学生）割合が最大
- 大都市圏衛星都市の中で自転車分担率が最小
- 一体的に開発された戸建て住宅地である場合が多い
- 建物間の距離が大きく密集していない場合が多い

大都市圏衛星都市

（分類条件）

土地利用規制			
低層住宅専用地域 60～90%			
人口密度	駅から	列車本数	都心から
～50人/ha	—	—	—

奈良市登美が丘1～6丁目（2005年9月N撮影）

千葉市花見川区浪花町（2005年11月N撮影）

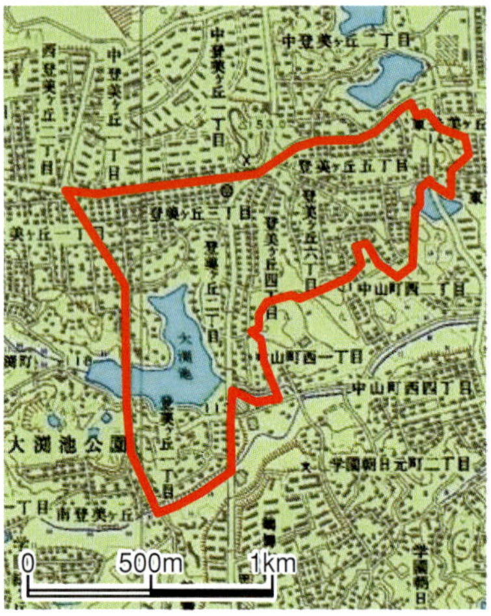

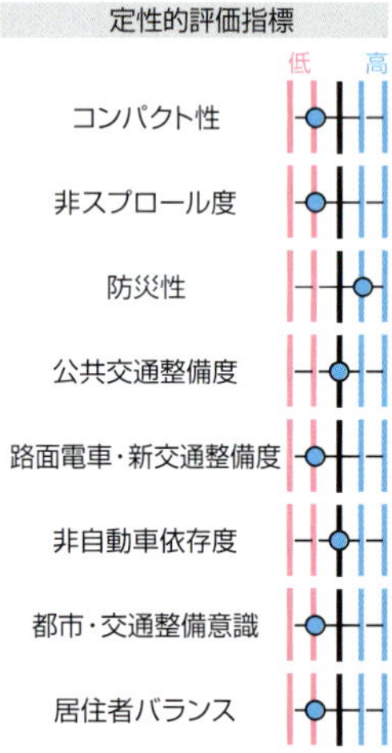

定性的評価指標（低 — 高）

- コンパクト性
- 非スプロール度
- 防災性
- 公共交通整備度
- 路面電車・新交通整備度
- 非自動車依存度
- 都市・交通整備意識
- 居住者バランス

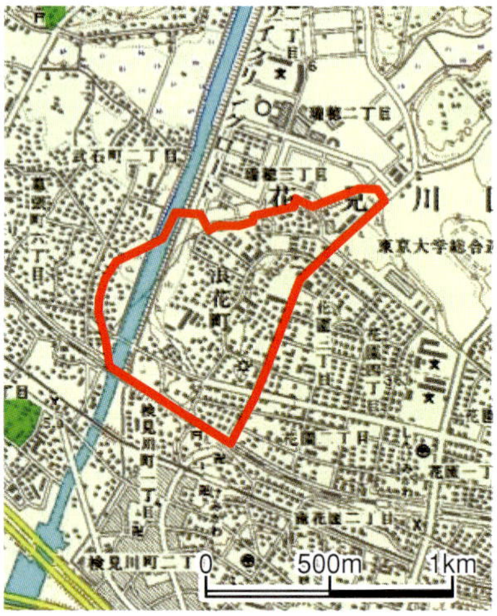

0　500m　1km

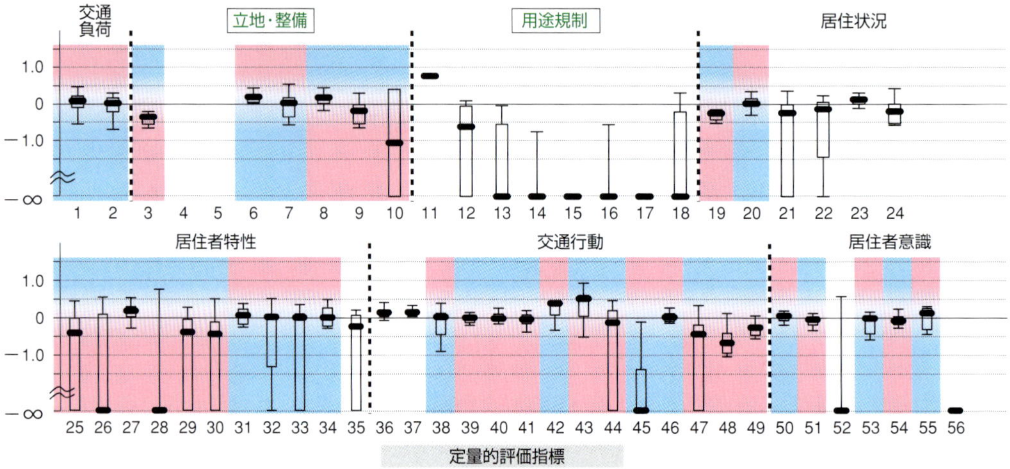

交通負荷　立地・整備　用途規制　居住状況

1.0　0　−1.0　−∞

1 2 3 4 5 6 7 8 9 10 11 12 13 14 15 16 17 18 19 20 21 22 23 24

居住者特性　交通行動　居住者意識

1.0　0　−1.0　−∞

25 26 27 28 29 30 31 32 33 34 35 36 37 38 39 40 41 42 43 44 45 46 47 48 49 50 51 52 53 54 55 56

定量的評価指標

SM 2

低密・駅徒歩圏外・住居地域タイプ

- 大都市圏衛星都市の中で平日1人1日自動車燃料消費量が3番目に多い
- 大都市圏衛星都市の中で戸建住宅密度が最小
- 大都市圏衛星都市の中で住居地域割合が最大
- 大都市圏衛星都市の中で鉄道分担率が最小
- 戸建て住宅，マンションなどの住宅とともに店舗も混在して立地している場合が多い
- 幹線道路沿いに発達した住宅地である場合が多い

大都市圏衛星都市

（分類条件）

土地利用規制			
住居地域 60%〜			
人口密度	駅から	列車本数	都心から
〜50 人/ha	1km〜	—	—

春日井市東野新町（2005年7月N撮影） 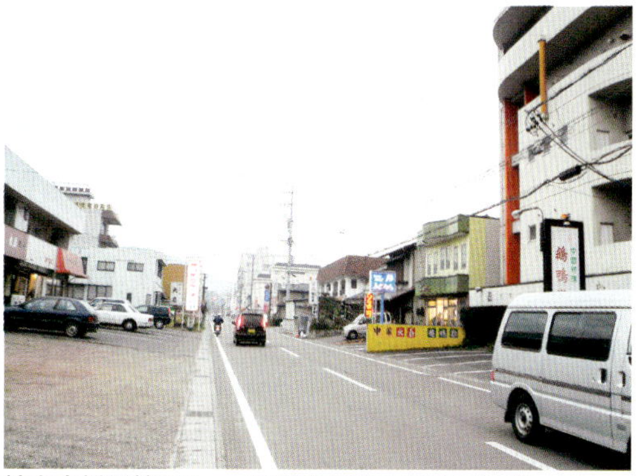　岐阜市雄総桜町1〜4丁目（2006年12月N撮影）

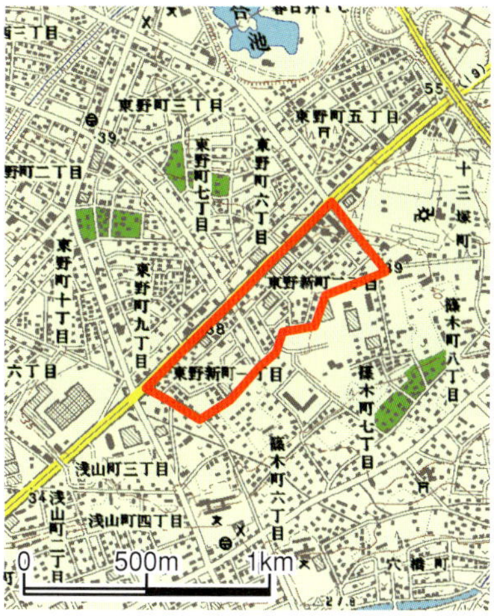

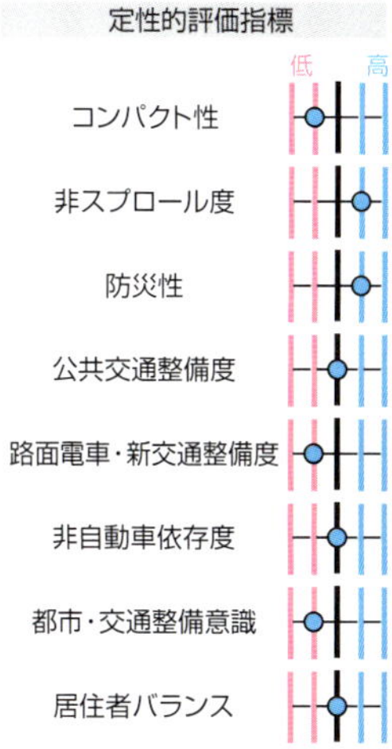

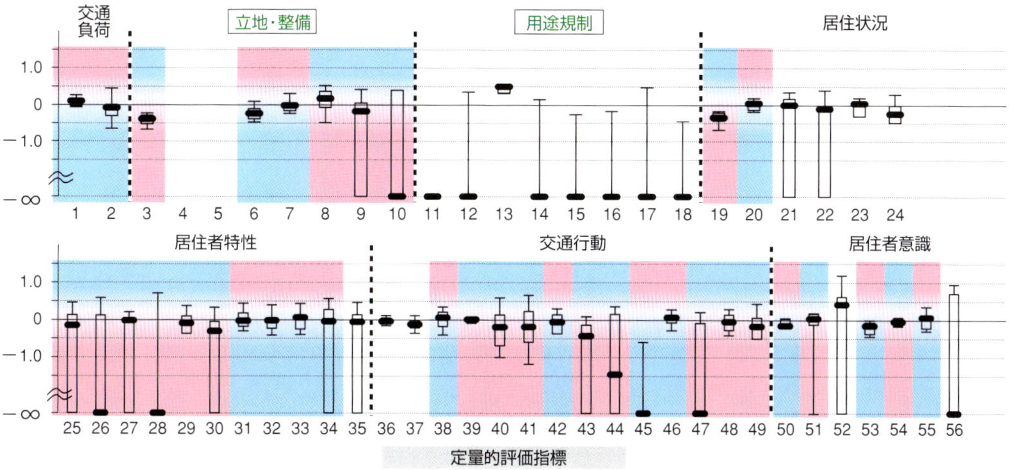

定性的評価指標

低　高

- コンパクト性
- 非スプロール度
- 防災性
- 公共交通整備度
- 路面電車・新交通整備度
- 非自動車依存度
- 都市・交通整備意識
- 居住者バランス

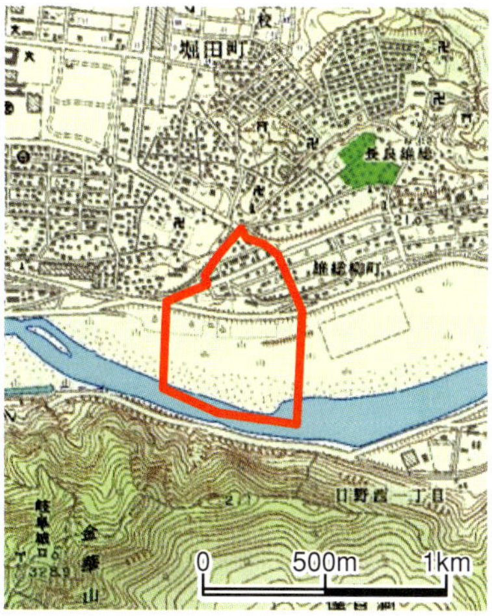

交通負荷　立地・整備　用途規制　居住状況

居住者特性　交通行動　居住者意識

定量的評価指標

SM

SM 3

準工業地域タイプ

・大都市圏衛星都市の中で平日1人1日自動車燃料消費量が5番目に多い
・大都市圏衛星都市の中で準工業地域割合が最大
・工場とともに，戸建て住宅，マンション，店舗などが混在して立地している

大都市圏衛星都市

（分類条件）

土地利用規制			
準工業地域 60%〜			
人口密度	駅から	列車本数	都心から
—	—	—	—

奈良市南京終町１～７丁目(2005年9月N撮影)

堺市柏木町(2005年12月HH撮影)

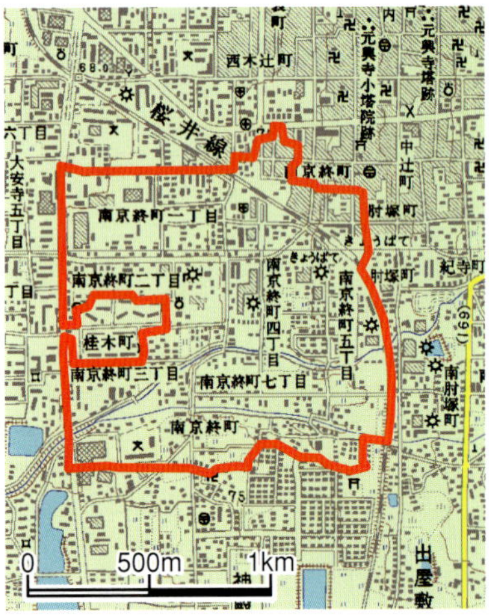

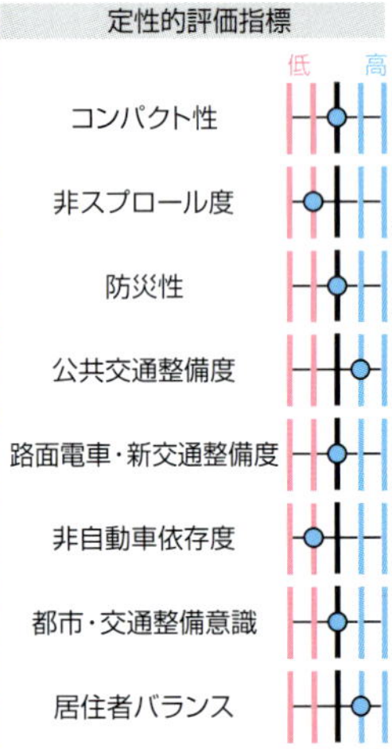

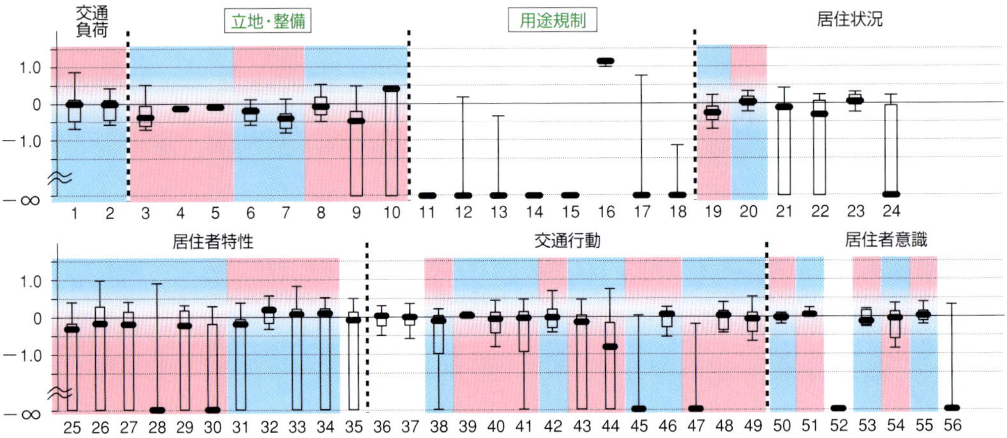

定性的評価指標（低 ← → 高）

- コンパクト性
- 非スプロール度
- 防災性
- 公共交通整備度
- 路面電車・新交通整備度
- 非自動車依存度
- 都市・交通整備意識
- 居住者バランス

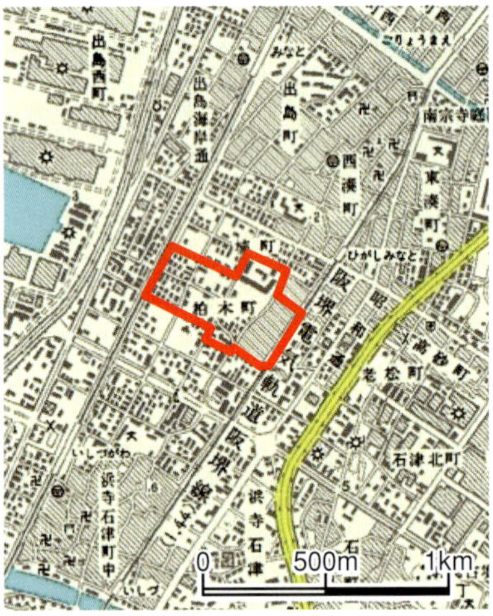

交通負荷 / 立地・整備 / 用途規制 / 居住状況

1 2 3 4 5 6 7 8 9 10 11 12 13 14 15 16 17 18 19 20 21 22 23 24

居住者特性 / 交通行動 / 居住者意識

25 26 27 28 29 30 31 32 33 34 35 36 37 38 39 40 41 42 43 44 45 46 47 48 49 50 51 52 53 54 55 56

定量的評価指標

SM 4

中低密・駅徒歩圏外・低層住宅専用タイプ

- 大都市圏衛星都市の中で平日１人１日自動車燃料消費量が６番目に多い
- 全住宅地タイプの中で集合住宅密度が最小
- 大都市圏衛星都市の中で車走行距離が最大
- 一体的に開発されたニュータウンであることが多い
- 移動には自動車がなければ困難な状況である場合が多い

大都市圏衛星都市

（分類条件）

土地利用規制			
低層住宅専用地域 90%〜			
人口密度	駅から	列車本数	都心から
〜100人/ha	1㎞〜	—	—

千葉市花見川区こてはし台(2005年7月N撮影)

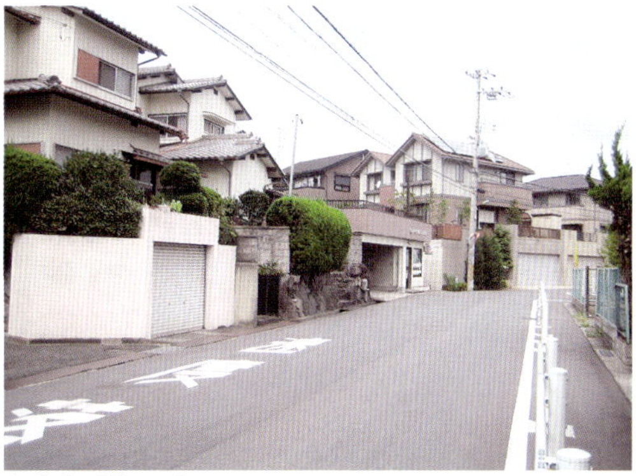

奈良市千代ケ丘１〜３丁目(2005年9月N撮影)

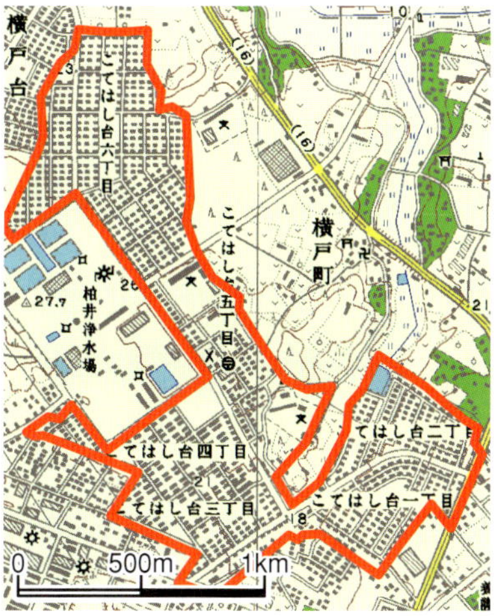

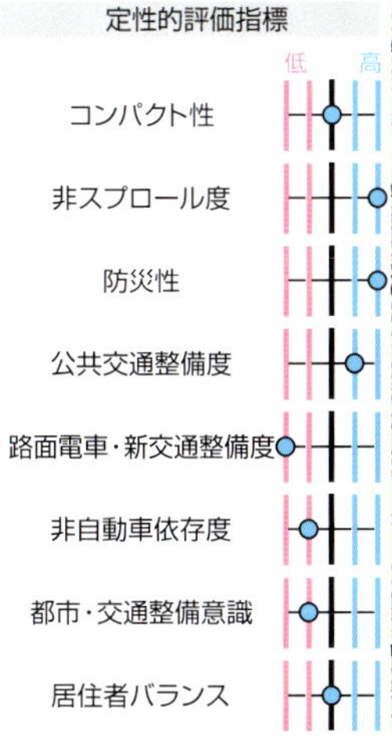

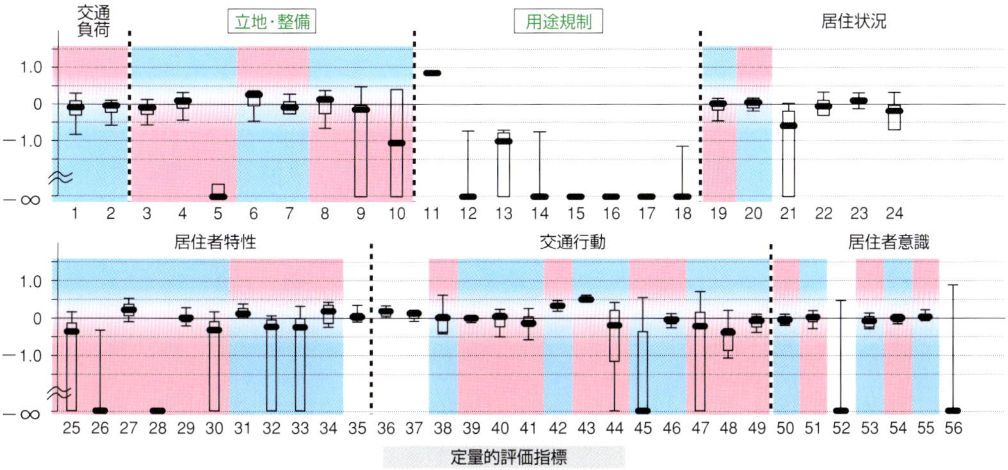

定性的評価指標

低　高

- コンパクト性
- 非スプロール度
- 防災性
- 公共交通整備度
- 路面電車・新交通整備度
- 非自動車依存度
- 都市・交通整備意識
- 居住者バランス

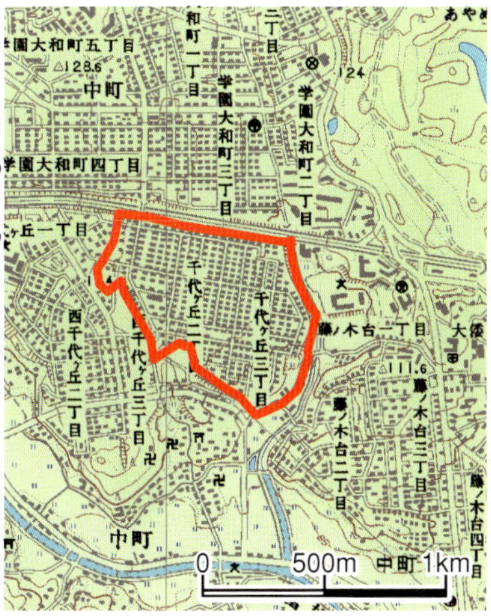

交通負荷　立地・整備　用途規制　居住状況

1.0　0　−1.0　−∞

1 2 3 4 5 6 7 8 9 10 11 12 13 14 15 16 17 18 19 20 21 22 23 24

居住者特性　交通行動　居住者意識

1.0　0　−1.0　−∞

25 26 27 28 29 30 31 32 33 34 35 36 37 38 39 40 41 42 43 44 45 46 47 48 49 50 51 52 53 54 55 56

定量的評価指標

SM 5

中密・住宅系混在タイプ

・大都市圏衛星都市の中で平日１人１日自動車燃料消費量が７番目に多い
・大都市圏衛星都市の中で集合住宅密度が最大
・戸建て住宅，マンションなどが混在して立地している
・基盤整備が行き届いていない場合が多い

大都市圏衛星都市

（分類条件）

土地利用規制			
住宅系混在 （住宅系土地利用割合が最も大きい）			
人口密度	駅から	列車本数	都心から
50～100人/ha	—	—	—

千葉市花見川区検見川町（2005年11月N撮影）

松戸市河原塚（2005年11月N撮影）

SM

定性的評価指標（低／高）

- コンパクト性
- 非スプロール度
- 防災性
- 公共交通整備度
- 路面電車・新交通整備度
- 非自動車依存度
- 都市・交通整備意識
- 居住者バランス

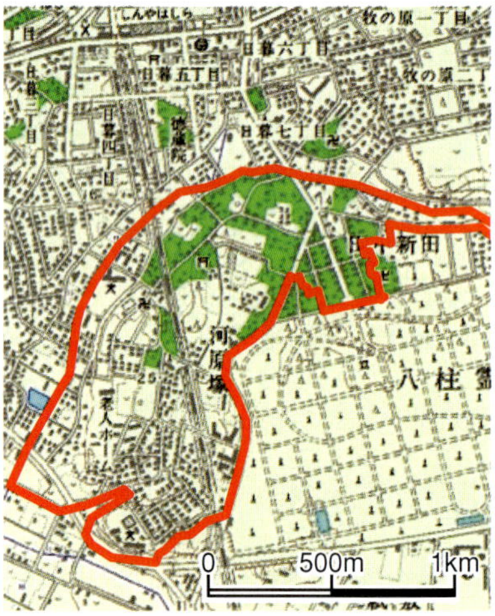

0　500m　1km

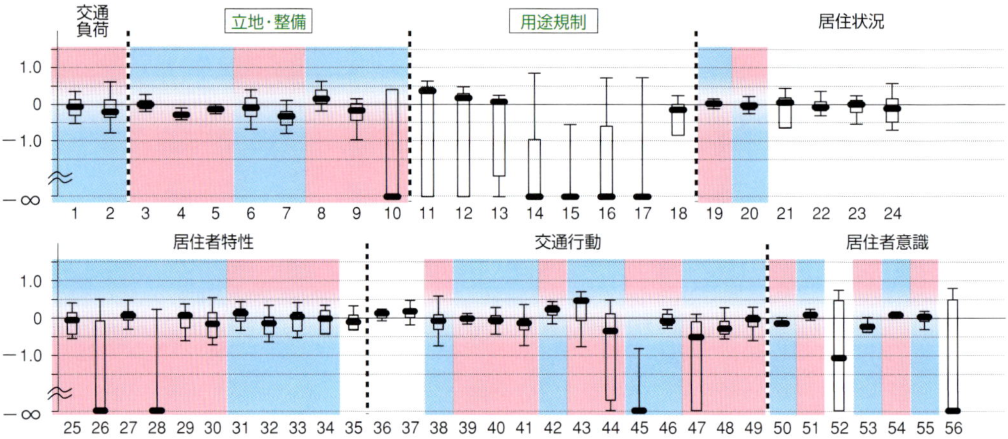

交通負荷／立地・整備／用途規制／居住状況

1.0　0　−1.0　−∞

1 2 3 4 5 6 7 8 9 10 11 12 13 14 15 16 17 18 19 20 21 22 23 24

居住者特性／交通行動／居住者意識

1.0　0　−1.0　−∞

25 26 27 28 29 30 31 32 33 34 35 36 37 38 39 40 41 42 43 44 45 46 47 48 49 50 51 52 53 54 55 56

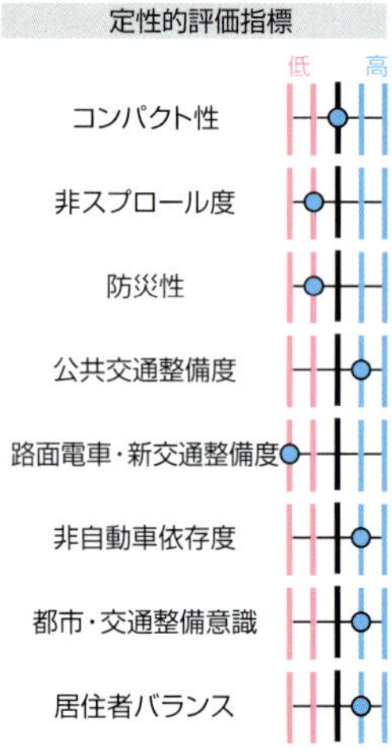

定量的評価指標

SM 6

近隣商業地域タイプ

・大都市圏衛星都市の中で平日１人１日自動車燃料消費量が８番目に多い
・大都市圏衛星都市の中で駅からの距離が最小
・大都市圏衛星都市の中で近隣商業地域割合が最大
・大都市圏衛星都市の中で自由滞留時間が最小
・全住宅地タイプの中でタクシー分担率が最小
・比較的小規模な店舗が立地している

大都市圏衛星都市

（分類条件）

土地利用規制			
近隣商業地域 60%〜			
人口密度	駅から	列車本数	都心から
—	—	—	—

姫路市鍵町（2006年10月H撮影）

津市栄町（2005年7月N撮影）

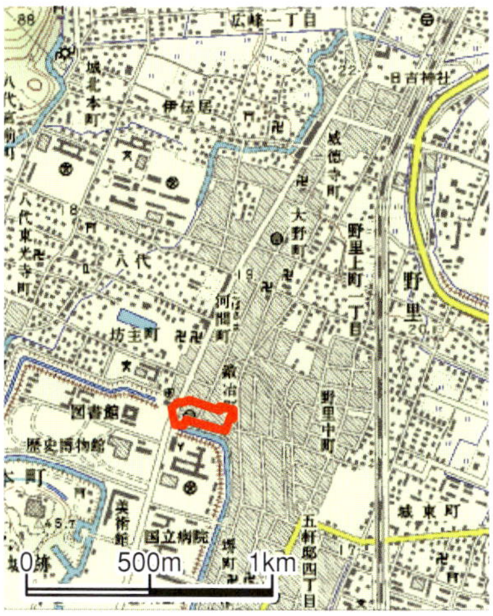

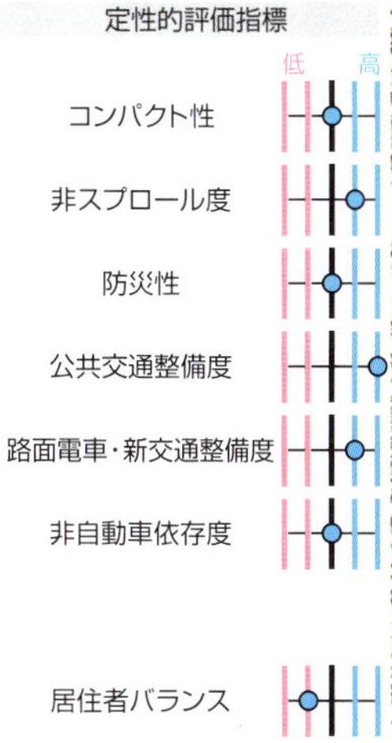

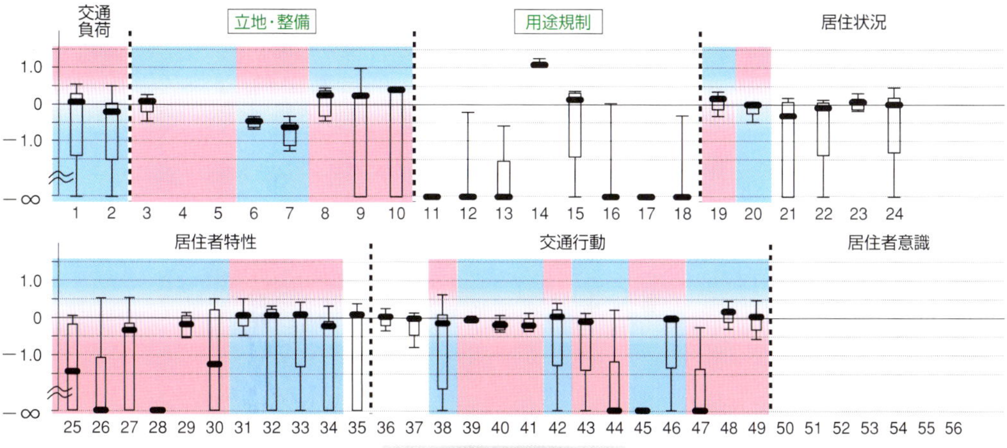

定性的評価指標（低 ― 高）

- コンパクト性
- 非スプロール度
- 防災性
- 公共交通整備度
- 路面電車・新交通整備度
- 非自動車依存度
- 居住者バランス

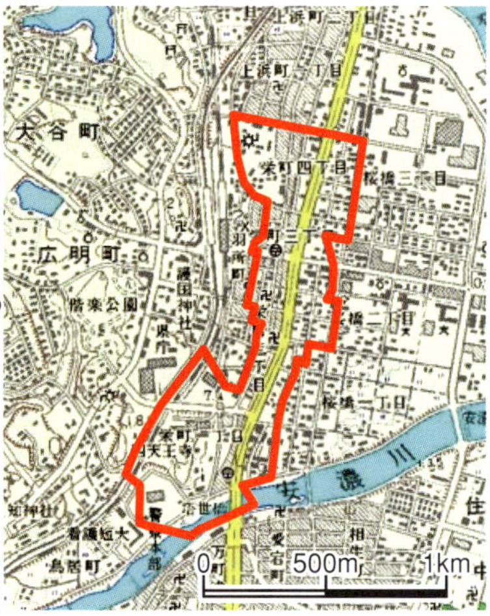

交通負荷（1–2）　立地・整備（3–10）　用途規制（11–18）　居住状況（19–24）

居住者特性（25–35）　交通行動（36–49）　居住者意識（50–56）

定量的評価指標

SM 7

低密・駅徒歩圏外・線引き境界タイプ

・大都市圏衛星都市の中で平日１人１日自動車燃料消費量が４番目に多い
・大都市圏衛星都市の中で休日１人１日自動車燃料消費量が９番目に多い
・大都市圏衛星都市の中で駅からの距離が最大
・大都市圏衛星都市の中で意識（環境問題）に「低環境負荷の自動車を利用する」と答えた人の割合が最大，「公共交通を利用する」と答えた人の割合が最小
・大都市圏衛星都市の中で意識（まちづくり）に「徒歩・公共交通中心の中心市街地を整備して欲しい」と答えた人の割合が最小
・住区の一部に農地，山地を含む
・移動には自動車がなければ困難な状況である場合が多い

大都市圏衛星都市

（分類条件）

土地利用規制			
市街化調整区域 25～50％			
人口密度	駅から	列車本数	都心から
～50 人/ha	1㎞～	—	—

千葉市中央区生実町（2005年７月N撮影）

奈良市青山１～８丁目（2005年９月N撮影）

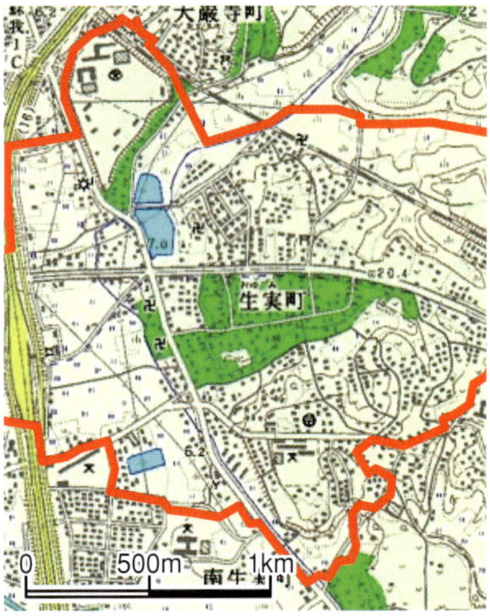

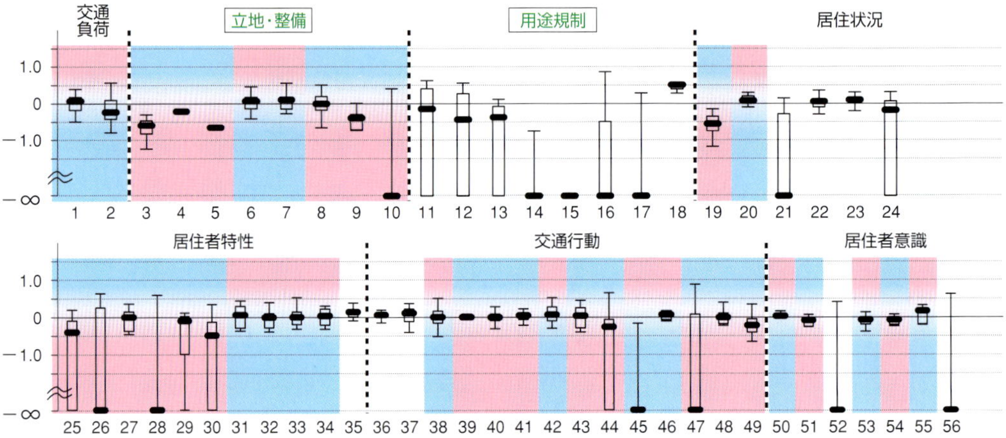

定性的評価指標

低 高

- コンパクト性
- 非スプロール度
- 防災性
- 公共交通整備度
- 路面電車・新交通整備度
- 非自動車依存度
- 都市・交通整備意識
- 居住者バランス

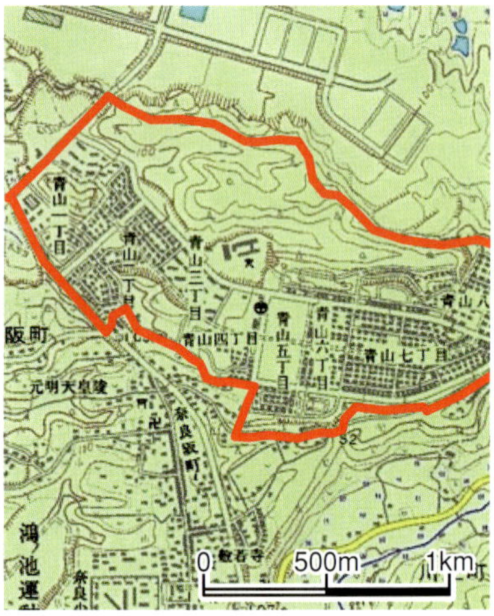

定量的評価指標

SM
8

低密・駅徒歩圏内・線引き境界タイプ

- 大都市圏衛星都市の中で休日１人１日自動車燃料消費量が３番目に少ない
- 大都市圏衛星都市の中で駅からの距離が最小
- 大都市圏衛星都市の中で列車本数が最小
- 大都市圏衛星都市の中で行動群１（非車依存ホワイトカラー）割合が最大
- 大都市圏衛星都市の中で徒歩分担率が最小
- 住区の一部に農地，山地を含む

大都市圏衛星都市

（分類条件）

土地利用規制			
市街化調整区域 25～50％			
人口密度	駅から	列車本数	都心から
～50人/ha	～1km	—	—

津市西阿漕町岩田（2005年7月N撮影）

津市一身田町（2006年10月H撮影）

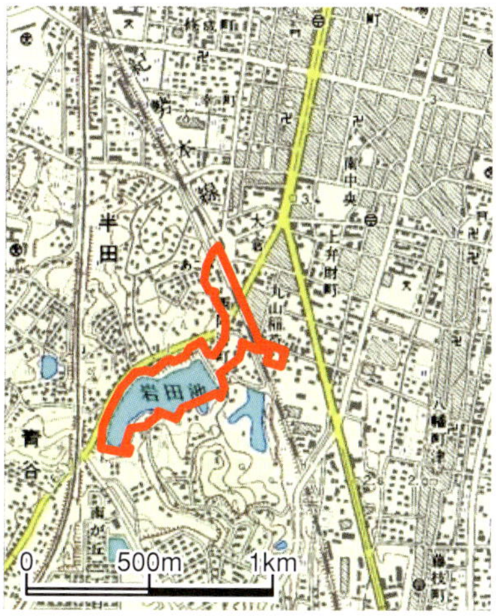

定性的評価指標（低・高）

- コンパクト性
- 非スプロール度
- 防災性
- 公共交通整備度
- 路面電車・新交通整備度
- 非自動車依存度
- 都市・交通整備意識
- 居住者バランス

交通負荷　立地・整備　用途規制　居住状況

居住者特性　交通行動　居住者意識

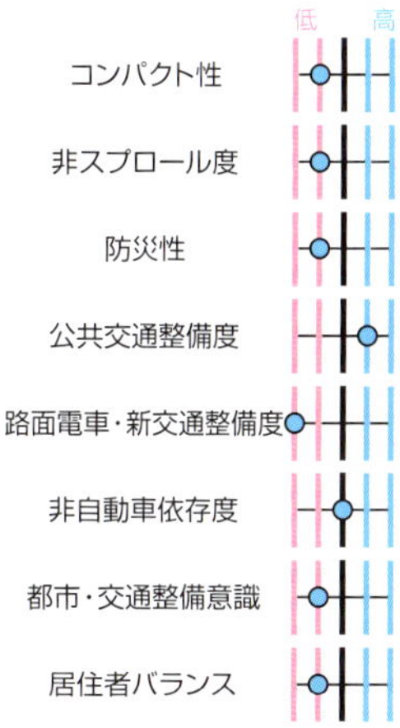

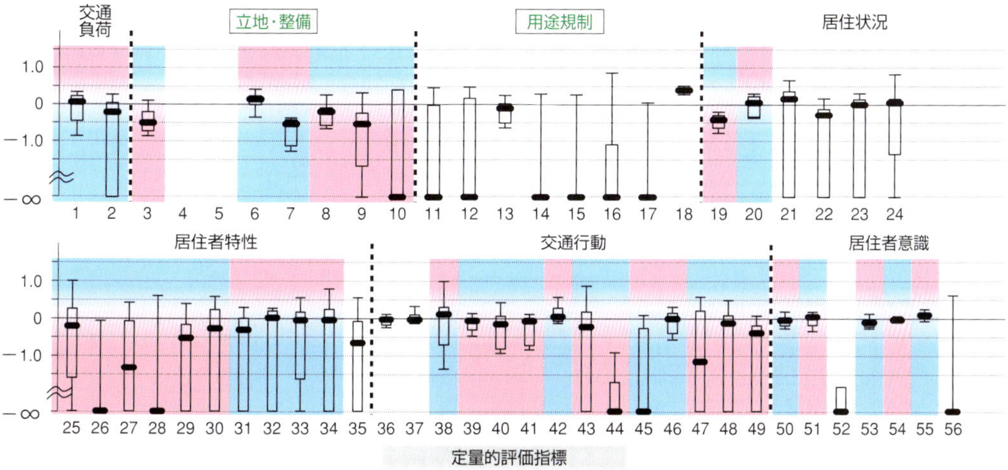

定量的評価指標

SM

SM 9

低密・住宅系混在タイプ

- 大都市圏衛星都市の中で平日１人１日自動車燃料消費量が９番目に多い
- 大都市圏衛星都市の中で休日１人１日自動車燃料消費量が最大
- 大都市圏衛星都市の中で行動群６（非車依存高齢者）割合が最小
- 戸建て住宅，マンションなどが混在して立地している
- 建物間の距離が大きく密集してない場合が多い

大都市圏衛星都市

（分類条件）

土地利用規制			
住宅系混在 （住宅系土地利用割合が最も大きい）			
人口密度	駅から	列車本数	都心から
～50人/ha	―	―	―

津市江戸橋１～３丁目（2006年10月N撮影）　　春日井市高蔵寺町北（2005年７月N撮影）

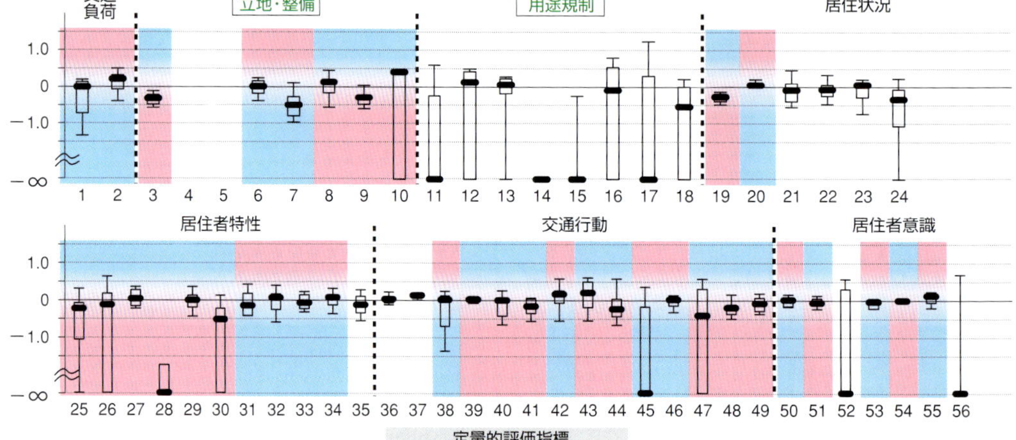

SM 10

低密・中高層住宅タイプ

- 大都市圏衛星都市の中で平日1人1日自動車燃料消費量が10番目に多い
- 大都市圏衛星都市の中で休日1人1日自動車燃料消費量が8番目に多い
- 大都市圏衛星都市の中で行動群1（非車依存ホワイトカラー）割合が最小
- 全住宅地タイプの中でタクシー分担率が最小
- 大都市圏衛星都市の中で意識（環境問題）に「公共交通を利用する」と答えた人の割合が最大
- 大都市圏衛星都市の中で意識（まちづくり）に「自動車中心の中心市街地を整備して欲しい」と答えた人の割合が最小，「郊外を開発して欲しい」と答えた人の割合が最大
- 基盤整備が行き届いていない場合が多い
- 比較的小規模なマンション，アパートなどが立地している一方で，その他の場所には戸建て住宅が多く立地している場合が多い

大都市圏衛星都市

（分類条件）

土地利用規制			
中高層住宅専用地域 60～90%			
人口密度	駅から	列車本数	都心から
～50人/ha	—	—	—

取手市青柳（2005年7月N撮影）

春日井市白山町（2005年7月N撮影）

定性的評価指標（低・高）

- コンパクト性
- 非スプロール度
- 防災性
- 公共交通整備度
- 路面電車・新交通整備度
- 非自動車依存度
- 都市・交通整備意識
- 居住者バランス

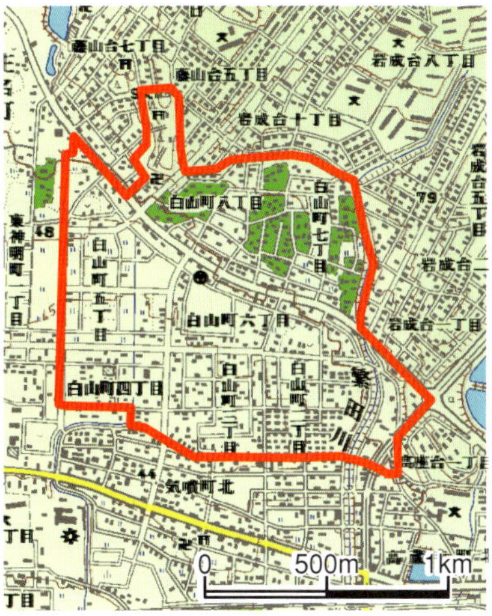

交通負荷 / 立地・整備 / 用途規制 / 居住状況 / 居住者特性 / 交通行動 / 居住者意識

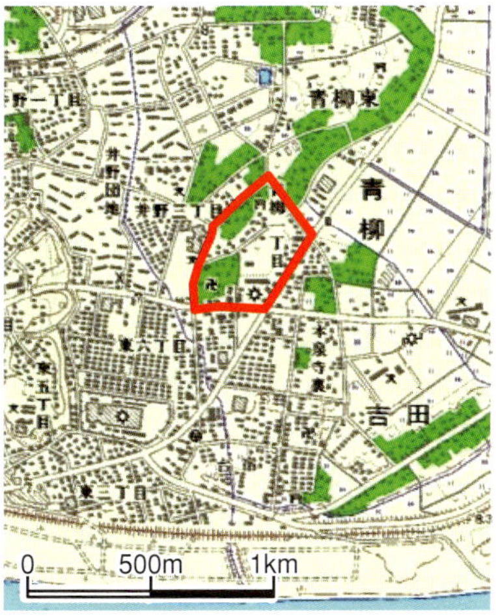

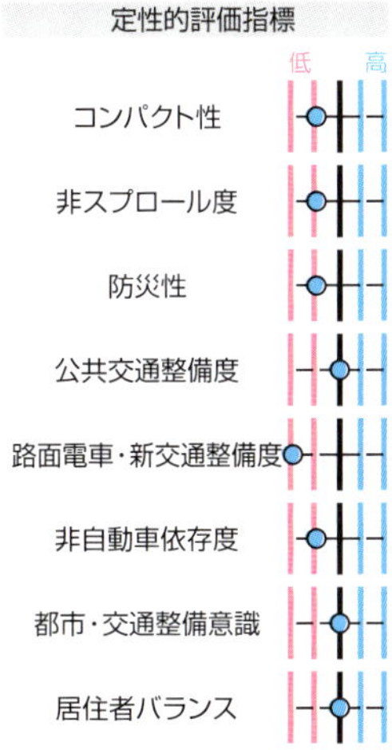

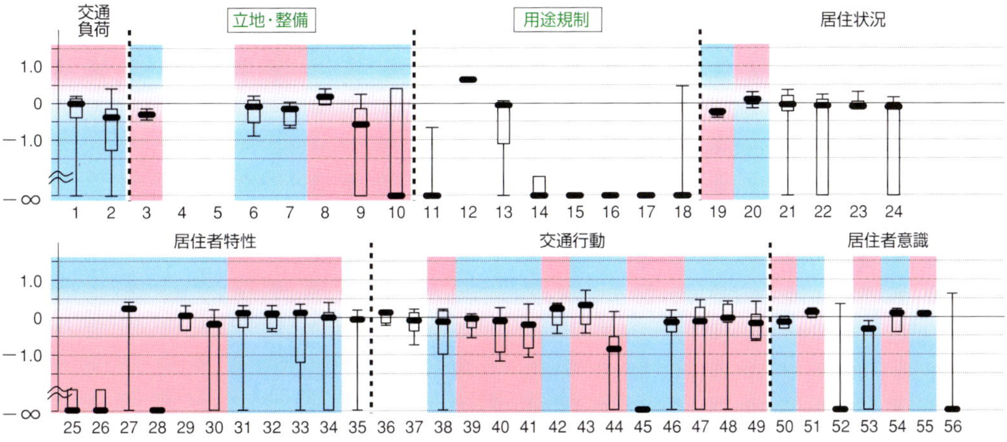

定量的評価指標

SM

SM 11

中密・駅徒歩圏内・中高層住宅タイプ

・大都市圏衛星都市の中で休日1人1日自動車燃料消費量が5番目に少ない
・大都市圏衛星都市の中で駅からの距離が最小
・全住宅地タイプの中で行動群5（非車依存就業者）割合が最大
・大都市圏衛星都市の中で高齢化率が最小
・大都市圏衛星都市の中で自動車分担率が最小
・大規模な集合住宅団地が立地している住区も見られるが，それ以外の住宅間の距離が大きく密集していない場合が多い

大都市圏衛星都市

（分類条件）

土地利用規制			
中高層住宅専用地域 60～90%			
人口密度	駅から	列車本数	都心から
50～100人/ha	～1km	—	—

千葉市中央区登戸1～5丁目（2005年5月T撮影）

取手市台宿（2005年7月N撮影）

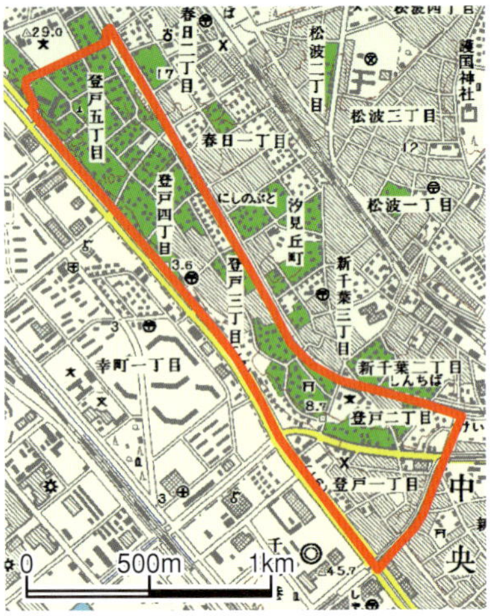

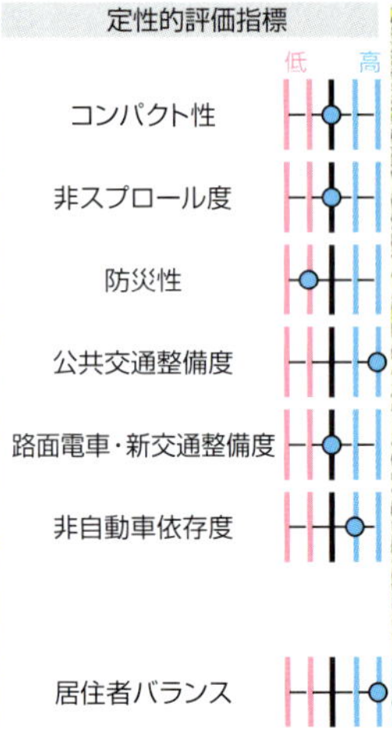

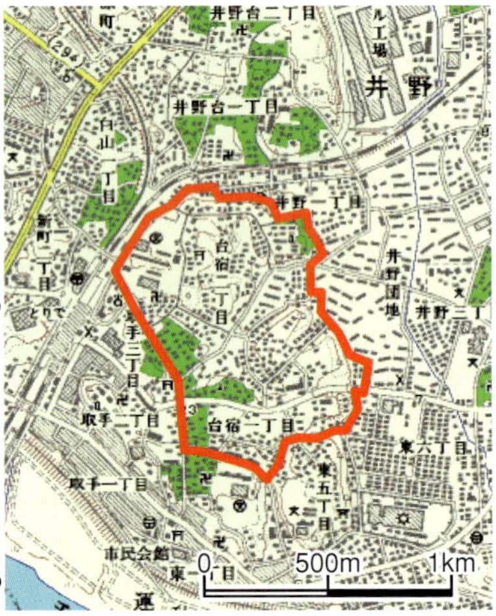

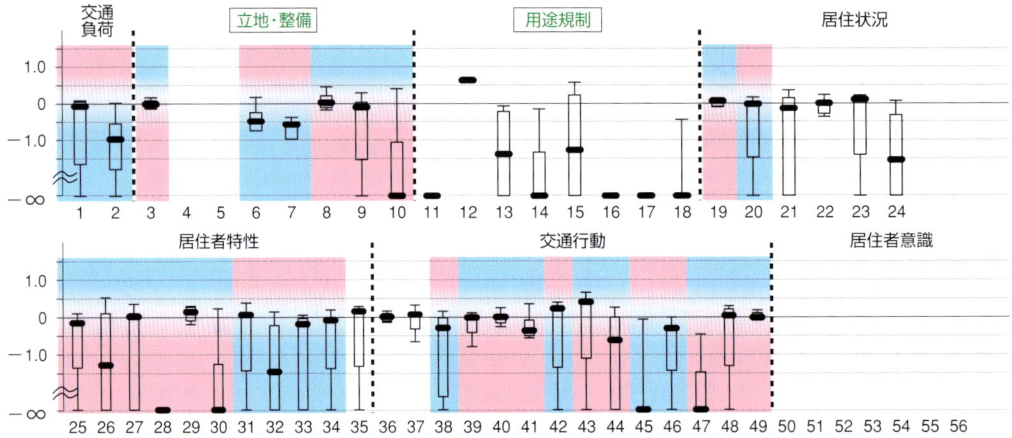

交通負荷　立地・整備　用途規制　居住状況

1.0　0　−1.0　−∞

1 2 3 4 5 6 7 8 9 10 11 12 13 14 15 16 17 18 19 20 21 22 23 24

居住者特性　交通行動　居住者意識

1.0　0　−1.0　−∞

25 26 27 28 29 30 31 32 33 34 35 36 37 38 39 40 41 42 43 44 45 46 47 48 49 50 51 52 53 54 55 56

定量的評価指標

SM 12

中密・郊外・駅徒歩圏外・低層住宅タイプ

- 大都市圏衛星都市の中で都心からの距離が最大
- 一体的に開発された戸建て住宅地である場合が多い
- 1戸あたりの敷地面積が広く、住宅間の距離が大きい戸建て住宅地である場合が多い

大都市圏衛星都市

（分類条件）

土地利用規制			
低層住宅専用地域 60～90%			
人口密度	駅から	列車本数	都心から
50～100人/ha	1km～	—	5km～

奈良市学園大和町1～5丁目(2005年9月N撮影)

千葉市若葉区小倉台1～7丁目(2005年11月N撮影)

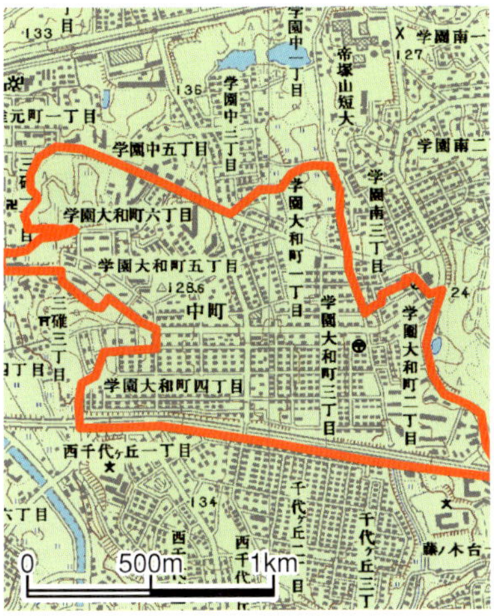

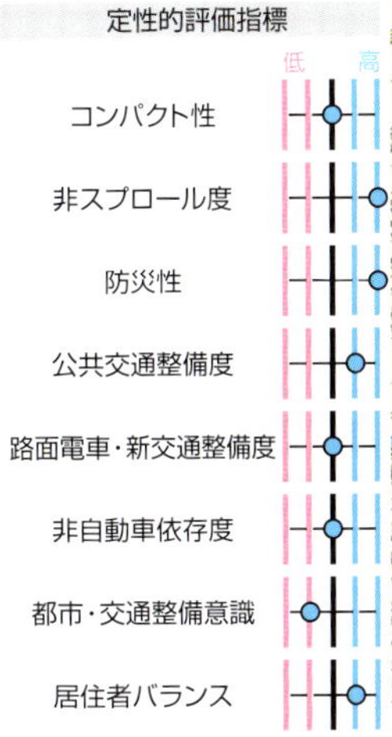

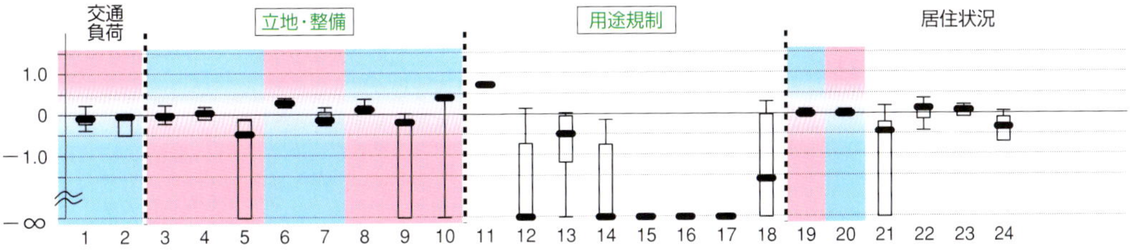

定性的評価指標（低／高）

- コンパクト性
- 非スプロール度
- 防災性
- 公共交通整備度
- 路面電車・新交通整備度
- 非自動車依存度
- 都市・交通整備意識
- 居住者バランス

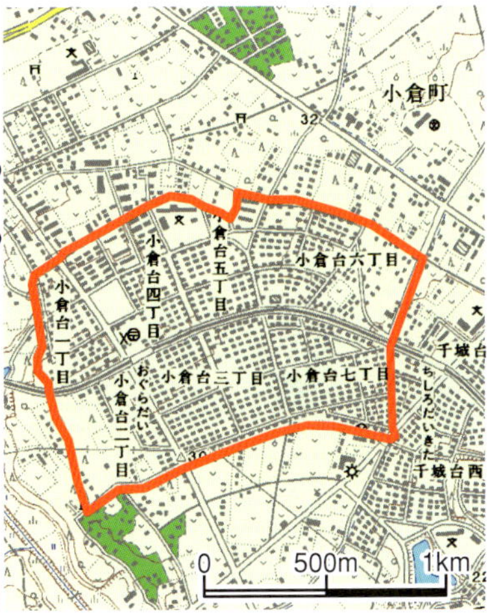

交通負荷　立地・整備　用途規制　居住状況

1.0　0　－1.0　－∞

1 2 3 4 5 6 7 8 9 10 11 12 13 14 15 16 17 18 19 20 21 22 23 24

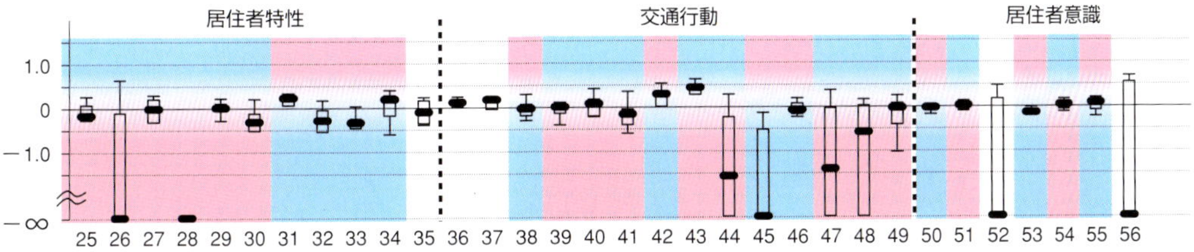

居住者特性　交通行動　居住者意識

1.0　0　－1.0　－∞

25 26 27 28 29 30 31 32 33 34 35 36 37 38 39 40 41 42 43 44 45 46 47 48 49 50 51 52 53 54 55 56

定量的評価指標

SM

中密・都心及び都心周辺・駅徒歩圏外・低層住宅タイプ

・大都市圏衛星都市の中で列車本数が最大
・一体的に開発された戸建て住宅地が含まれる場合が多い

大都市圏衛星都市

（分類条件）

土地利用規制			
低層住宅専用地域 60〜90%			
人口密度	駅から	列車本数	都心から
50〜100人/ha	1㎞〜	—	〜5km

松戸市新松戸南３丁目（2005年7月N撮影）

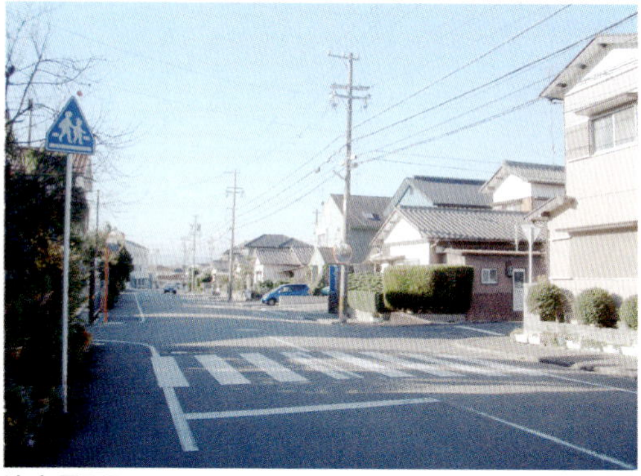

津市長岡町（2005年12月T撮影）

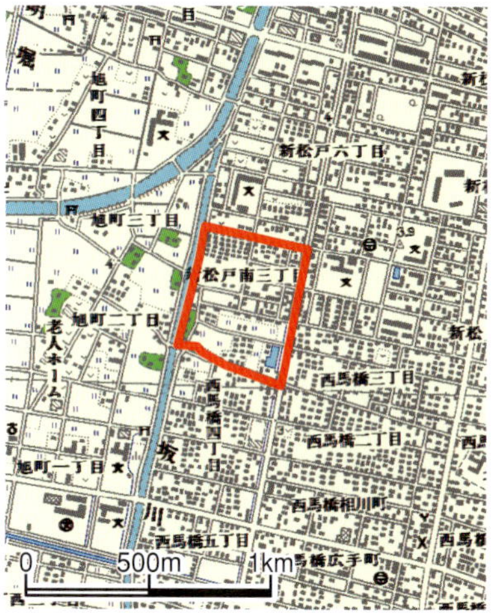

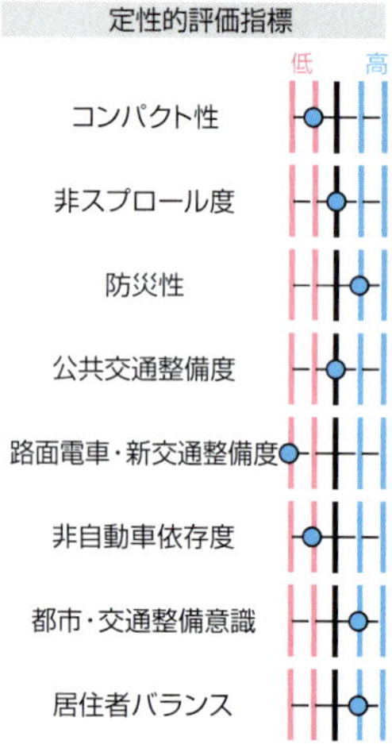

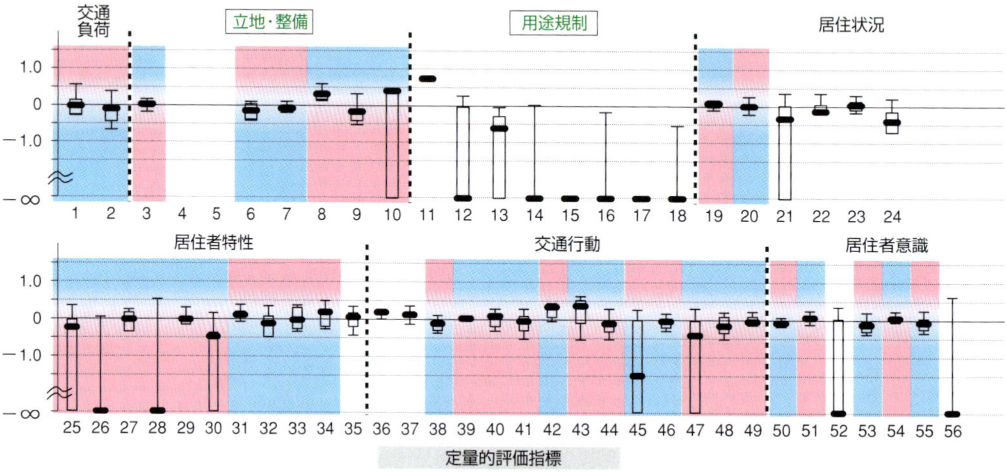

定性的評価指標

低　高

コンパクト性
非スプロール度
防災性
公共交通整備度
路面電車・新交通整備度
非自動車依存度
都市・交通整備意識
居住者バランス

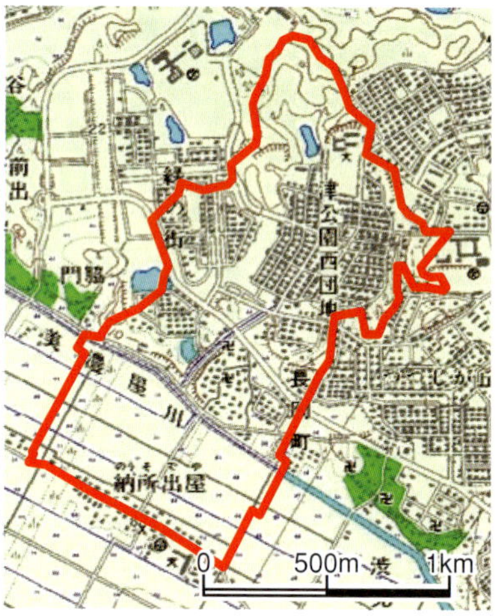

交通負荷　立地・整備　用途規制　居住状況

居住者特性　交通行動　居住者意識

定量的評価指標

SM 14

低密・駅徒歩圏内・住居地域タイプ

- 大都市圏衛星都市の中で休日1人1日自動車燃料消費量が6番目に多い
- 戸建て住宅，マンションなどの住宅とともに，店舗も混合して立地している
- 建物間の距離が大きく密集していない場合が多い
- 基盤整備が行き届いていない場合が多い

大都市圏衛星都市

（分類条件）

土地利用規制			
住居地域 60%～			
人口密度	駅から	列車本数	都心から
～50 人/ha	～1km	—	—

奈良市大森町(2005年9月N撮影)

春日井市知多町(2005年7月N撮影)

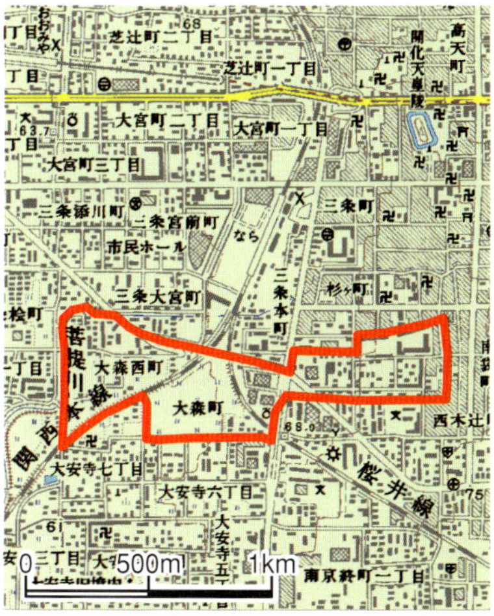

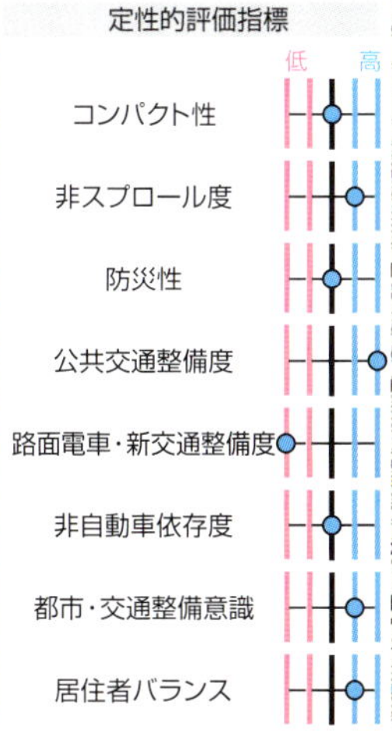

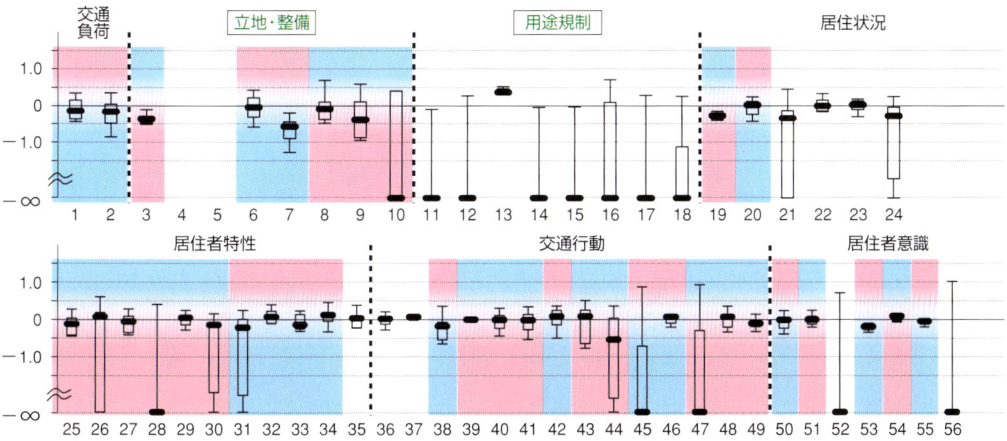

SM

定性的評価指標（低・高）

- コンパクト性
- 非スプロール度
- 防災性
- 公共交通整備度
- 路面電車・新交通整備度
- 非自動車依存度
- 都市・交通整備意識
- 居住者バランス

交通負荷 / 立地・整備 / 用途規制 / 居住状況

1.0 / 0 / −1.0 / −∞

1 2 3 4 5 6 7 8 9 10 11 12 13 14 15 16 17 18 19 20 21 22 23 24

居住者特性 / 交通行動 / 居住者意識

1.0 / 0 / −1.0 / −∞

25 26 27 28 29 30 31 32 33 34 35 36 37 38 39 40 41 42 43 44 45 46 47 48 49 50 51 52 53 54 55 56

定量的評価指標

SM 15

住宅系及び商業系混合タイプ

・徒歩圏内に住宅と店舗が混合して立地している場合が多い
・店舗，戸建て住宅，マンションなどがある程度密集し，混合して立地している

大都市圏衛星都市

（分類条件）

土地利用規制			
住宅系及び商業系混合（住宅系60－80%,残り商業系）			
人口密度	駅から	列車本数	都心から
—	—	—	—

取手市取手（2005年7月N撮影）

奈良市三条添川町（2005年9月N撮影）

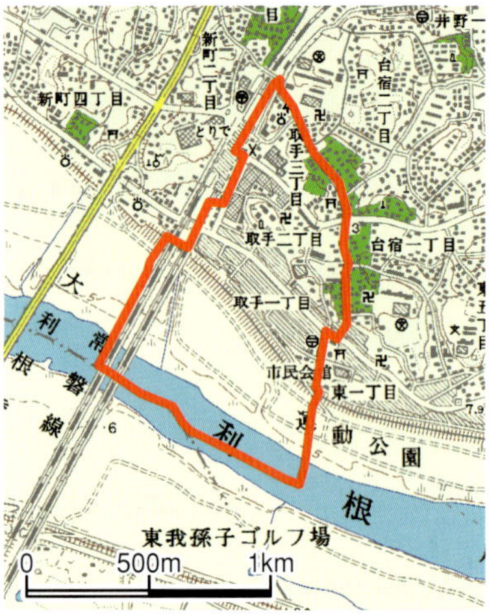

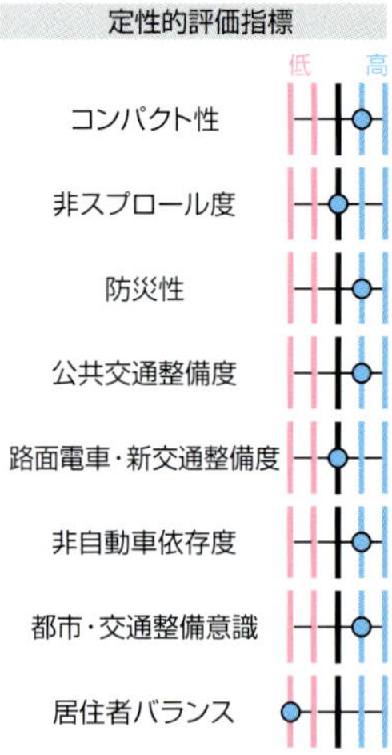

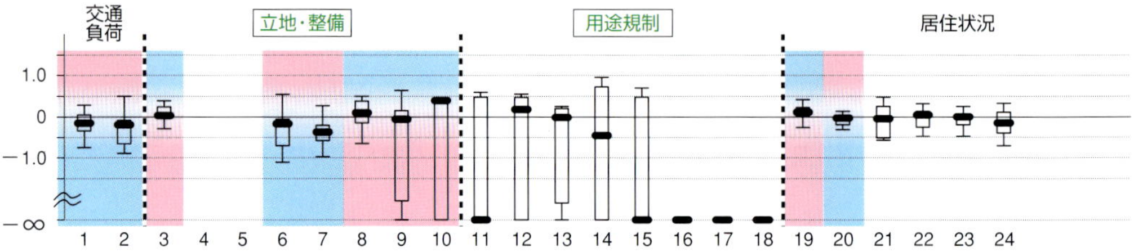

定性的評価指標

指標	低 → 高
コンパクト性	
非スプロール度	
防災性	
公共交通整備度	
路面電車・新交通整備度	
非自動車依存度	
都市・交通整備意識	
居住者バランス	

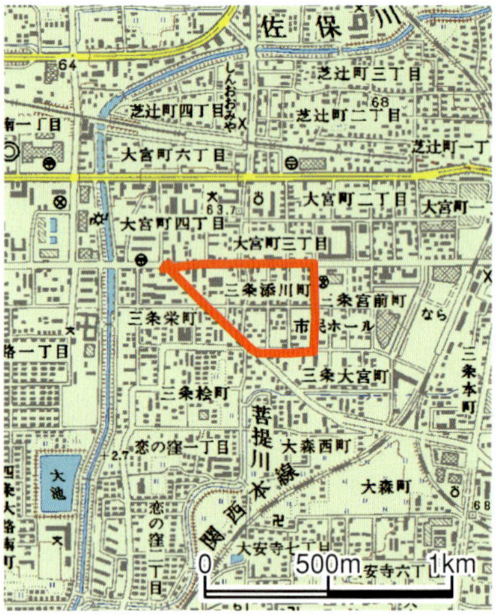

0　500m　1km

交通負荷　立地・整備　用途規制　居住状況

1.0　0　－1.0　－∞

1 2 3 4 5 6 7 8 9 10 11 12 13 14 15 16 17 18 19 20 21 22 23 24

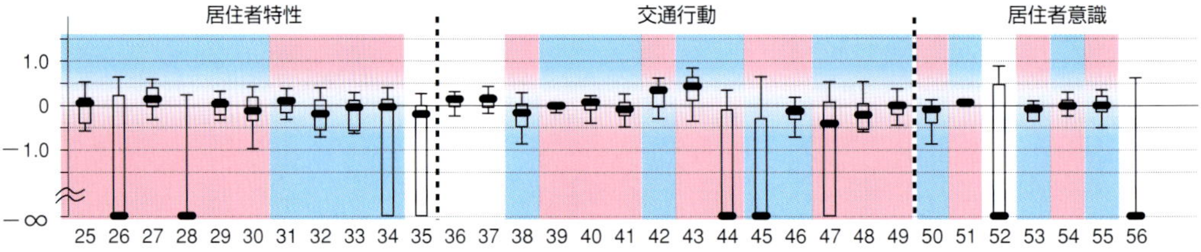

居住者特性　交通行動　居住者意識

1.0　0　－1.0　－∞

25 26 27 28 29 30 31 32 33 34 35 36 37 38 39 40 41 42 43 44 45 46 47 48 49 50 51 52 53 54 55 56

定量的評価指標

SM 16

駅徒歩圏外・中高層住宅専用タイプ

・全住宅地タイプの中で総移動距離が最大
・大都市圏衛星都市の中で総滞留時間が最大
・大都市圏衛星都市の中でタクシー分担率が最大
・一体的に開発された集合住宅団地が立地している場合が多い

大都市圏衛星都市

（分類条件）

土地利用規制			
中高層住宅専用地域 90%〜			
人口密度	駅から	列車本数	都心から
—	1km〜	—	—

松戸市牧の原(2005年11月N撮影)

取手市井野団地(2005年7月N撮影)

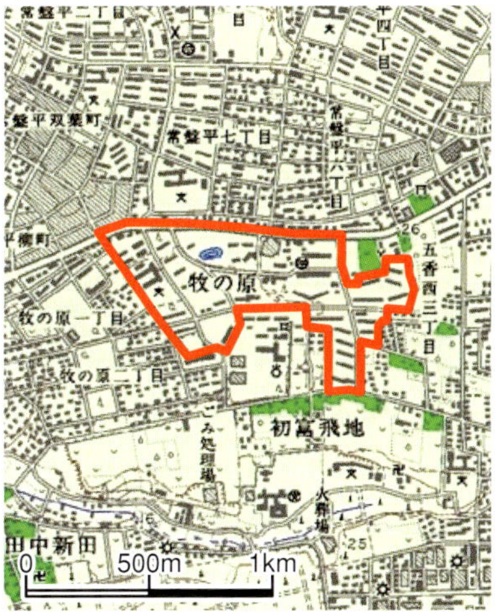

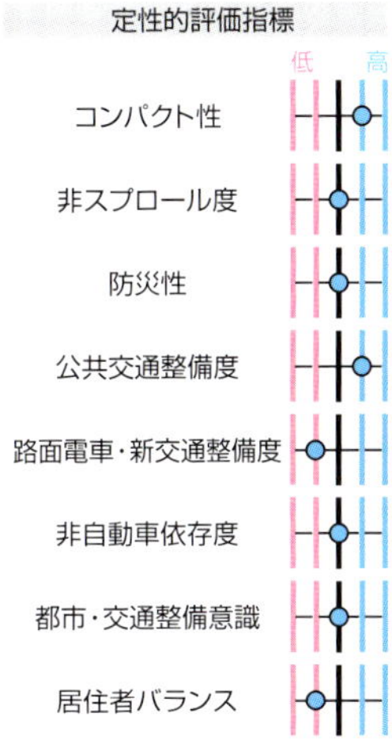

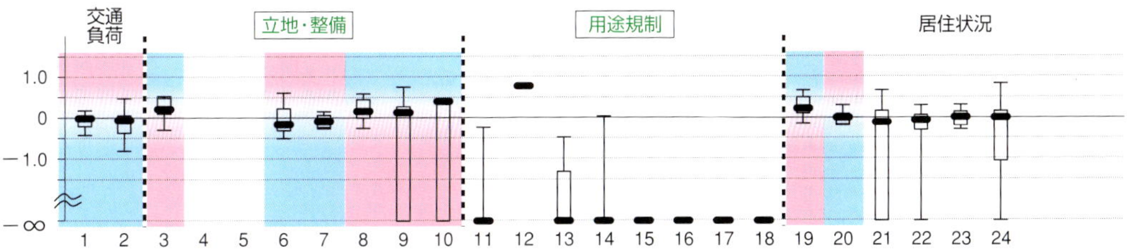

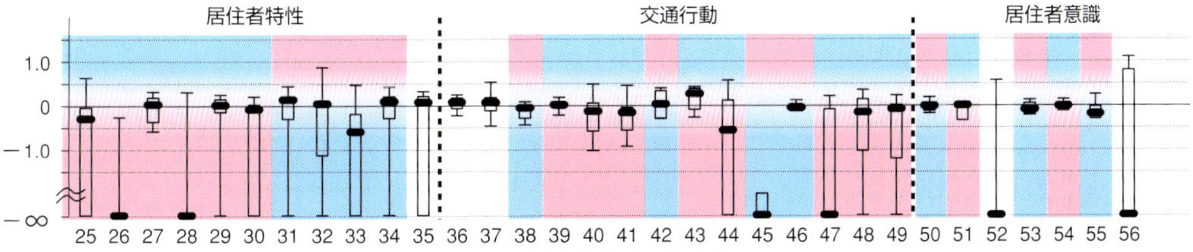

定性的評価指標（低・高）

コンパクト性
非スプロール度
防災性
公共交通整備度
路面電車・新交通整備度
非自動車依存度
都市・交通整備意識
居住者バランス

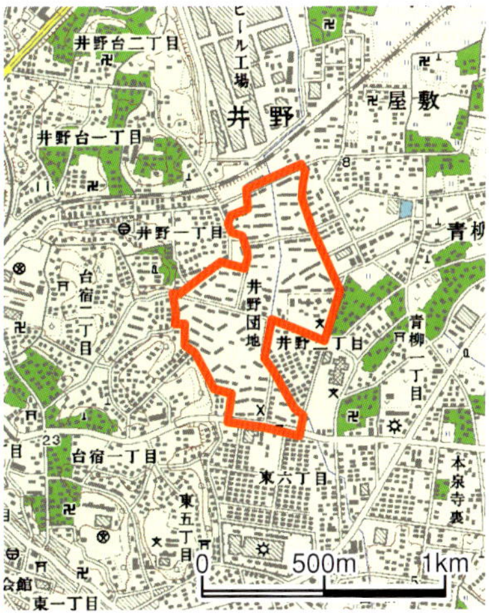

交通負荷　立地・整備　用途規制　居住状況

居住者特性　交通行動　居住者意識

定量的評価指標

SM 17 調整区域（強）タイプ

・大都市圏衛星都市の中で住宅密度，人口密度が最小
・全住宅地タイプの中で基盤整備率が最小
・大都市圏衛星都市の中で市街化調整区域割合が最大
・全住宅地タイプの中で世帯あたり自動車保有台数が最大
・大都市圏衛星都市の中で行動群4（非車依存農林漁業）割合が最大，行動群5（非車依存就業者）割合が最小
・全住宅地タイプの中で行動群9（車依存女性就業者）割合が最大
・大都市圏衛星都市の中で市外へ行く人の割合が最小
・大都市圏衛星都市の中でバス分担率，自動車分担率が最大
・山地，農地の占める面積が非常に大きいが，その他の平地には住宅がある程度密集して立地し，集落が形成されている場合が多い

大都市圏衛星都市

（分類条件）

土地利用規制			
市街化調整区域 75％～			
人口密度	駅から	列車本数	都心から
—	—	—	—

千葉市花見川区犢橋町（2005年7月N撮影）

姫路市的形町的形（2002年1月S撮影）

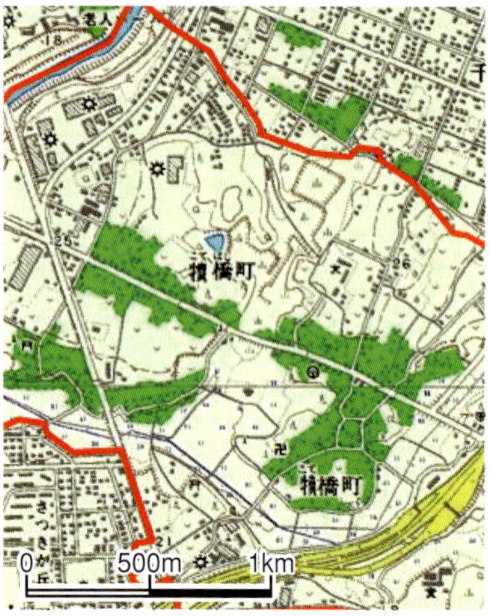

犢橋町
0 500m 1km

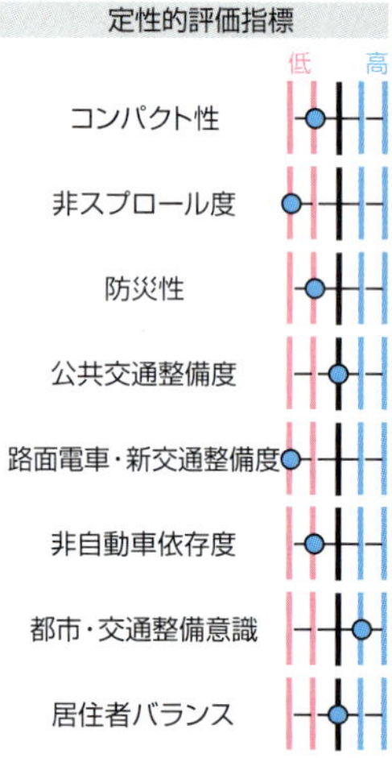

定性的評価指標（低 — 高）
- コンパクト性
- 非スプロール度
- 防災性
- 公共交通整備度
- 路面電車・新交通整備度
- 非自動車依存度
- 都市・交通整備意識
- 居住者バランス

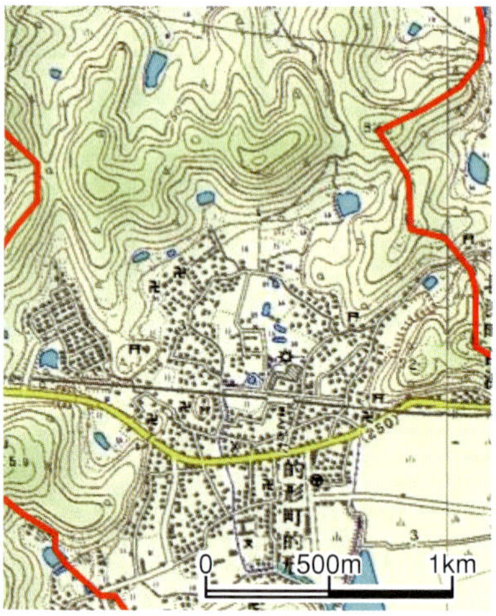

的形町的形
0 500m 1km

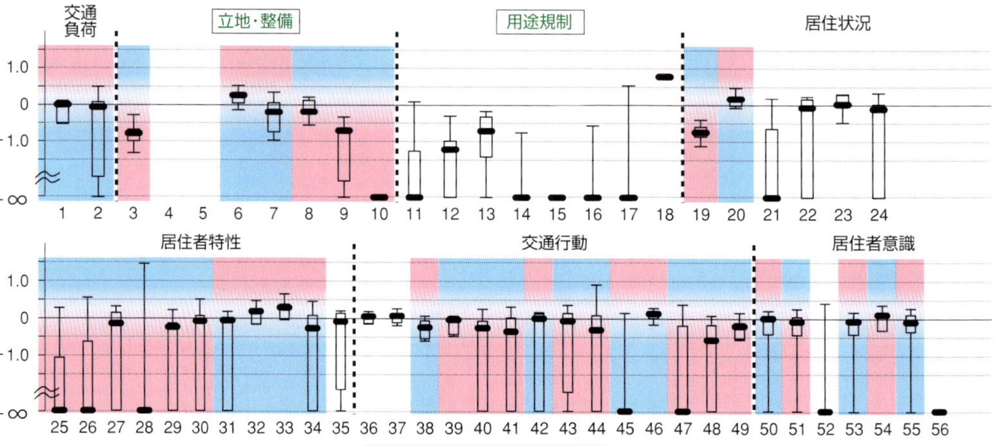

交通負荷 / 立地・整備 / 用途規制 / 居住状況（指標1～24）

居住者特性 / 交通行動 / 居住者意識（指標25～56）

定量的評価指標

SM 18

商業系混在タイプ

- 大都市圏衛星都市の中で休日1人1日自動車燃料消費量が10番目に多い
- 大都市圏衛星都市の中で行動群7(車依存就業者公共交通併用)割合が最小
- 小規模な店舗とともに，大規模な店舗，オフィスビルなどが混在して立地している

大都市圏衛星都市

(分類条件)

土地利用規制			
商業系混在(商業系(近隣商業地域含む)割合が最も大きい)			
人口密度	駅から	列車本数	都心から
—	—	—	—

町田市原町田(2006年10月N撮影)

津市乙部(2006年10月H撮影)

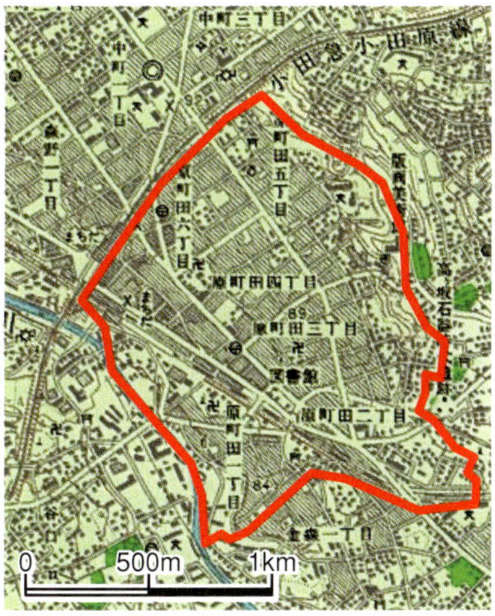

SM

定性的評価指標(低・高)

- コンパクト性
- 非スプロール度
- 防災性
- 公共交通整備度
- 路面電車・新交通整備度
- 非自動車依存度
- 都市・交通整備意識
- 居住者バランス

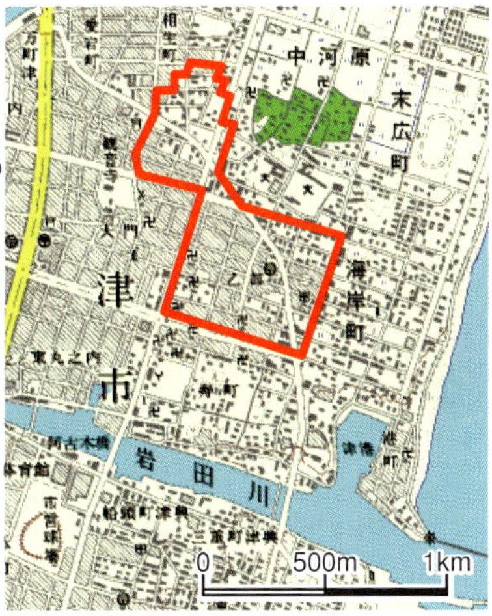

交通負荷　立地・整備　用途規制　居住状況

居住者特性　交通行動　居住者意識

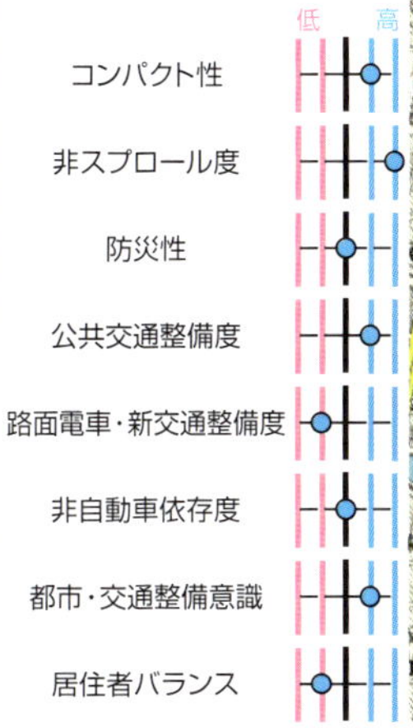

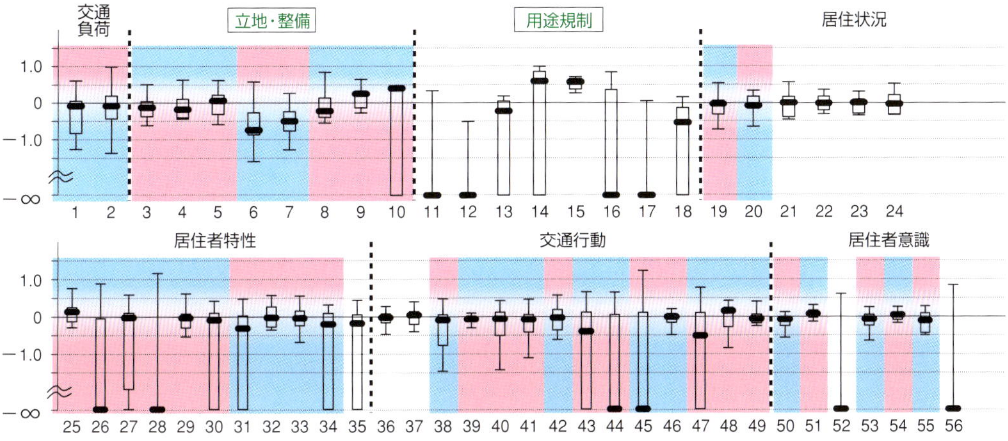

定量的評価指標

中密・駅徒歩圏内・住居地域タイプ

・戸建て住宅，マンションなどの住宅とともに，店舗も混合して立地している
・比較的乗降客の多い鉄道駅の表出口側に位置し，商業地が発達している場合が多い

大都市圏衛星都市

（分類条件）

土地利用規制			
住居地域 60%〜			
人口密度	駅から	列車本数	都心から
50〜100人/ha	〜1㎞	—	—

松戸市小金（2005年7月N撮影）

宇治市六地蔵町並（2006年12月N撮影）

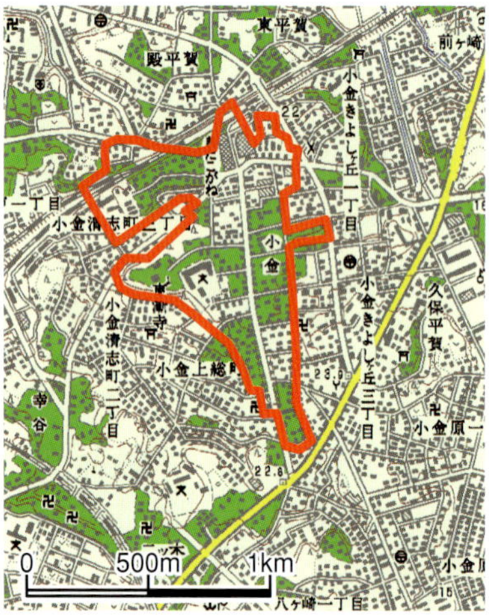

定性的評価指標

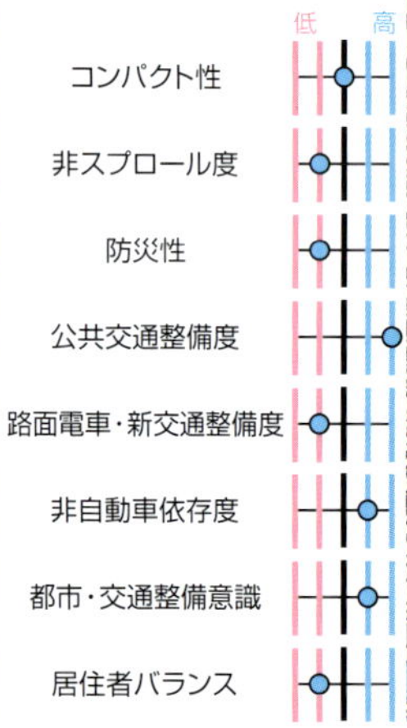

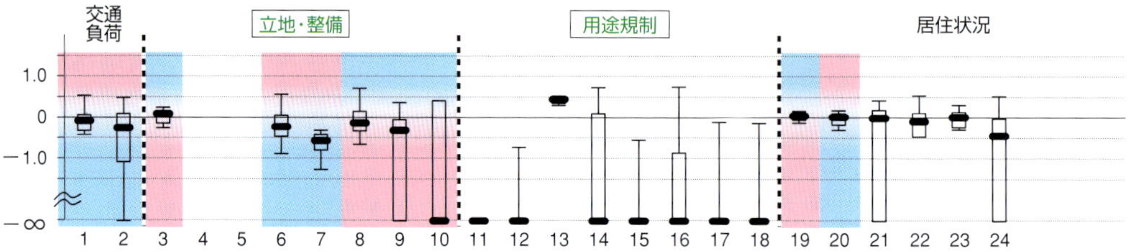

低　高

コンパクト性
非スプロール度
防災性
公共交通整備度
路面電車・新交通整備度
非自動車依存度
都市・交通整備意識
居住者バランス

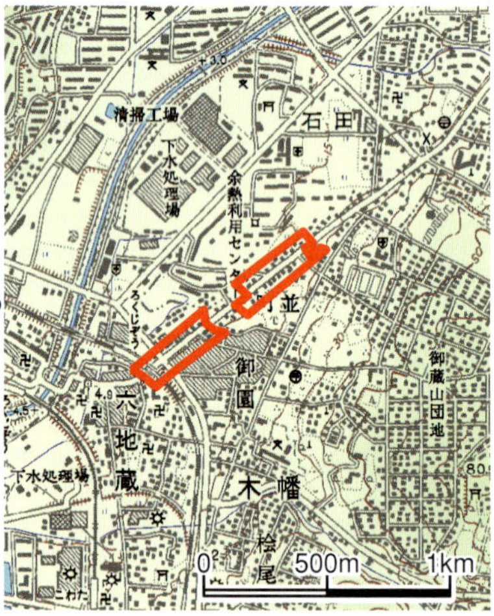

交通負荷　立地・整備　用途規制　居住状況

1.0　0　−1.0　−∞

1 2 3 4 5 6 7 8 9 10 11 12 13 14 15 16 17 18 19 20 21 22 23 24

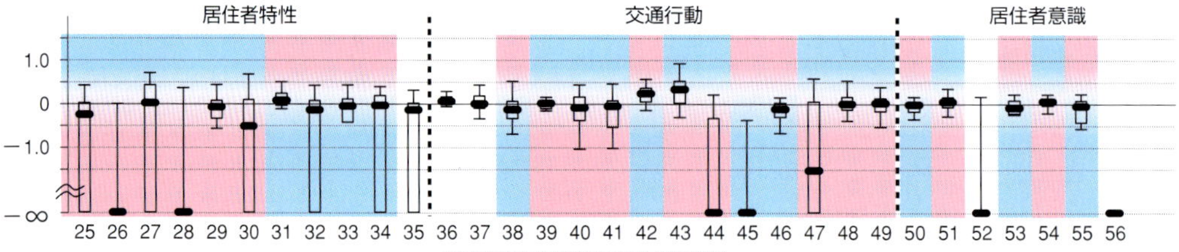

居住者特性　交通行動　居住者意識

1.0　0　−1.0　−∞

25 26 27 28 29 30 31 32 33 34 35 36 37 38 39 40 41 42 43 44 45 46 47 48 49 50 51 52 53 54 55 56

定量的評価指標

SM 20

工業系混在タイプ

・大都市圏衛星都市の中で休日１人１日自動車燃料消費量が４番目に少ない
・全住宅地タイプの中で２人世帯割合が最大
・工場とともに戸建て住宅，マンションなどが混在して立地している

大都市圏衛星都市

（分類条件）

土地利用規制			
工業系混在（工業系土地利用割合が最も大きい）			
人口密度	駅から	列車本数	都心から
—	—	—	—

千葉市中央区蘇我町１～２丁目（2005年11月N撮影）

松戸市松飛台（2005年11月N撮影）

定性的評価指標（低 ― 高）

- コンパクト性
- 非スプロール度
- 防災性
- 公共交通整備度
- 路面電車・新交通整備度
- 非自動車依存度
- 都市・交通整備意識
- 居住者バランス

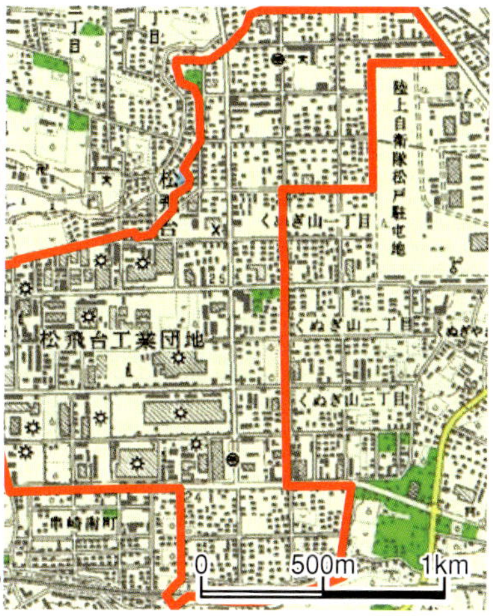

交通負荷 ／ 立地・整備 ／ 用途規制 ／ 居住状況

居住者特性 ／ 交通行動 ／ 居住者意識

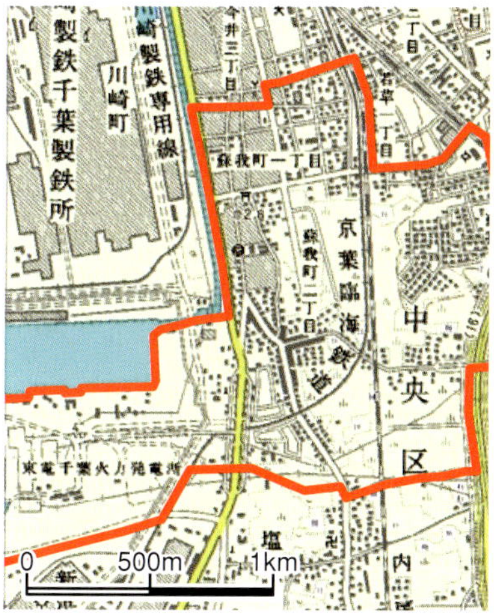

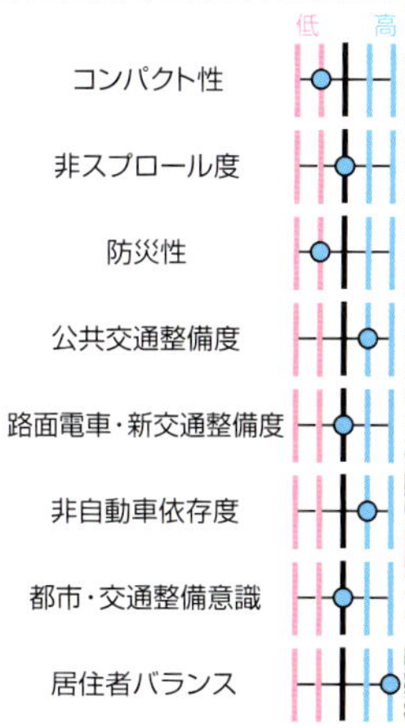

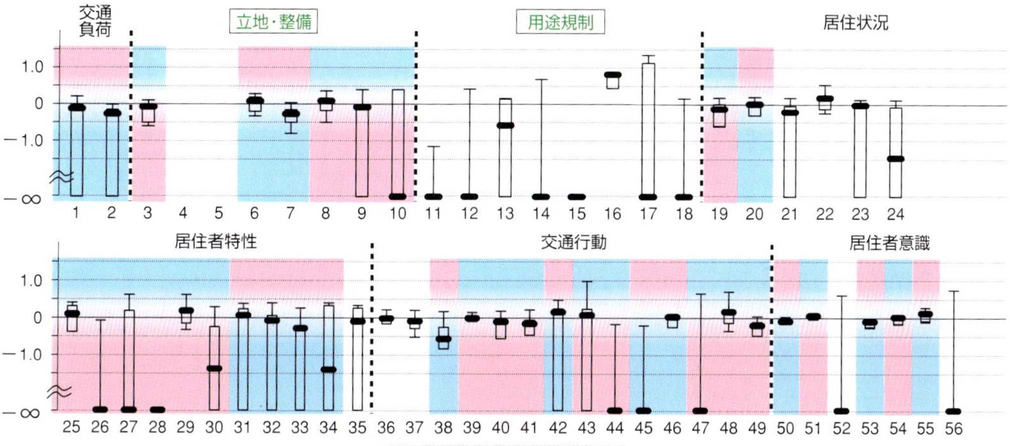

定量的評価指標

SM

SM 21

駅徒歩圏内・中高層住宅専用タイプ

・大都市圏衛星都市の中で平日１人１日自動車燃料消費量が２番目に多い
・大都市圏衛星都市の中で休日１人１日自動車燃料消費量が２番目に多い
・全住宅地タイプの中で中高層住宅専用地域割合が最大
・大規模なマンションが立地している一方で，低・未利用地も見られる場合が多い

大都市圏衛星都市

（分類条件）

土地利用規制			
中高層住宅専用地域 90%〜			
人口密度	駅から	列車本数	都心から
—	〜1km	—	—

姫路市広畑区小松町１〜４丁目（2006年10月H撮影）

松戸市高塚神殿（梨香台団地）（2006年10月N撮影）

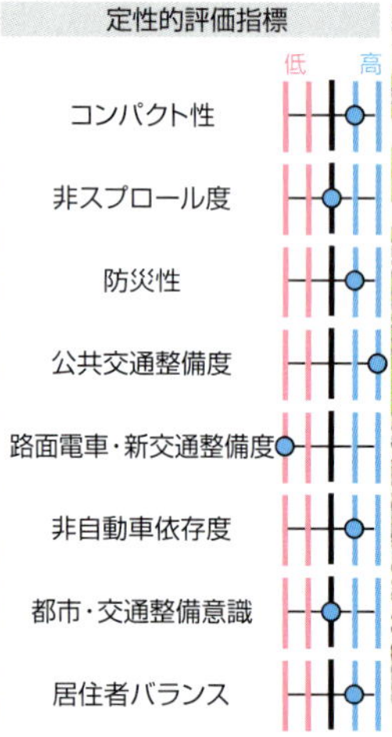

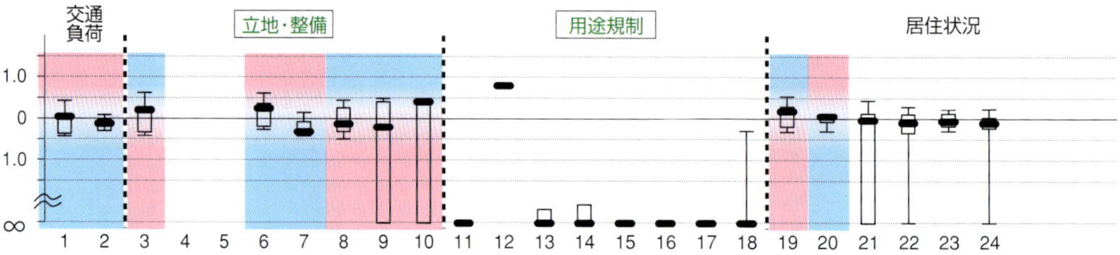

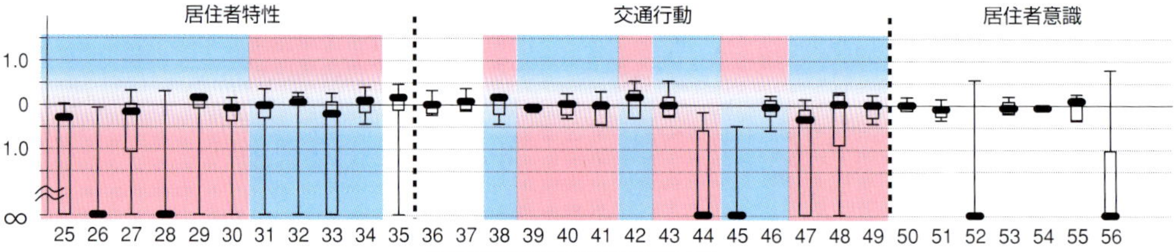

定性的評価指標

低　高

コンパクト性
非スプロール度
防災性
公共交通整備度
路面電車・新交通整備度
非自動車依存度
都市・交通整備意識
居住者バランス

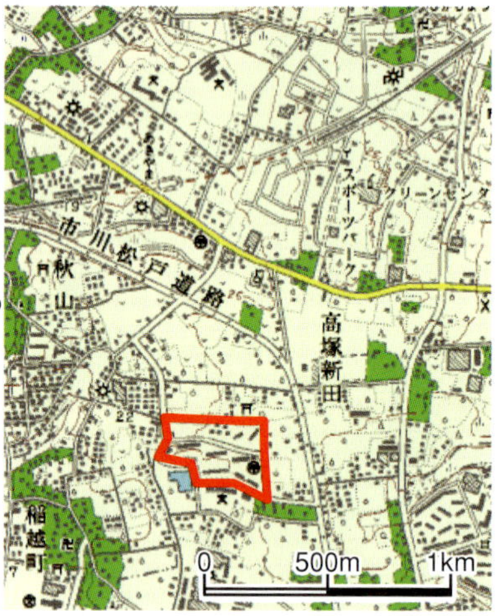

交通負荷　立地・整備　用途規制　居住状況

居住者特性　交通行動　居住者意識

定量的評価指標

中密・駅徒歩圏外・中高層住宅タイプ

・大規模ではなく比較的小規模なマンションが立地している場合が多い
・基盤整備が行き届いていない場合が多い

大都市圏衛星都市

（分類条件）

土地利用規制			
中高層住宅専用地域 60〜90%			
人口密度	駅から	列車本数	都心から
50〜100人/ha	1 km〜	—	—

SM

春日井市穴橋町（2005年7月N撮影）

宇治市伊勢田町砂田（2006年12月N撮影）

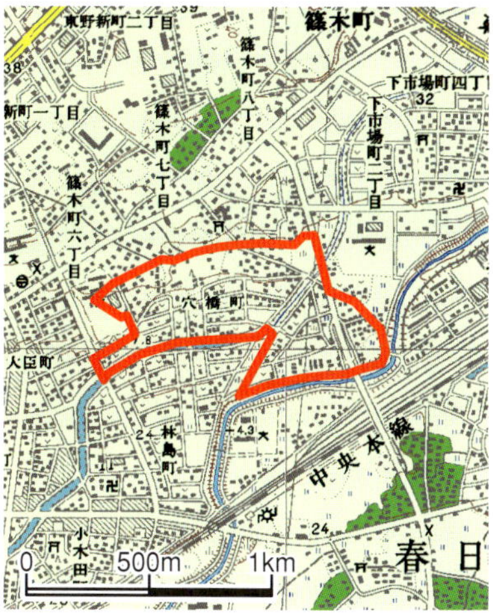

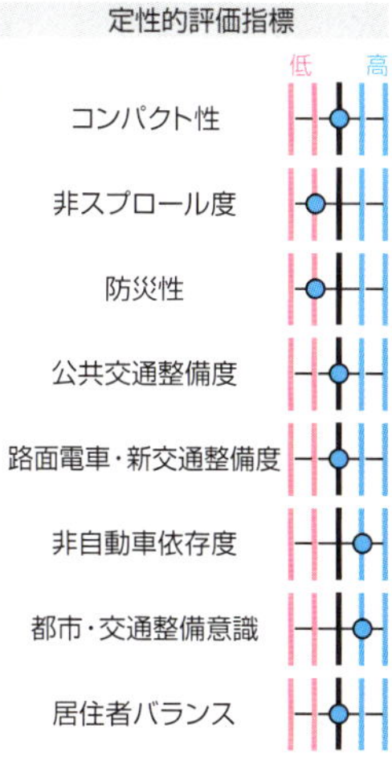

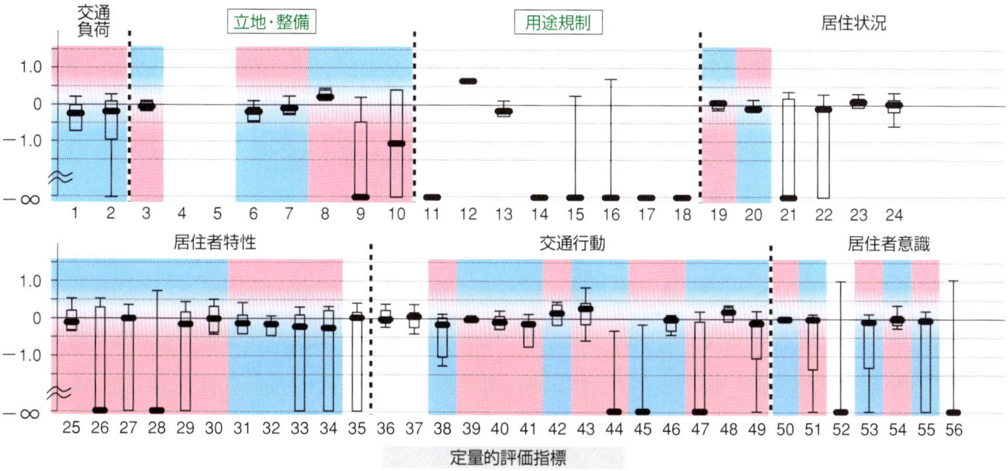

定性的評価指標

低　高

コンパクト性
非スプロール度
防災性
公共交通整備度
路面電車・新交通整備度
非自動車依存度
都市・交通整備意識
居住者バランス

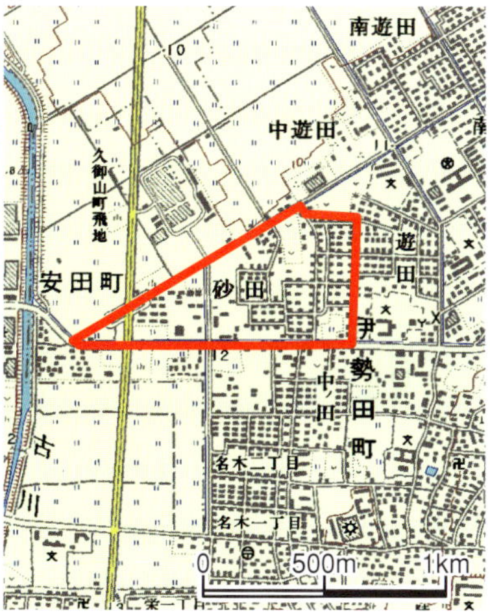

交通負荷　立地・整備　用途規制　居住状況

居住者特性　交通行動　居住者意識

定量的評価指標

SM 23

工業・工業専用地域タイプ

・大都市圏衛星都市の中で休日1人1日自動車燃料消費量が2番目に少ない
・大都市圏衛星都市の中で工業・工業専用地域割合が最大
・全住宅地タイプの中で1人世帯割合が最大
・大都市圏衛星都市の中で行動群2(非車依存ブルーカラー)割合,行動群11(生徒・児童・園児)割合が最大,行動群3(非車依存学生)割合,行動群7(車依存就業者公共交通併用)割合が最小
・全住宅地タイプの中で行動群9(車依存女性就業者)割合が最小
・大都市圏衛星都市の中で自都市内自由滞在時間が最大
・大都市圏衛星都市の中で徒歩分担率が最大
・大都市圏衛星都市の中で意識(まちづくり)に「郊外を開発して欲しい」と答えた人の割合が最小

大都市圏衛星都市

(分類条件)

土地利用規制			
工業・工業専用地域 60%〜			
人口密度	駅から	列車本数	都心から
—	—	—	—

奈良市西九条町1〜5丁目(2005年9月N撮影)

姫路市御国野町西御着(2002年1月S撮影)

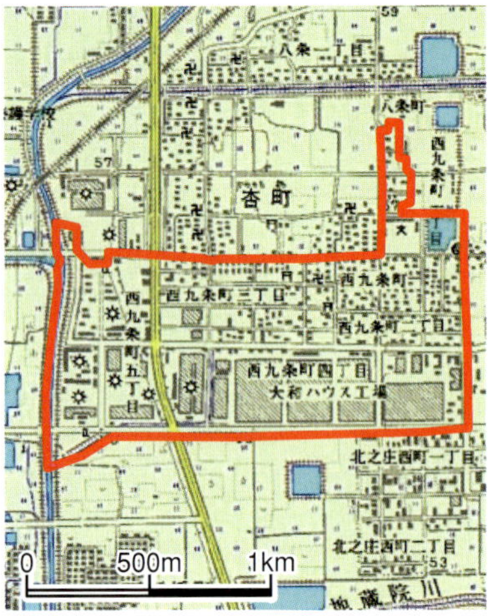

定性的評価指標

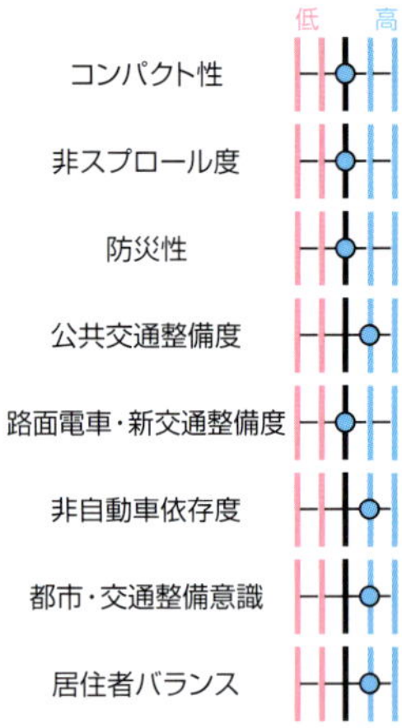

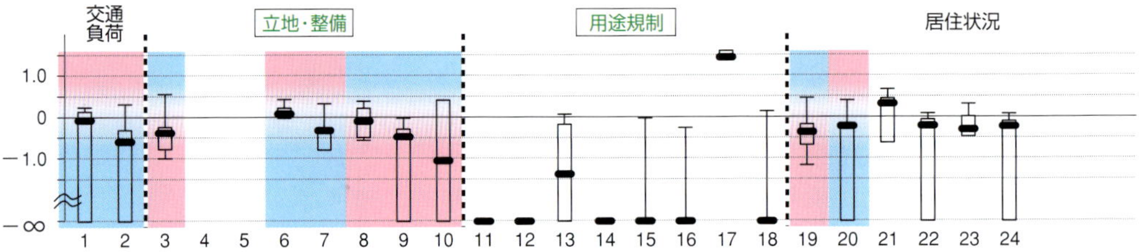

	低 ← → 高
コンパクト性	
非スプロール度	
防災性	
公共交通整備度	
路面電車・新交通整備度	
非自動車依存度	
都市・交通整備意識	
居住者バランス	

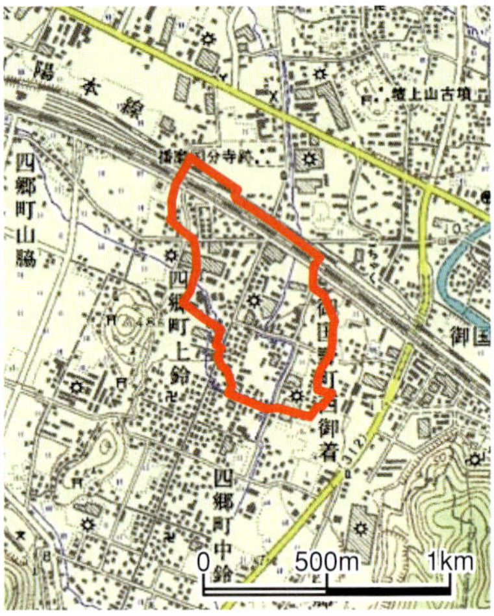

交通負荷　立地・整備　用途規制　居住状況

1.0　0　−1.0　−∞

1 2 3 4 5 6 7 8 9 10 11 12 13 14 15 16 17 18 19 20 21 22 23 24

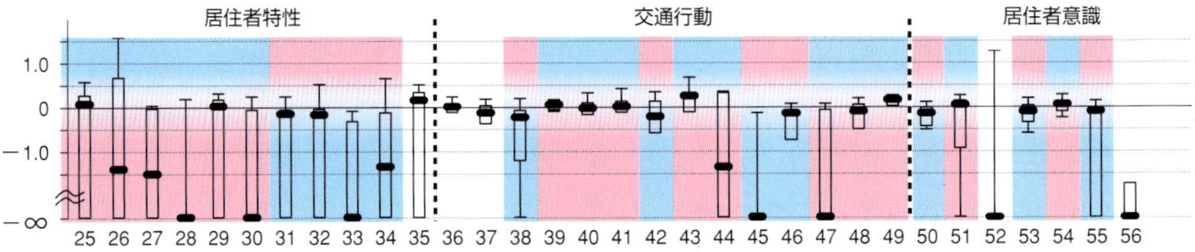

居住者特性　交通行動　居住者意識

1.0　0　−1.0　−∞

25 26 27 28 29 30 31 32 33 34 35 36 37 38 39 40 41 42 43 44 45 46 47 48 49 50 51 52 53 54 55 56

定量的評価指標

SM 24

高密・住居地域タイプ

・大都市圏衛星都市の中で休日１人１日自動車燃料消費量が９番目に少ない
・大都市圏衛星都市の中で戸建住宅密度が最大
・戸建て住宅，マンションなどの住宅とともに店舗も混合しており，密集して立地している

大都市圏衛星都市

（分類条件）

土地利用規制			
住居地域 60%〜			
人口密度	駅から	列車本数	都心から
100 人/ha〜	—	—	—

奈良市学園朝日町１〜５丁目（2005年9月N撮影）

春日井市天神町（2005年7月N撮影）

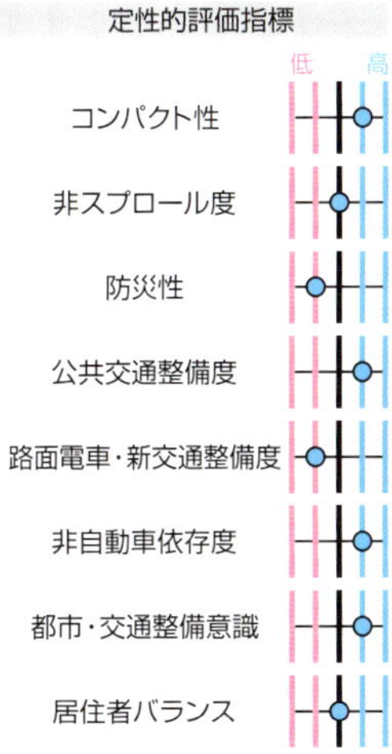

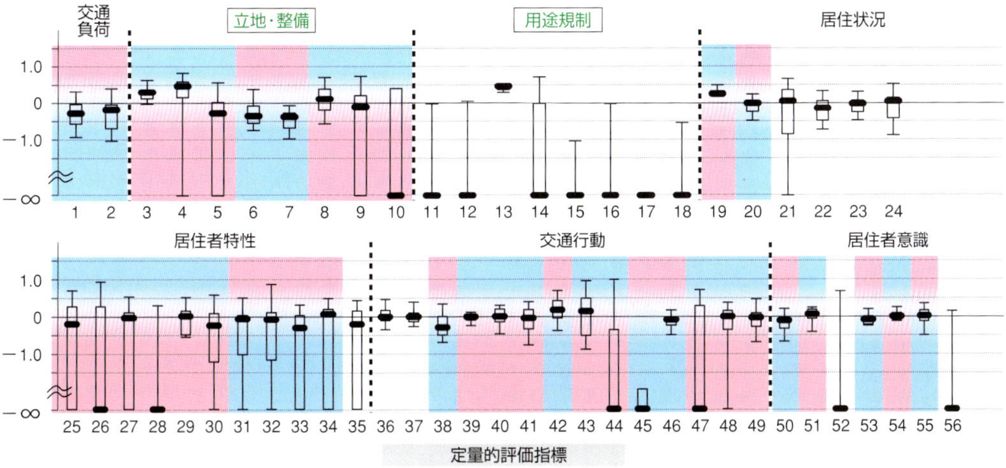

定性的評価指標（低・高）

コンパクト性
非スプロール度
防災性
公共交通整備度
路面電車・新交通整備度
非自動車依存度
都市・交通整備意識
居住者バランス

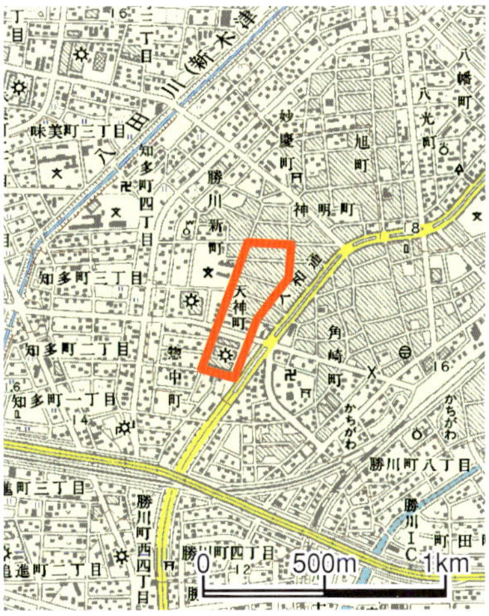

交通負荷　立地・整備　用途規制　居住状況

居住者特性　交通行動　居住者意識

定量的評価指標

SM 25

高密・中高層住宅タイプ

・大都市圏衛星都市の中で休日１人１日自動車燃料消費量が８番目に少ない
・全住宅地タイプの中でタクシー分担率が最小
・住区の一部に大規模な集合住宅団地，マンションなどが立地している場合が多い

大都市圏衛星都市

（分類条件）

土地利用規制			
中高層住宅専用地域 60～90%			
人口密度	駅から	列車本数	都心から
100～150人/ha	―	―	―

松戸市常盤平３丁目(2005年11月N撮影)

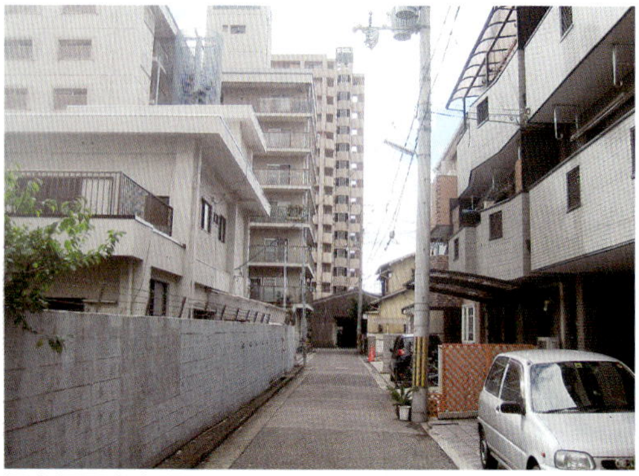

堺市堺区南向陽町(2006年10月H撮影)

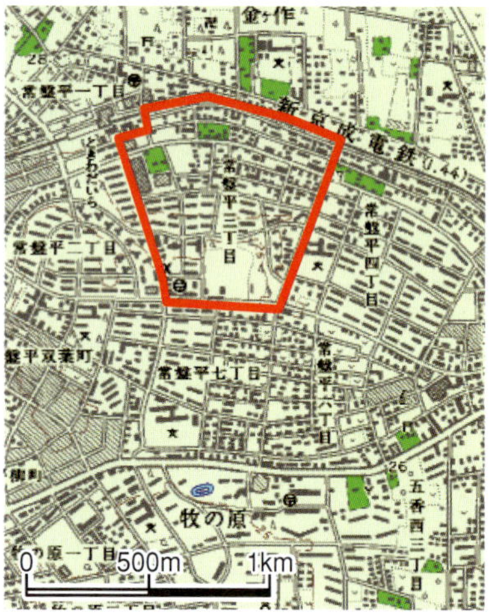

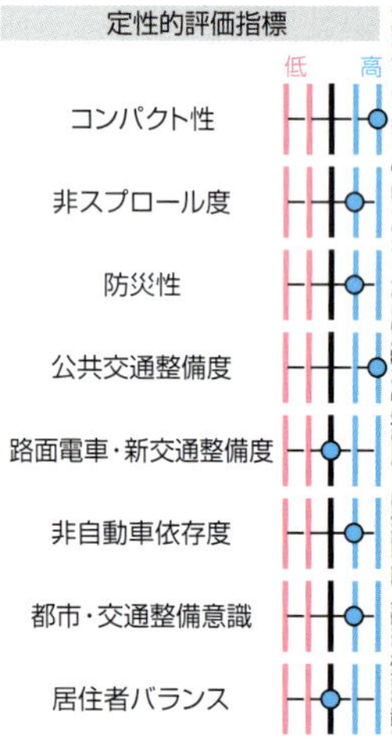

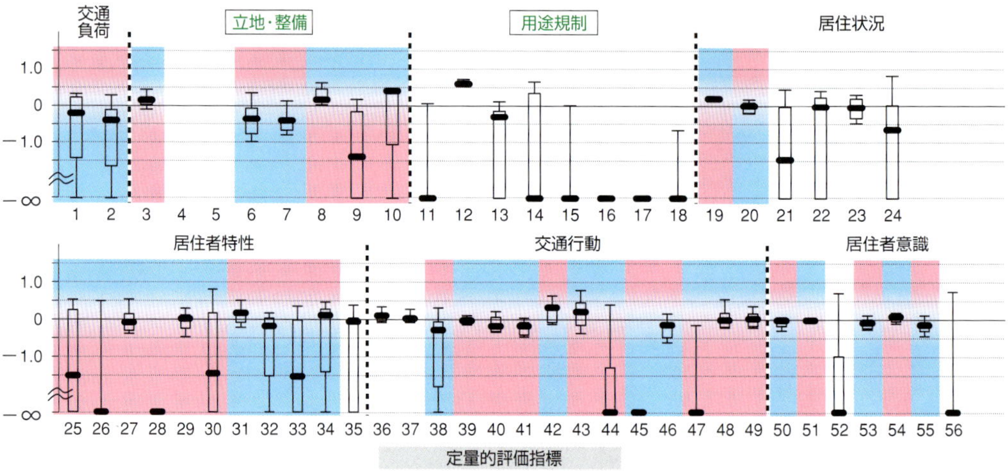

定性的評価指標

低　高

- コンパクト性
- 非スプロール度
- 防災性
- 公共交通整備度
- 路面電車・新交通整備度
- 非自動車依存度
- 都市・交通整備意識
- 居住者バランス

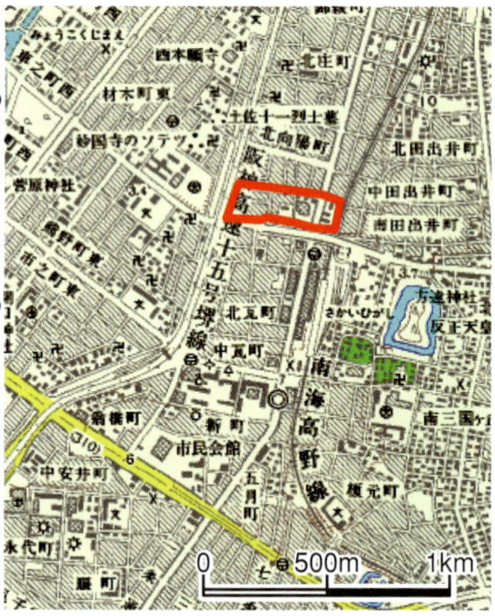

交通負荷　立地・整備　用途規制　居住状況

居住者特性　交通行動　居住者意識

定量的評価指標

SM 26

調整区域タイプ

・大都市圏衛星都市の中で休日1人1日自動車燃料消費量が7番目に少ない
・農地，山地の占める面積が比較的大きいが，その他の平地には住宅がある程度密集して立地している場合が多い
・住区の一部で道路整備が行われおり住宅が密集して立地しているものの，大半でスプロール開発が行われている場合が多い

大都市圏衛星都市

（分類条件）

土地利用規制			
市街化調整区域 50～75%			
人口密度	駅から	列車本数	都心から
—	—	—	—

千葉市若葉区加曽利町（2005年11月N撮影）

堺市西区草部（2005年12月HH撮影）

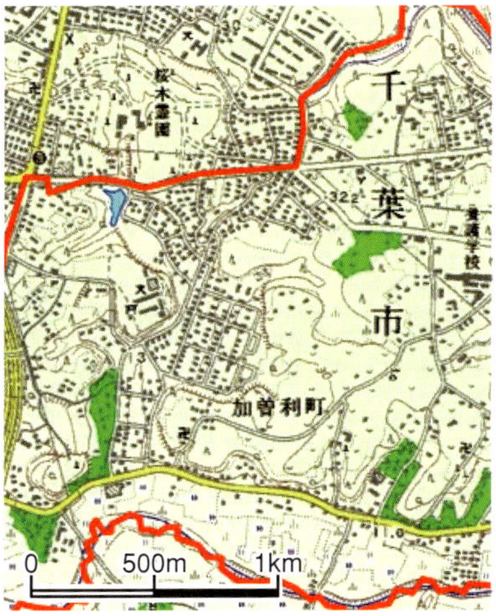

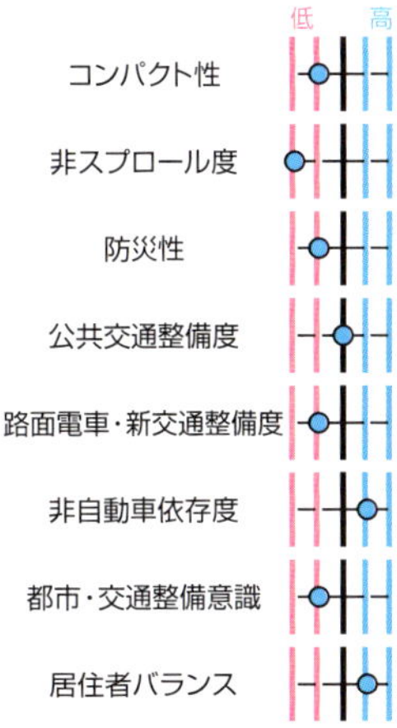

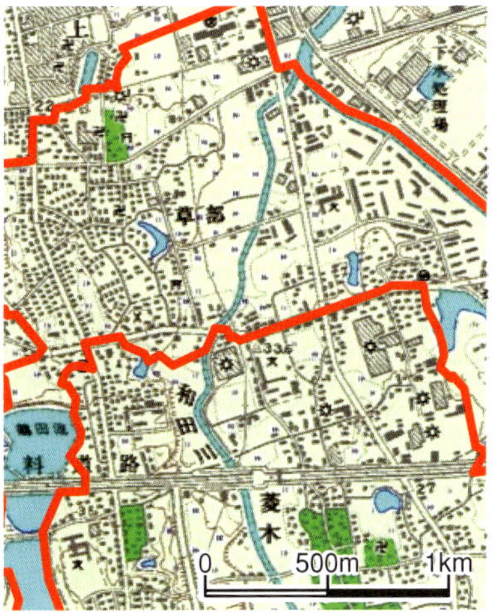

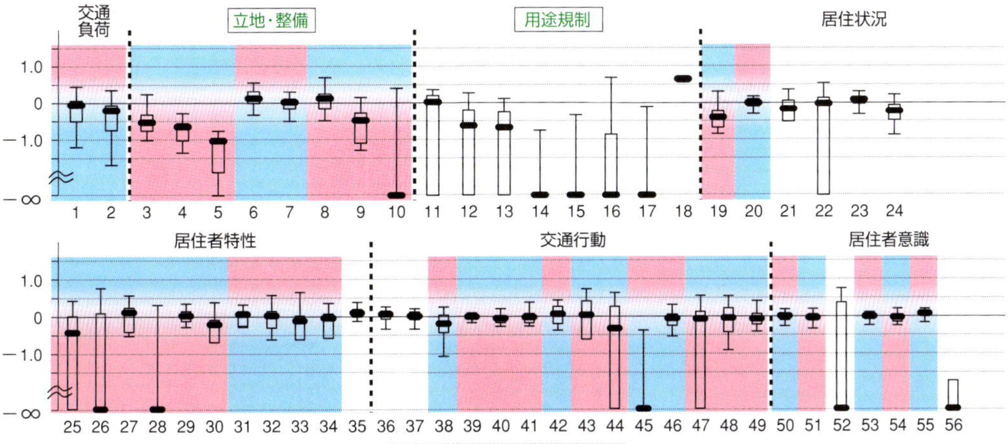

SM 27

高密・低層住宅タイプ

・大都市圏衛星都市の中で平日1人1日自動車燃料消費量が10番目に少ない
・大都市圏衛星都市の中で行動群8(車完全依存就業者)割合が最大
・一体的に開発された戸建て住宅地であり，比較的密集している場合が多い

大都市圏衛星都市

（分類条件）

土地利用規制			
低層住宅専用地域 60～90%			
人口密度	駅から	列車本数	都心から
100人/ha～	—	—	—

取手市西(2005年7月N撮影)

松戸市古ヶ崎2丁目(2005年10月N撮影)

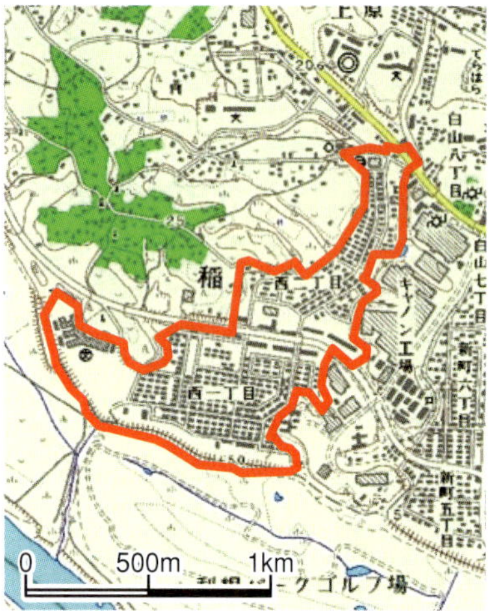

定性的評価指標（低／高）

- コンパクト性
- 非スプロール度
- 防災性
- 公共交通整備度
- 路面電車・新交通整備度
- 非自動車依存度
- 都市・交通整備意識
- 居住者バランス

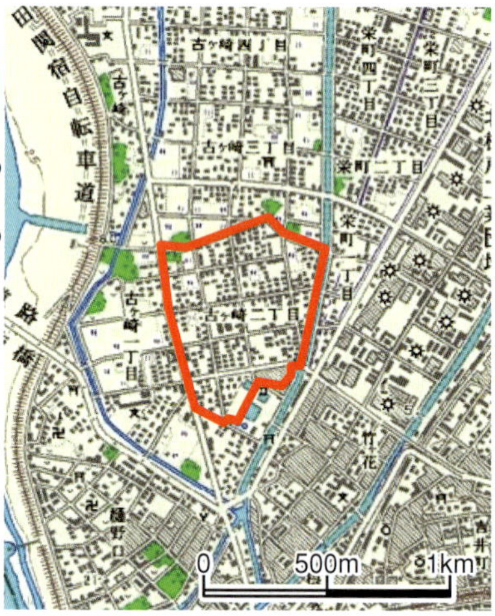

交通負荷　立地・整備　用途規制　居住状況

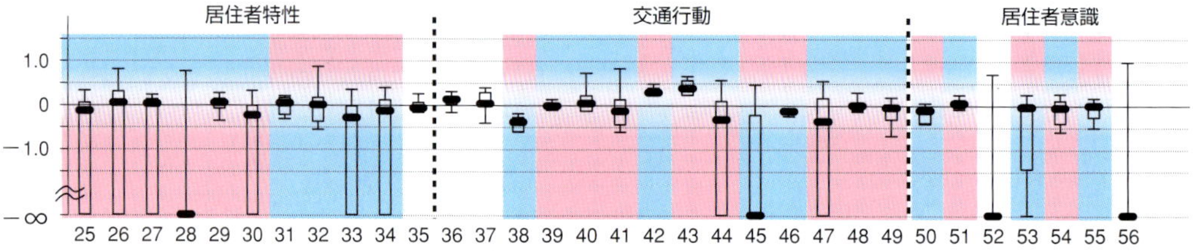

居住者特性　交通行動　居住者意識

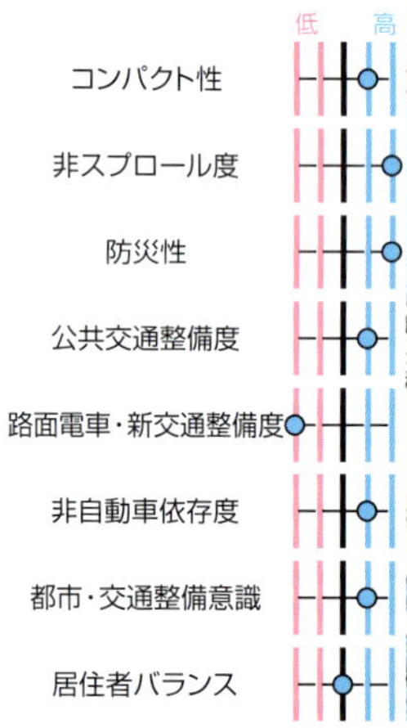

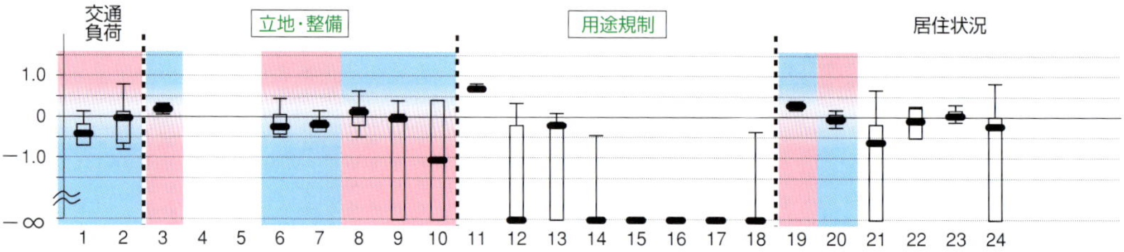

定量的評価指標

SM 28

中密・駅徒歩圏内・低層住宅タイプ

- 大都市圏衛星都市の中で平日１人１日自動車燃料消費量が９番目に少ない
- 大都市圏衛星都市の中で休日１人１日自動車燃料消費量が７番目に多い
- 大都市圏衛星都市の中で駅からの距離が最小
- 比較的密集した戸建て住宅地である場合が多い

大都市圏衛星都市

（分類条件）

土地利用規制			
低層住宅専用地域 60～90%			
人口密度	駅から	列車本数	都心から
50～ 100人/ha	～1㎞	—	—

千葉市中央区大森町（2005年7月N撮影）

松戸市南花島３丁目（2005年7月N撮影）

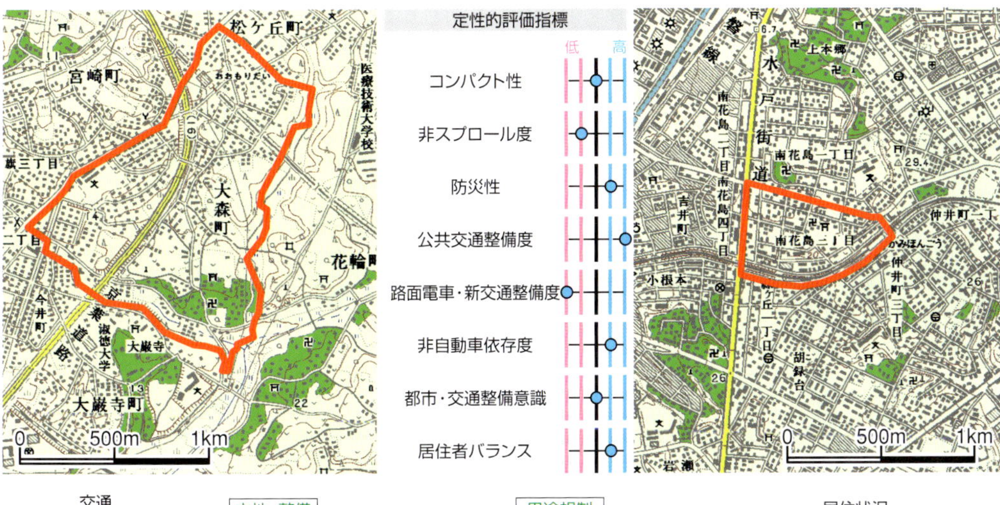

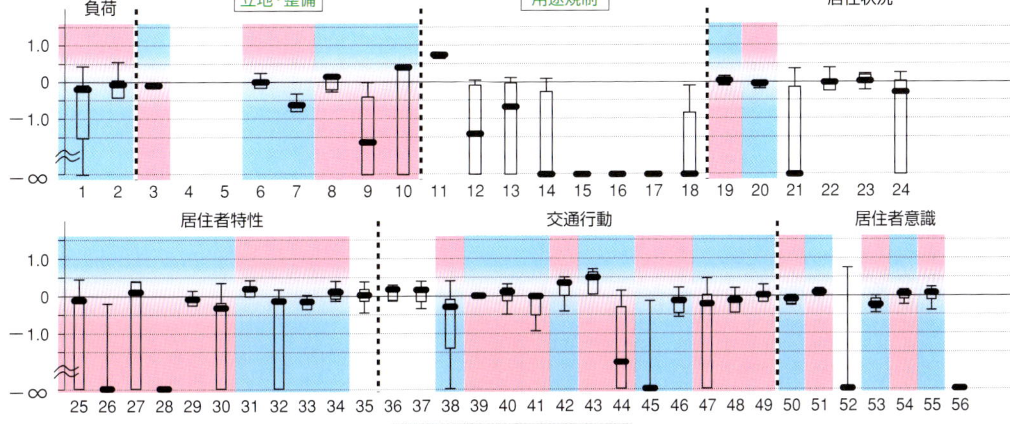

SM

SM 29

超高密・中高層住宅タイプ

- 大都市圏衛星都市の中で平日１人１日自動車燃料消費量が８番目に少ない
- 大都市圏衛星都市の中で住宅密度が最大
- 全住宅地タイプの中で人口密度が最大
- 住区の一部に大規模な集合住宅団地が含まれている場合が多い

大都市圏衛星都市

（分類条件）

土地利用規制			
中高層住宅専用地域 60～90%			
人口密度	駅から	列車本数	都心から
150 人/ha～	—	—	—

堺市北区南長尾町（2006年10月H撮影）

宇治市小倉町南浦（2002年１月S撮影）

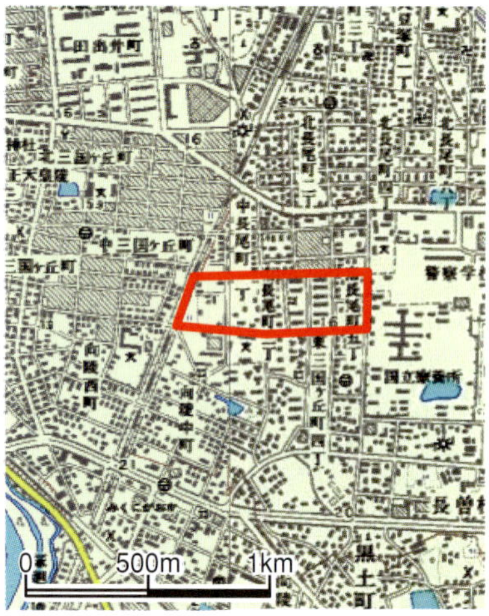

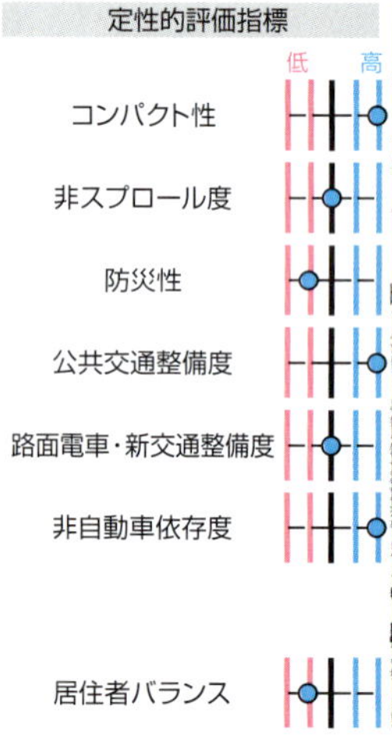

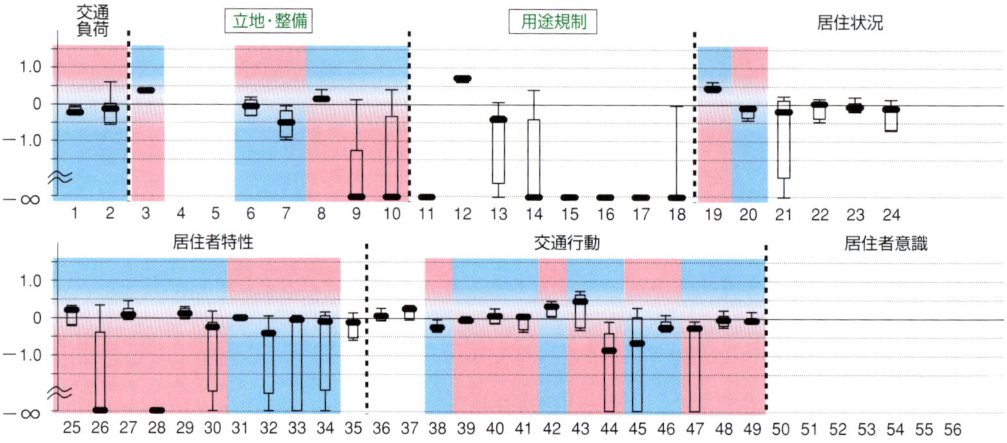

定性的評価指標（低～高）

- コンパクト性
- 非スプロール度
- 防災性
- 公共交通整備度
- 路面電車・新交通整備度
- 非自動車依存度
- 居住者バランス

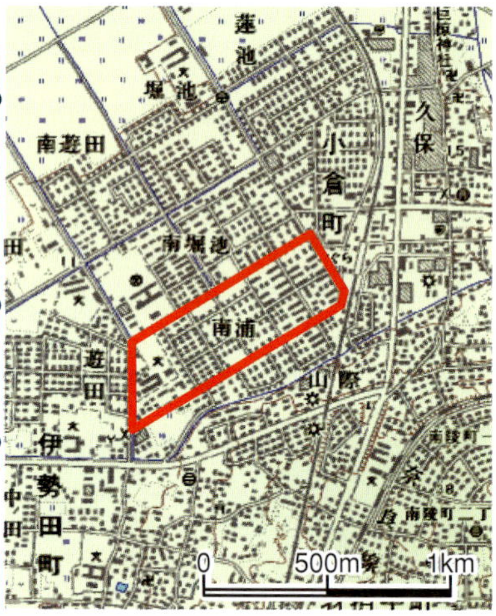

交通負荷　立地・整備　用途規制　居住状況

居住者特性　交通行動　居住者意識

定量的評価指標

中高密・線引き境界タイプ

- 大都市圏衛星都市の中で平日１人１日自動車燃料消費量が７番目に少ない
- 大都市圏衛星都市の中で休日１人１日自動車燃料消費量が６番目に少ない
- 住区の一部に農地，山地を含むが，その他の平地の一部に大規模な集合住宅団地，マンションなどが立地している場合が多い
- 分類条件としては人口密度50人/ha以上であるが，全住区とも50〜100人/ha程度で，あまり高密ではない

大都市圏衛星都市

（分類条件）

土地利用規制			
市街化調整区域 25〜50％			
人口密度	駅から	列車本数	都心から
50人/ha〜	—	—	—

千葉市花見川区幕張町１〜６丁目（2005年７月N撮影）

奈良市東九条町（2005年９月N撮影）

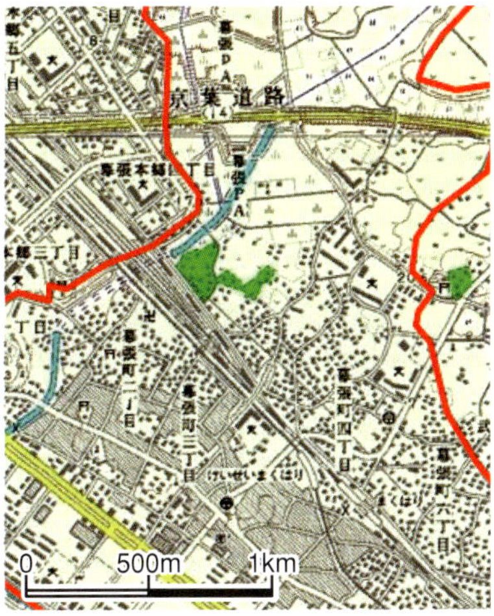

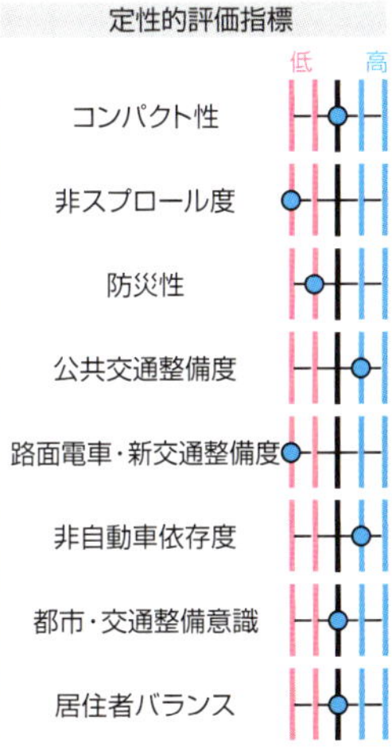

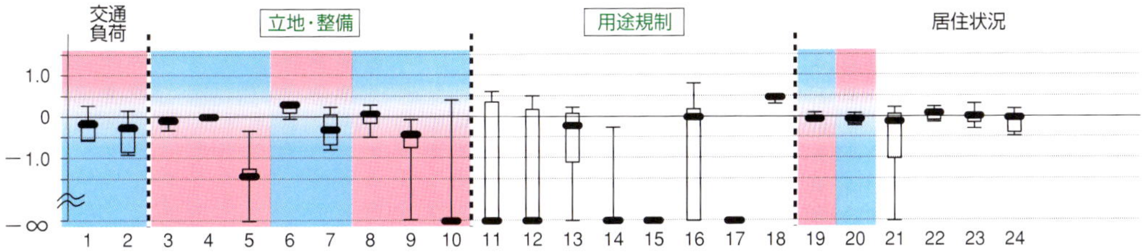

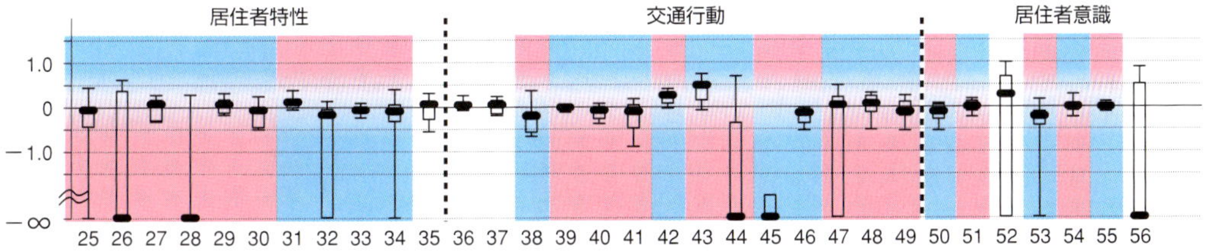

定性的評価指標（低・高）

- コンパクト性
- 非スプロール度
- 防災性
- 公共交通整備度
- 路面電車・新交通整備度
- 非自動車依存度
- 都市・交通整備意識
- 居住者バランス

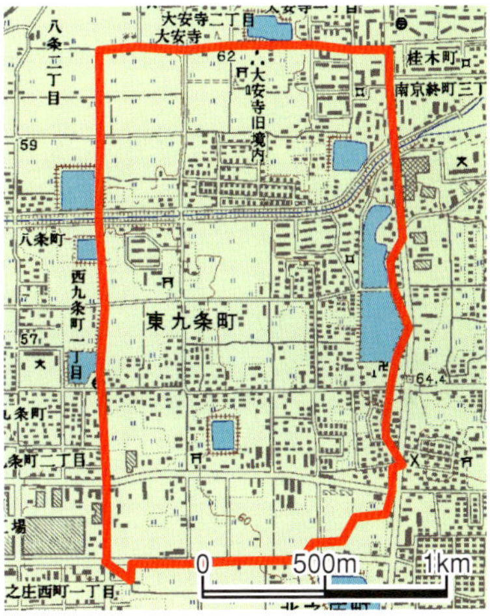

交通負荷　立地・整備　用途規制　居住状況

居住者特性　交通行動　居住者意識

定量的評価指標

SM

SM 31

中密・駅徒歩圏外・住居地域タイプ

・大都市圏衛星都市の中で平日１人１日自動車燃料消費量が６番目に少ない
・大都市圏衛星都市の中で休日１人１日自動車燃料消費量が５番目に多い
・大都市圏衛星都市の中で３人以上世帯割合が最小
・大都市圏衛星都市の中で行動群10（車依存非就業者）割合が最大
・大都市圏衛星都市の中で総移動時間，総移動距離が最小
・大都市圏衛星都市の中で市外へ行く人の割合が最小
・大都市圏衛星都市の中で意識（まちづくり）に「自動車中心の中心市街地を整備して欲しい」と答えた人の割合が最大
・戸建て住宅，マンションなどの住宅とともに，店舗も混合して立地している

大都市圏衛星都市

（分類条件）

土地利用規制			
住居地域 60%～			
人口密度	駅から	列車本数	都心から
50～ 100人/ha	1km～	—	—

千葉市稲毛区穴川１～４丁目（2005年11月N撮影）

姫路市鷹匠町（2006年10月H撮影）

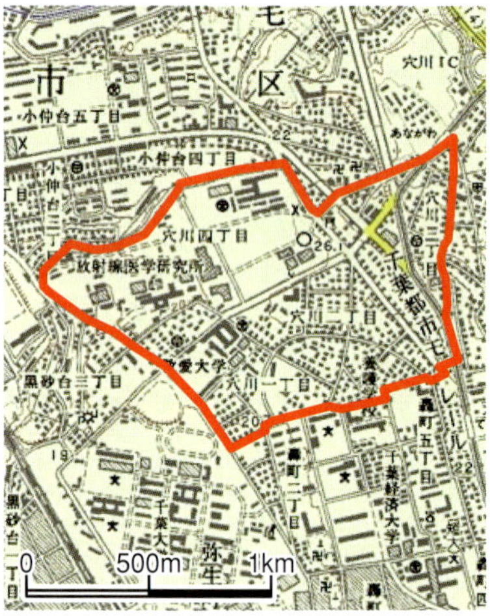

定性的評価指標（低～高）

コンパクト性
非スプロール度
防災性
公共交通整備度
路面電車・新交通整備度
非自動車依存度
都市・交通整備意識
居住者バランス

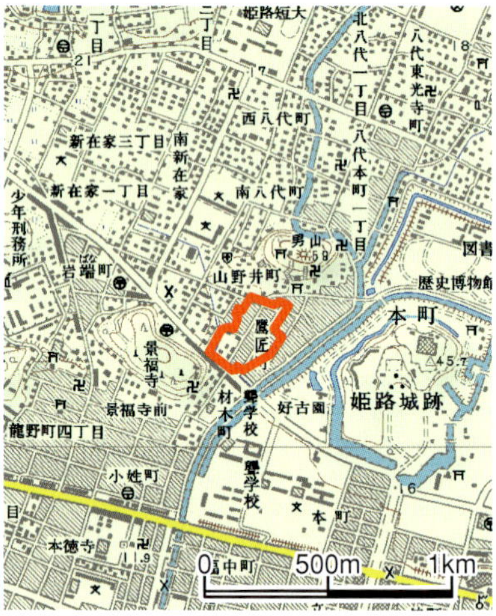

交通負荷　立地・整備　用途規制　居住状況

1.0　0　−1.0　−∞

1 2 3 4 5 6 7 8 9 10 11 12 13 14 15 16 17 18 19 20 21 22 23 24

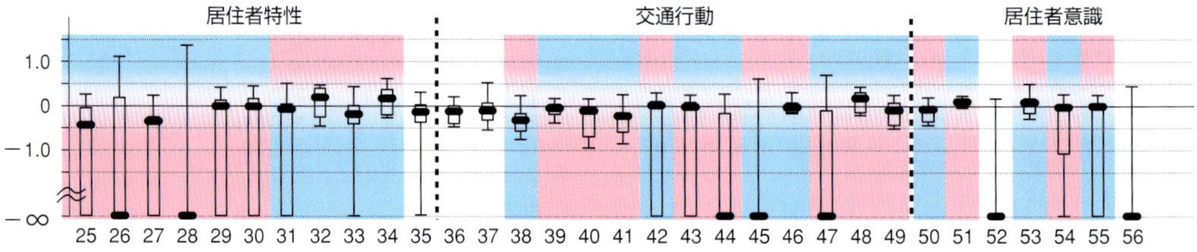

居住者特性　交通行動　居住者意識

25 26 27 28 29 30 31 32 33 34 35 36 37 38 39 40 41 42 43 44 45 46 47 48 49 50 51 52 53 54 55 56

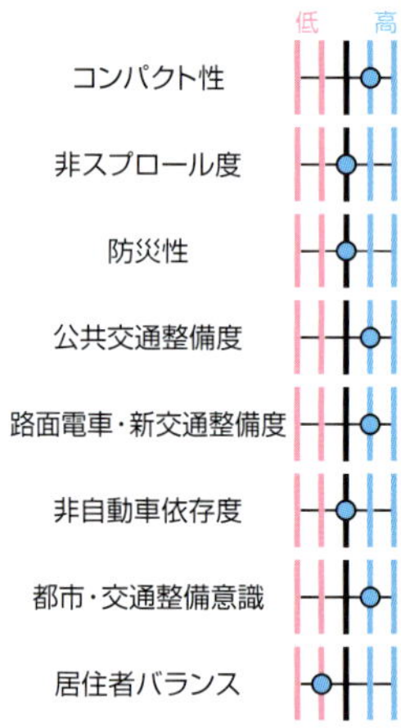

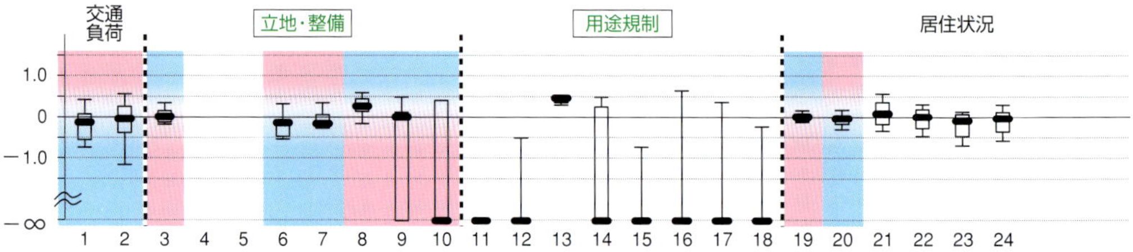

定量的評価指標

高密・商業地域タイプ

- 大都市圏衛星都市の中で平日１人１日自動車燃料消費量が５番目に少ない
- 大都市圏衛星都市の中で休日１人１日自動車燃料消費量が最小
- 大都市圏衛星都市の中でバス停密度が最大
- 全住宅地タイプの中で基盤整備率が最大
- 全住宅地タイプの中で商業地域割合が最大
- 全住宅地タイプの中で行動群２(非車依存ブルーカラー)割合が最小
- 大都市圏衛星都市の中で行動群３(非車依存学生)割合が最小
- 店舗とともに大規模なマンションが立地している場合が多い

大都市圏衛星都市

（分類条件）

土地利用規制			
商業地域 60%〜			
人口密度	駅から	列車本数	都心から
100 人/ha〜	—	—	—

堺市堺区住吉橋町(2005年12月HH撮影)

姫路市琴岡町(2006年１月K撮影)

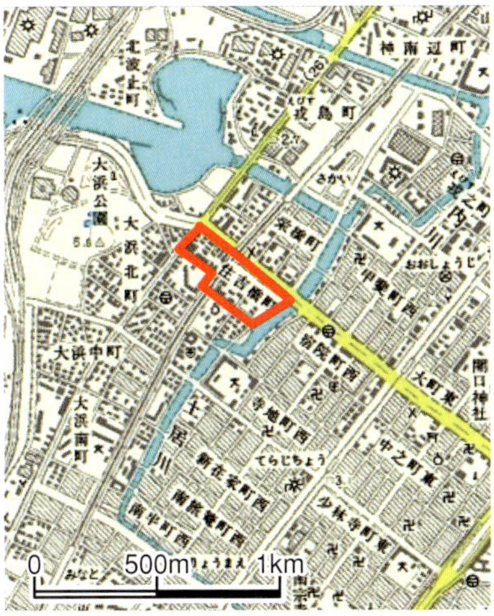

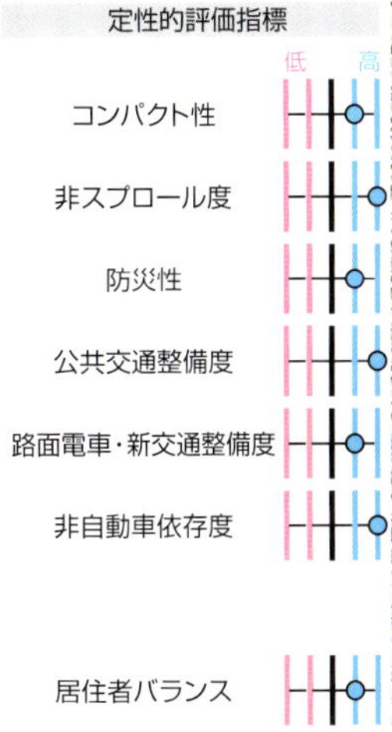

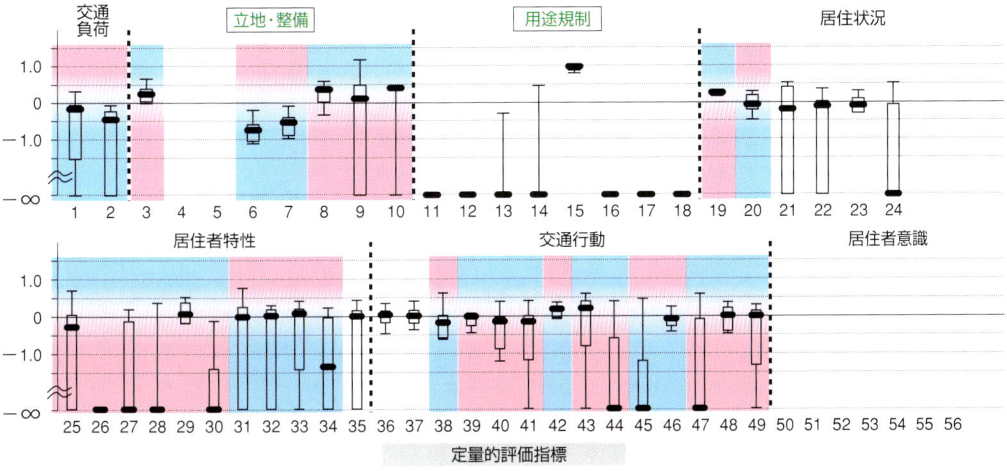

定性的評価指標（低〜高）

- コンパクト性
- 非スプロール度
- 防災性
- 公共交通整備度
- 路面電車・新交通整備度
- 非自動車依存度
- 居住者バランス

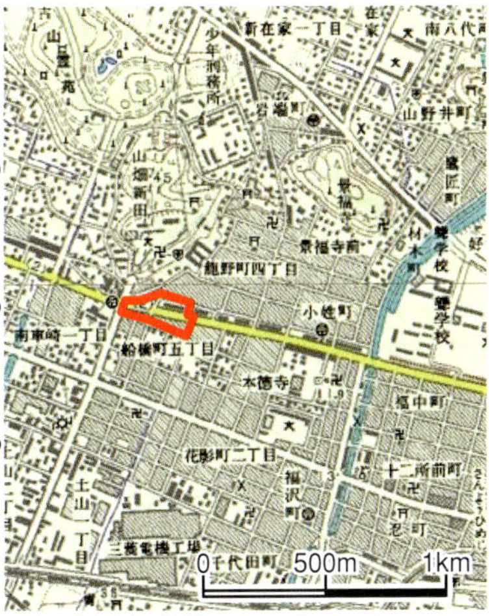

交通負荷　立地・整備　用途規制　居住状況

1.0　0　−1.0　−∞

1 2 3 4 5 6 7 8 9 10 11 12 13 14 15 16 17 18 19 20 21 22 23 24

居住者特性　交通行動　居住者意識

1.0　0　−1.0　−∞

25 26 27 28 29 30 31 32 33 34 35 36 37 38 39 40 41 42 43 44 45 46 47 48 49 50 51 52 53 54 55 56

定量的評価指標

SM 33

高密・住宅系混在タイプ

- 大都市圏衛星都市の中で平日１人１日自動車燃料消費量が４番目に少ない
- 大都市圏衛星都市の中で鉄道分担率が最大
- 大都市圏衛星都市の中で意識（環境問題）に「低環境負荷の自動車を利用する」と答えた人の割合が最小
- 戸建て住宅，マンションなどが混在，密集して立地している
- 大規模なマンション，集合住宅が立地している場合もある

大都市圏衛星都市

（分類条件）

土地利用規制			
住宅系混在（住宅系土地利用割合が最も大きい）			
人口密度	駅から	列車本数	都心から
100人/ha～	—	—	—

町田市小川（2006年10月N撮影）

堺市堺区香ヶ丘町（2006年10月H撮影）

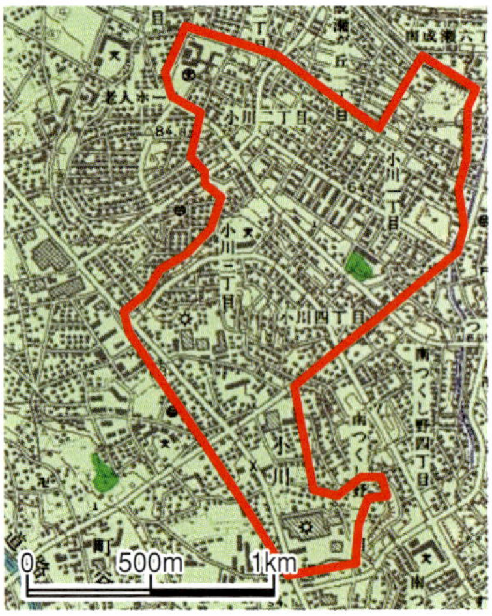

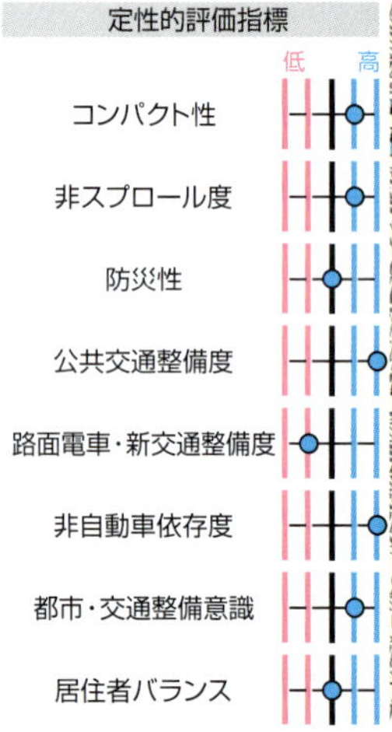

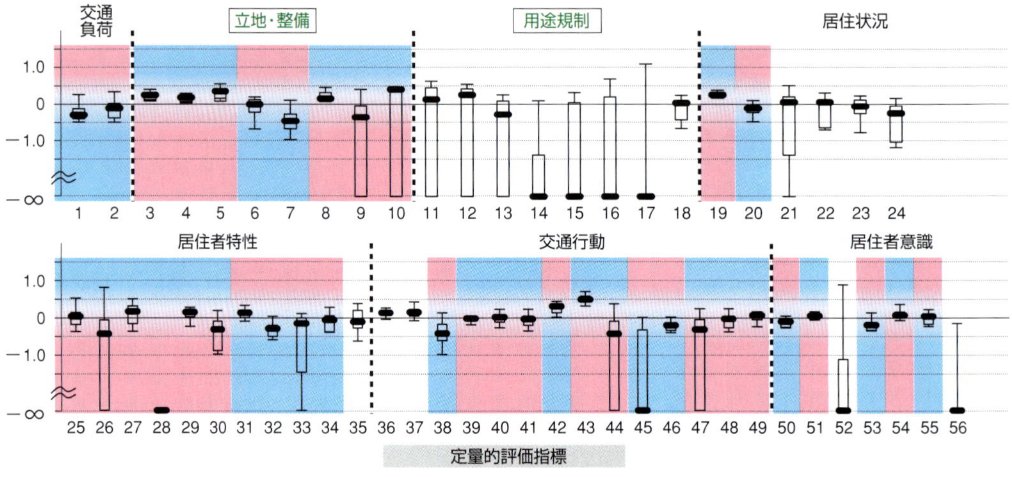

定性的評価指標（低／高）

- コンパクト性
- 非スプロール度
- 防災性
- 公共交通整備度
- 路面電車・新交通整備度
- 非自動車依存度
- 都市・交通整備意識
- 居住者バランス

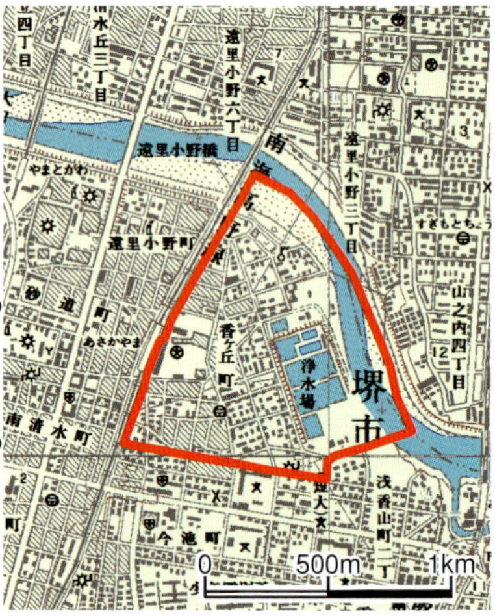

交通負荷／立地・整備／用途規制／居住状況

居住者特性／交通行動／居住者意識

定量的評価指標

SM

SM 34

中低密・商業地域タイプ

- 大都市圏衛星都市の中で平日1人1日自動車燃料消費量が3番目に少ない
- 大都市圏衛星都市の中で都心からの距離が最小
- 大都市圏衛星都市の中で駅からの距離が最小
- 大都市圏衛星都市の中で世帯あたり自動車保有台数が最小
- 大都市圏衛星都市の中で高齢化率が最大
- 大都市圏衛星都市の中で行動群6(非車依存高齢者)割合が最大, 行動群11(生徒・児童・園児)割合が最小
- 大都市圏衛星都市の中で総滞留時間が最小
- 全住宅地タイプの中で自由滞留時間が最大
- 大都市圏衛星都市の中で二輪車分担率が最小

大都市圏衛星都市

(分類条件)

土地利用規制			
商業地域 60%〜			
人口密度	駅から	列車本数	都心から
〜100人/ha	—	—	—

奈良市内侍原町(2005年9月N撮影)

松戸市本町(2005年7月N撮影)

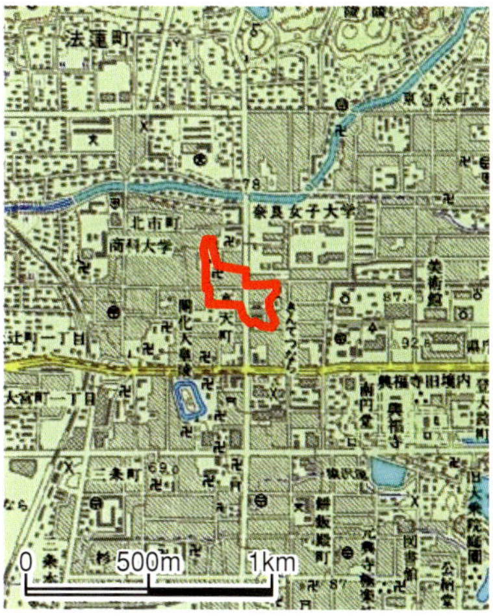

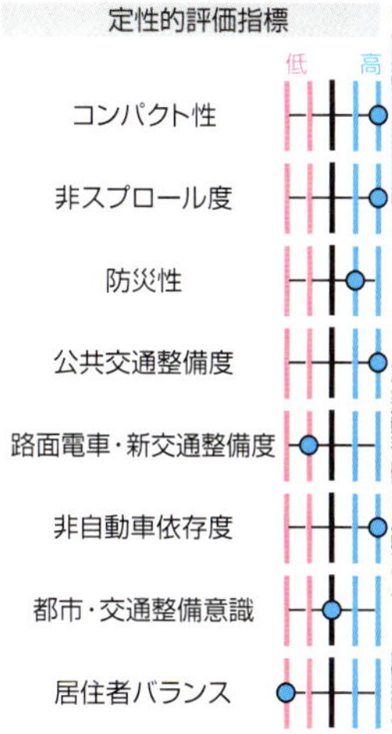

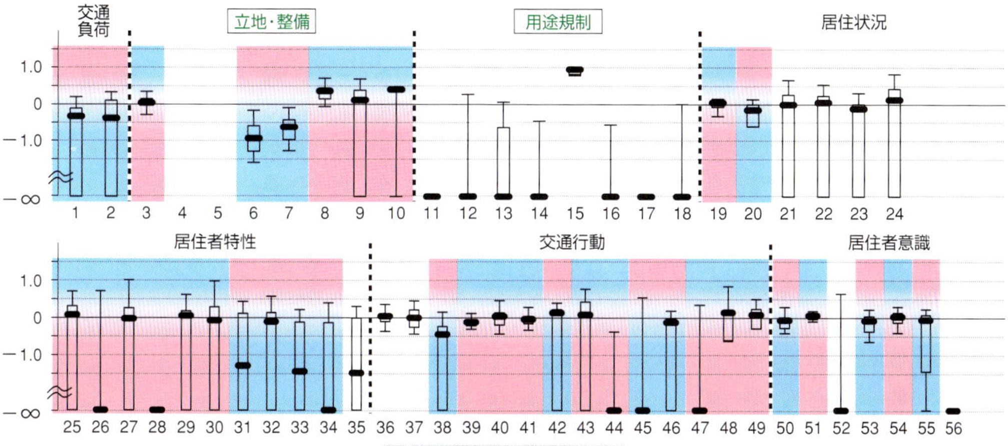

定性的評価指標

低 高

- コンパクト性
- 非スプロール度
- 防災性
- 公共交通整備度
- 路面電車・新交通整備度
- 非自動車依存度
- 都市・交通整備意識
- 居住者バランス

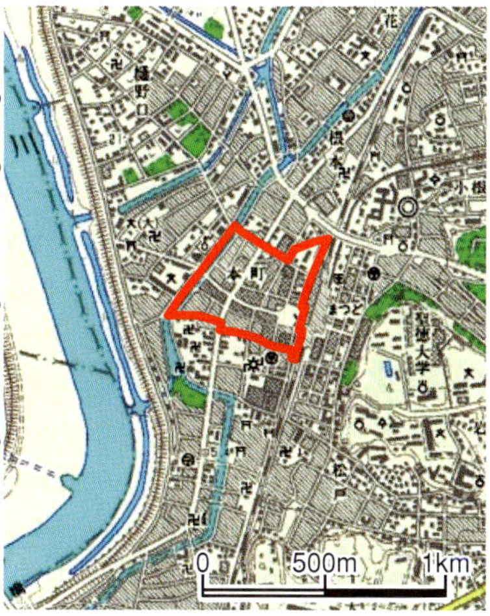

交通負荷　立地・整備　用途規制　居住状況

居住者特性　交通行動　居住者意識

定量的評価指標

SM 35

中低密・駅徒歩圏内・低層住宅専用タイプ

- 大都市圏衛星都市の中で平日1人1日自動車燃料消費量が2番目に少ない
- 大都市圏衛星都市の中で休日1人1日自動車燃料消費量が3番目に多い
- 大都市圏衛星都市の中でバス停密度が最小
- 全住宅地タイプの中で2人世帯割合が最小
- 全住宅地タイプの中で行動群7(車依存就業者公共交通併用)割合が最大
- 大都市圏衛星都市の中で行動群8(車完全依存就業者)割合,行動群10(車依存非就業者)割合が最小
- 大都市圏衛星都市の中で車走行距離が最小
- 全住宅地タイプの中で自都市内自由滞留時間が最小
- 全住宅地タイプの中でバス分担率が最小,自転車分担率が最大
- 比較的密集した戸建て住宅地である場合が多い

大都市圏衛星都市

(分類条件)

土地利用規制			
低層住宅専用地域 90%~			
人口密度	駅から	列車本数	都心から
~100人/ha	~1㎞	—	—

千葉市稲毛区稲丘町(2005年7月N撮影)

宇治市広野町寺山(2006年12月N撮影)

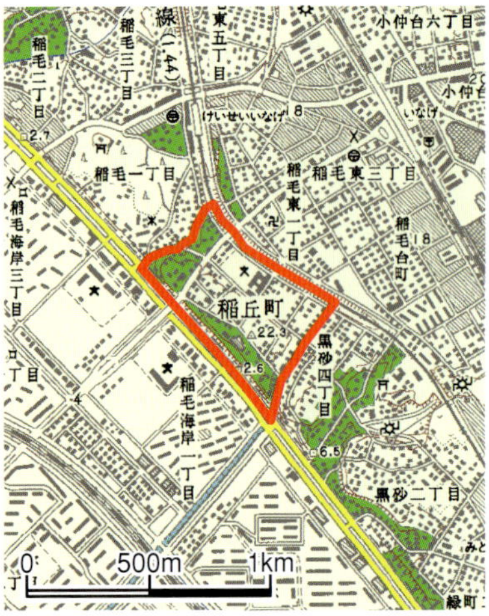

定性的評価指標

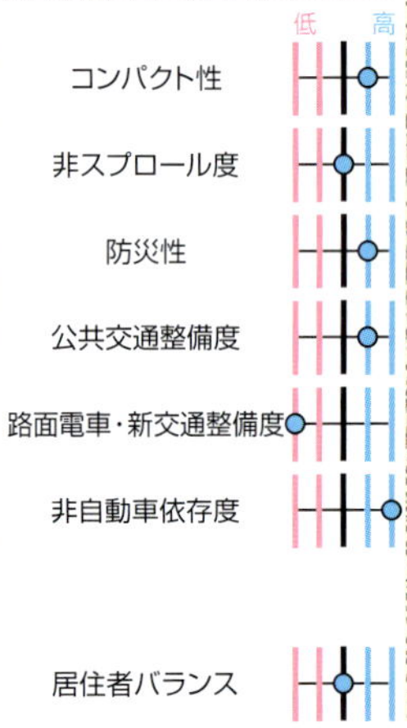

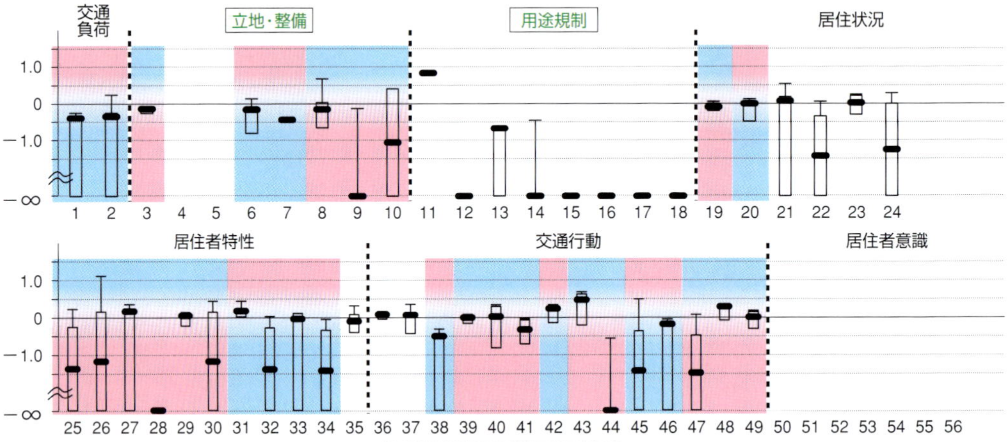

低 高

コンパクト性

非スプロール度

防災性

公共交通整備度

路面電車・新交通整備度

非自動車依存度

居住者バランス

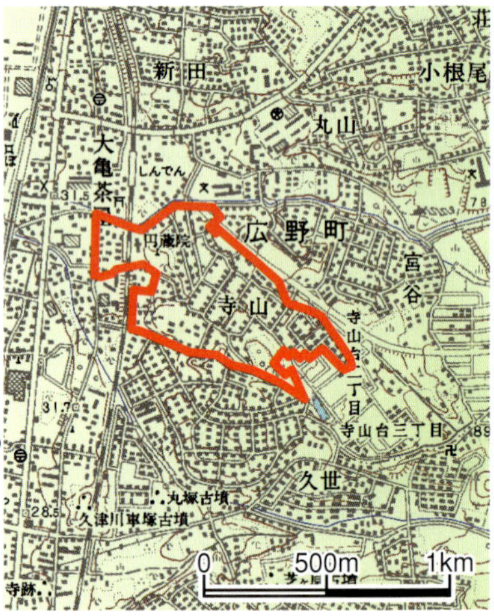

交通負荷 立地・整備 用途規制 居住状況

1.0 0 −1.0 −∞

1 2 3 4 5 6 7 8 9 10 11 12 13 14 15 16 17 18 19 20 21 22 23 24

居住者特性 交通行動 居住者意識

1.0 0 −1.0 −∞

25 26 27 28 29 30 31 32 33 34 35 36 37 38 39 40 41 42 43 44 45 46 47 48 49 50 51 52 53 54 55 56

定量的評価指標

SM

SM 36

高密・低層住宅専用タイプ

- 大都市圏衛星都市の中で平日１人１日自動車燃料消費量が最小
- 大都市圏衛星都市の中で休日１人１日自動車燃料消費量が１０番目に少ない
- 大都市圏衛星都市の中で低層住宅専用地域割合が最大
- 大都市圏衛星都市の中で１人世帯割合が最小
- 全住宅地タイプの中で総移動時間が最大
- 全住宅地タイプの中で市外へ行く人の割合が最大
- 大都市圏衛星都市の中で二輪車分担率が最大
- 大都市圏衛星都市の中で意識（まちづくり）に「徒歩・公共交通中心の中心市街地を整備して欲しい」と答えた人の割合が最大
- 一体的に開発された戸建て住宅地であり密集している場合が多い

大都市圏衛星都市

（分類条件）

土地利用規制			
低層住宅専用地域 90%～			
人口密度	駅から	列車本数	都心から
100人/ha～	－	－	－

千葉市稲毛区稲毛台町（2005年７月Ｎ撮影）

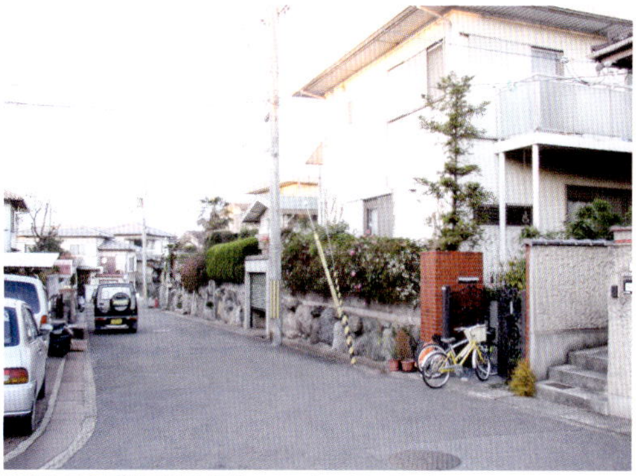

宇治市南陵町２丁目（2002年１月Ｓ撮影）

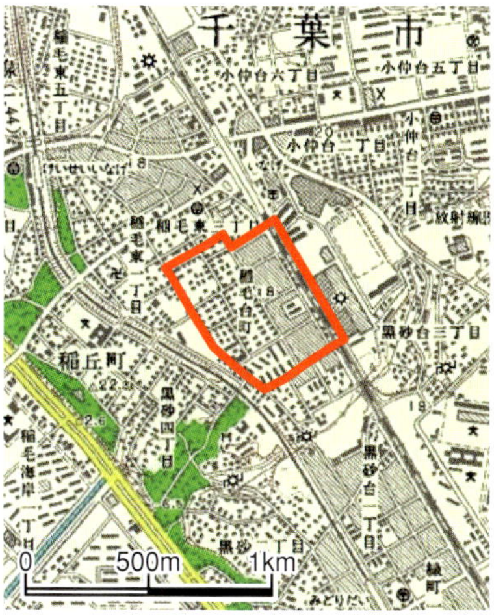

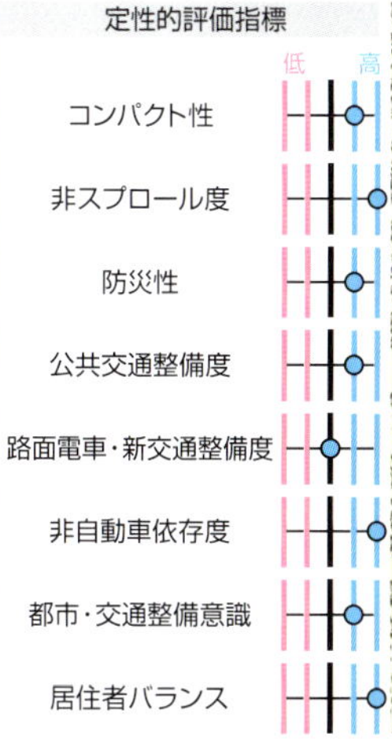

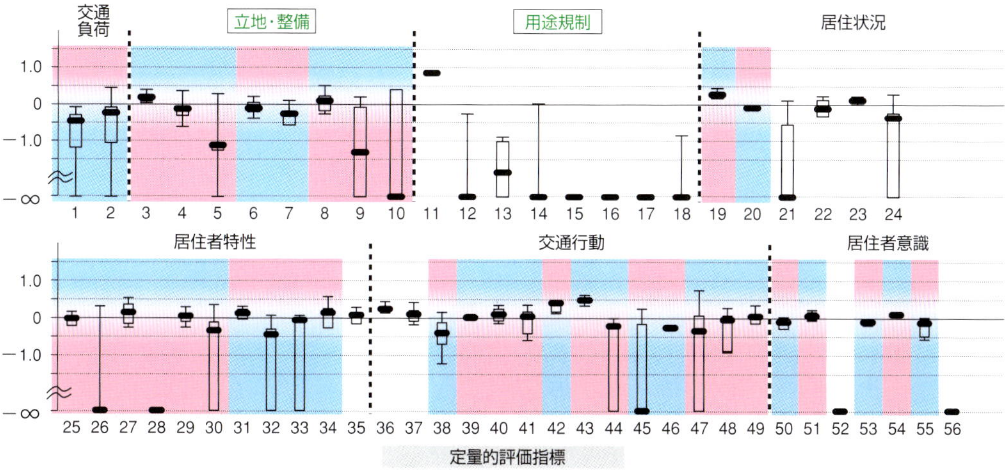

定性的評価指標（低・高）

- コンパクト性
- 非スプロール度
- 防災性
- 公共交通整備度
- 路面電車・新交通整備度
- 非自動車依存度
- 都市・交通整備意識
- 居住者バランス

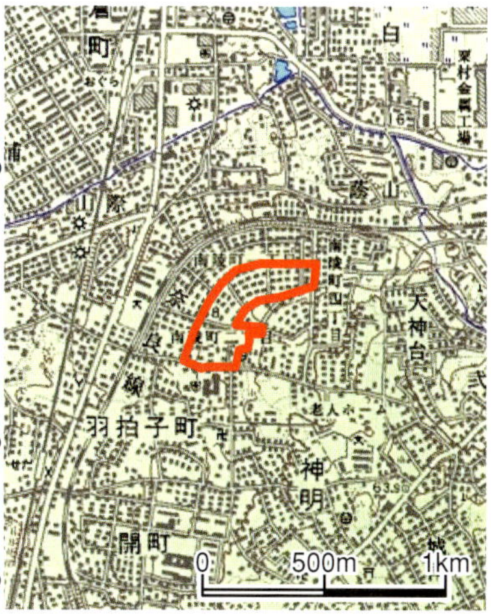

交通負荷　立地・整備　用途規制　居住状況

1.0　0　－1.0　－∞

1 2 3 4 5 6 7 8 9 10 11 12 13 14 15 16 17 18 19 20 21 22 23 24

居住者特性　交通行動　居住者意識

25 26 27 28 29 30 31 32 33 34 35 36 37 38 39 40 41 42 43 44 45 46 47 48 49 50 51 52 53 54 55 56

定量的評価指標

SM

3 地方中心都市(CL)
Central City in Local Area

住宅地タイプ分類表(地方中心都市)

住宅地タイプ※	分類条件				
	土地利用規制	人口密度	駅から	列車本数※※	都心から
CL1	中高層住宅専用地域60～90%	50～100人/ha	1km～	～114本	—
CL2	中高層住宅専用地域90%～	～50人/ha	—	—	—
CL3	住宅系混在	～50人/ha	～1km	—	—
CL4	住居地域60%～	～50人/ha	1km～	—	—
CL5	近隣商業地域60%～	—	—	—	—
CL6	住居地域60%～	～50人/ha	～1km	—	—
CL7	低層住宅　専用地域90%～	—	—	—	—
CL8	低層住宅専用地域60～90%	50～100人/ha	～1km	—	—
CL9	市街化調整区域50～75%	50人/ha～	—	—	—
CL10	商業地域60%～	～50人/ha	—	—	—
CL11	低層住宅専用地域60～90%	50～100人/ha	1km～	—	—
CL12	市街化調整区域75%～	—	～1km	—	—
CL13	市街化調整区域25～50%	～50人/ha	—	—	5km～
CL14	住宅系混在	～50人/ha	1km～	—	—
CL15	市街化調整区域50～75%	～50人/ha	1km～	—	—
CL16	中高層住宅専用地域60～90%	50～100人/ha	～1km	—	—
CL17	中高層住宅専用地域60～90%	50～100人/ha	1km～	114本～	—
CL18	市街化調整区域25～50%	～50人/ha	—	—	～5km
CL19	準工業地域60%～	—	—	—	—
CL20	住居地域60%～	50～100人/ha	～1km	—	—
CL21	中高層住宅専用地域60～90%	～50人/ha	—	—	—
CL22	工業系混在	—	—	—	—
CL23	低層住宅専用地域60～90%	100人/ha～	—	—	—
CL24	住宅系及び商業系混合	—	—	—	—
CL25	中高層住宅専用地域90%～	50人/ha～	—	—	—
CL26	住居地域60%～	50～100人/ha	1km～	—	—
CL27	住居地域60%～	100人/ha～	—	—	1.6km～
CL28	市街化調整区域75%～	—	1km～	—	—
CL29	住宅系混在	50人/ha～	—	—	—
CL30	商業系混在	—	—	—	—
CL31	市街化調整区域25～50%	50人/ha～	—	—	—
CL32	工業・工業専用地域60%～	—	—	—	—
CL33	市街化調整区域50～75%	～50人/ha	～1km	—	—
CL34	低層住宅専用地域60～90%	～50人/ha	1km～	—	—
CL35	低層住宅専用地域60～90%	～50人/ha	～1km	—	—
CL36	中高層住宅専用地域60～90%	100人/ha～	—	—	—
CL37	商業地域60%～	50～100人/ha	～1km	—	—
CL38	住居地域60%～	100人/ha～	—	—	～1.6km
CL39	商業地域60%～	100人/ha～	—	—	—
CL40	商業地域60%～	50～100人/ha	1km～	—	—

※上から平日1人1日自動車燃料消費量の多い順
※※列車本数とは，最寄り鉄道駅に発着する全路線の列車の上下合わせた1日の運行本数を示す

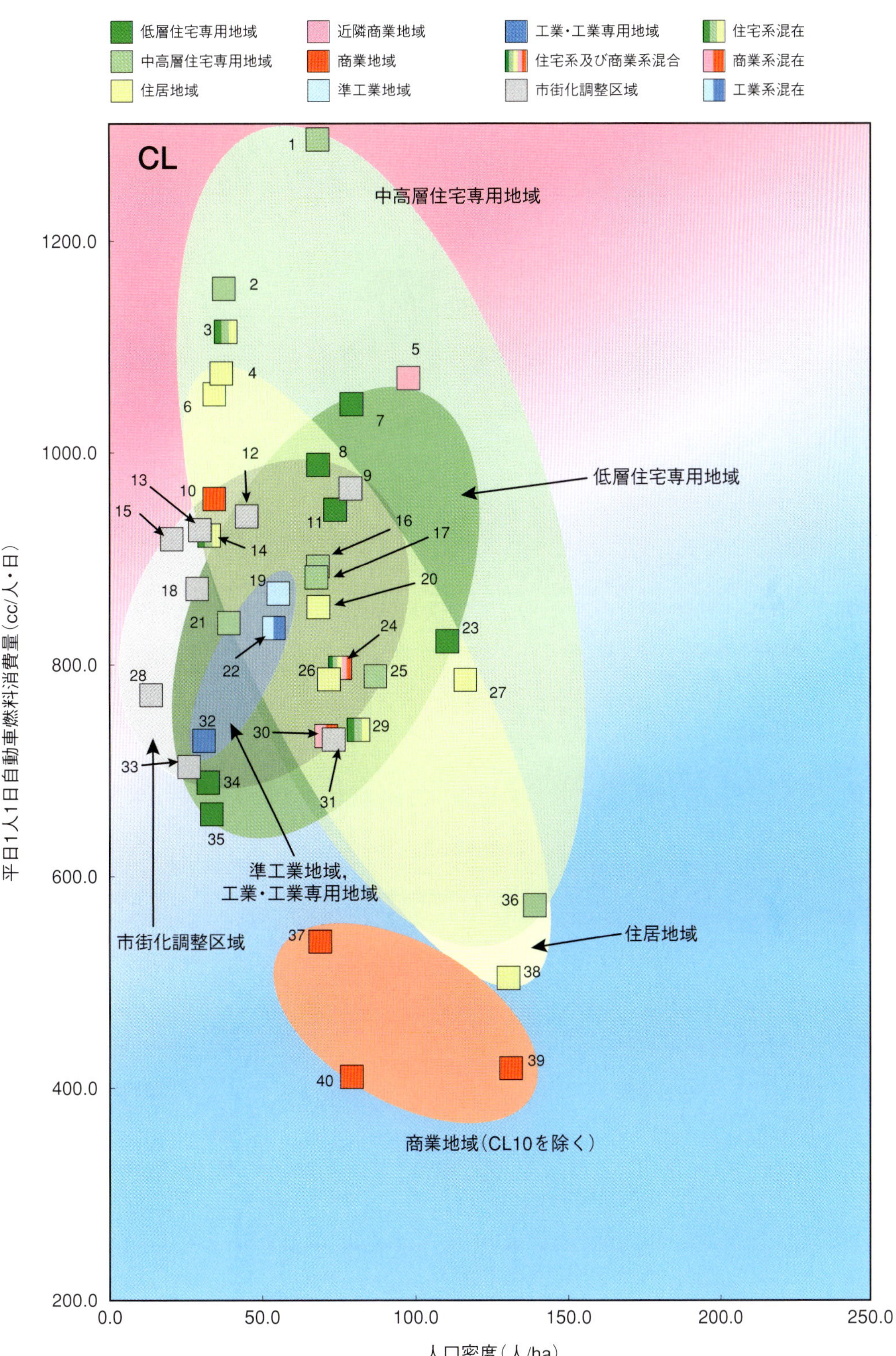

住宅地タイプ別の人口密度と平日1人1日自動車燃料消費量の関係（地方中心都市CL）

※図中では大都市圏中心都市に属する住宅地タイプであることを表す「CL」を省略し，番号のみを記載しています。

CL

CL 1

中密・駅徒歩圏外・列車少・中高層住宅タイプ

・地方中心都市の中で平日１人１日自動車燃料消費量が最大
・地方中心都市の中で総移動時間，総移動距離，車走行距離が最大
・小規模なマンションが単独で立地しており，その他の場所には戸建て住宅が多く立地している場合が多い

地方中心都市

（分類条件）

土地利用規制			
中高層住宅専用地域 60～90%			
人口密度	駅から	列車本数	都心から
50～100人/ha	1 km～	～114本	—

宇都宮市戸祭（2005年10月N撮影）　金沢市泉野出町（2006年12月N撮影）

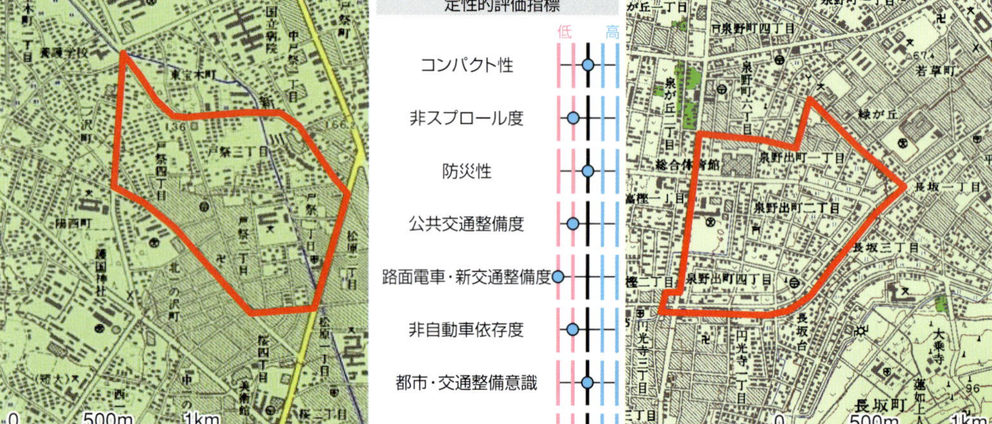

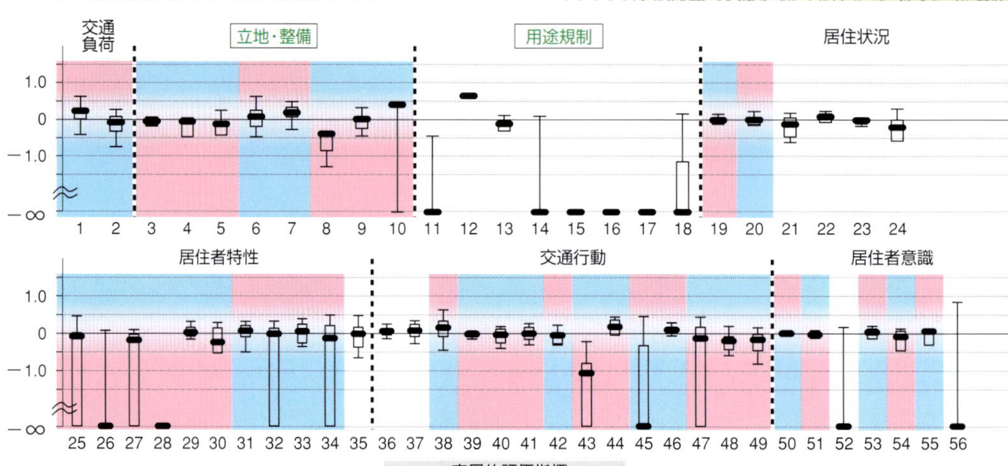

CL 2

低密・中高層住宅専用タイプ

・地方中心都市の中で平日１人１日自動車燃料消費量が２番目に多い
・地方中心都市の中で休日１人１日自動車燃料消費量が最大
・地方中心都市の中で行動群１（非車依存ホワイトカラー）割合，行動群６（非車依存高齢者）割合が最小，行動群５（非車依存就業者）割合，行動群11（生徒・児童・園児）割合が最大
・全住宅地タイプの中で高齢化率が最小
・比較的大規模なマンションが立地している一方で，低・未利用地も見られる場合が多い

地方中心都市

（分類条件）

土地利用規制			
中高層住宅専用地域 90%～			
人口密度	駅から	列車本数	都心から
～50 人/ha	—	—	—

岡山市今村（2005年8月N撮影）

徳島市名東町（2005年12月YY撮影）

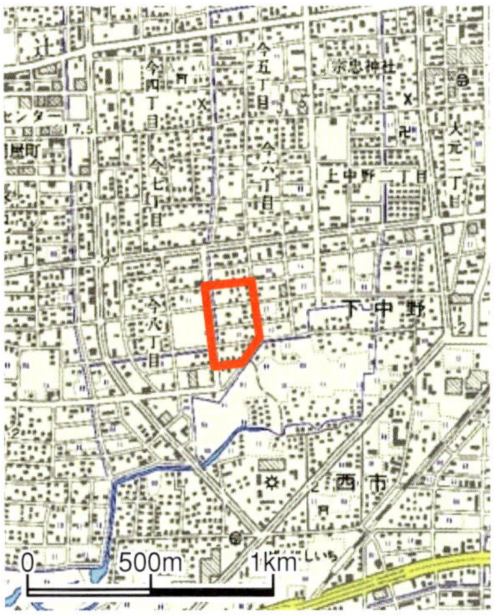

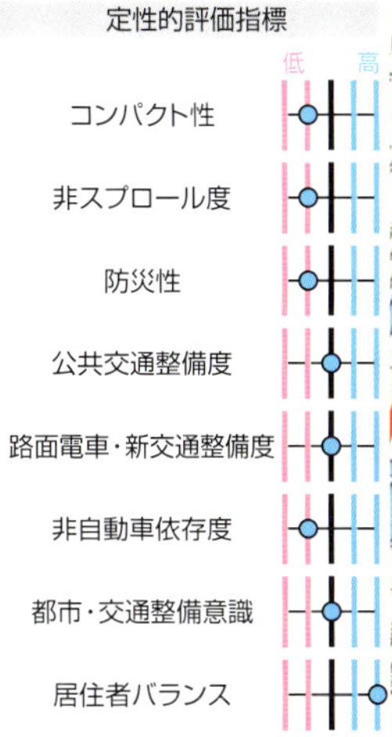

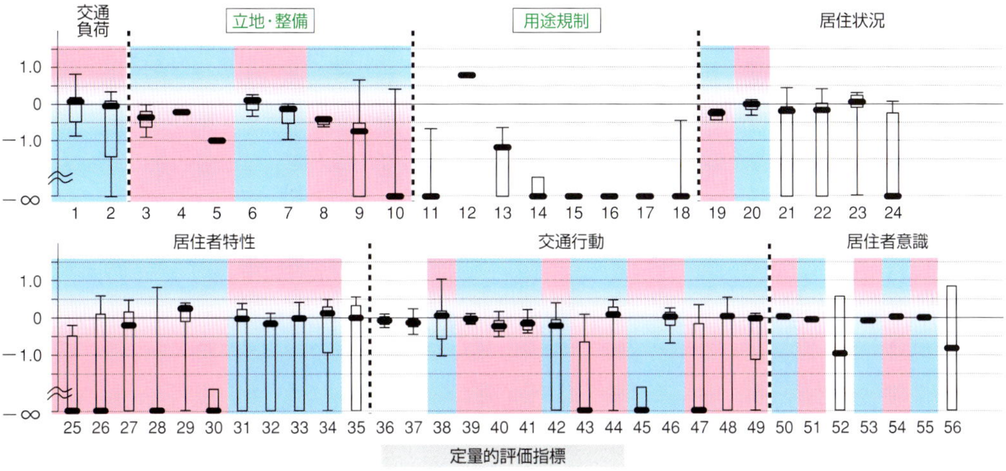

定性的評価指標（低／高）

- コンパクト性
- 非スプロール度
- 防災性
- 公共交通整備度
- 路面電車・新交通整備度
- 非自動車依存度
- 都市・交通整備意識
- 居住者バランス

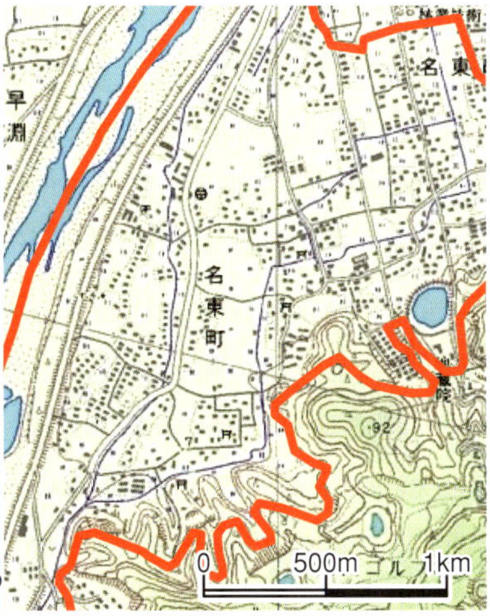

交通負荷　立地・整備　用途規制　居住状況

居住者特性　交通行動　居住者意識

定量的評価指標

CL

CL 3

低密・駅徒歩圏内・住宅系混在タイプ

・地方中心都市の中で平日1人1日自動車燃料消費量が3番目に多い
・地方中心都市の中で休日1人1日自動車燃料消費量が8番目に多い
・全住宅地タイプの中で駅からの距離が最小
・地方中心都市の中で行動群7（車依存就業者公共交通併用）割合が最大
・戸建て住宅，マンションなどが混在して立地している
・建物間の距離が大きく密集していない場合が多い

地方中心都市

（分類条件）

土地利用規制			
住宅系混在 （住宅系土地利用割合が最も大きい）			
人口密度	駅から	列車本数	都心から
～50人/ha	～1㎞	—	—

岡山市下中野（2005年8月N撮影）

大分市片島（2005年8月NS撮影）

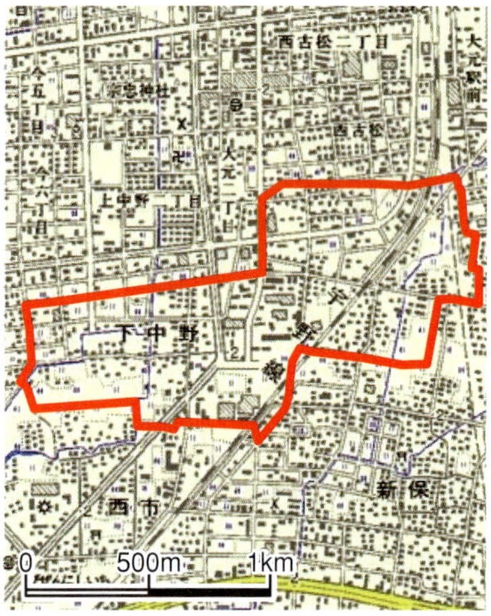

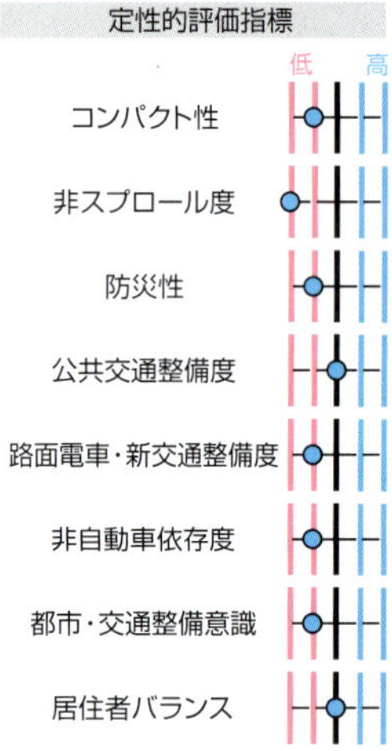

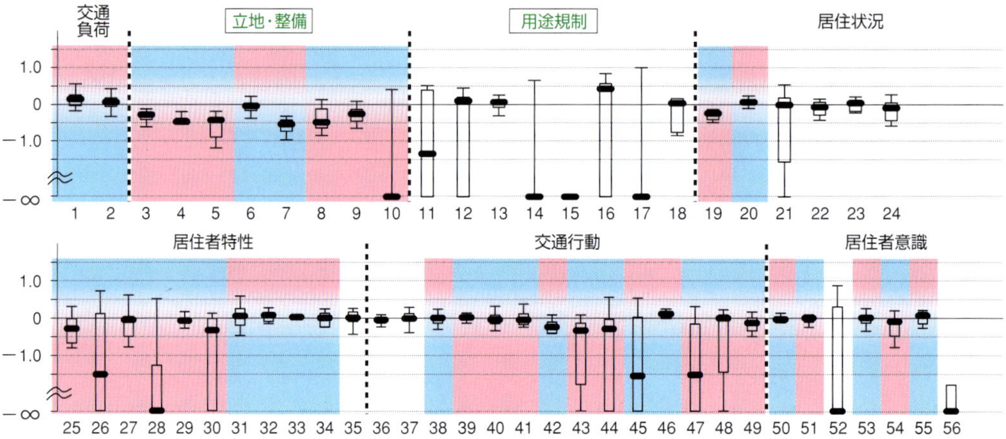

定性的評価指標（低←→高）

- コンパクト性
- 非スプロール度
- 防災性
- 公共交通整備度
- 路面電車・新交通整備度
- 非自動車依存度
- 都市・交通整備意識
- 居住者バランス

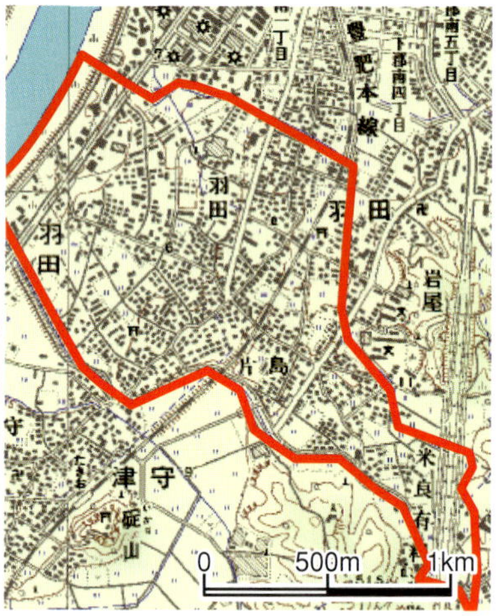

交通負荷／立地・整備／用途規制／居住状況（指標1～24）

居住者特性／交通行動／居住者意識（指標25～56）

定量的評価指標

CL 4 低密・駅徒歩圏外・住居地域タイプ

- 地方中心都市の中で平日１人１日自動車燃料消費量が４番目に多い
- 地方中心都市の中で休日１人１日自動車燃料消費量が６番目に多い
- 全住宅地タイプの中で意識（環境問題）に「低環境負荷の自動車を利用する」と答えた人の割合が最小
- 地方中心都市の中で意識（環境問題）に「公共交通を利用する」と答えた人の割合が最大
- 戸建て住宅，マンションなどが混合して立地している
- 住居地域であるため店舗も立地できるが，店舗は比較的少なく住宅が大半を占める場合が多い
- 建物が密集しておらず低・未利用地が存在する場合が多い

地方中心都市

（分類条件）

土地利用規制			
住居地域 60%〜			
人口密度	駅から	列車本数	都心から
〜50人/ha	1 km〜	—	—

大分市小中島（2006年１月NS撮影）

宇都宮市戸祭元町（2005年10月N撮影）

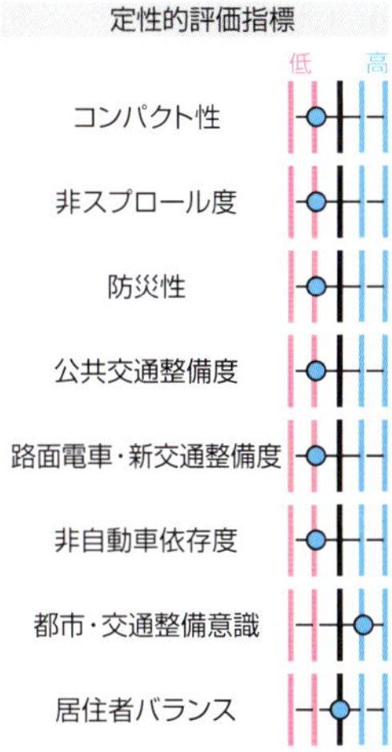

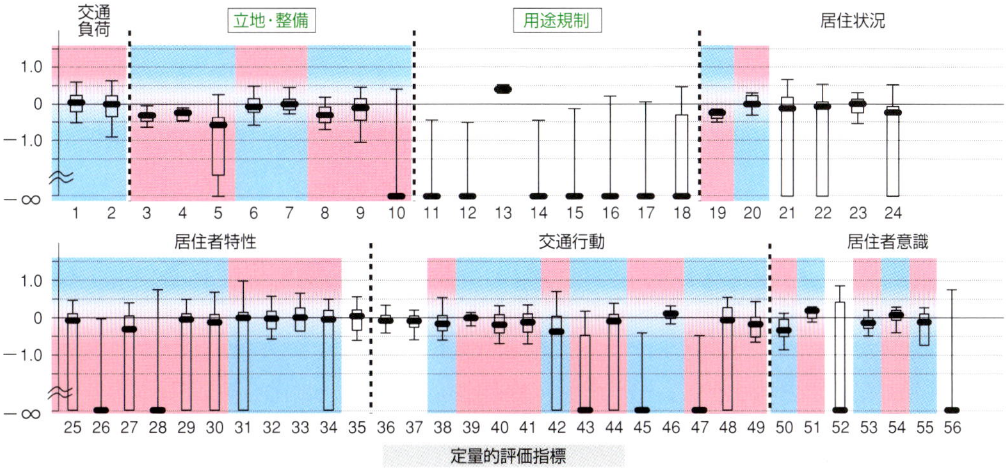

定性的評価指標（低・高）

- コンパクト性
- 非スプロール度
- 防災性
- 公共交通整備度
- 路面電車・新交通整備度
- 非自動車依存度
- 都市・交通整備意識
- 居住者バランス

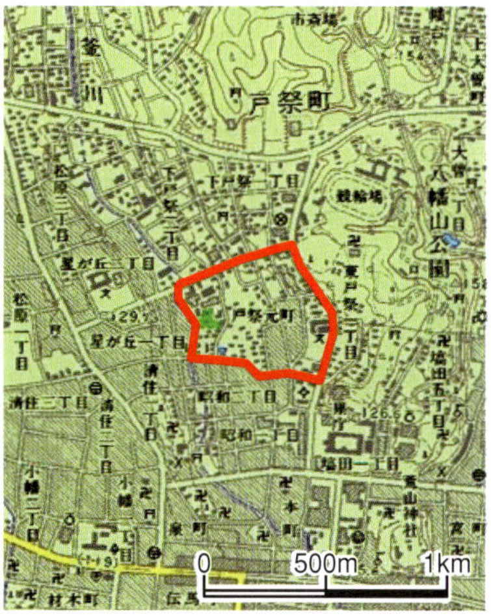

交通負荷　立地・整備　用途規制　居住状況

居住者特性　交通行動　居住者意識

定量的評価指標

CL 5

近隣商業地域タイプ

- 地方中心都市の中で平日１人１日自動車燃料消費量が５番目に多い
- 地方中心都市の中で近隣商業地域割合が最大
- 地方中心都市の中で行動群６（非車依存高齢者）割合が最大，行動群10（車依存非就業者）割合が最小
- 地方中心都市の中で二輪車分担率が最小
- 比較的小規模な店舗が立地している
- 県道などの幹線道路沿いに発達した住宅地である場合が多い

地方中心都市

（分類条件）

土地利用規制			
近隣商業地域 60%～			
人口密度	駅から	列車本数	都心から
—	—	—	—

松本市城東２丁目（2005年10月N撮影）

大分市東大道町（2006年12月N撮影）

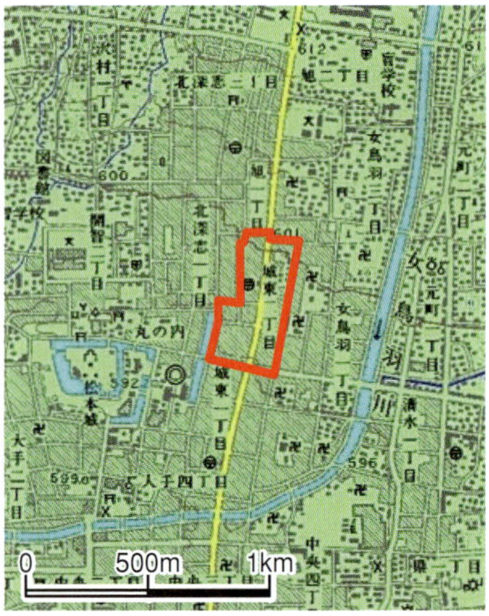

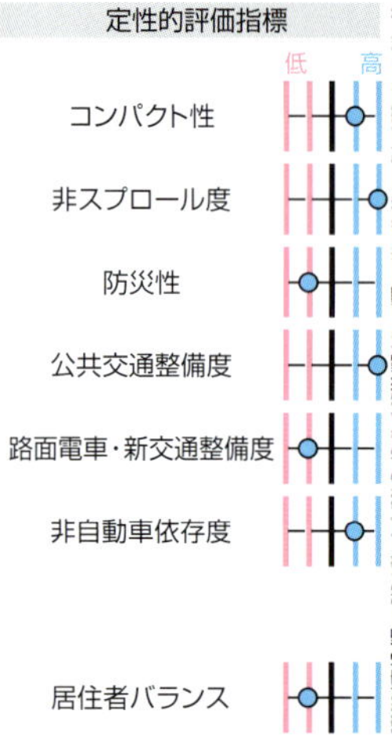

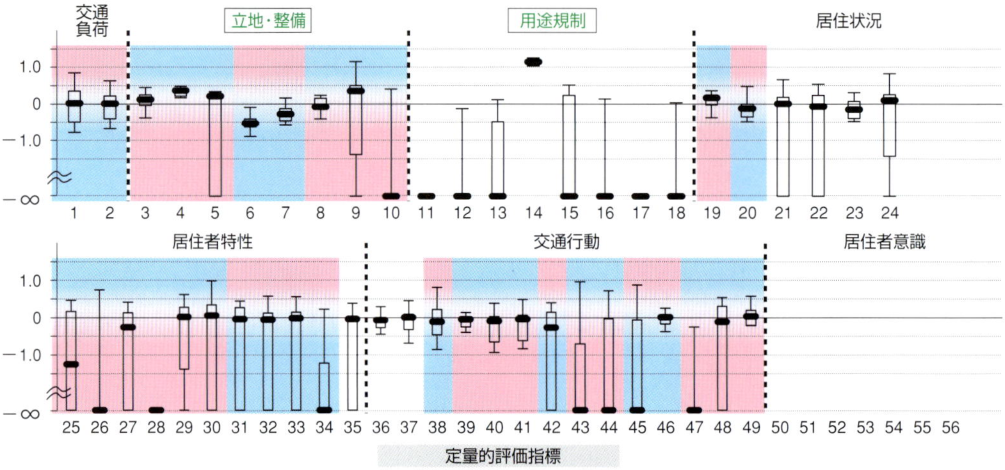

定性的評価指標（低／高）

- コンパクト性
- 非スプロール度
- 防災性
- 公共交通整備度
- 路面電車・新交通整備度
- 非自動車依存度
- 居住者バランス

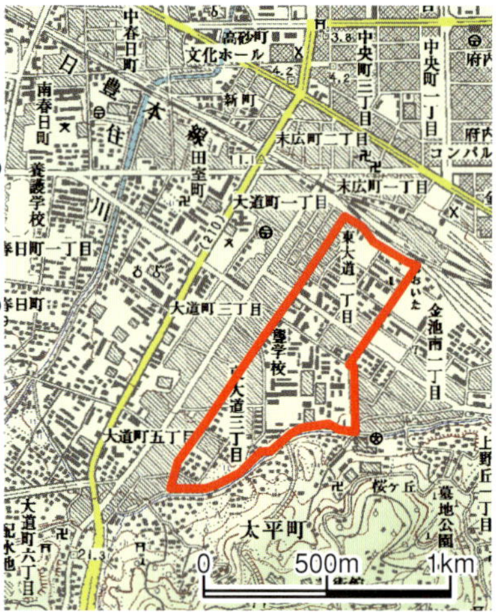

交通負荷　立地・整備　用途規制　居住状況

1.0　0　−1.0　−∞

1 2 3 4 5 6 7 8 9 10 11 12 13 14 15 16 17 18 19 20 21 22 23 24

居住者特性　交通行動　居住者意識

1.0　0　−1.0　−∞

25 26 27 28 29 30 31 32 33 34 35 36 37 38 39 40 41 42 43 44 45 46 47 48 49 50 51 52 53 54 55 56

定量的評価指標

CL

CL 6

低密・駅徒歩圏内・住居地域タイプ

- 地方中心都市の中で平日１人１日自動車燃料消費量が６番目に多い
- 全住宅地タイプの中で駅からの距離が最小
- 地方中心都市の中での中で意識（まちづくり）に「自動車中心の中心市街地を整備して欲しい」と答えた人の割合が最大
- 戸建て住宅，アパートなどの住宅とともに店舗も混合して立地している
- 建物間の距離が大きく密集していない場合が多い
- 道路整備が行き届いていない場合が多い

地方中心都市

（分類条件）

土地利用規制			
住居地域 60%～			
人口密度	駅から	列車本数	都心から
～50人/ha	～1㎞	—	—

宇都宮市西川田本町（2005年10月N撮影）

大分市東新川・西新川（2006年12月N撮影）

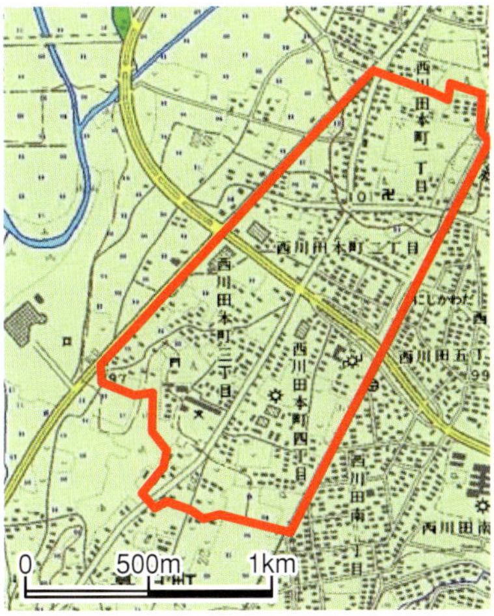

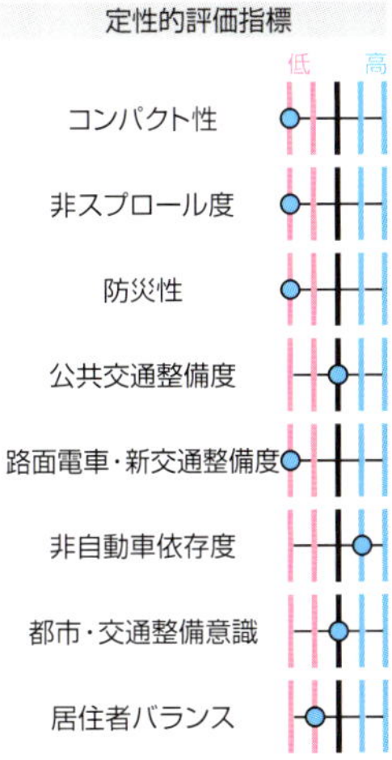

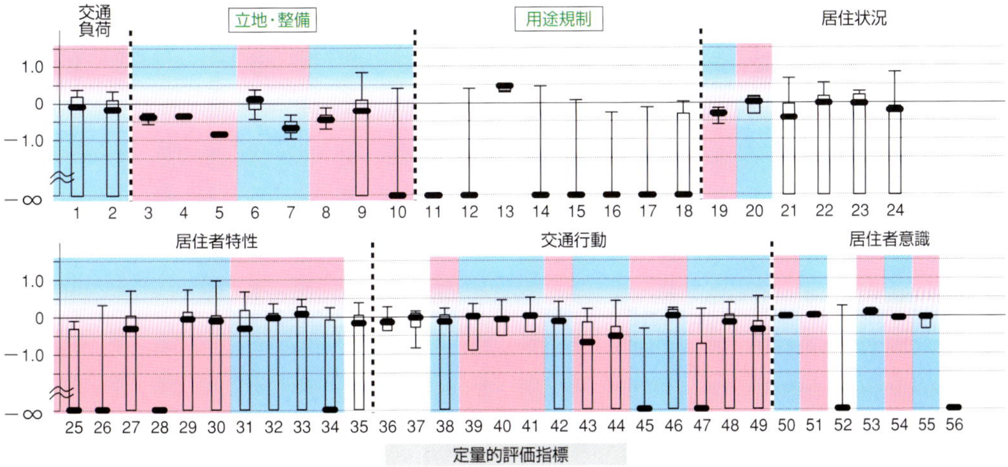

定性的評価指標（低 — 高）

- コンパクト性
- 非スプロール度
- 防災性
- 公共交通整備度
- 路面電車・新交通整備度
- 非自動車依存度
- 都市・交通整備意識
- 居住者バランス

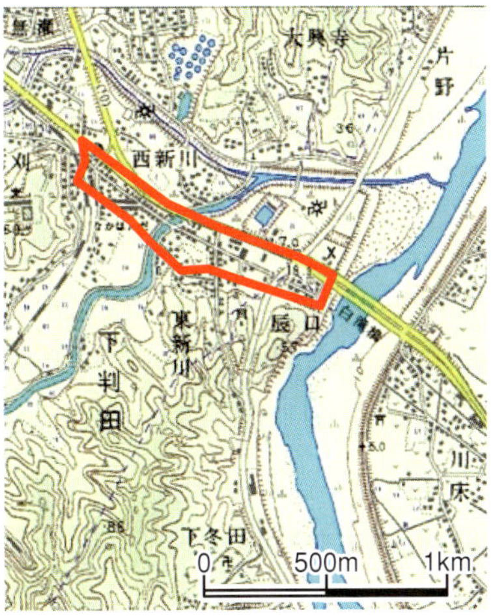

交通負荷（1–2）　立地・整備（3–10）　用途規制（11–18）　居住状況（19–24）

居住者特性（25–35）　交通行動（36–49）　居住者意識（50–56）

定量的評価指標

CL 7

低層住宅専用タイプ

・地方中心都市の中で平日１人１日自動車燃料消費量が７番目に多い
・地方中心都市の中で休日１人１日自動車燃料消費量が５番目に多い
・地方中心都市の中で低層住宅専用地域割合が最大
・ある程度一体的に開発された戸建て住宅地が含まれる場合が多い

地方中心都市

（分類条件）

土地利用規制			
低層住宅専用地域 90%〜			
人口密度	駅から	列車本数	都心から
—	—	—	—

岡山市富士見町（2005年８月N撮影）

甲府市屋形甲府市屋形（2005年10月N撮影）

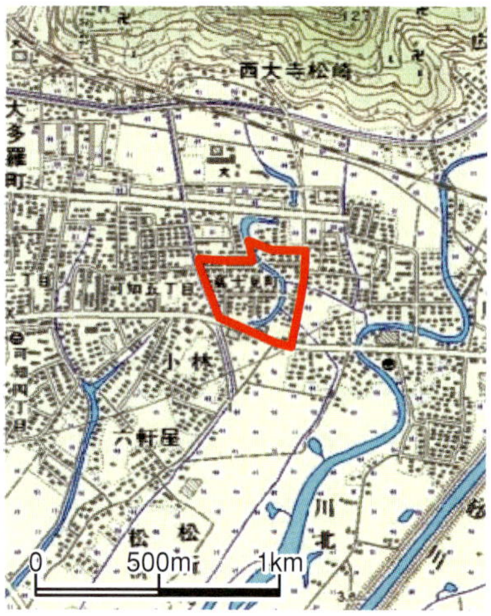

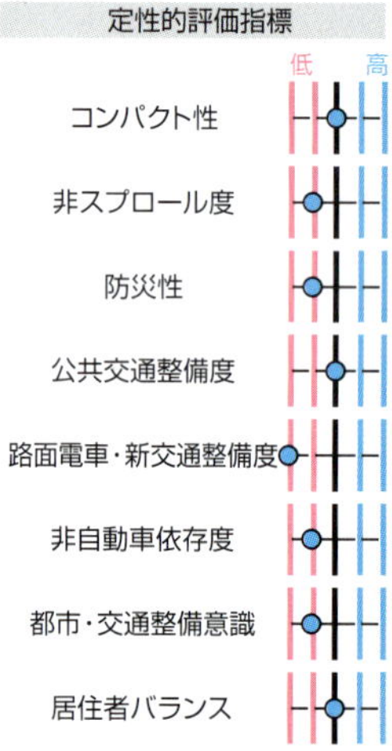

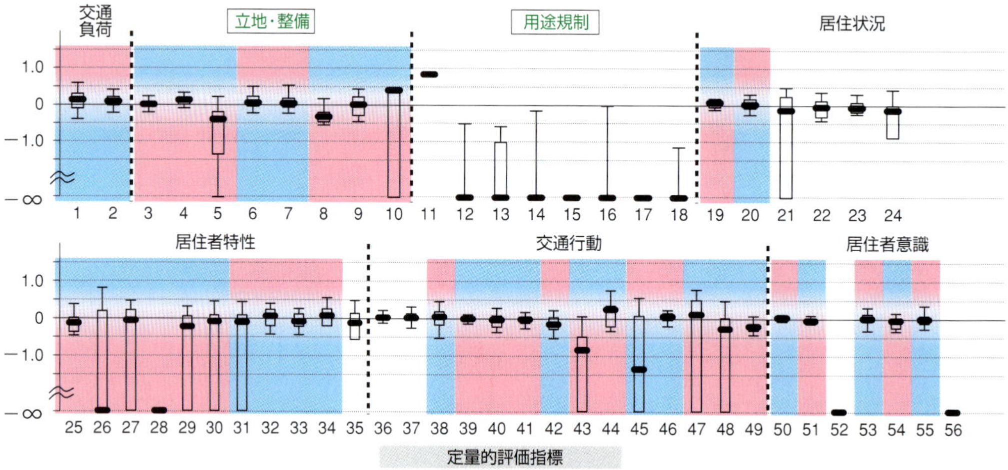

定性的評価指標（低—高）

- コンパクト性
- 非スプロール度
- 防災性
- 公共交通整備度
- 路面電車・新交通整備度
- 非自動車依存度
- 都市・交通整備意識
- 居住者バランス

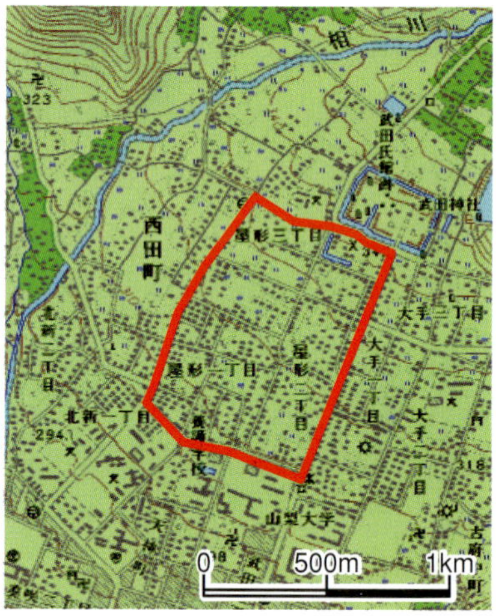

交通負荷 ／ 立地・整備 ／ 用途規制 ／ 居住状況

1.0 ／ 0 ／ −1.0 ／ −∞

1 2 3 4 5 6 7 8 9 10 11 12 13 14 15 16 17 18 19 20 21 22 23 24

居住者特性 ／ 交通行動 ／ 居住者意識

1.0 ／ 0 ／ −1.0 ／ −∞

25 26 27 28 29 30 31 32 33 34 35 36 37 38 39 40 41 42 43 44 45 46 47 48 49 50 51 52 53 54 55 56

定量的評価指標

CL 8

中密・駅徒歩圏内・低層住宅タイプ

- 地方中心都市の中で平日1人1日自動車燃料消費量が8番目に多い
- 全住宅地タイプの中で駅からの距離が最小
- 地方中心都市の中で列車本数が最小
- 地方中心都市の中で意識（環境問題）に「低環境負荷の自動車を利用する」と答えた人の割合が最大
- 一体的に開発された戸建て住宅地である場合が多い

地方中心都市

（分類条件）

土地利用規制			
低層住宅専用地域 60～90%			
人口密度	駅から	列車本数	都心から
50～100人/ha	～1km	—	—

大分市大字寒田寒田北町（2005年8月NS撮影）

金沢市馬替（2006年12月N撮影）

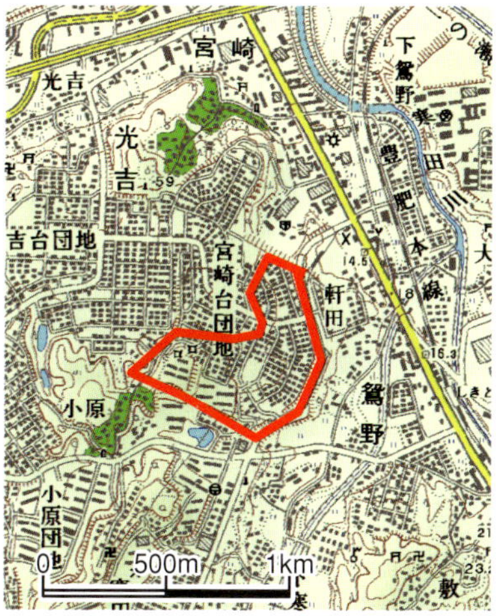

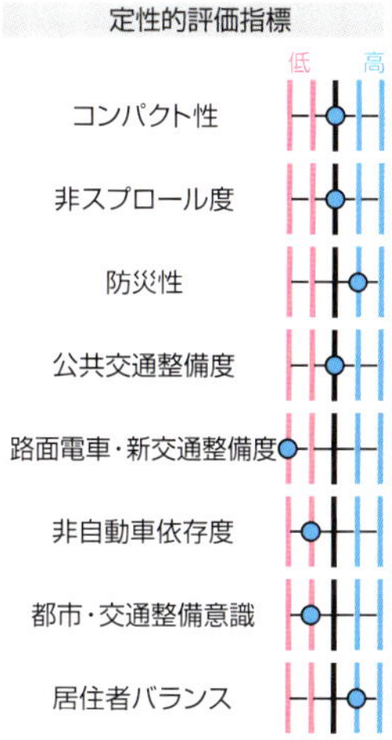

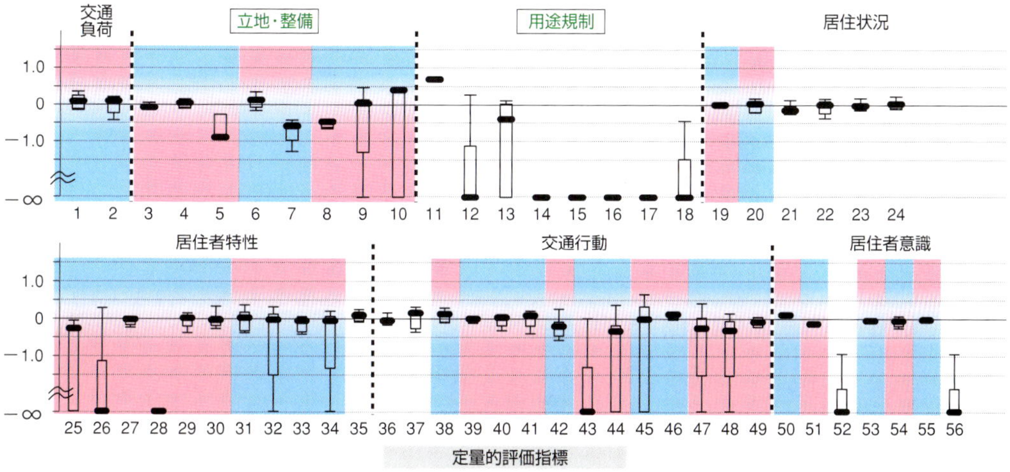

宮崎　光吉　吉台団地　宮崎台団地　小原　小原団地　下鶯野　豊肥本線　軒田　鶯野　0　500m　1km

定性的評価指標

低　高

コンパクト性

非スプロール度

防災性

公共交通整備度

路面電車・新交通整備度

非自動車依存度

都市・交通整備意識

居住者バランス

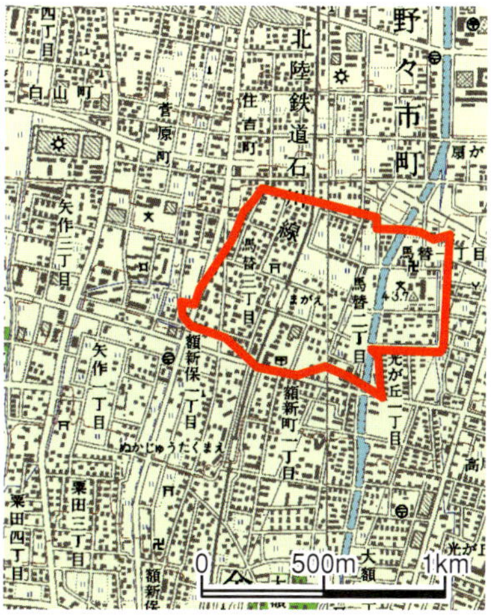

北陸鉄道石川線　野々市町　白山町　有松　矢作　額新保　馬替　光が丘　0　500m　1km

交通負荷　立地・整備　用途規制　居住状況

1.0　0　－1.0　－∞

1 2 3 4 5 6 7 8 9 10 11 12 13 14 15 16 17 18 19 20 21 22 23 24

居住者特性　交通行動　居住者意識

1.0　0　－1.0　－∞

25 26 27 28 29 30 31 32 33 34 35 36 37 38 39 40 41 42 43 44 45 46 47 48 49 50 51 52 53 54 55 56

定量的評価指標

CL 9

中高密・調整区域タイプ

- 地方中心都市の中で平日１人１日自動車燃料消費量が９番目に多い
- 地方中心都市の中で休日１人１日自動車燃料消費量が６番目に少ない
- 地方中心都市の中で３人以上世帯割合が最小
- 地方中心都市の中で行動群８（車完全依存就業者）割合が最小
- 全住宅地タイプの中で意識（まちづくり）に「徒歩・公共交通中心の中心市街地を整備して欲しい」と答えた人の割合が最小
- 山地，農地がある程度の面積を占める
- 基盤整備が行き届いていない場合が多い

地方中心都市

（分類条件）

土地利用規制			
市街化調整区域 50～75％			
人口密度	駅から	列車本数	都心から
50 人/ha～	—	—	—

岡山市福田（2005年8月N撮影）

長崎市小江原町（2006年12月N撮影）

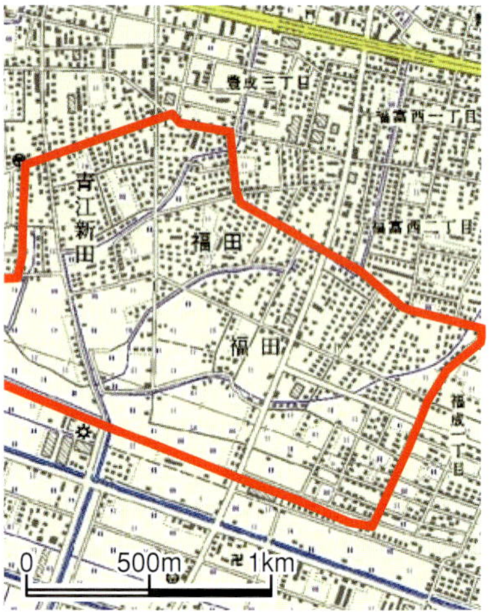

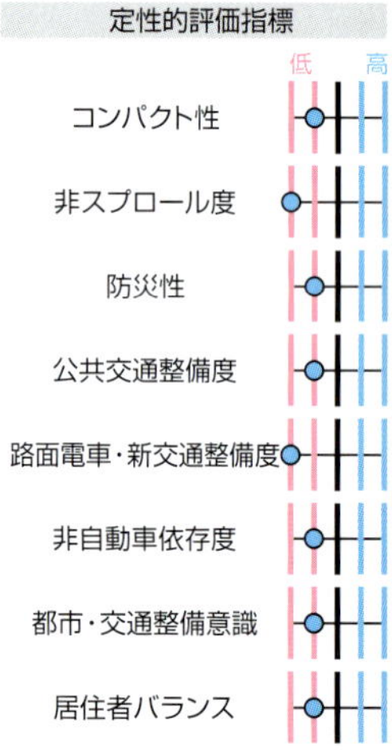

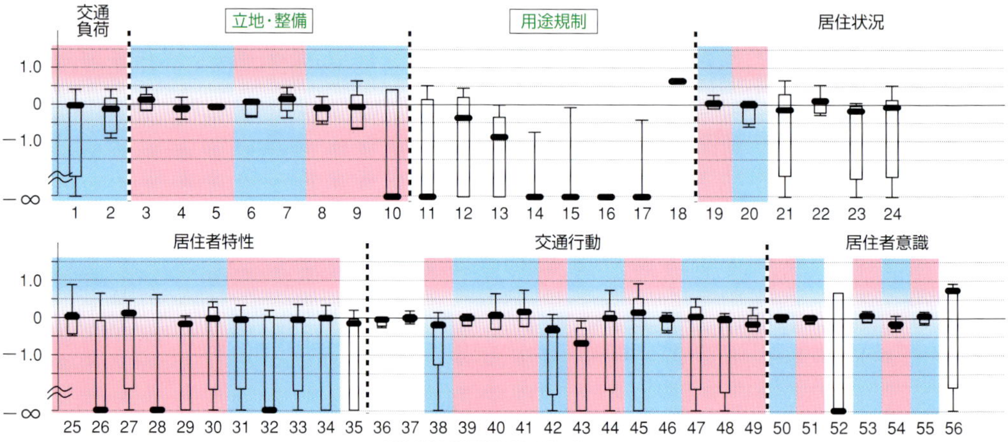

定性的評価指標（低―高）

- コンパクト性
- 非スプロール度
- 防災性
- 公共交通整備度
- 路面電車・新交通整備度
- 非自動車依存度
- 都市・交通整備意識
- 居住者バランス

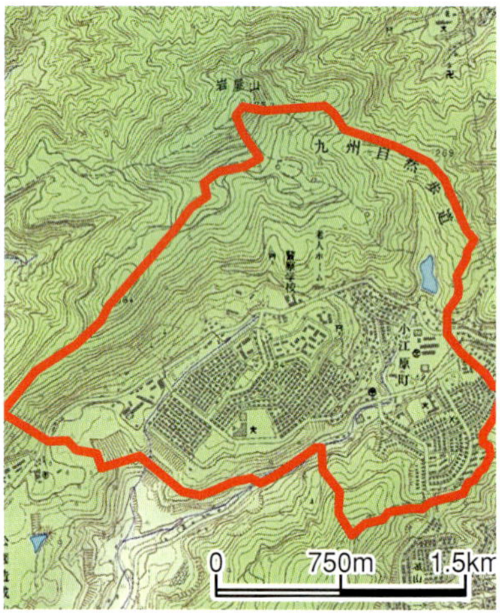

（地図：0　500m　1km ／ 0　750m　1.5km）

交通負荷　立地・整備　用途規制　居住状況

居住者特性　交通行動　居住者意識

定量的評価指標

CL 10

低密・商業地域タイプ

・地方中心都市の中で平日1人1日自動車燃料消費量が10番目に多い
・地方中心都市の中で休日1人1日自動車燃料消費量が3番目に少ない
・地方中心都市の中で行動群3（非車依存学生）割合が最小
・地方中心都市の中で総移動時間が最小
・比較的小規模な店舗が散らばって立地している場合が多い

地方中心都市

（分類条件）

土地利用規制			
商業地域 60%〜			
人口密度	駅から	列車本数	都心から
〜50人/ha	—	—	—

大分市大字坂の市（駅通）（2006年1月NS撮影）

長崎市宝町（2006年12月N撮影）

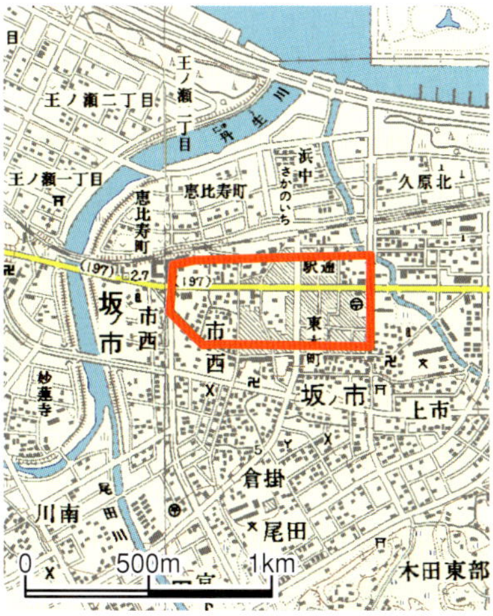

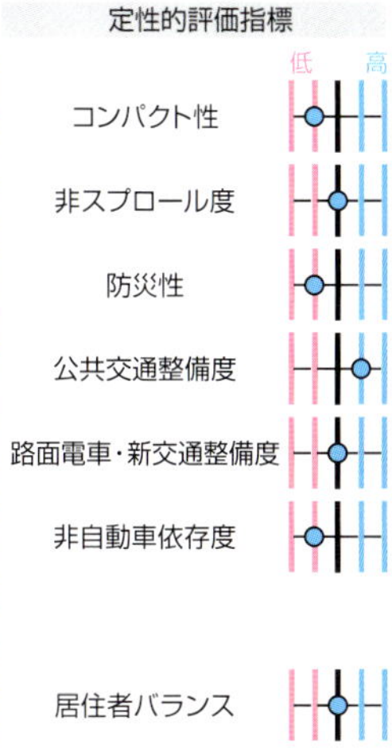

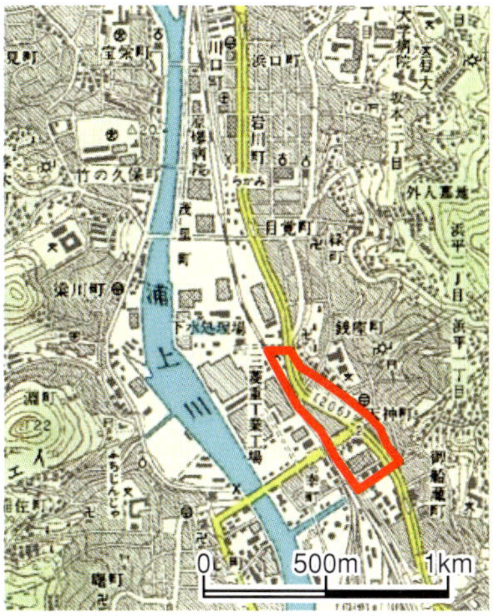

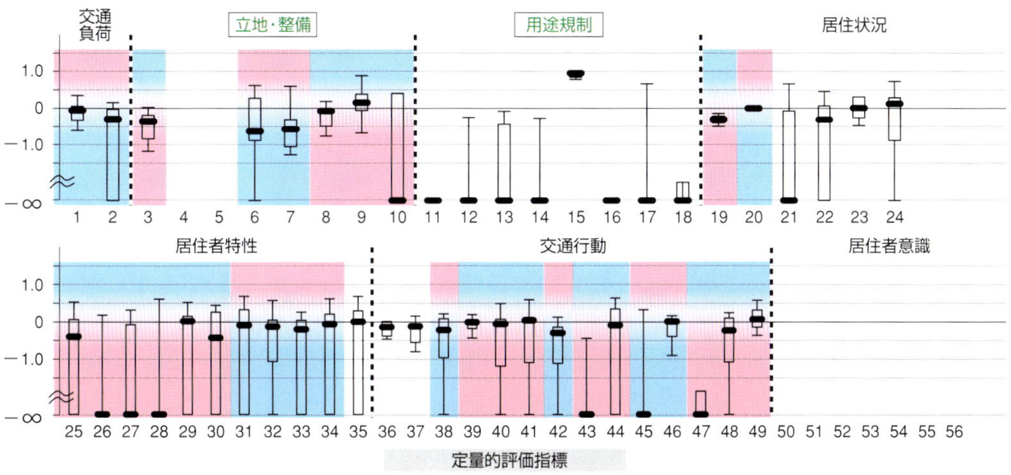

CL 11

中密・駅徒歩圏外・低層住宅タイプ

・一戸あたりの敷地面積が広く，住宅間の距離が大きい戸建て住宅地である場合が多い

地方中心都市

（分類条件）

土地利用規制			
低層住宅専用地域 60～90%			
人口密度	駅から	列車本数	都心から
50～100人/ha	1 km～	—	—

岡山市山崎（2005年8月N撮影）

徳島市山城町（2005年12月N撮影）

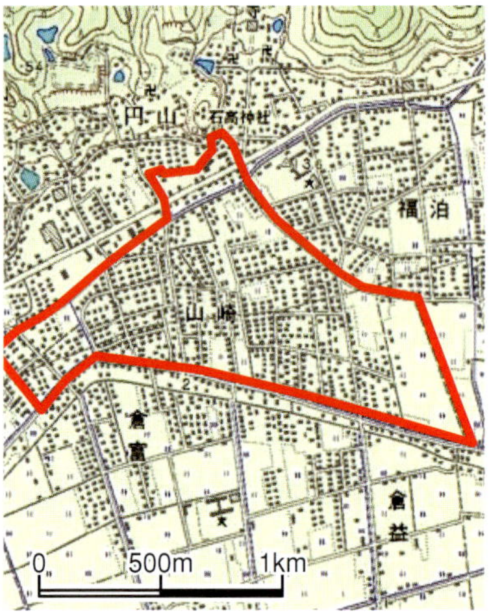

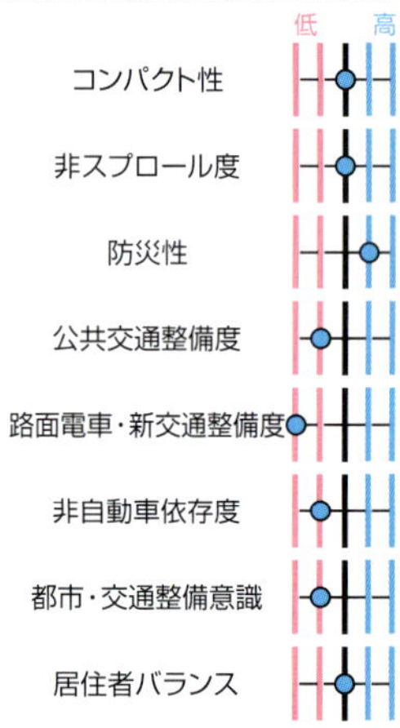

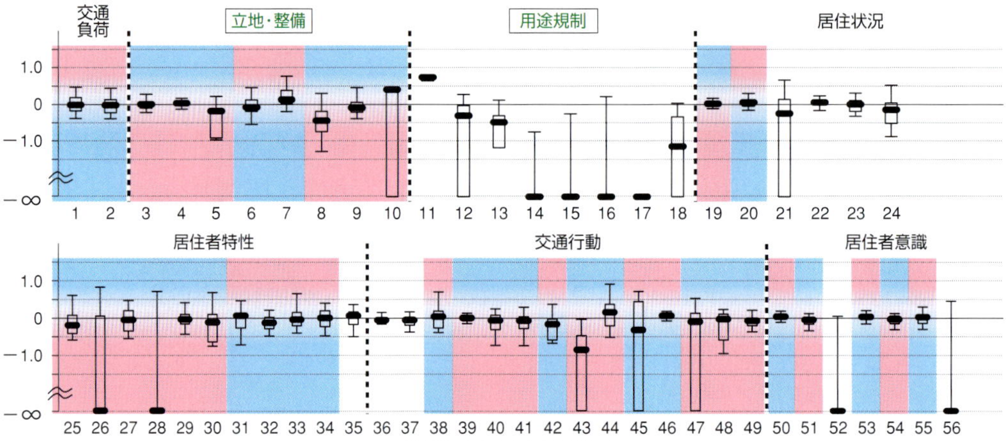

0　500m　1km

定性的評価指標

低　高

- コンパクト性
- 非スプロール度
- 防災性
- 公共交通整備度
- 路面電車・新交通整備度
- 非自動車依存度
- 都市・交通整備意識
- 居住者バランス

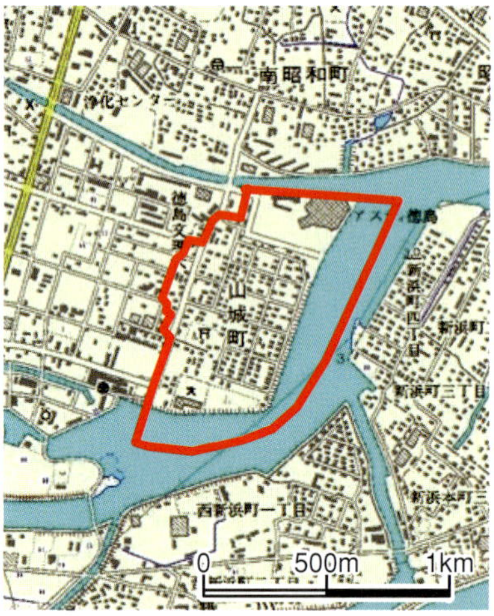

0　500m　1km

交通負荷　立地・整備　用途規制　居住状況

1.0　0　−1.0　−∞

1 2 3 4 5 6 7 8 9 10 11 12 13 14 15 16 17 18 19 20 21 22 23 24

居住者特性　交通行動　居住者意識

1.0　0　−1.0　−∞

25 26 27 28 29 30 31 32 33 34 35 36 37 38 39 40 41 42 43 44 45 46 47 48 49 50 51 52 53 54 55 56

定量的評価指標

CL

CL 12

駅徒歩圏内・調整区域(強)タイプ

・地方中心都市の中で市街化調整区域割合が最大
・地方中心都市の中で世帯あたり自動車保有台数が最小
・全住宅地タイプの中で行動群4(非車依存農林漁業)割合が最大，行動群7(車依存就業者公共交通併用)割合が最小
・地方中心都市の中で行動群5(非車依存就業者)割合が最小
・地方中心都市の中でバス分担率が最大
・山地，農地の占める面積が非常に大きい

地方中心都市

(分類条件)

土地利用規制			
市街化調整区域 75%〜			
人口密度	駅から	列車本数	都心から
—	〜1km	—	—

松本市大字島立(2005年10月N撮影)

長崎市立岩町(2006年12月N撮影)

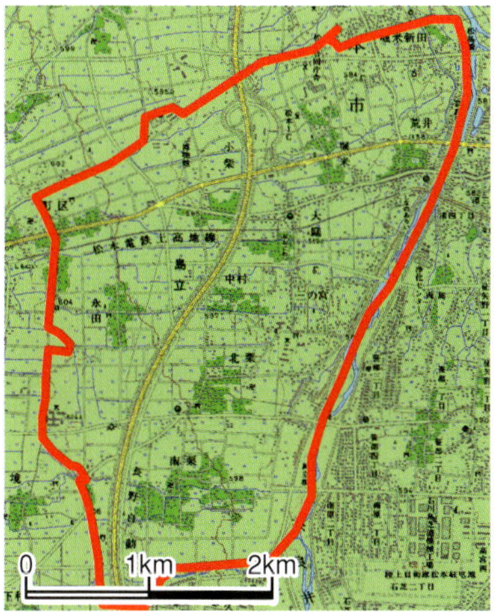

0　1km　2km

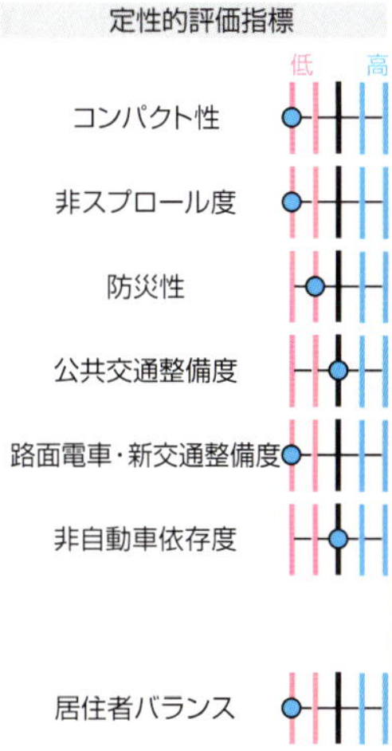

定性的評価指標

低　高

コンパクト性
非スプロール度
防災性
公共交通整備度
路面電車・新交通整備度
非自動車依存度
居住者バランス

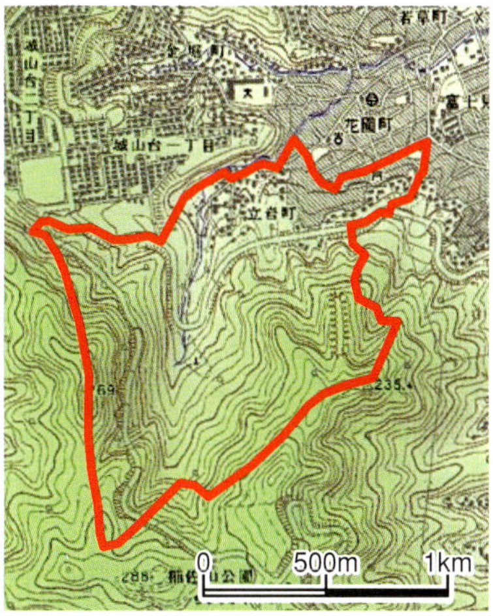

0　500m　1km

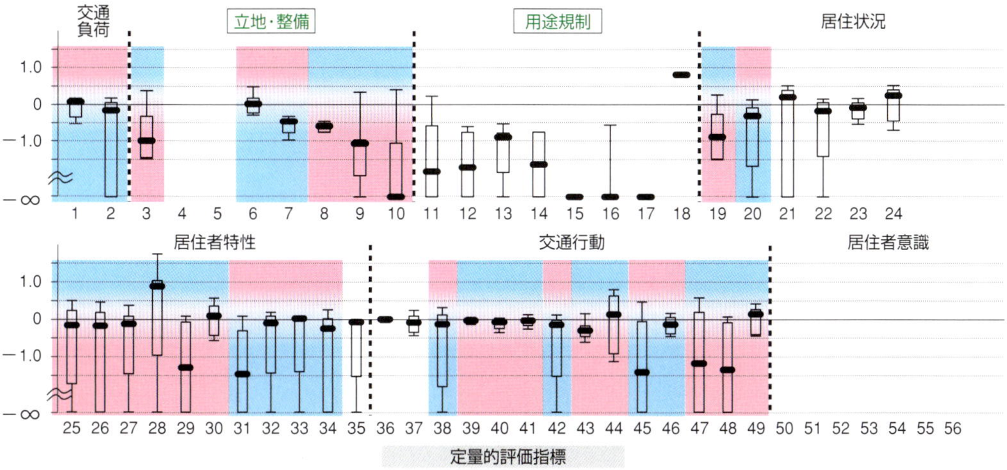

交通負荷　立地・整備　用途規制　居住状況

1.0　0　−1.0　−∞

1 2 3 4 5 6 7 8 9 10 11 12 13 14 15 16 17 18 19 20 21 22 23 24

居住者特性　交通行動　居住者意識

1.0　0　−1.0　−∞

25 26 27 28 29 30 31 32 33 34 35 36 37 38 39 40 41 42 43 44 45 46 47 48 49 50 51 52 53 54 55 56

定量的評価指標

CL

CL 13

低密・郊外・線引き境界タイプ

・地方中心都市の中で休日１人１日自動車燃料消費量が１０番目に少ない
・地方中心都市の中で都心からの距離が最大
・地方中心都市の中で１人世帯割合が最小
・地方中心都市の中でバス分担率が最小
・住区の一部に農地，山地を含む
・売り出し中の新興住宅地で住宅の建っていない土地が含まれている場合もある

地方中心都市

（分類条件）

土地利用規制			
市街化調整区域 25～50％			
人口密度	駅から	列車本数	都心から
～50 人/ha	―	―	5km～

岡山市小山(2005年8月N撮影)

徳島市国府町府中(2005年12月YY撮影)

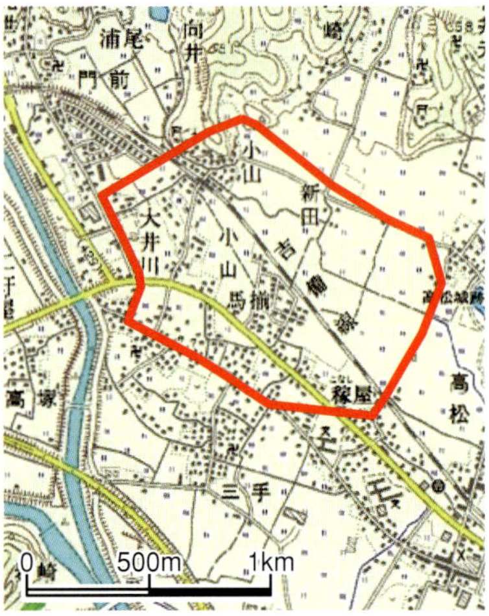

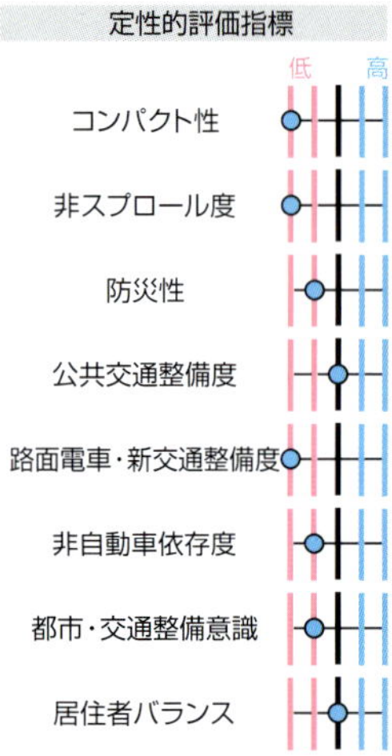

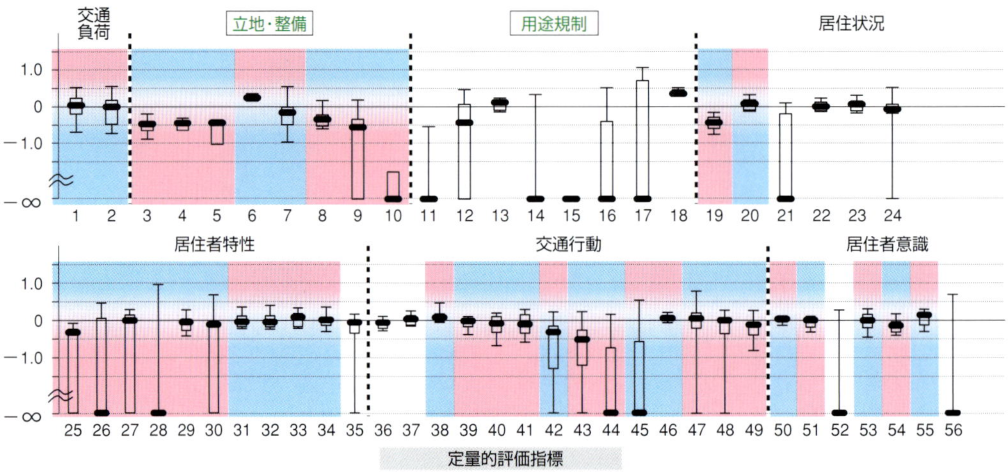

定性的評価指標（低～高）
コンパクト性
非スプロール度
防災性
公共交通整備度
路面電車・新交通整備度
非自動車依存度
都市・交通整備意識
居住者バランス

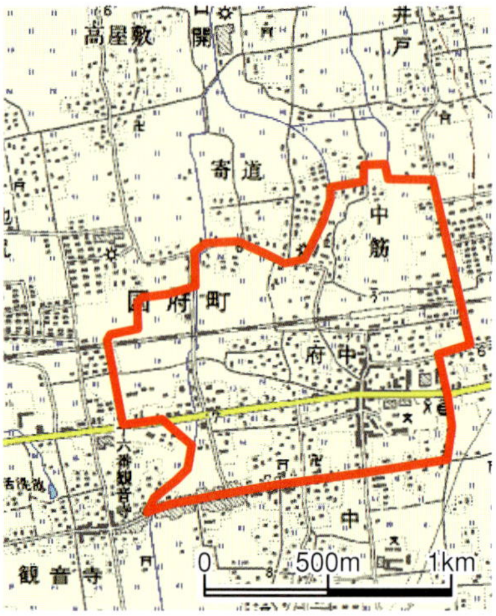

交通負荷　立地・整備　用途規制　居住状況
居住者特性　交通行動　居住者意識

定量的評価指標

CL 14

低密・駅徒歩圏外・住宅系混在タイプ

・地方中心都市の中で自動車分担率が最大
・戸建て住宅，アパートなどが混在して立地している
・建物が密集しておらず，低・未利用地が見られる場合が多い

地方中心都市

（分類条件）

土地利用規制			
住宅系混在（住宅系土地利用割合が最も大きい）			
人口密度	駅から	列車本数	都心から
～50人/ha	1 km～	―	―

大分市迫・種具（2005年8月NS撮影）

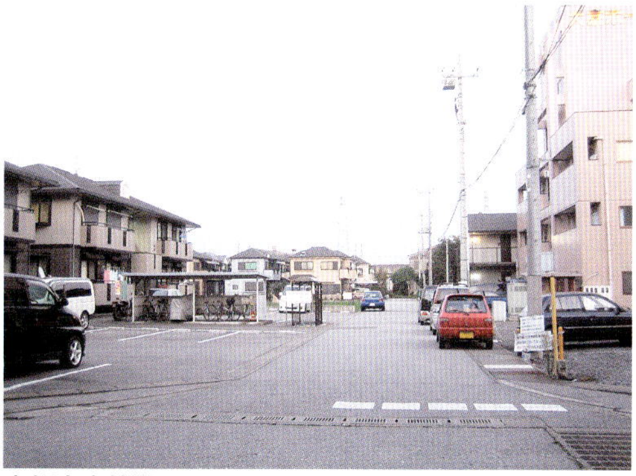

宇都宮市簗瀬町（2005年10月N撮影）

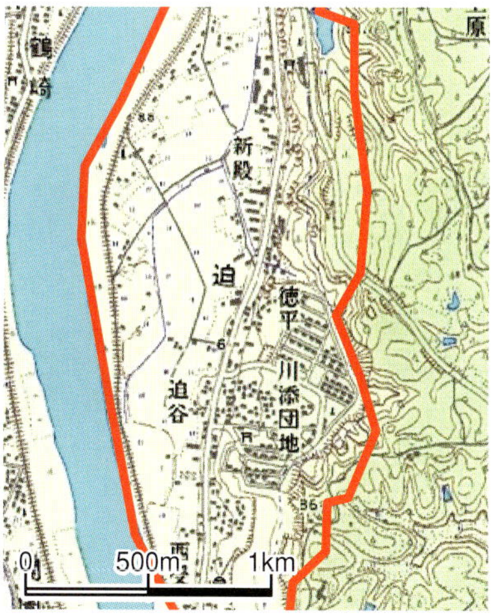

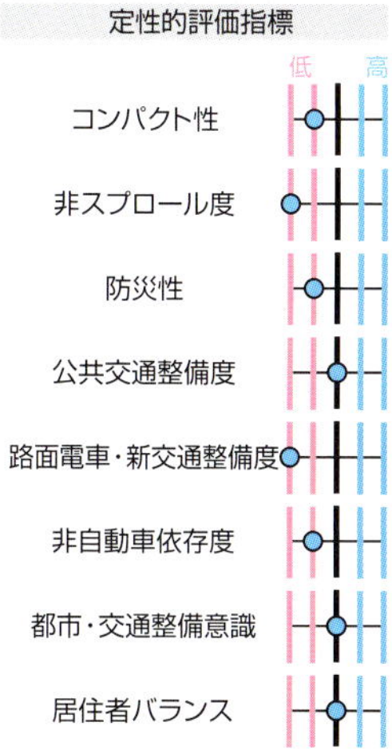

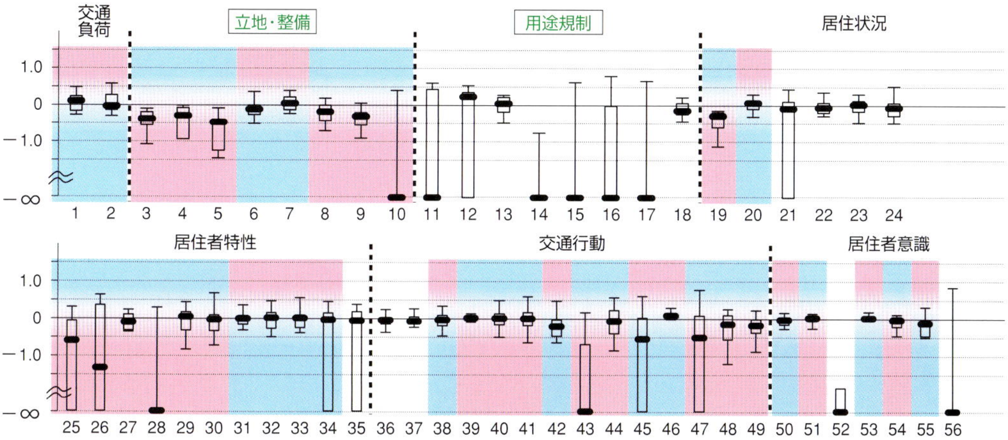

定性的評価指標

低　高

コンパクト性
非スプロール度
防災性
公共交通整備度
路面電車・新交通整備度
非自動車依存度
都市・交通整備意識
居住者バランス

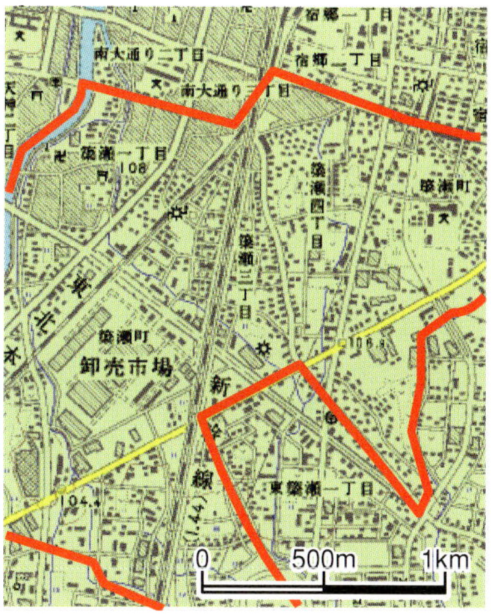

交通負荷　立地・整備　用途規制　居住状況

1.0　0　−1.0　−∞

1 2 3 4 5 6 7 8 9 10 11 12 13 14 15 16 17 18 19 20 21 22 23 24

居住者特性　交通行動　居住者意識

1.0　0　−1.0　−∞

25 26 27 28 29 30 31 32 33 34 35 36 37 38 39 40 41 42 43 44 45 46 47 48 49 50 51 52 53 54 55 56

定量的評価指標

CL 15

低密・駅徒歩圏外・調整区域タイプ

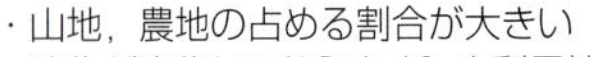

・山地，農地の占める割合が大きい
・建物が密集しておらず，低・未利用地が見られる場合が多い

地方中心都市

（分類条件）

土地利用規制			
市街化調整区域 50～75%			
人口密度	駅から	列車本数	都心から
～50 人/ha	1km～	—	—

岡山市四御神（2005年8月N撮影）

甲府市砂田町（2002年10月N撮影）

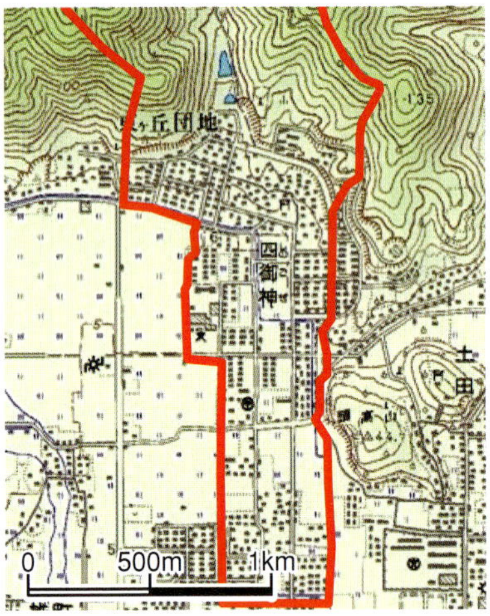

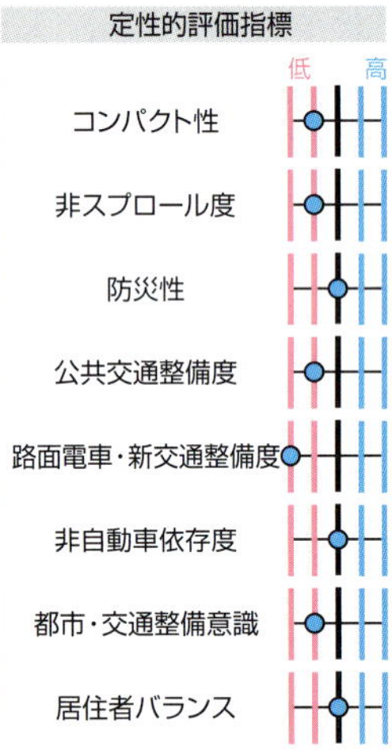

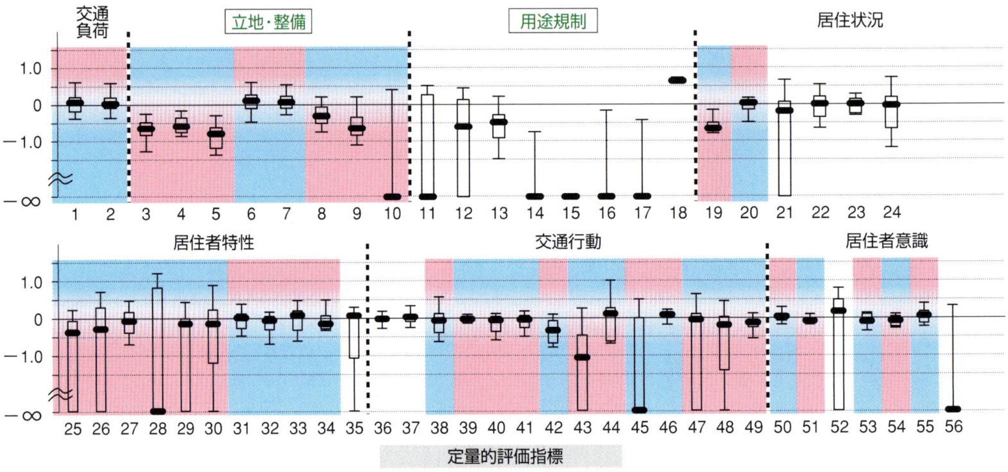

定性的評価指標（低／高）

- コンパクト性
- 非スプロール度
- 防災性
- 公共交通整備度
- 路面電車・新交通整備度
- 非自動車依存度
- 都市・交通整備意識
- 居住者バランス

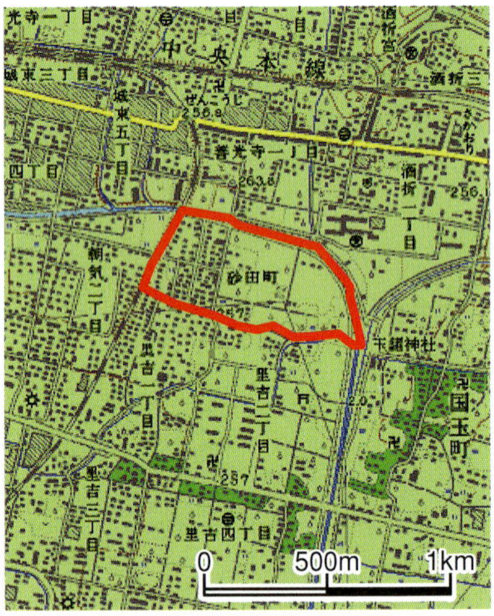

交通負荷　立地・整備　用途規制　居住状況

居住者特性　交通行動　居住者意識

定量的評価指標

CL 16

中密・駅徒歩圏内・中高層住宅タイプ

- 地方中心都市の中で行動群9（車依存女性就業者）割合が最小
- 比較的小規模なマンション，アパートなどが立地している場合が多い
- 大規模な集合住宅団地が立地している住区も見られるが，それ以外の住宅間の距離が大きく密集していない場合が多い

地方中心都市

（分類条件）

土地利用規制			
中高層住宅専用地域 60～90%			
人口密度	駅から	列車本数	都心から
50～100人/ha	～1㎞	—	—

岡山市赤田（2005年8月N撮影）

大分市敷戸北（2006年12月N撮影）

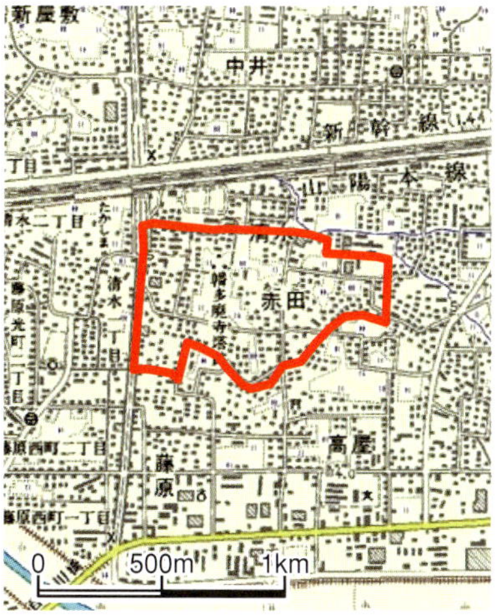

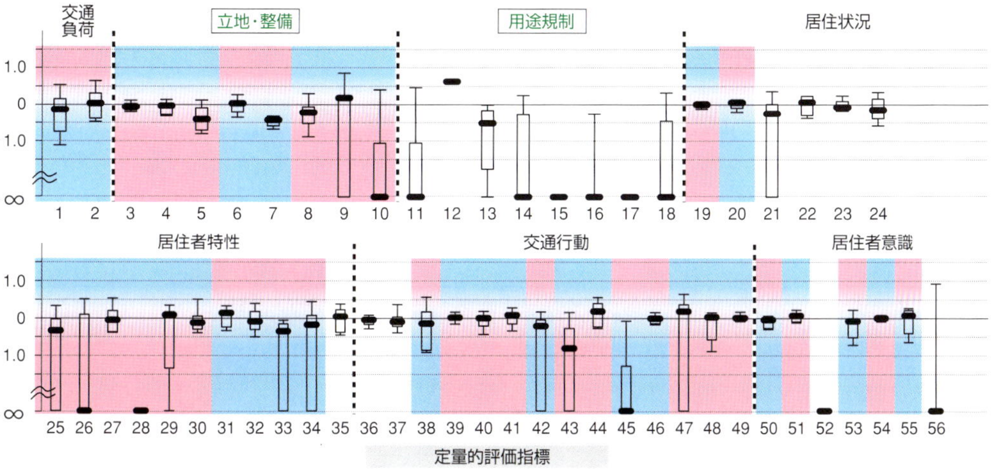

新屋敷　中井　新幹線　山陽本線　赤田　高屋　藤原　0　500m　1km

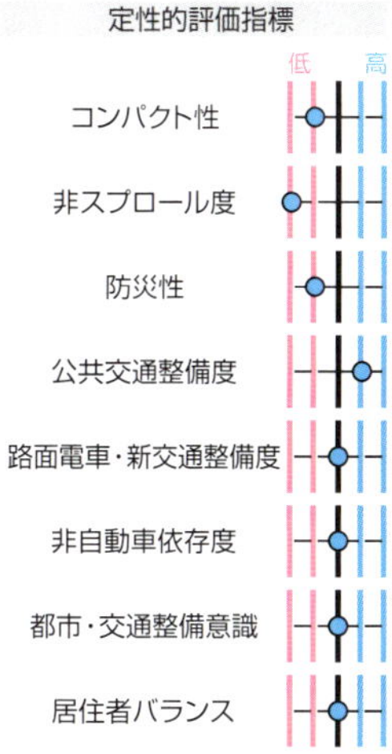

定性的評価指標（低・高）

- コンパクト性
- 非スプロール度
- 防災性
- 公共交通整備度
- 路面電車・新交通整備度
- 非自動車依存度
- 都市・交通整備意識
- 居住者バランス

芳河原　曲　星和台団地　大迫　敷戸北町　敷戸西町　敷戸新町　敷戸東町　敷戸南町　0　500m　1km

交通負荷　立地・整備　用途規制　居住状況

1.0　0　−1.0　−∞

1 2 3 4 5 6 7 8 9 10 11 12 13 14 15 16 17 18 19 20 21 22 23 24

居住者特性　交通行動　居住者意識

1.0　0　−1.0　−∞

25 26 27 28 29 30 31 32 33 34 35 36 37 38 39 40 41 42 43 44 45 46 47 48 49 50 51 52 53 54 55 56

定量的評価指標

CL 17

中密・駅徒歩圏外・列車多・中高層住宅タイプ

- 住区の一部に大規模なマンション，集合住宅団地などが立地している場合が多い
- 基盤整備が行き届いていない場合が多い

地方中心都市

（分類条件）

土地利用規制			
中高層住宅専用地域 60～90%			
人口密度	駅から	列車本数	都心から
50～100人/ha	1㎞～	114本～	—

大分市勢家町(2006年1月NS撮影)

甲府市富士見(2005年10月N撮影)

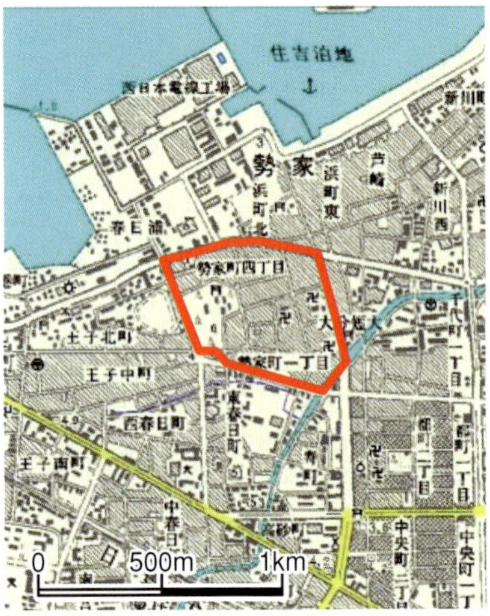

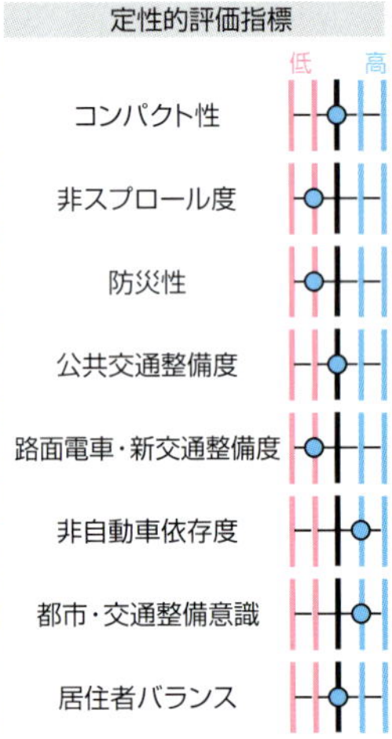

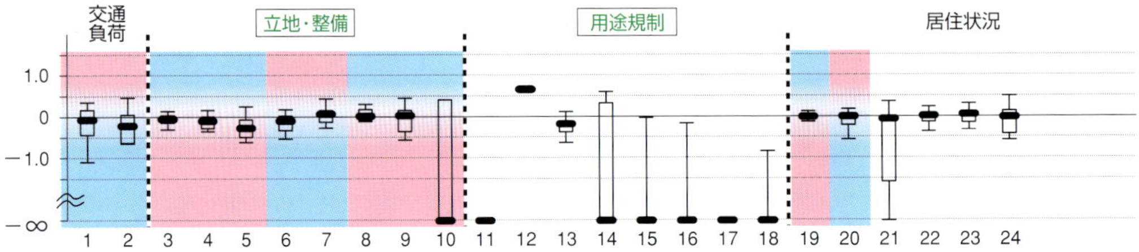

定性的評価指標

低　高

- コンパクト性
- 非スプロール度
- 防災性
- 公共交通整備度
- 路面電車・新交通整備度
- 非自動車依存度
- 都市・交通整備意識
- 居住者バランス

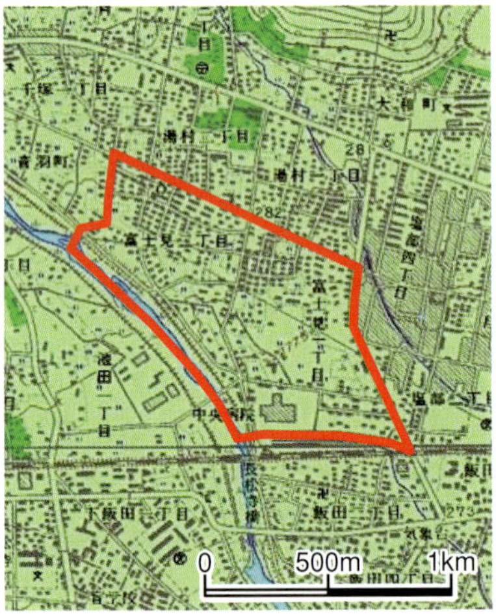

交通負荷　立地・整備　用途規制　居住状況

1.0　0　−1.0　−∞

1 2 3 4 5 6 7 8 9 10 11 12 13 14 15 16 17 18 19 20 21 22 23 24

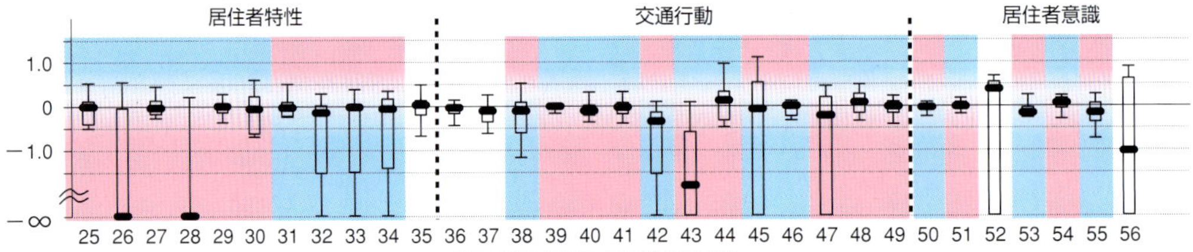

居住者特性　交通行動　居住者意識

1.0　0　−1.0　−∞

25 26 27 28 29 30 31 32 33 34 35 36 37 38 39 40 41 42 43 44 45 46 47 48 49 50 51 52 53 54 55 56

定量的評価指標

CL 18

低密・都心及び都心周辺・線引き境界タイプ

・地方中心都市の中で休日１人１日自動車燃料消費量が２番目に多い
・住区の一部に農地，山地などを含むが，その他の平地には住宅がある程度密集して立地している

地方中心都市

（分類条件）

土地利用規制			
市街化調整区域 25〜50%			
人口密度	駅から	列車本数	都心から
〜50人/ha	—	—	〜5km

徳島市西須賀町（2005年12月N撮影）

岡山市三野（2005年8月N撮影）

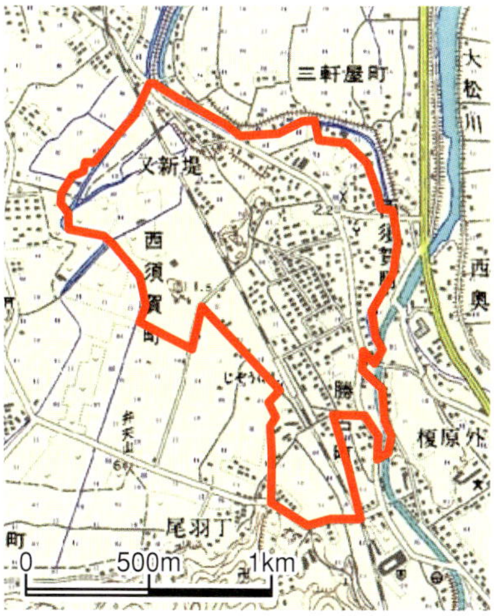

定性的評価指標（低 ― 高）

- コンパクト性
- 非スプロール度
- 防災性
- 公共交通整備度
- 路面電車・新交通整備度
- 非自動車依存度
- 都市・交通整備意識
- 居住者バランス

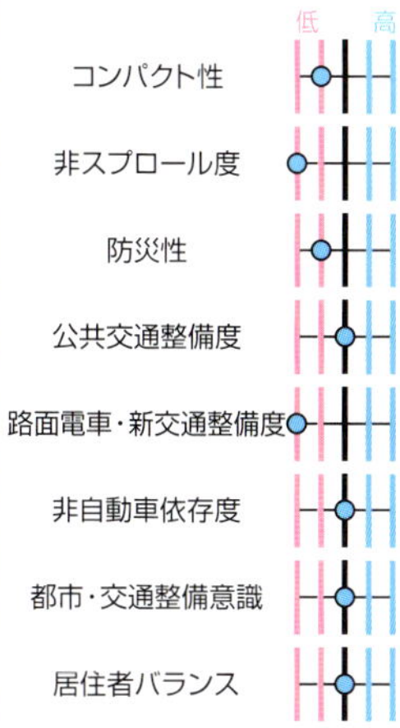

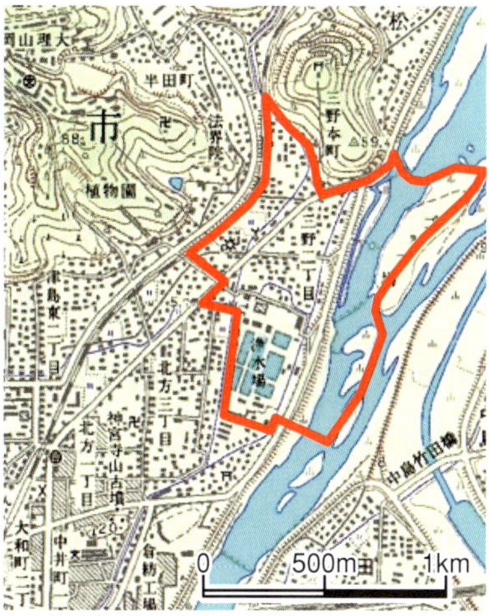

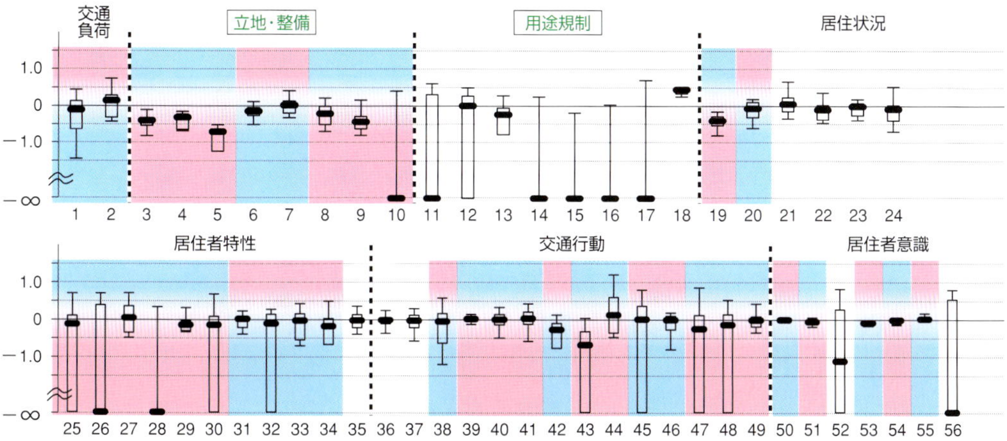

定量的評価指標

交通負荷（1〜2）、立地・整備（3〜10）、用途規制（11〜18）、居住状況（19〜24）、居住者特性（25〜35）、交通行動（36〜49）、居住者意識（50〜56）

CL 19

準工業地域タイプ

- 地方中心都市の中で休日１人１日自動車燃料消費量が１０番目に多い
- 全住宅地タイプの中で準工業地域割合が最大
- 地方中心都市の中で自転車分担率が最大
- 工場とともに戸建て住宅，マンション，店舗などが混在して立地している

地方中心都市

（分類条件）

土地利用規制			
準工業地域 60%～			
人口密度	駅から	列車本数	都心から
—	—	—	—

金沢市元菊町（2006年12月N撮影）

岡山市島田本町（2005年8月N撮影）

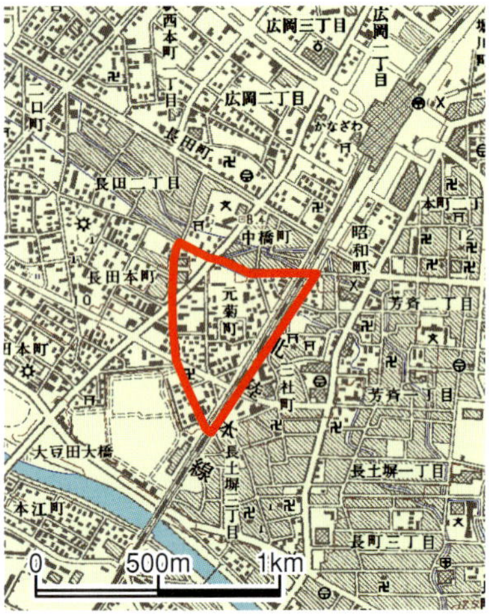

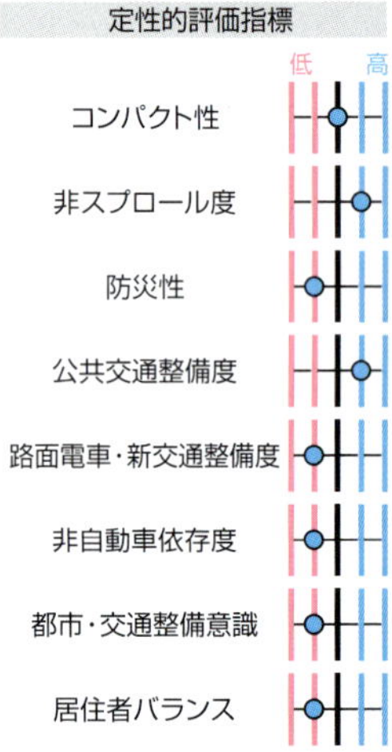

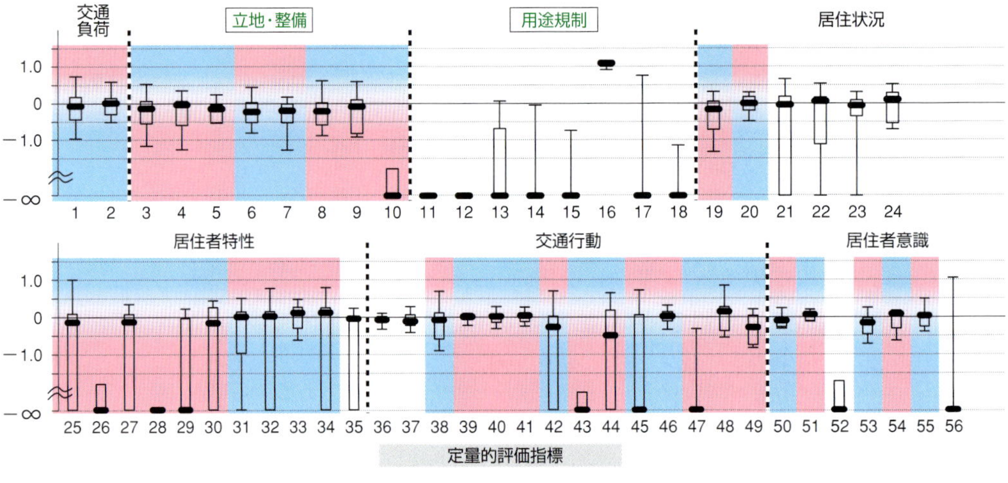

定性的評価指標（低 ― 高）

- コンパクト性
- 非スプロール度
- 防災性
- 公共交通整備度
- 路面電車・新交通整備度
- 非自動車依存度
- 都市・交通整備意識
- 居住者バランス

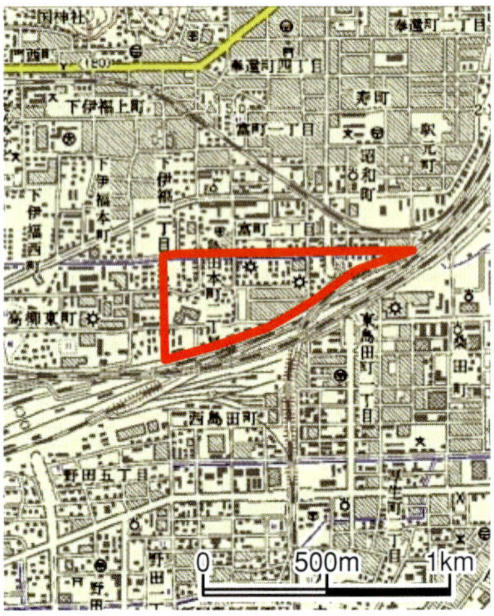

交通負荷（1–2）／立地・整備（3–10）／用途規制（11–18）／居住状況（19–24）

居住者特性（25–35）／交通行動（36–49）／居住者意識（50–56）

定量的評価指標

CL
20

中密・駅徒歩圏内・住居地域タイプ

・全住宅地タイプの中で駅からの距離が最小
・戸建て住宅，マンションなどの住宅とともに，店舗も混合して立地している

地方中心都市

（分類条件）

土地利用規制			
住居地域 60%〜			
人口密度	駅から	列車本数	都心から
50〜 100人/ha	〜1km	—	—

宇都宮市宮原（2005年10月N撮影）

岡山市長岡（2005年8月N撮影）

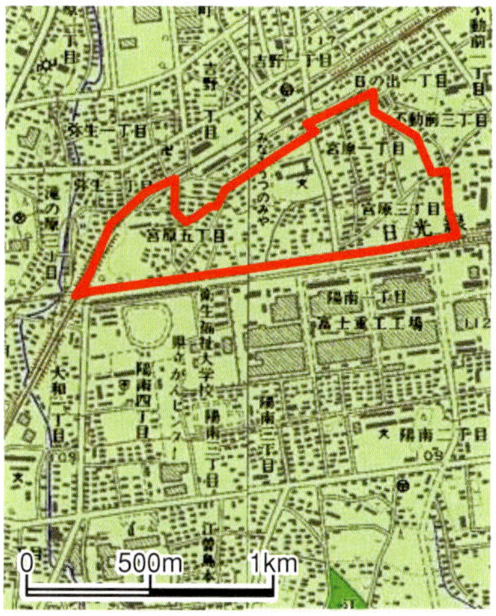

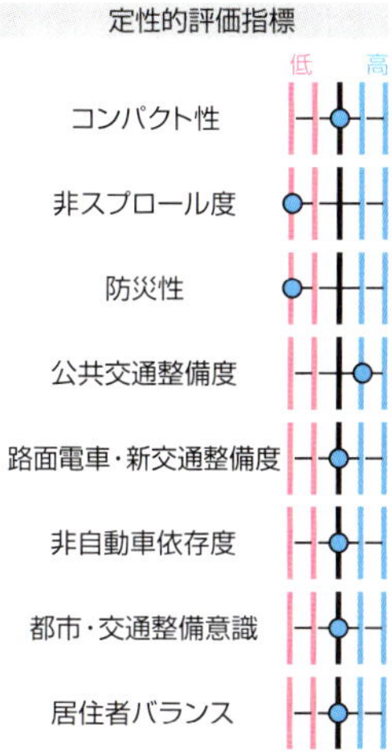

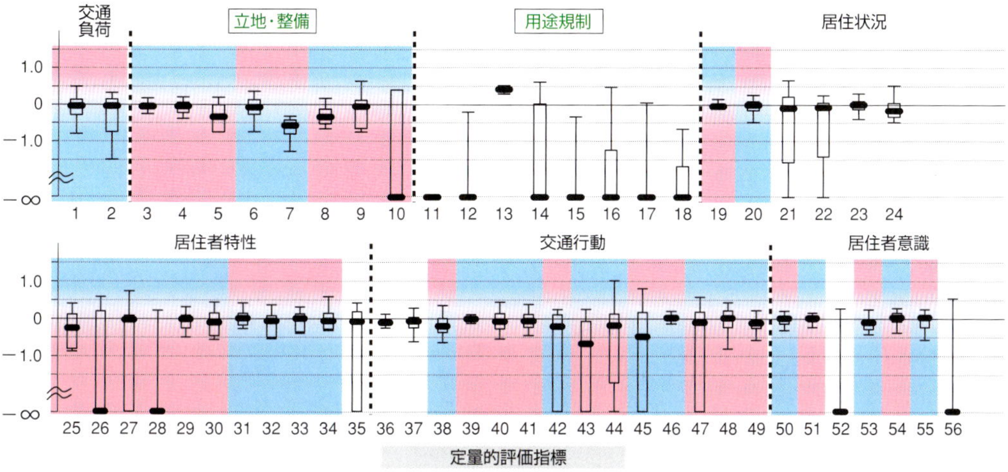

定性的評価指標（低・高）

コンパクト性
非スプロール度
防災性
公共交通整備度
路面電車・新交通整備度
非自動車依存度
都市・交通整備意識
居住者バランス

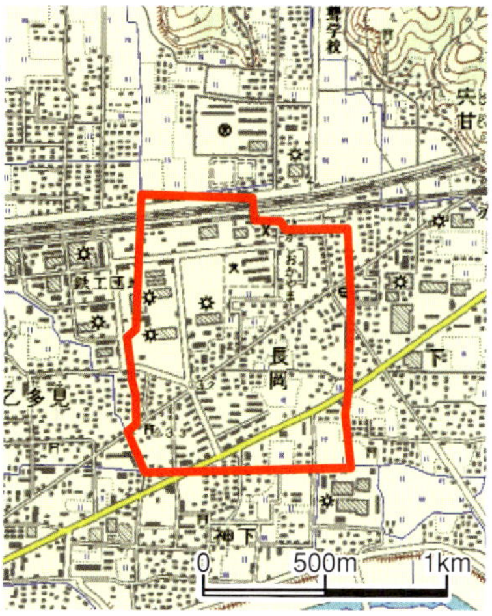

交通負荷　立地・整備　用途規制　居住状況

居住者特性　交通行動　居住者意識

定量的評価指標

CL

CL 21

低密・中高層住宅タイプ

- 地方中心都市の中で休日１人１日自動車燃料消費量が３番目に多い
- 地方中心都市の中で世帯あたり自動車保有台数が最大
- 地方中心都市の中で行動群８（車完全依存就業者）割合が最大
- 地方中心都市の中で徒歩分担率が最小
- マンション，アパートなどが立地している一方で，農地，低・未利用地などが見られる場合が多い

地方中心都市

（分類条件）

土地利用規制			
中高層住宅専用地域 60～90%			
人口密度	駅から	列車本数	都心から
～50 人/ha	—	—	—

岡山市平田（2005年８月Ｎ撮影）

岡山市大安寺東町（2005年８月Ｎ撮影）

定性的評価指標（低 — 高）

- コンパクト性
- 非スプロール度
- 防災性
- 公共交通整備度
- 路面電車・新交通整備度
- 非自動車依存度
- 都市・交通整備意識
- 居住者バランス

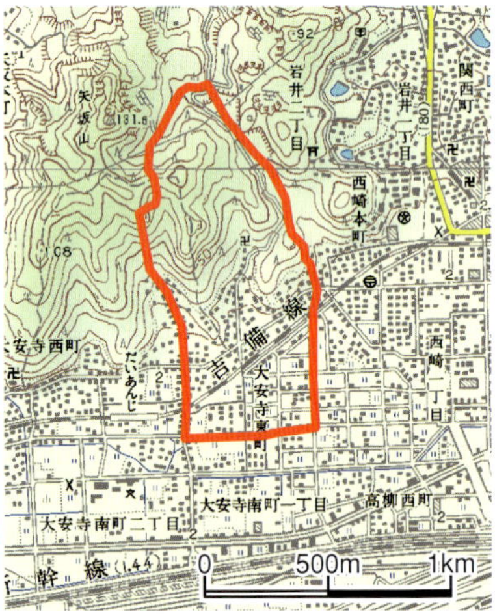

交通負荷（1–2）　立地・整備（3–10）　用途規制（11–18）　居住状況（19–24）

居住者特性（25–35）　交通行動（36–49）　居住者意識（50–56）

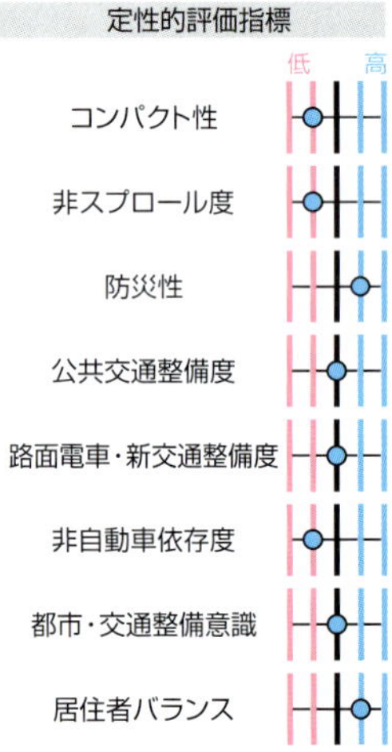

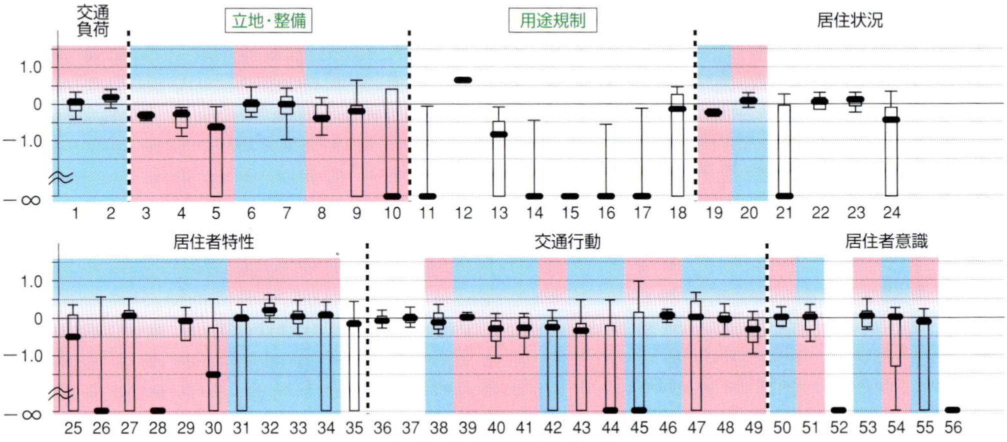

定量的評価指標

工業系混在タイプ

・工場とともに，戸建て住宅などが混在して立地している

地方中心都市

（分類条件）

土地利用規制			
工業系混在 （工業系土地利用割合が最も大きい）			
人口密度	駅から	列車本数	都心から
—	—	—	—

徳島市北沖州（2005年12月N撮影）

甲府市湯田（2005年10月N撮影）

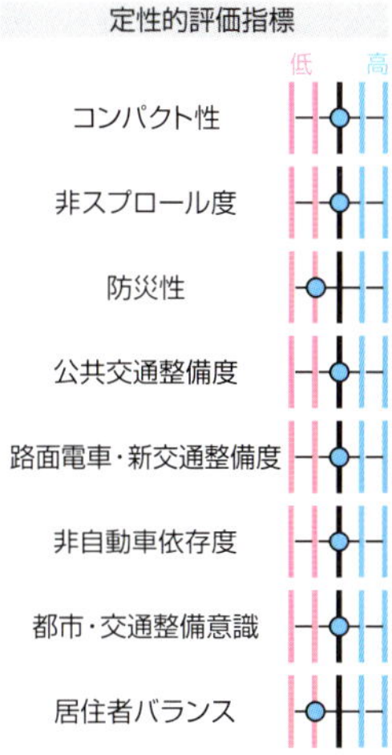

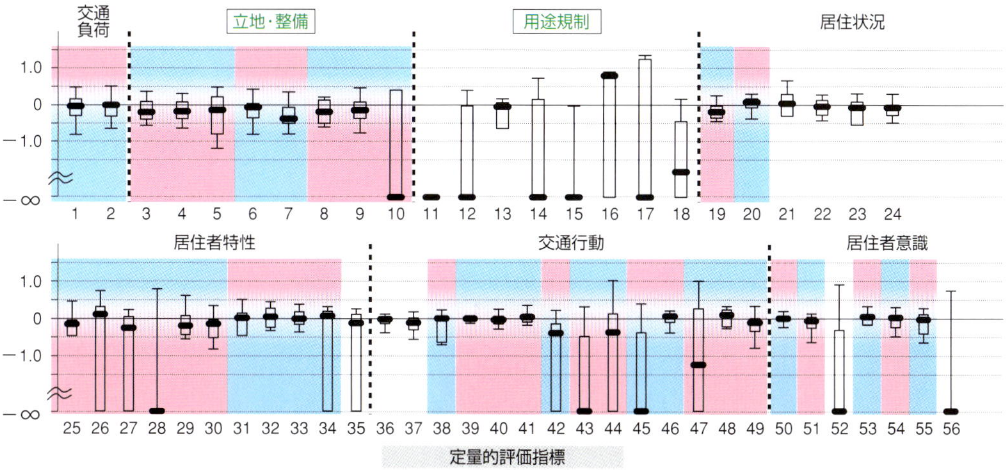

定性的評価指標

低　高

- コンパクト性
- 非スプロール度
- 防災性
- 公共交通整備度
- 路面電車・新交通整備度
- 非自動車依存度
- 都市・交通整備意識
- 居住者バランス

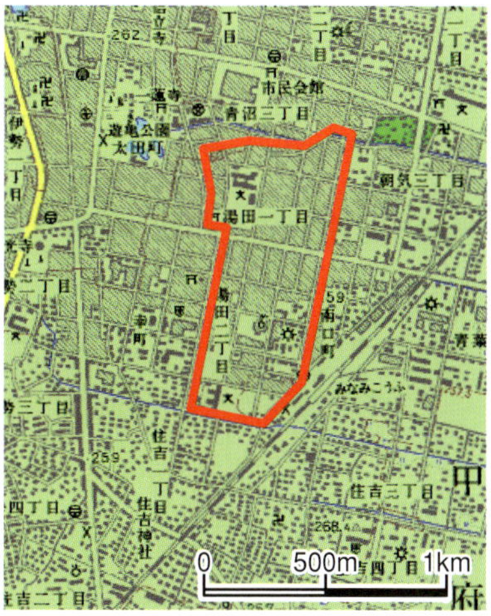

交通負荷　立地・整備　用途規制　居住状況

1.0　0　−1.0　−∞

1 2 3 4 5 6 7 8 9 10 11 12 13 14 15 16 17 18 19 20 21 22 23 24

居住者特性　交通行動　居住者意識

1.0　0　−1.0　−∞

25 26 27 28 29 30 31 32 33 34 35 36 37 38 39 40 41 42 43 44 45 46 47 48 49 50 51 52 53 54 55 56

定量的評価指標

CL 23

高密・低層住宅タイプ

・地方中心都市の中で駅からの距離が最大
・全住宅地タイプの中で自転車分担率が最小
・戸建て住宅が密集して立地している
・一体的に開発された戸建て住宅地である場合が多い

地方中心都市

（分類条件）

土地利用規制			
低層住宅専用地域 60～90%			
人口密度	駅から	列車本数	都心から
100 人/ha～	—	—	—

大分市明野東(2005年8月NS撮影)

長崎市ダイヤランド2丁目(2006年12月N撮影)

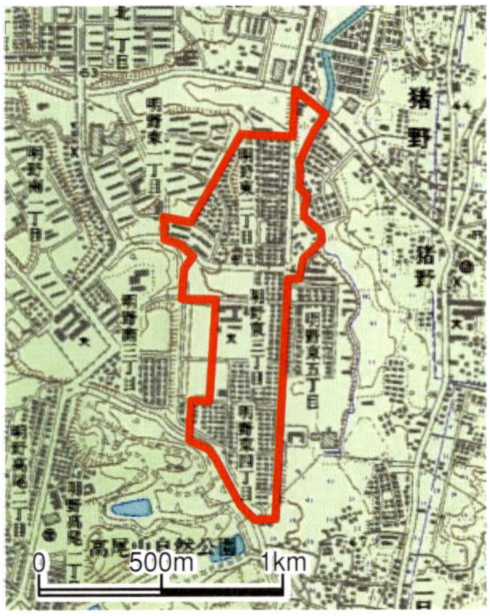

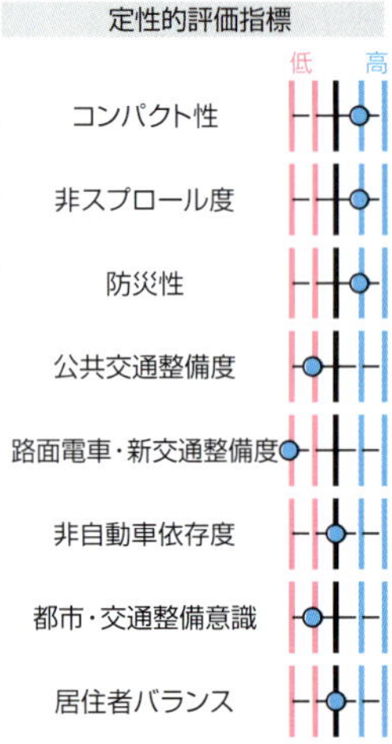

0 500m 1km

定性的評価指標

低 高

コンパクト性
非スプロール度
防災性
公共交通整備度
路面電車・新交通整備度
非自動車依存度
都市・交通整備意識
居住者バランス

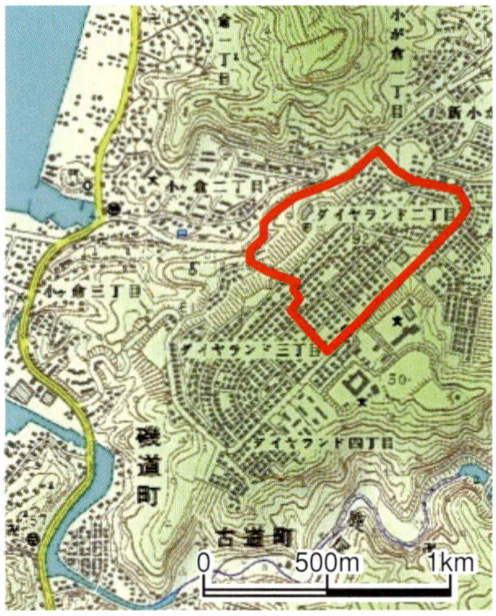

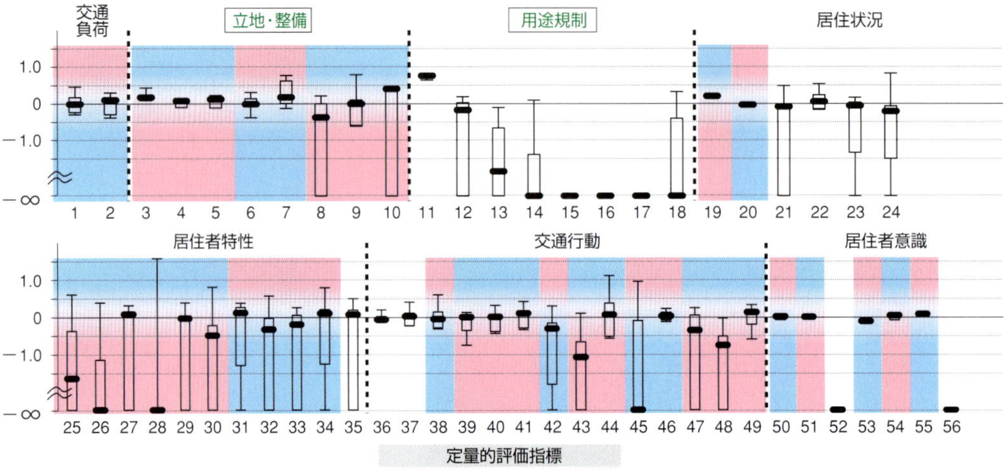

0 500m 1km

交通負荷　立地・整備　用途規制　居住状況

1.0
0
－1.0
－∞

1 2 3 4 5 6 7 8 9 10 11 12 13 14 15 16 17 18 19 20 21 22 23 24

居住者特性　交通行動　居住者意識

1.0
0
－1.0
－∞

25 26 27 28 29 30 31 32 33 34 35 36 37 38 39 40 41 42 43 44 45 46 47 48 49 50 51 52 53 54 55 56

定量的評価指標

CL 24

住宅系及び商業系混合タイプ

・店舗，戸建て住宅，マンションなどがある程度密集し，混合して立地している

地方中心都市

（分類条件）

土地利用規制			
住宅系及び商業系混合（住宅系60－80%,残り商業系）			
人口密度	駅から	列車本数	都心から
—	—	—	—

甲府市朝日(2005年10月N撮影)

岡山市築港栄町(2005年8月N撮影)

0 500m 1km

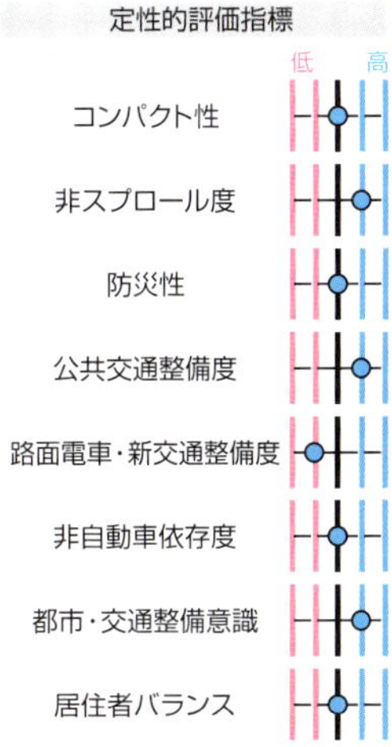

定性的評価指標

低 高

- コンパクト性
- 非スプロール度
- 防災性
- 公共交通整備度
- 路面電車・新交通整備度
- 非自動車依存度
- 都市・交通整備意識
- 居住者バランス

0 500m 1km

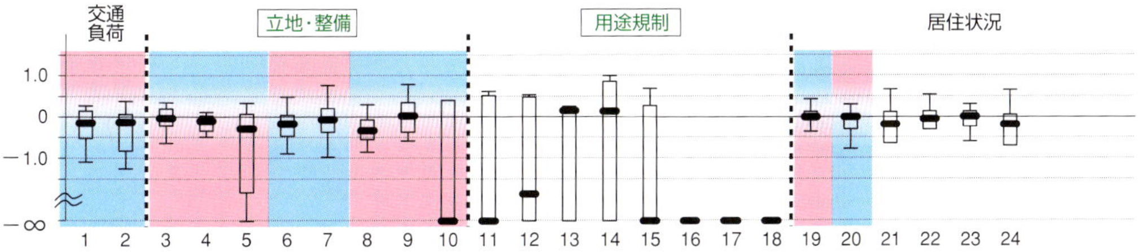

交通負荷　立地・整備　用途規制　居住状況

1.0 0 −1.0 −∞

1 2 3 4 5 6 7 8 9 10 11 12 13 14 15 16 17 18 19 20 21 22 23 24

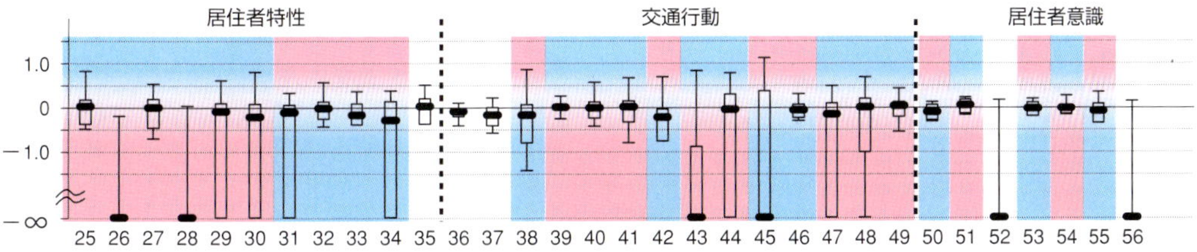

居住者特性　交通行動　居住者意識

1.0 0 −1.0 −∞

25 26 27 28 29 30 31 32 33 34 35 36 37 38 39 40 41 42 43 44 45 46 47 48 49 50 51 52 53 54 55 56

定量的評価指標

CL

CL 25

中高密・中高層住宅専用タイプ

- 地方中心都市の中で休日1人1日自動車燃料消費量が9番目に多い
- 地方中心都市の中で中高層住宅専用地域割合が最大
- 地方中心都市の中で行動群10(車依存非就業者)割合が最大
- 地方中心都市の中での中で意識(まちづくり)に「自動車中心の中心市街地を整備して欲しい」と答えた人の割合が最小
- マンション，アパートなどが立地している一方で，その他の場所には戸建て住宅も多く立地している場合が多い
- 住区の一部に大規模な集合住宅団地が見られる場合もある

地方中心都市

(分類条件)

土地利用規制			
中高層住宅専用地域 90%～			
人口密度	駅から	列車本数	都心から
50 人/ha～	—	—	—

大分市永興(2006年1月NS撮影)

甲府市天神町(2005年10月N撮影)

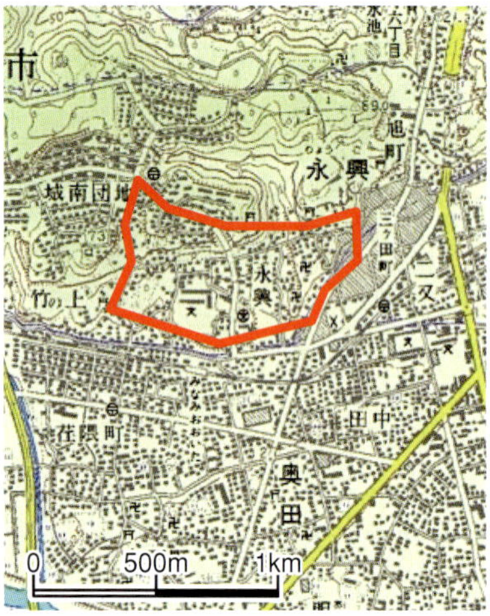

定性的評価指標(低 – 高)

- コンパクト性
- 非スプロール度
- 防災性
- 公共交通整備度
- 路面電車・新交通整備度
- 非自動車依存度
- 都市・交通整備意識
- 居住者バランス

交通負荷 / 立地・整備 / 用途規制 / 居住状況

居住者特性 / 交通行動 / 居住者意識

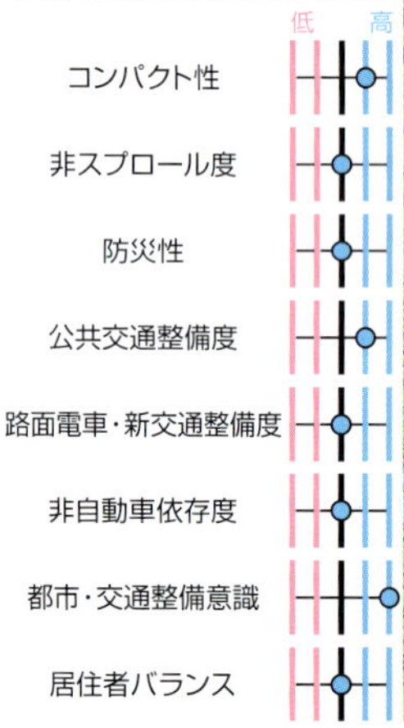

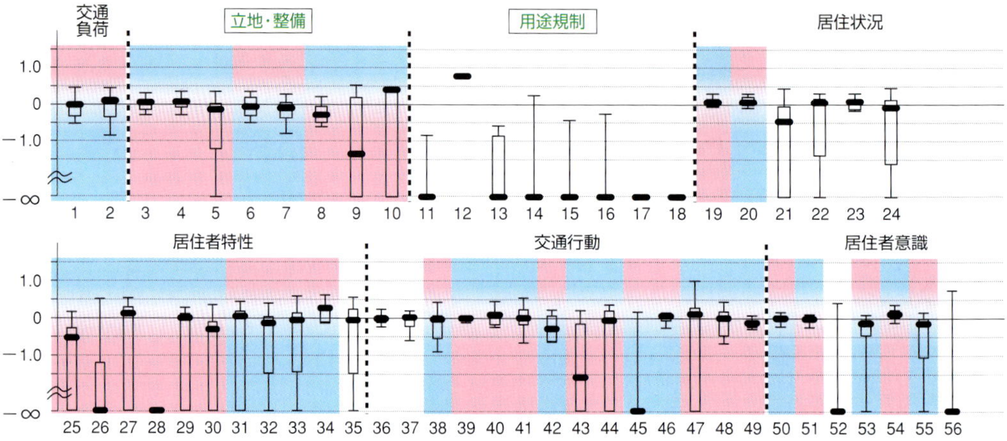

定量的評価指標

CL 26

中密・駅徒歩圏外・住居地域タイプ

・全住宅地タイプの中で住居地域割合が最大
・戸建て住宅，マンションなどの住宅とともに，店舗も混合して立地している

地方中心都市

（分類条件）

土地利用規制			
住居地域 60%～			
人口密度	駅から	列車本数	都心から
50～ 100人/ha	1 km～	—	—

宇都宮市大曽(2005年10月N撮影)

宇都宮市松原(2005年10月N撮影)

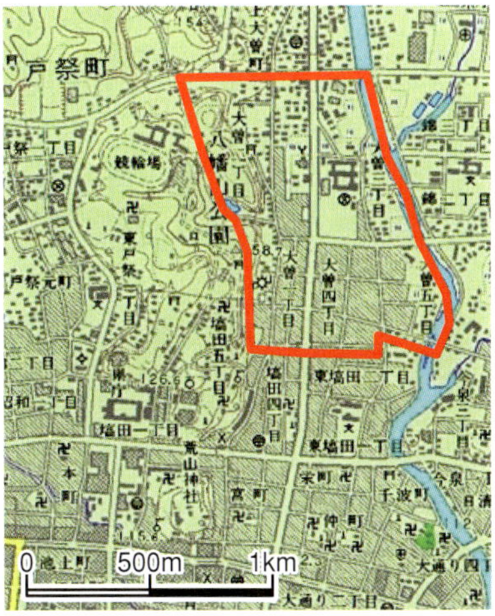

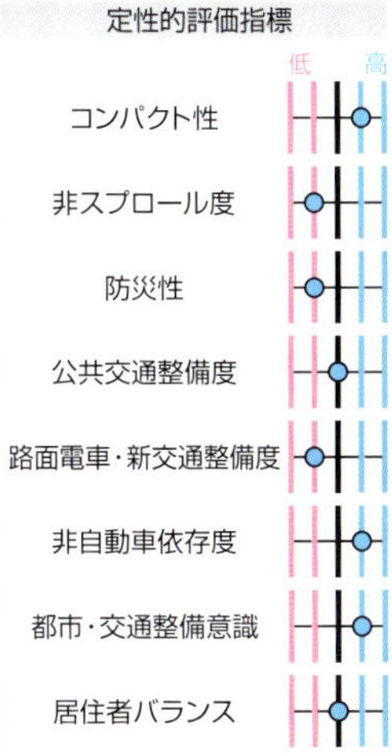

定性的評価指標

低　高

コンパクト性
非スプロール度
防災性
公共交通整備度
路面電車・新交通整備度
非自動車依存度
都市・交通整備意識
居住者バランス

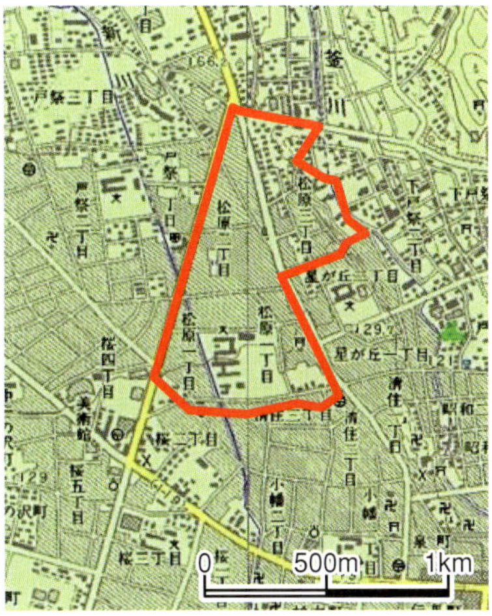

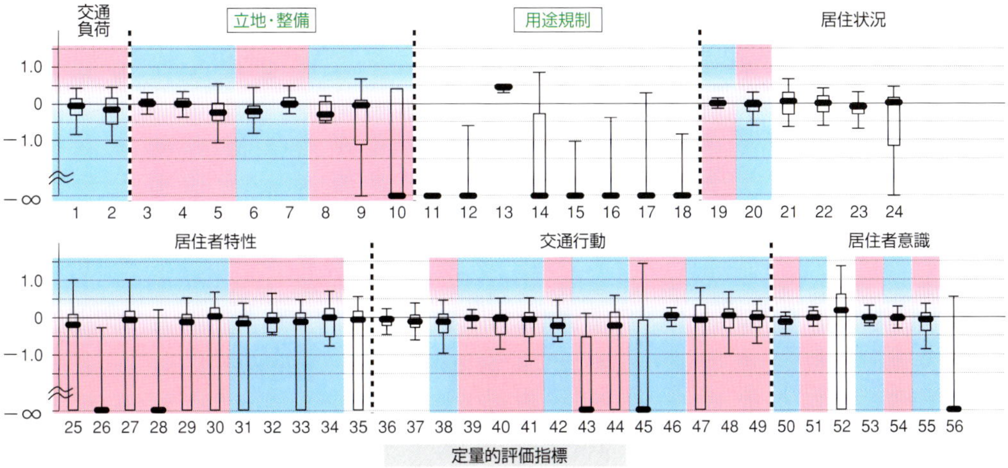

交通負荷　立地・整備　用途規制　居住状況

居住者特性　交通行動　居住者意識

定量的評価指標

CL 27

高密・非都心・住居地域タイプ

- 地方中心都市の中で休日１人１日自動車燃料消費量が８番目に少ない
- 地方中心都市の中で総滞留時間が最大
- 戸建て住宅，マンションなどの住宅とともに店舗も混合しており，密集して立地している
- 基盤整備が行き届いていない場合が多い

地方中心都市

（分類条件）

土地利用規制			
住居地域 60%～			
人口密度	駅から	列車本数	都心から
100 人/ha～	—	—	1.6km～

徳島市中吉野町（2005年12月N撮影）

下関市南大坪町（2006年1月NS撮影）

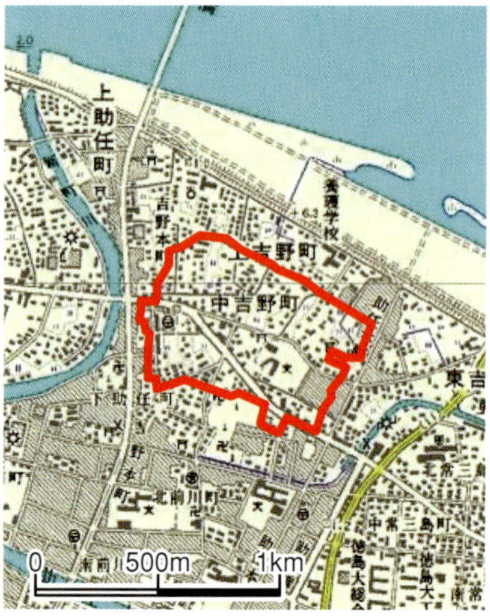

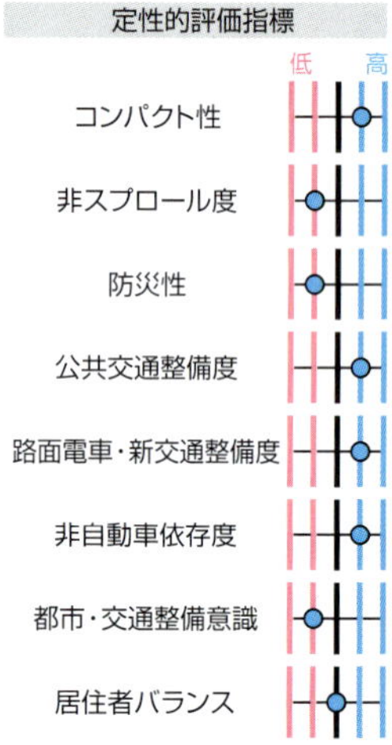

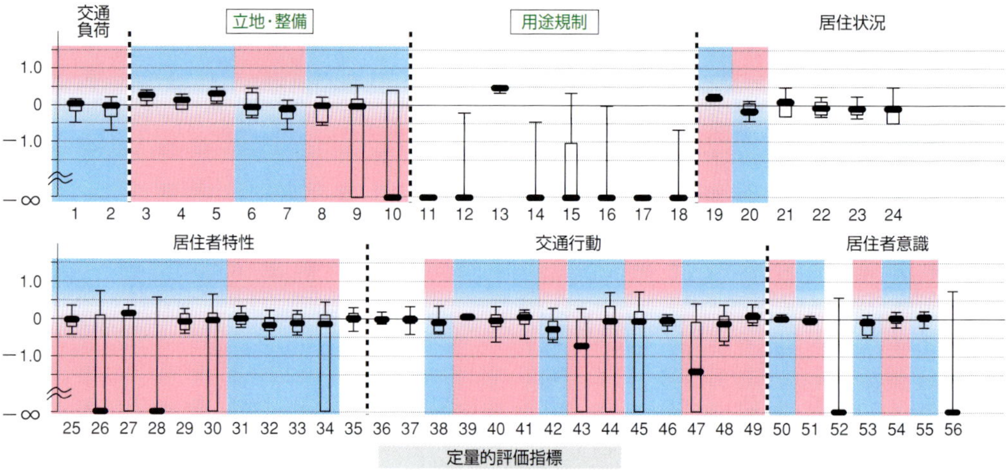

定性的評価指標（低 — 高）

- コンパクト性
- 非スプロール度
- 防災性
- 公共交通整備度
- 路面電車・新交通整備度
- 非自動車依存度
- 都市・交通整備意識
- 居住者バランス

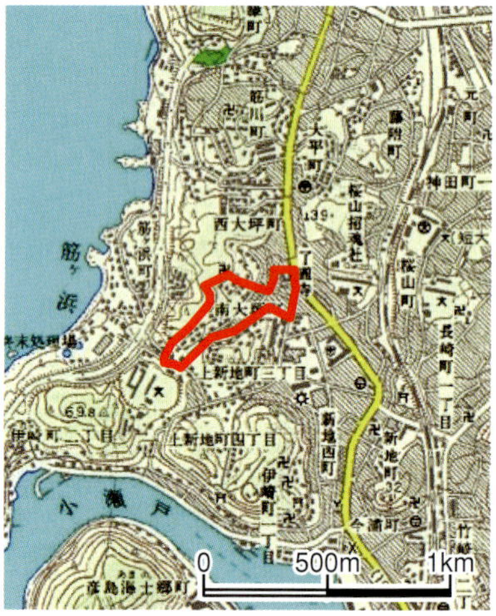

交通負荷 ／ 立地・整備 ／ 用途規制 ／ 居住状況 ／ 居住者特性 ／ 交通行動 ／ 居住者意識

定量的評価指標

CL 28

駅徒歩圏外・調整区域（強）タイプ

- 地方中心都市の中で休日１人１日自動車燃料消費量が７番目に少ない
- 地方中心都市の中で住宅密度，戸建住宅密度，集合住宅密度が最小
- 地方中心都市の中でバス停密度が最小
- 地方中心都市の中で人口密度が最小
- 地方中心都市の中で３人以上世帯割合が最大
- 地方中心都市の中で行動群２（非車依存ブルーカラー）割合が最大
- 山地，農地が占める面積が非常に大きいが，その他の平地には住宅が密集して立地している場合が多い
- 移動には自動車がなければ困難な状況である場合が多い

地方中心都市

（分類条件）

土地利用規制			
市街化調整区域 75％～			
人口密度	駅から	列車本数	都心から
—	１km～	—	—

岡山市西大寺川口（2005年８月Ｎ撮影） 　徳島市大原町（2005年12月Ｎ撮影）

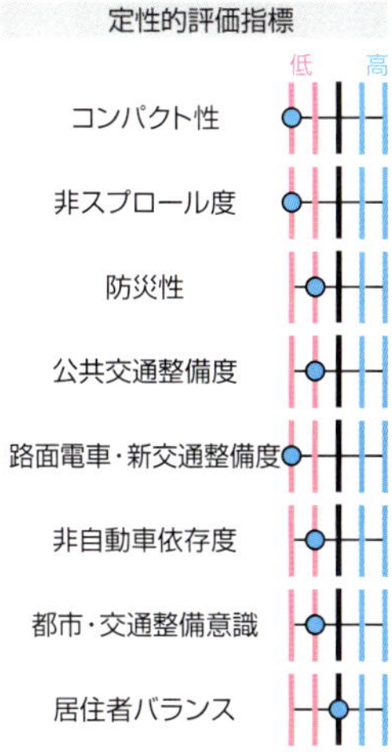

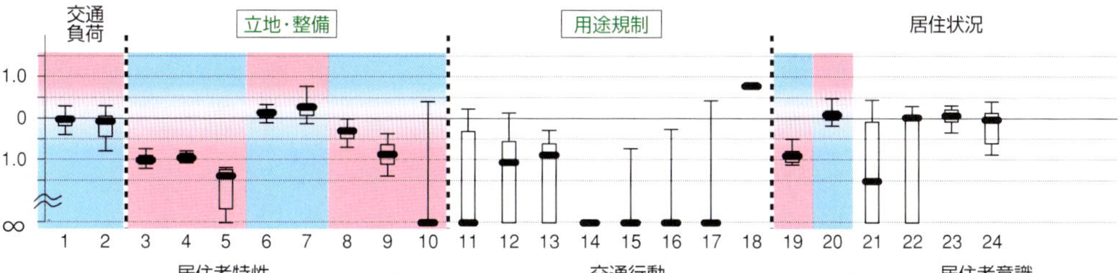

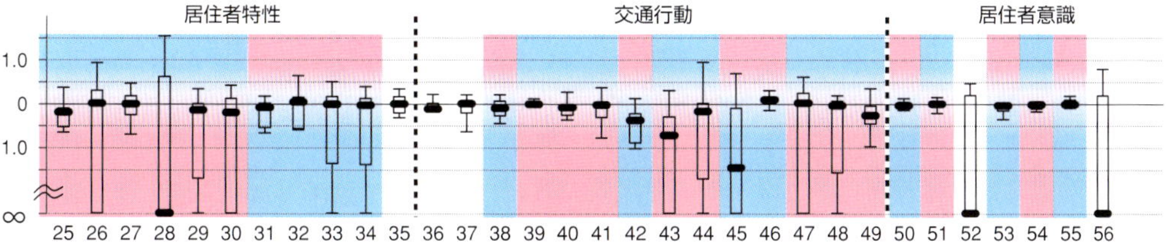

定性的評価指標（低 — 高）

- コンパクト性
- 非スプロール度
- 防災性
- 公共交通整備度
- 路面電車・新交通整備度
- 非自動車依存度
- 都市・交通整備意識
- 居住者バランス

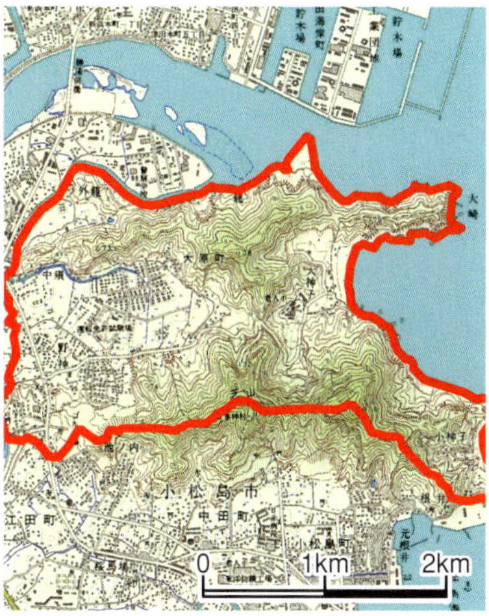

交通負荷　立地・整備　用途規制　居住状況

居住者特性　交通行動　居住者意識

定量的評価指標

CL 29

中高密・住宅系混在タイプ

・戸建て住宅，マンションなどが混在し、比較的密集して立地している

地方中心都市

（分類条件）

土地利用規制			
住宅系混在 （住宅系土地利用割合が最も大きい）			
人口密度	駅から	列車本数	都心から
50人/ha～	—	—	—

大分市萩原（2006年1月NS撮影）

長崎市小ヶ倉町2丁目（2006年12月N撮影）

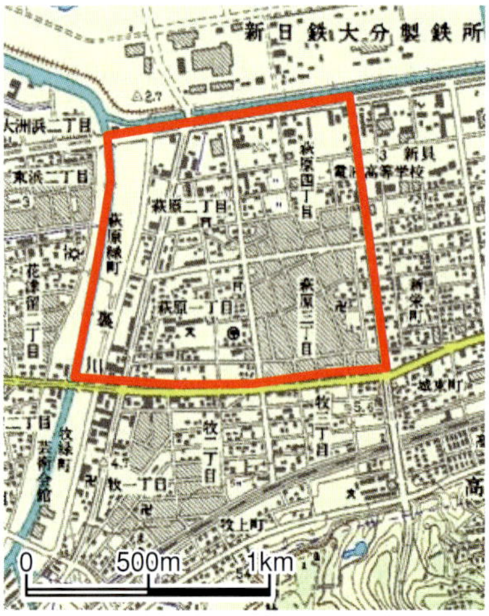

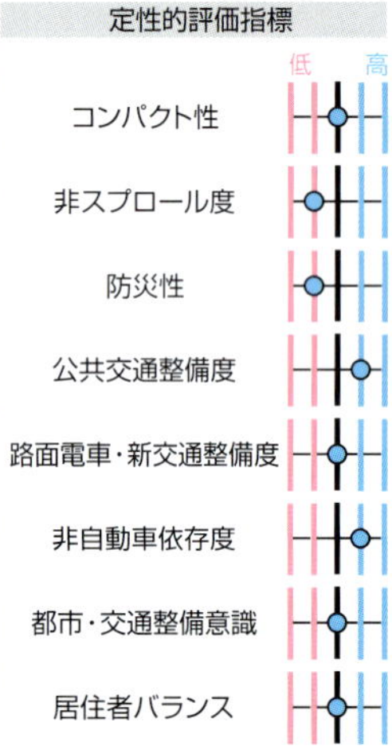

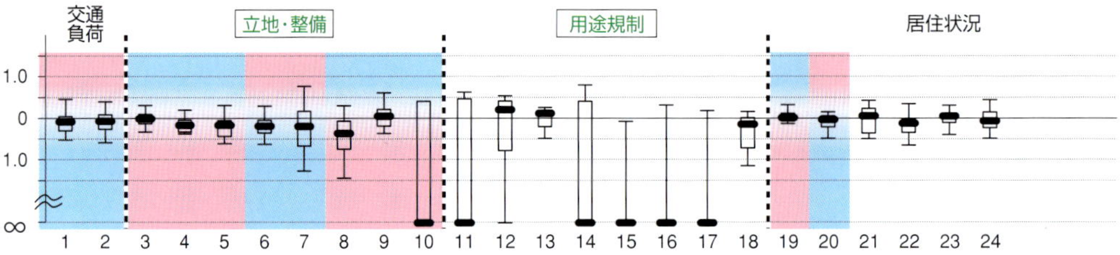

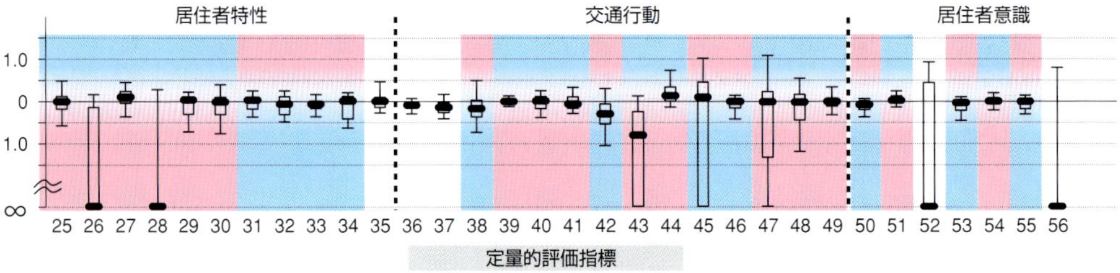

定性的評価指標

低　高

- コンパクト性
- 非スプロール度
- 防災性
- 公共交通整備度
- 路面電車・新交通整備度
- 非自動車依存度
- 都市・交通整備意識
- 居住者バランス

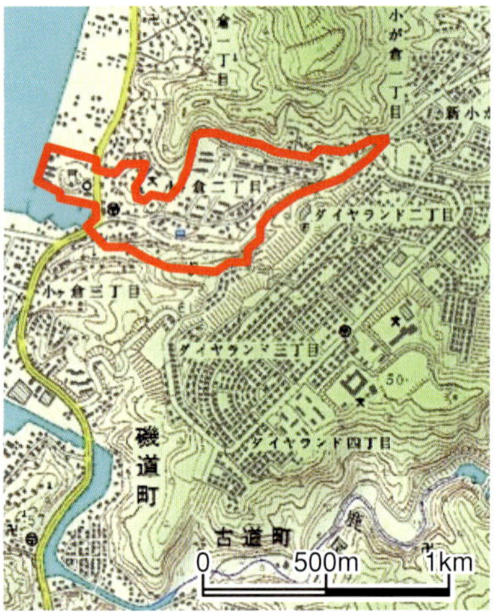

交通負荷　立地・整備　用途規制　居住状況

居住者特性　交通行動　居住者意識

定量的評価指標

CL 30

商業系混在タイプ

・地方中心都市の中で市外へ行く人の割合が最大
・小規模な店舗とともに，大規模な店舗，オフィスビル，マンションなどが混在して立地している

地方中心都市

（分類条件）

土地利用規制			
商業系混在 （商業系（近隣商業含む）土地利用割合が最も大きい）			
人口密度	駅から	列車本数	都心から
—	—	—	—

呉市西中央１～５丁目（2002年１月I撮影）

長崎市目覚町（2006年12月N撮影）

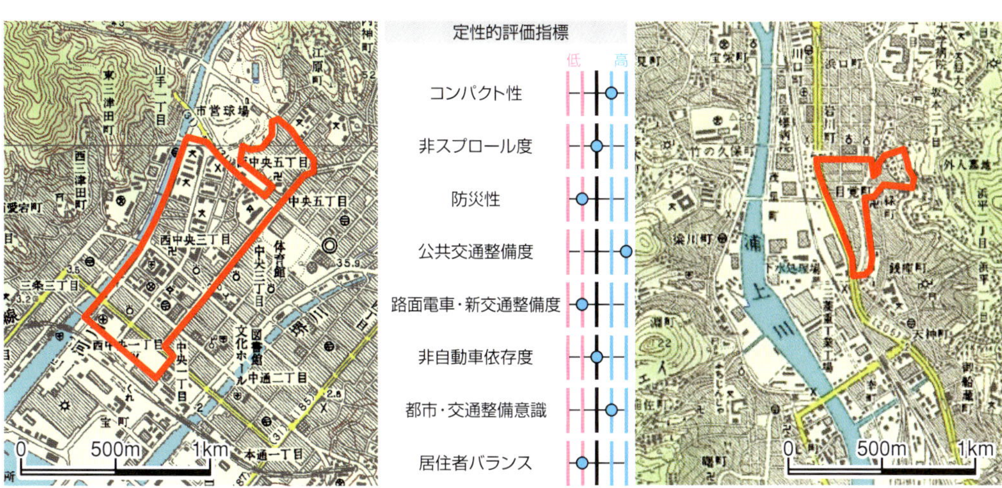

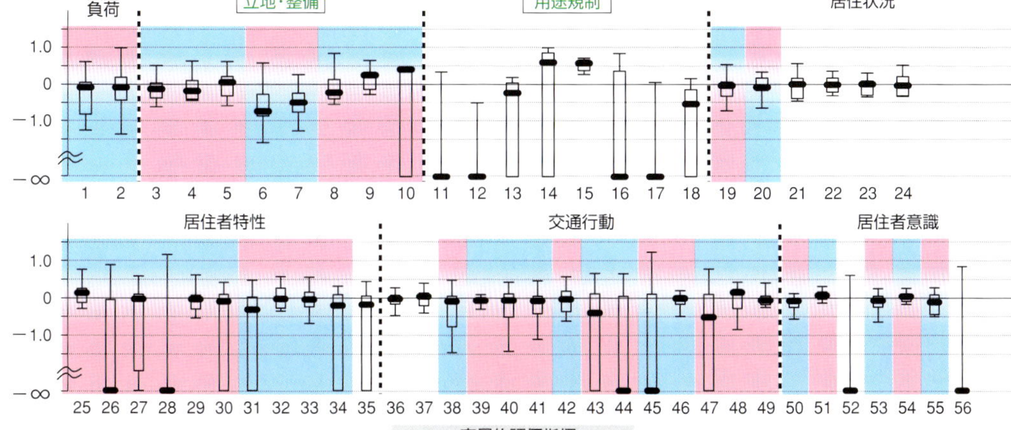

CL 31

中高密・線引き境界タイプ

・地方中心都市の中で平日１人１日自動車燃料消費量が１０番目に少ない
・地方中心都市の中で休日１人１日自動車燃料消費量が９番目に少ない
・住区に一部山地，農地を含む

地方中心都市

（分類条件）

土地利用規制			
市街化調整区域 25～50％			
人口密度	駅から	列車本数	都心から
50 人/ha～	―	―	―

長崎市高尾町（2006年12月N撮影）

徳島市南佐古六番町（2005年12月YY撮影）

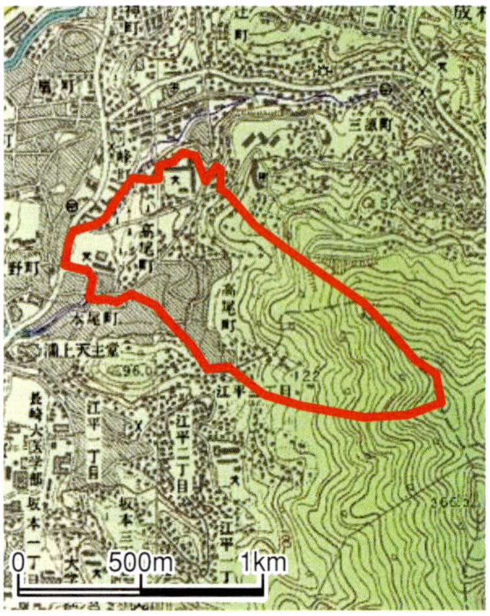

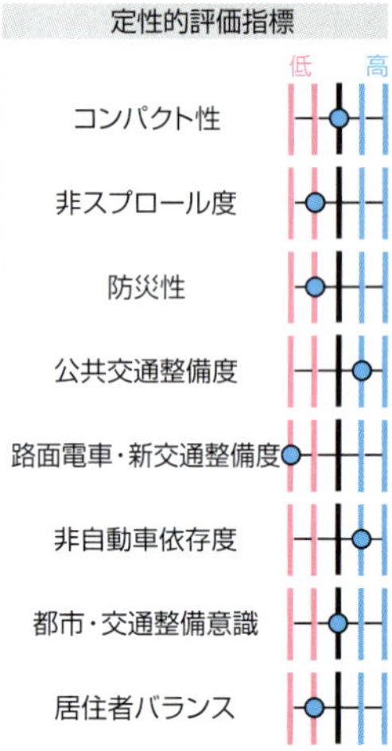

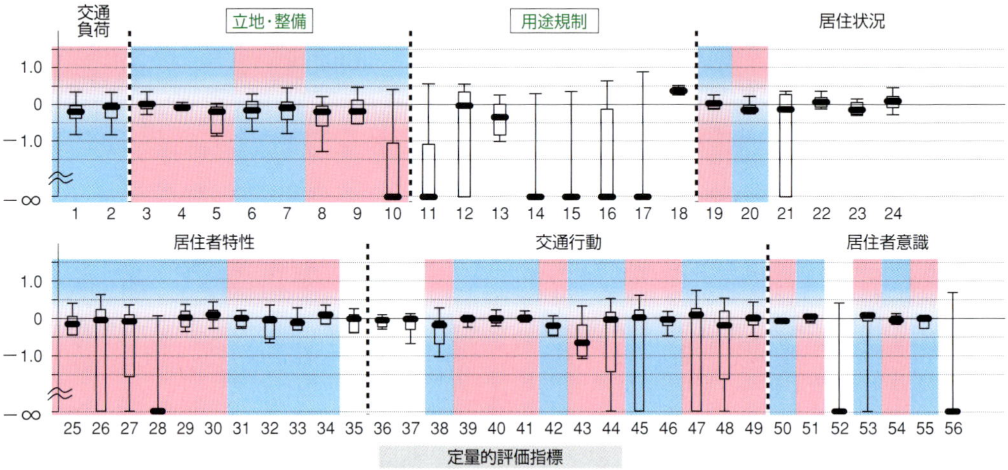

定性的評価指標

低　高

コンパクト性
非スプロール度
防災性
公共交通整備度
路面電車・新交通整備度
非自動車依存度
都市・交通整備意識
居住者バランス

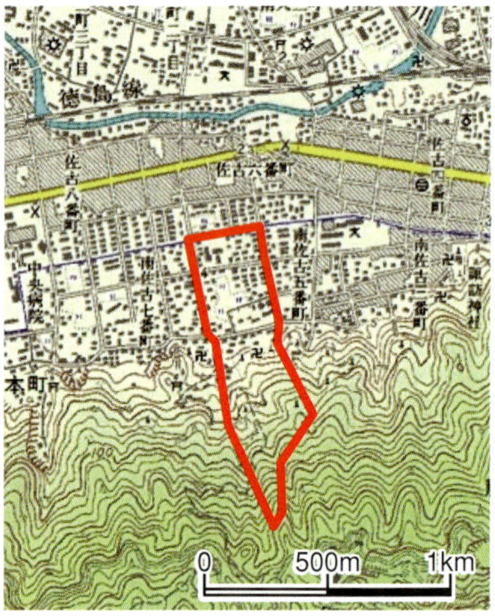

交通負荷　立地・整備　用途規制　居住状況

1.0　0　−1.0　−∞

1 2 3 4 5 6 7 8 9 10 11 12 13 14 15 16 17 18 19 20 21 22 23 24

居住者特性　交通行動　居住者意識

1.0　0　−1.0　−∞

25 26 27 28 29 30 31 32 33 34 35 36 37 38 39 40 41 42 43 44 45 46 47 48 49 50 51 52 53 54 55 56

定量的評価指標

CL

CL 32

工業・工業専用地域タイプ

・地方中心都市の中で平日１人１日自動車燃料消費量が９番目に少ない
・地方中心都市の中で休日１人１日自動車燃料消費量が４番目に多い
・地方中心都市の中で工業・工業専用地域割合が最大
・地方中心都市の中で行動群９（車依存女性就業者）割合が最大
・地方中心都市の中で自由滞留時間，自都市内自由滞留時間が最小
・地方中心都市の中で意識（まちづくり）に「郊外を開発して欲しい」と答えた人の割合が最大

地方中心都市

（分類条件）

土地利用規制			
工業・工業専用地域 60%～			
人口密度	駅から	列車本数	都心から
—	—	—	—

松本市南松本２丁目（2005年10月N撮影）

金沢市観音堂町（2006年12月N撮影）

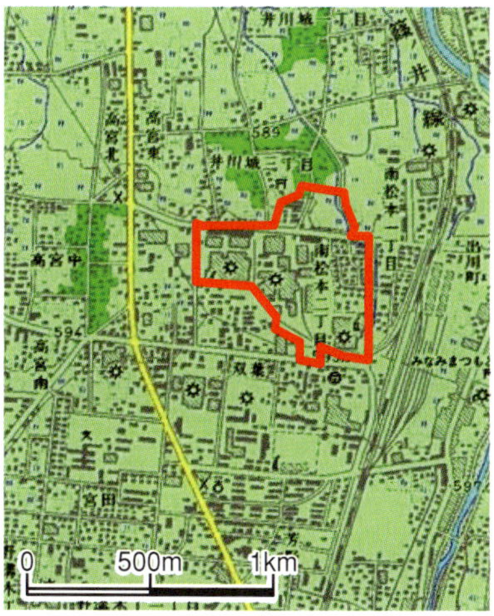

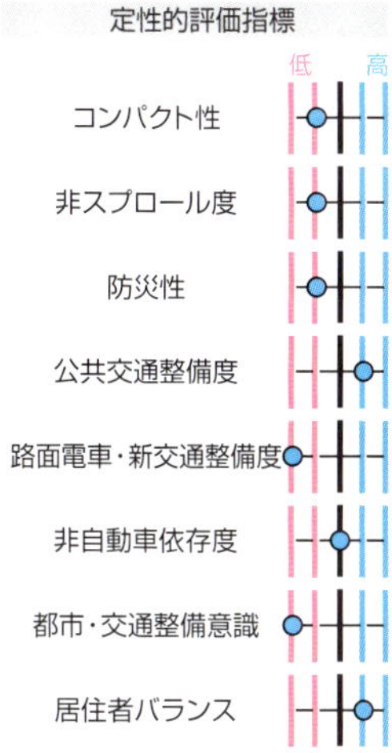

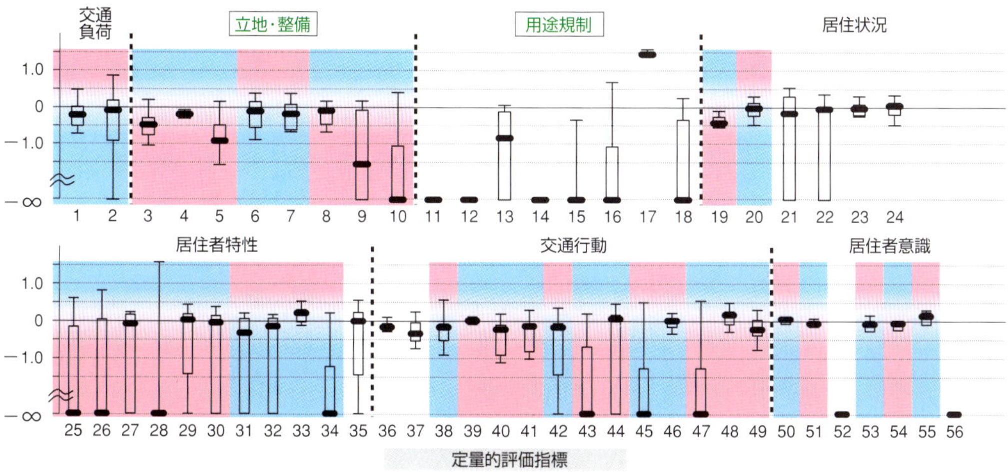

定性的評価指標（低―高）

- コンパクト性
- 非スプロール度
- 防災性
- 公共交通整備度
- 路面電車・新交通整備度
- 非自動車依存度
- 都市・交通整備意識
- 居住者バランス

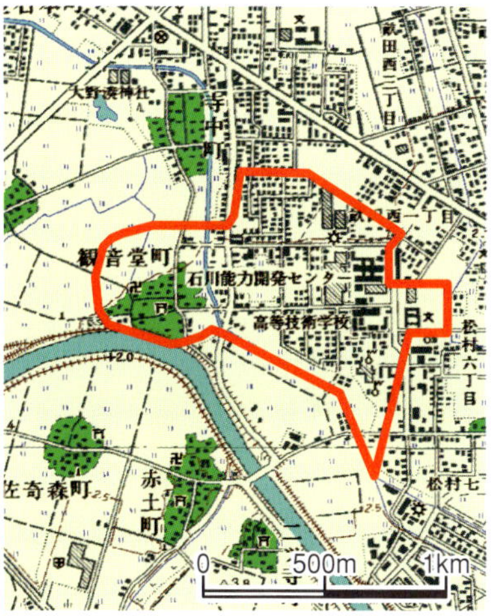

交通負荷　立地・整備　用途規制　居住状況

居住者特性　交通行動　居住者意識

定量的評価指標

CL 33

低密・駅徒歩圏内・調整区域タイプ

・地方中心都市の中で平日１人１日自動車燃料消費量が８番目に少ない
・全住宅地タイプの中で駅からの距離が最小
・地方中心都市の中でタクシー分担率が最小
・山地，農地の占める面積が比較的大きいが，その他の平地には住宅がある程度密集して立地している場合が多い

地方中心都市

（分類条件）

土地利用規制			
市街化調整区域 50～75％			
人口密度	駅から	列車本数	都心から
～50 人/ha	～1㎞	―	―

岡山市大多羅（2005年8月N撮影）

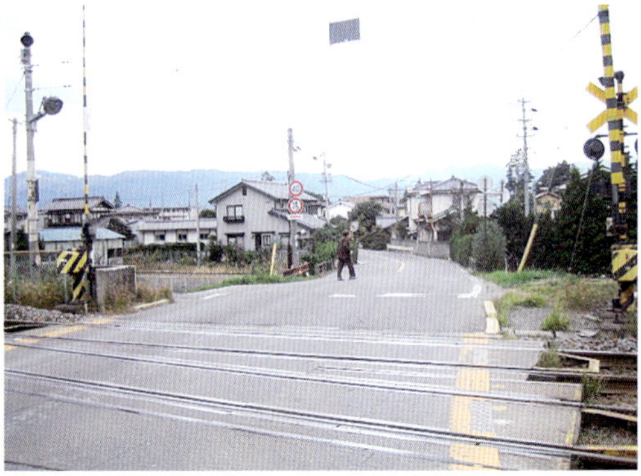

松本市大字芳川小屋（2005年10月N撮影）

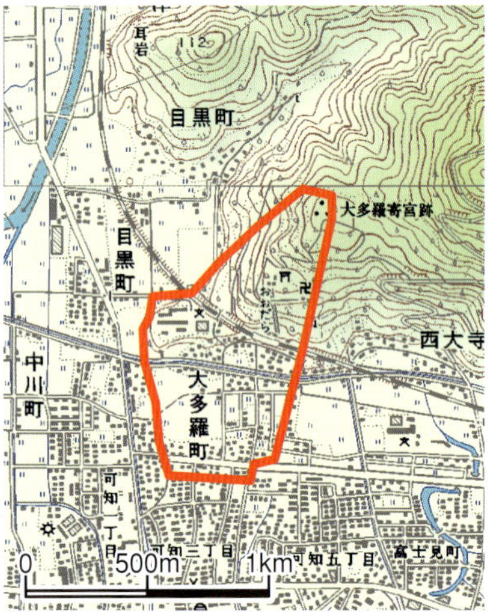

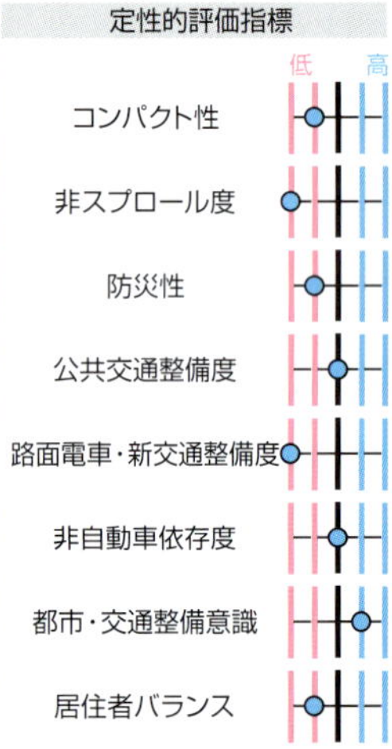

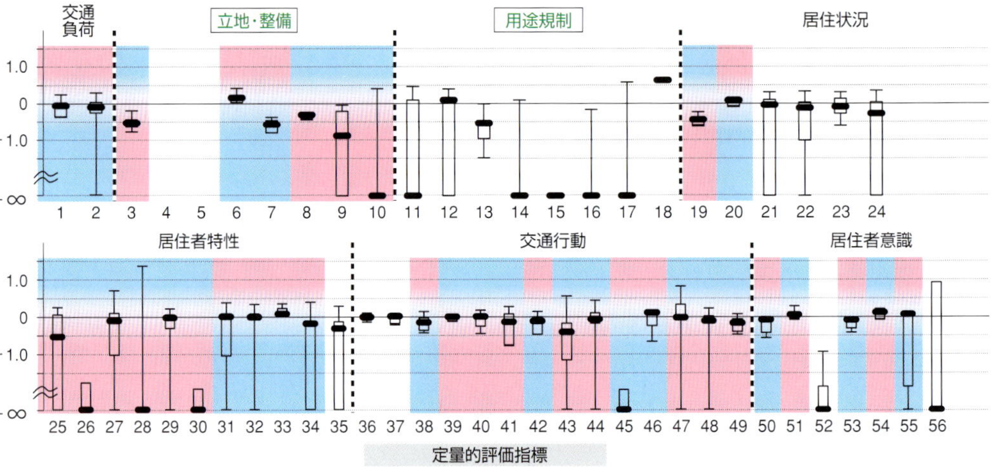

定性的評価指標

低　高

- コンパクト性
- 非スプロール度
- 防災性
- 公共交通整備度
- 路面電車・新交通整備度
- 非自動車依存度
- 都市・交通整備意識
- 居住者バランス

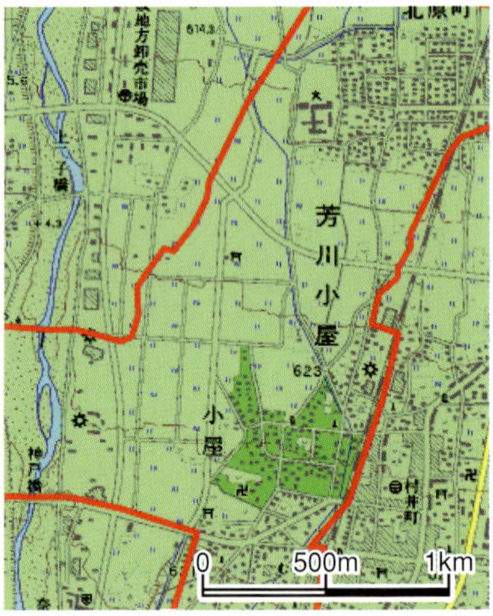

交通負荷　立地・整備　用途規制　居住状況

1.0　0　−1.0　−∞

1 2 3 4 5 6 7 8 9 10 11 12 13 14 15 16 17 18 19 20 21 22 23 24

居住者特性　交通行動　居住者意識

1.0　0　−1.0　−∞

25 26 27 28 29 30 31 32 33 34 35 36 37 38 39 40 41 42 43 44 45 46 47 48 49 50 51 52 53 54 55 56

定量的評価指標

CL 34

低密・駅徒歩圏外・低層住宅タイプ

・地方中心都市の中で平日1人1日自動車燃料消費量が7番目に少ない
・農地，山地が見られるが，その他の平地に密集して戸建て住宅が立地している場合が多い
・基盤整備が行き届いていない場合が多い

地方中心都市

（分類条件）

土地利用規制			
低層住宅専用地域 60～90%			
人口密度	駅から	列車本数	都心から
～50 人/ha	1㎞～	—	—

岡山市古京町（2005年8月N撮影）

大分市下松岡（松岡）（2006年1月NS撮影）

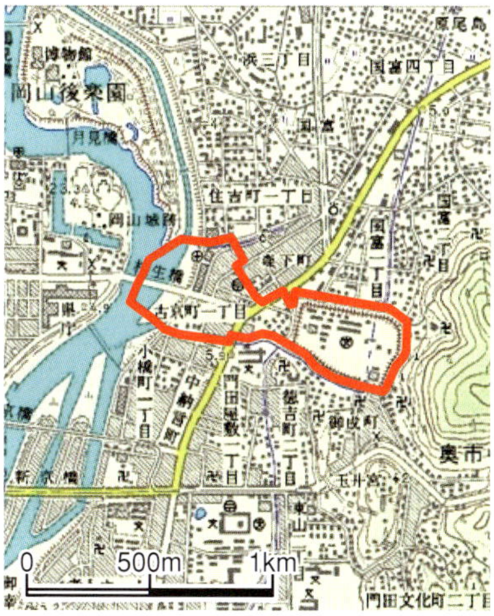

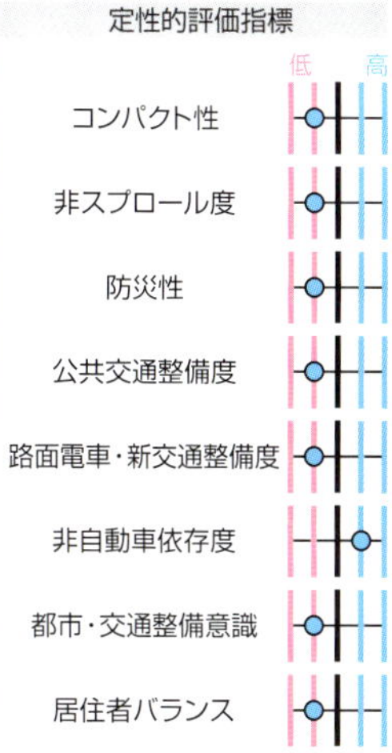

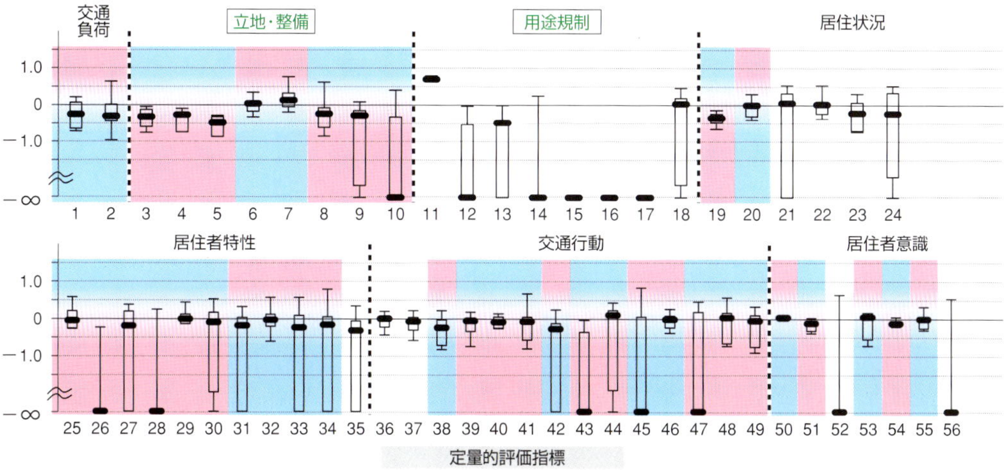

定性的評価指標（低 ― 高）

コンパクト性
非スプロール度
防災性
公共交通整備度
路面電車・新交通整備度
非自動車依存度
都市・交通整備意識
居住者バランス

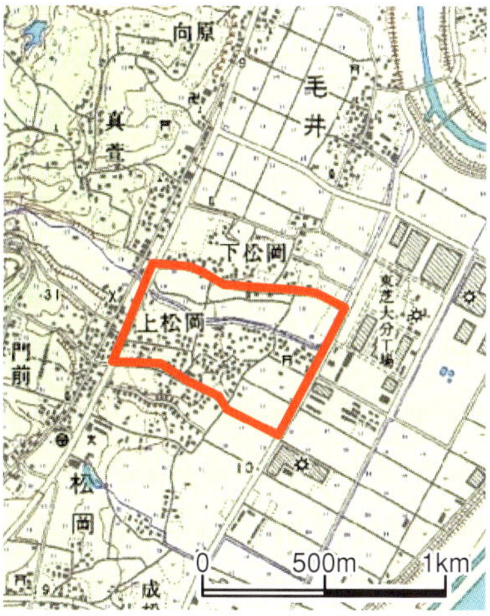

交通負荷　立地・整備　用途規制　居住状況

居住者特性　交通行動　居住者意識

定量的評価指標

CL

CL 35

低密・駅徒歩圏内・低層住宅タイプ

・地方中心都市の中で平日1人1日自動車燃料消費量が6番目に少ない
・地方中心都市の中で休日1人1日自動車燃料消費量が7番目に多い
・全住宅地タイプの中で駅からの距離が最小
・地方中心都市の中で基盤整備率が最小
・地方中心都市の中で1人世帯割合が最大，2人世帯割合が最小
・地方中心都市の中で行動群3（非車依存学生）割合が最大，行動群11（生徒・児童・園児）割合が最小
・地方中心都市の中で自由滞留時間が最大
・全住宅地タイプの中で自都市内自由滞留時間が最大
・地方中心都市の中で二輪車分担率が最大
・農地，山地などが見られるが，その他の平地に密集して戸建て住宅が立地している場合が多い

地方中心都市

（分類条件）

土地利用規制			
低層住宅専用地域 60～90%			
人口密度	駅から	列車本数	都心から
～50 人/ha	～1㎞	—	—

大分市政所（2006年12月N撮影）

大分市王子山の手町（2006年12月N撮影）

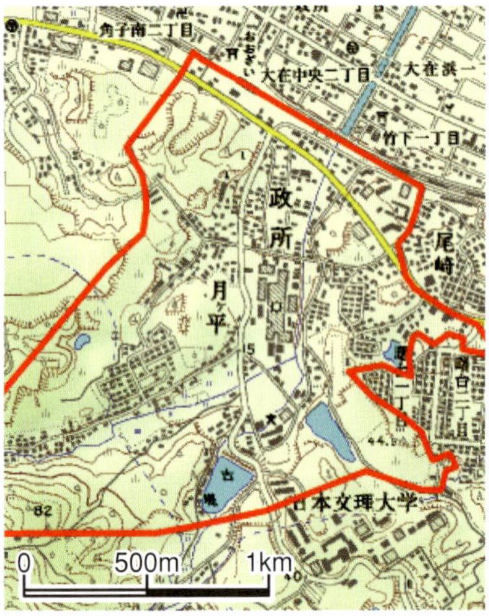

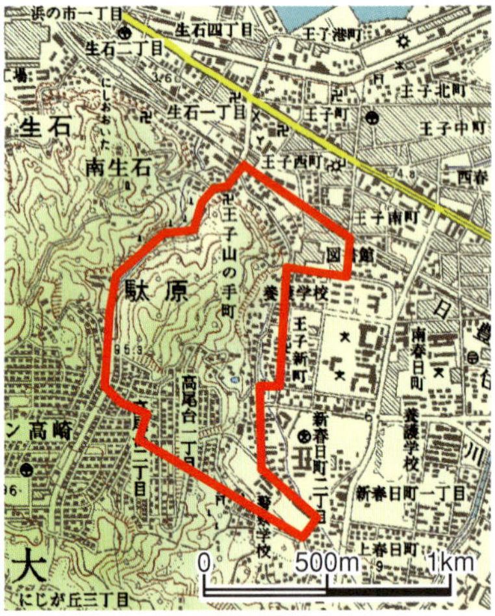

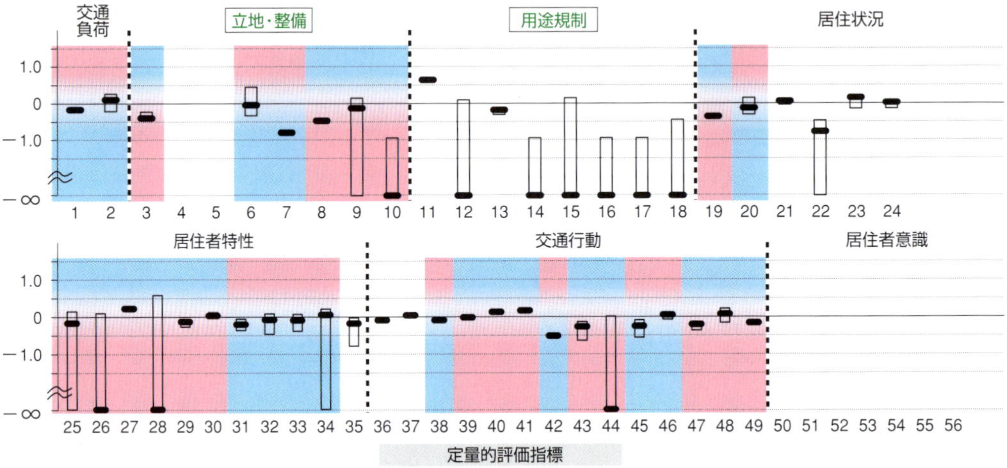

CL 36

高密・中高層住宅タイプ

- 地方中心都市の中で平日１人１日自動車燃料消費量が５番目に少ない
- 地方中心都市の中で休日１人１日自動車燃料消費量が４番目に少ない
- 地方中心都市の中で人口密度が最大
- 地方中心都市の中で２人世帯割合が最大
- 地方中心都市の中で二輪車分担率が最大
- 大規模なマンションなどが多く立地している

地方中心都市

（分類条件）

土地利用規制			
中高層住宅専用地域 60～90%			
人口密度	駅から	列車本数	都心から
100 人/ha～	―	―	―

大分市田室町（2005年8月NS撮影）

長崎市西北町（2006年12月N撮影）

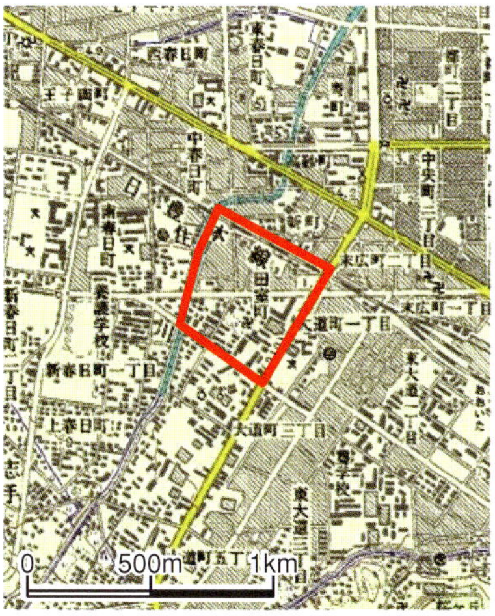

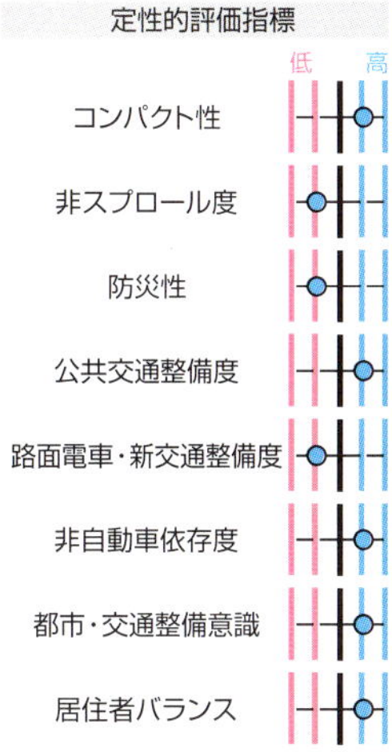

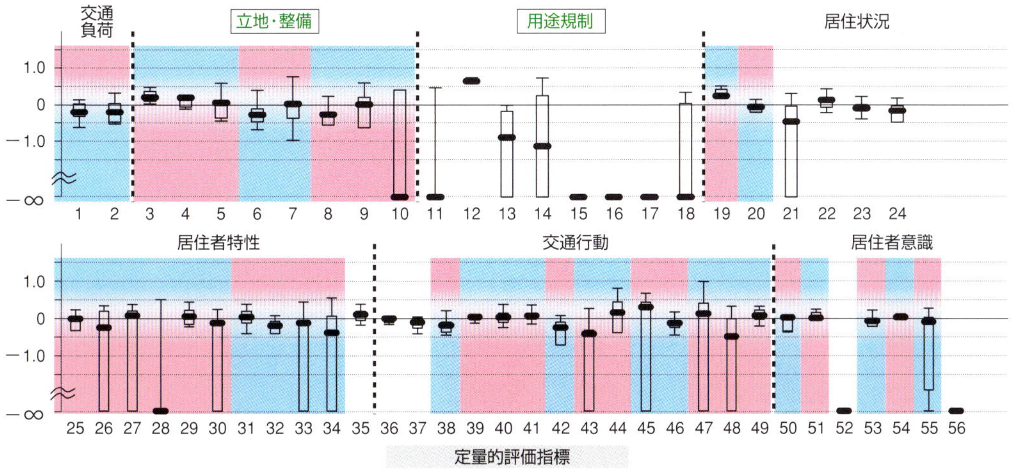

定性的評価指標（低・高）

- コンパクト性
- 非スプロール度
- 防災性
- 公共交通整備度
- 路面電車・新交通整備度
- 非自動車依存度
- 都市・交通整備意識
- 居住者バランス

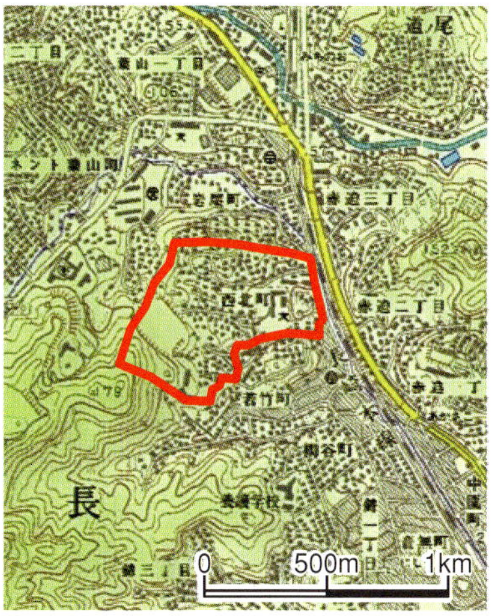

交通負荷　立地・整備　用途規制　居住状況

居住者特性　交通行動　居住者意識

定量的評価指標

CL 37

中密・駅徒歩圏内・商業地域タイプ

- 地方中心都市の中で平日１人１日自動車燃料消費量が４番目に少ない
- 地方中心都市の中で休日１人１日自動車燃料消費量が最小
- 地方中心都市の中で都心からの距離が最小
- 全住宅地タイプの中で駅からの距離が最小
- 地方中心都市の中で高齢化率が最大
- 地方中心都市の中で総滞留時間が最小
- 地方中心都市の中で自動車分担率が最小
- 地方中心都市の中で意識（環境問題）に「公共交通を利用する」と答えた人の割合が最小

地方中心都市

（分類条件）

土地利用規制			
商業地域 60%～			
人口密度	駅から	列車本数	都心から
50～ 100人/ha	～1㎞	—	—

宇都宮市大通り（2005年10月N撮影）

甲府市丸の内（2005年10月N撮影）

定性的評価指標

低　高

コンパクト性

非スプロール度

防災性

公共交通整備度

路面電車・新交通整備度

非自動車依存度

都市・交通整備意識

居住者バランス

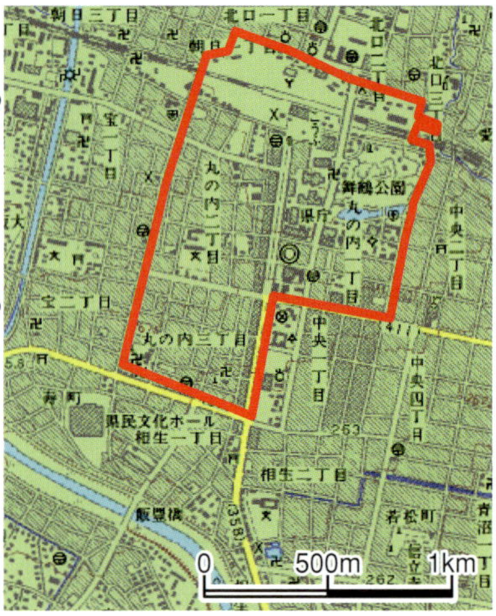

交通負荷　立地・整備　用途規制　居住状況

居住者特性　交通行動　居住者意識

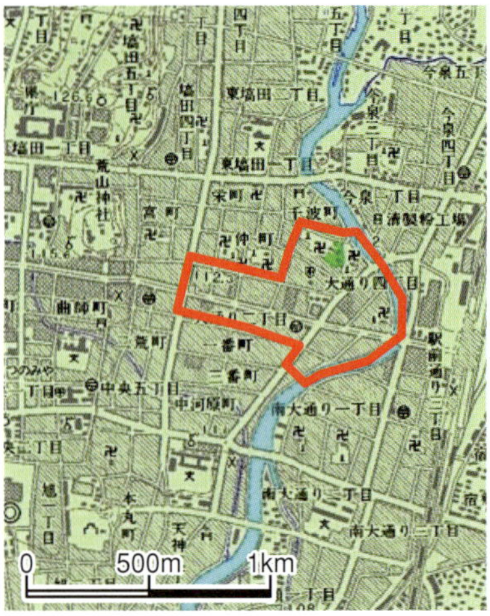

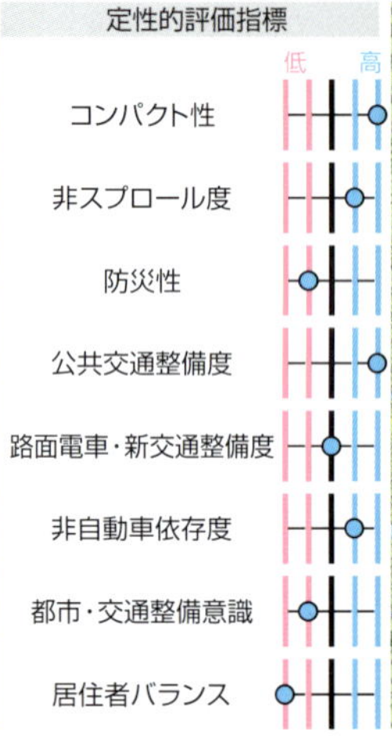

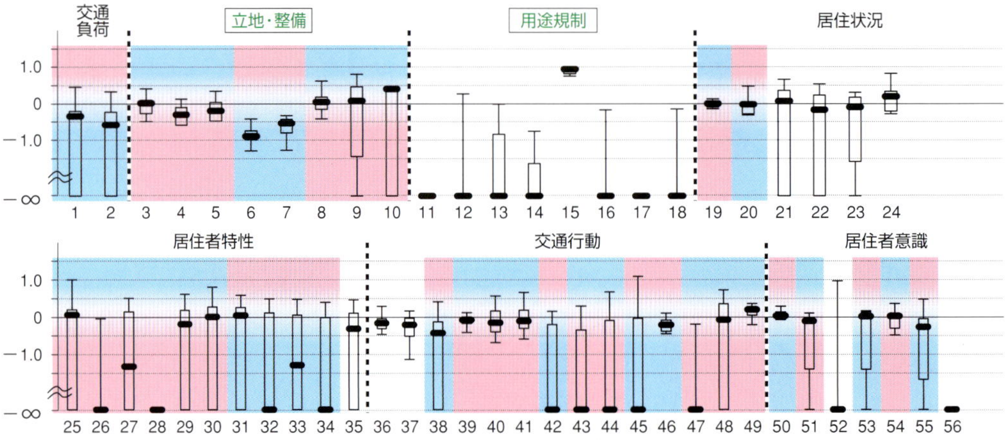

定量的評価指標

CL 38

高密・都心・住居地域タイプ

・地方中心都市の中で平日１人１日自動車燃料消費量が３番目に少ない
・地方中心都市の中で休日１人１日自動車燃料消費量が５番目に少ない
・全住宅地タイプの中で市外へ行く人の割合が最小
・地方中心都市の中で鉄道分担率，タクシー分担率が最大
・全住宅地タイプの中で意識（まちづくり）に「徒歩・公共交通中心の中心市街地を整備して欲しい」と答えた人の割合が最大
・戸建て住宅，マンションなどの住宅とともに店舗も混合しており，密集して立地している

地方中心都市

（分類条件）

土地利用規制			
住居地域 60%～			
人口密度	駅から	列車本数	都心から
100人/ha～	―	―	～1.6km

徳島市北前川町（2005年12月N撮影）

大分市金池南町（2006年１月NS撮影）

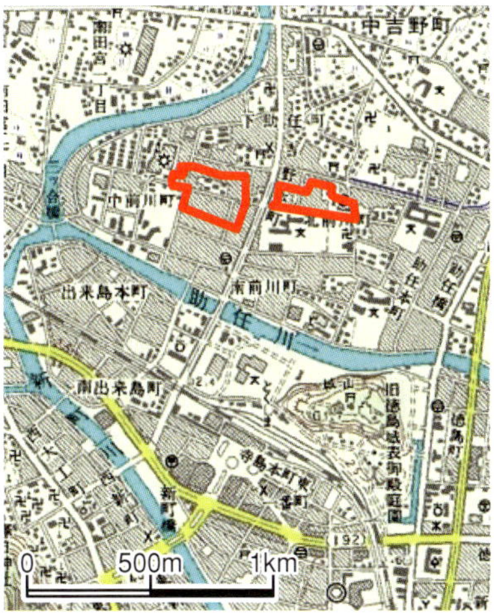

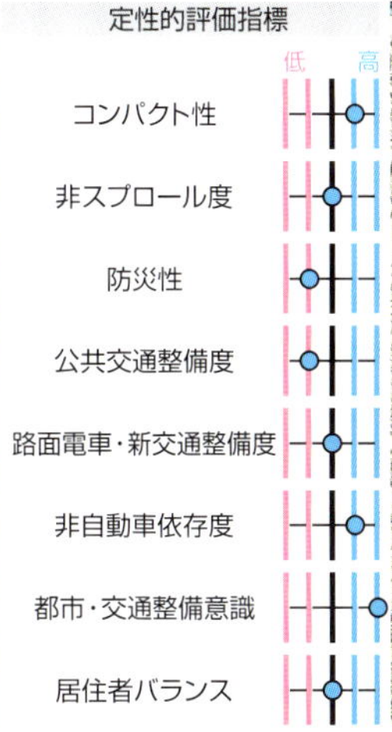

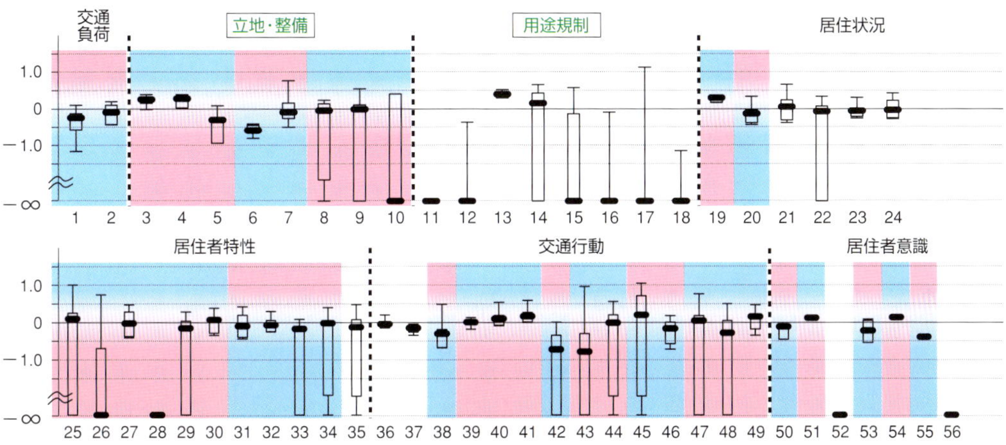

定性的評価指標（低―高）

- コンパクト性
- 非スプロール度
- 防災性
- 公共交通整備度
- 路面電車・新交通整備度
- 非自動車依存度
- 都市・交通整備意識
- 居住者バランス

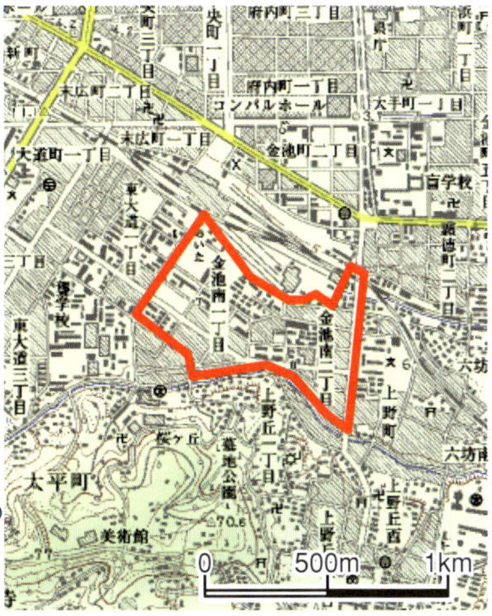

交通負荷｜立地・整備｜用途規制｜居住状況

1.0 / 0 / −1.0 / −∞

1 2 3 4 5 6 7 8 9 10 11 12 13 14 15 16 17 18 19 20 21 22 23 24

居住者特性｜交通行動｜居住者意識

1.0 / 0 / −1.0 / −∞

25 26 27 28 29 30 31 32 33 34 35 36 37 38 39 40 41 42 43 44 45 46 47 48 49 50 51 52 53 54 55 56

定量的評価指標

CL 39

高密・商業地域タイプ

・地方中心都市の中で平日1人1日自動車燃料消費量が2番目に少ない
・地方中心都市の中で休日1人1日自動車燃料消費量が2番目に少ない
・地方中心都市の中で住宅密度，集合住宅密度が最大
・全住宅地タイプの中で戸建て住宅密度が最大
・地方中心都市の中で列車本数，バス停密度が最大
・地方中心都市の中で基盤整備率が最大
・地方中心都市の中で行動群1（非車依存ホワイトカラー）割合が最大
・地方中心都市の中で車走行距離が最小
・地方中心都市の中で鉄道分担率が最小
・全住宅地タイプの中で徒歩分担率が最大
・地方中心都市の中で意識（まちづくり）に「郊外を開発して欲しい」と答えた人の割合が最小
・店舗とともに大規模なマンションが立地している場合が多い

地方中心都市

（分類条件）

土地利用規制			
商業地域 60%～			
人口密度	駅から	列車本数	都心から
100人/ha～	—	—	—

徳島市二軒屋町（2005年12月YY撮影）

大分市中島西（2006年1月NS撮影）

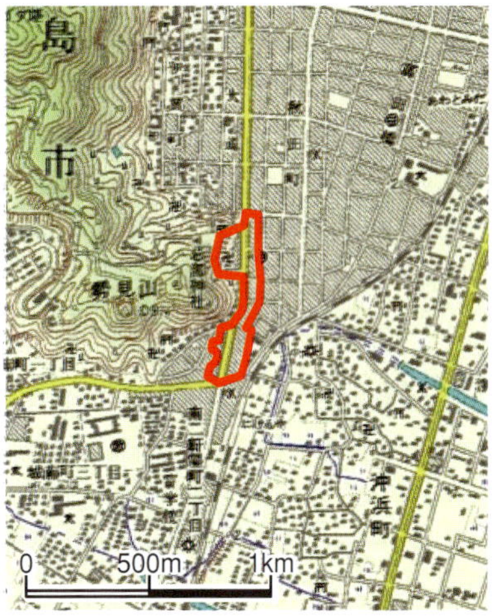

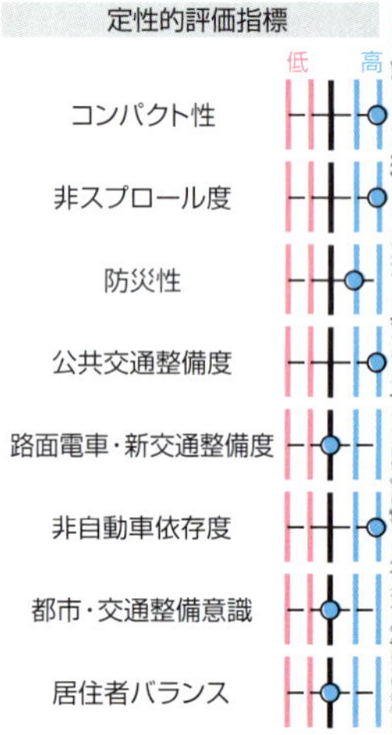

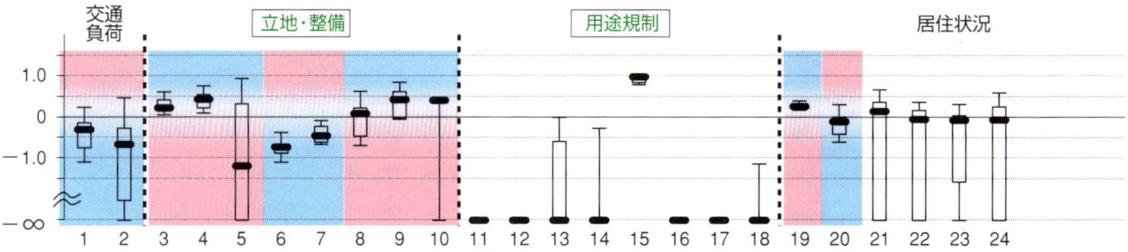

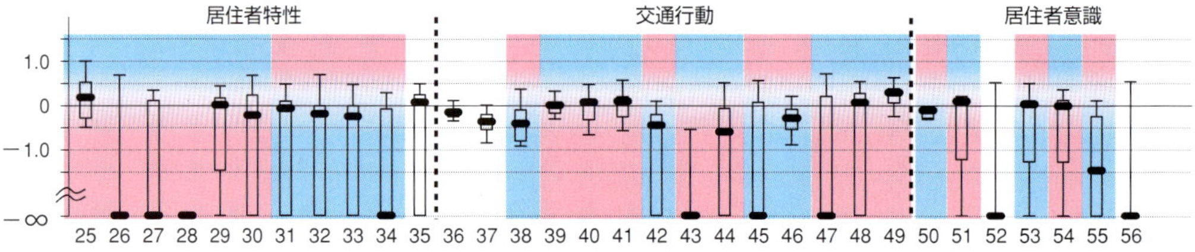

定性的評価指標（低 — 高）
コンパクト性
非スプロール度
防災性
公共交通整備度
路面電車・新交通整備度
非自動車依存度
都市・交通整備意識
居住者バランス

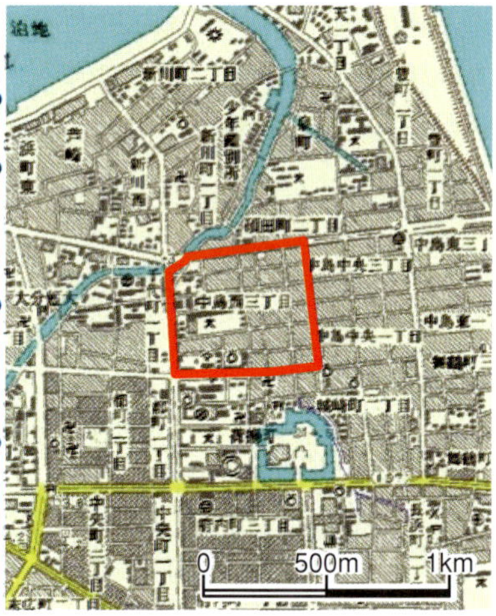

交通負荷 / 立地・整備 / 用途規制 / 居住状況
居住者特性 / 交通行動 / 居住者意識

定量的評価指標

CL 40

中密・駅徒歩圏外・商業地域タイプ

・地方中心都市の中で平日1人1日自動車燃料消費量が最小
・全住宅地タイプの中で行動群2（非車依存ブルーカラー）割合が最小

地方中心都市

（分類条件）

土地利用規制			
商業地域 60%～			
人口密度	駅から	列車本数	都心から
50～100人/ha	1km～	—	—

甲府市相生（2005年10月N撮影）

下関市田中町（2006年1月NS撮影）

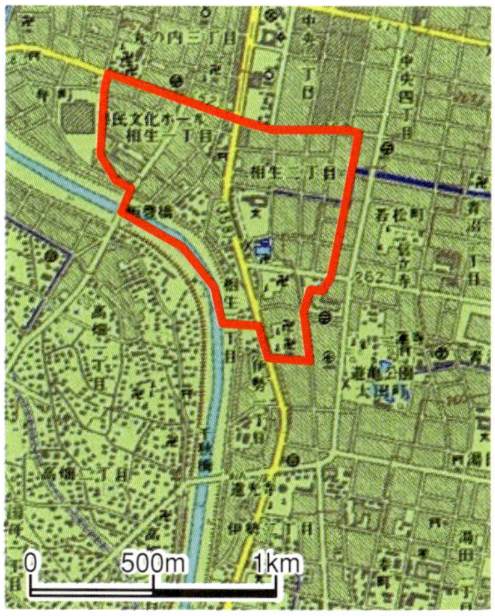

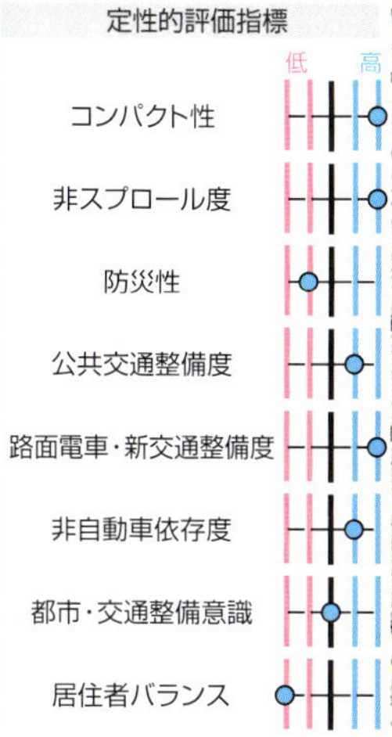

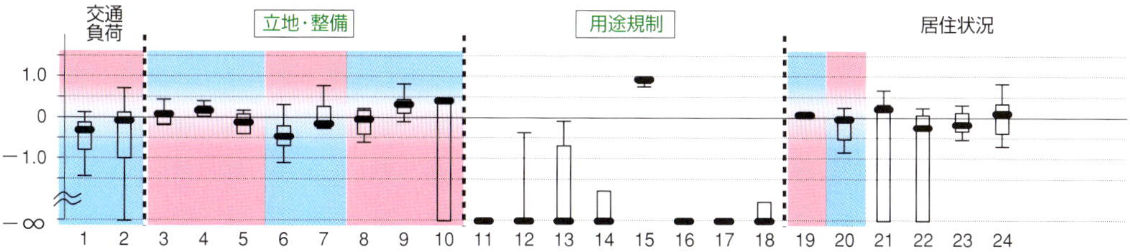

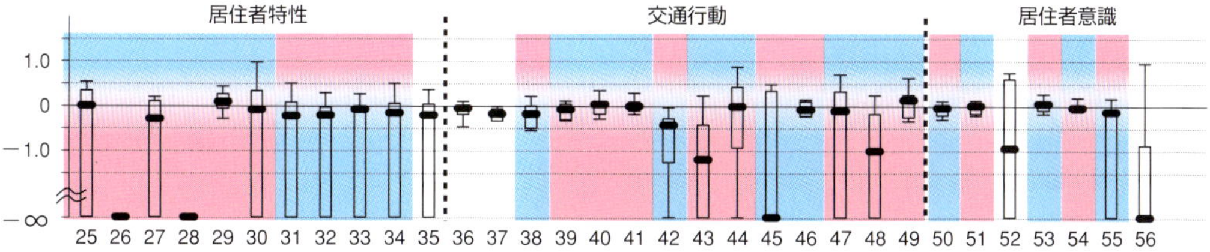

定性的評価指標（低／高）

- コンパクト性
- 非スプロール度
- 防災性
- 公共交通整備度
- 路面電車・新交通整備度
- 非自動車依存度
- 都市・交通整備意識
- 居住者バランス

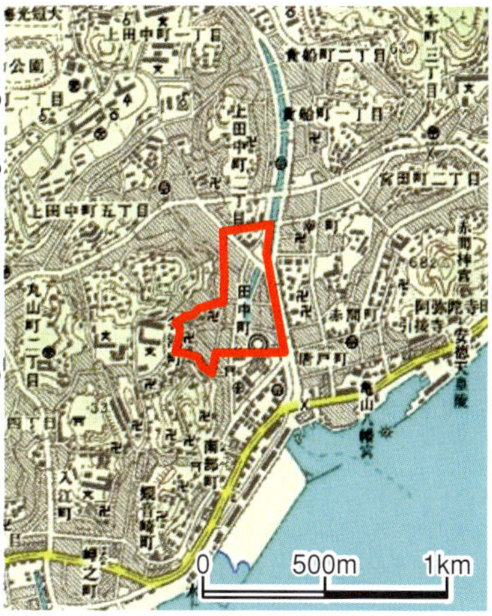

交通負荷 ／ 立地・整備 ／ 用途規制 ／ 居住状況（指標 1～24）

居住者特性 ／ 交通行動 ／ 居住者意識（指標 25～56）

定量的評価指標

CL

4 地方都市(LL)
Local City in Local Area

住宅地タイプ分類表(地方都市)

住宅地タイプ※	分類条件				
	土地利用規制	人口密度	駅から	列車本数※※	都心から
LL1	市街化調整区域75%〜	—	1km〜	〜114本	5km〜
LL2	市街化調整区域75%〜	—	〜1km	—	—
LL3	低層住宅専用地域90%〜	—	—	—	—
LL4	市街化調整区域25〜50%	〜50人/ha	〜1km	—	—
LL5	市街化調整区域75%〜	—	1km〜	114本〜	—
LL6	低層住宅専用地域60〜90%	〜50人/ha	—	—	—
LL7	市街化調整区域50〜75%	—	1km〜	—	1.6km〜
LL8	市街化調整区域25〜50%	50人/ha〜	—	—	—
LL9	住居地域60%〜	〜50人/ha	〜1km	—	1.6km〜
LL10	市街化調整区域50〜75%	—	〜1km	—	—
LL11	中高層住宅専用地域60〜90%	〜50人/ha	—	—	—
LL12	低層住宅専用地域60〜90%	50人/ha〜	—	—	—
LL13	市街化調整区域25〜50%	〜50人/ha	1km〜	—	〜5km
LL14	市街化調整区域75%〜	—	1km〜	〜114本	〜5km
LL15	住宅系混在	〜50人/ha	1km〜	—	—
LL16	住居地域60%〜	〜50人/ha	1km〜	—	1.6km〜
LL17	準工業地域60%〜	—	—	—	—
LL18	中高層住宅専用地域60〜90%	50人/ha〜	1km〜	〜114本	—
LL19	工業系混在	—	—	—	—
LL20	住居地域60%〜	50〜100人/ha	〜1km	—	—
LL21	住居地域60%〜	50〜100人/ha	1km〜	—	—
LL22	市街化調整区域25〜50%	〜50人/ha	1km〜	—	5km〜
LL23	中高層住宅専用地域90%〜	—	—	—	—
LL24	住宅系混在	50人/ha〜	—	—	—
LL25	市街化調整区域50〜75%	—	1km〜	—	〜1.6km
LL26	住居地域60%〜	〜50人/ha	〜1km	—	〜1.6km
LL27	住居地域60%〜	〜50人/ha	1km〜	—	〜1.6km
LL28	住宅系及び商業系混合	—	—	—	—
LL29	商業系混在	—	—	—	—
LL30	中高層住宅専用地域60〜90%	50人/ha〜	1km〜	114本〜	—
LL31	住居地域60%〜	100人/ha〜	—	—	—
LL32	住宅系混在	〜50人/ha	〜1km	—	—
LL33	工業・工業専用地域60%〜	—	—	—	—
LL34	近隣商業地域60%〜	—	—	—	—
LL35	中高層住宅専用地域60〜90%	50人/ha〜	〜1km	—	—
LL36	商業地域60%〜	〜50人/ha	—	—	—
LL37	商業地域60%〜	50人/ha〜	—	—	—

※上から平日1人1日自動車燃料消費量の多い順
※※列車本数とは，最寄り鉄道駅に発着する全路線の列車の上下合わせた1日の運行本数を示す

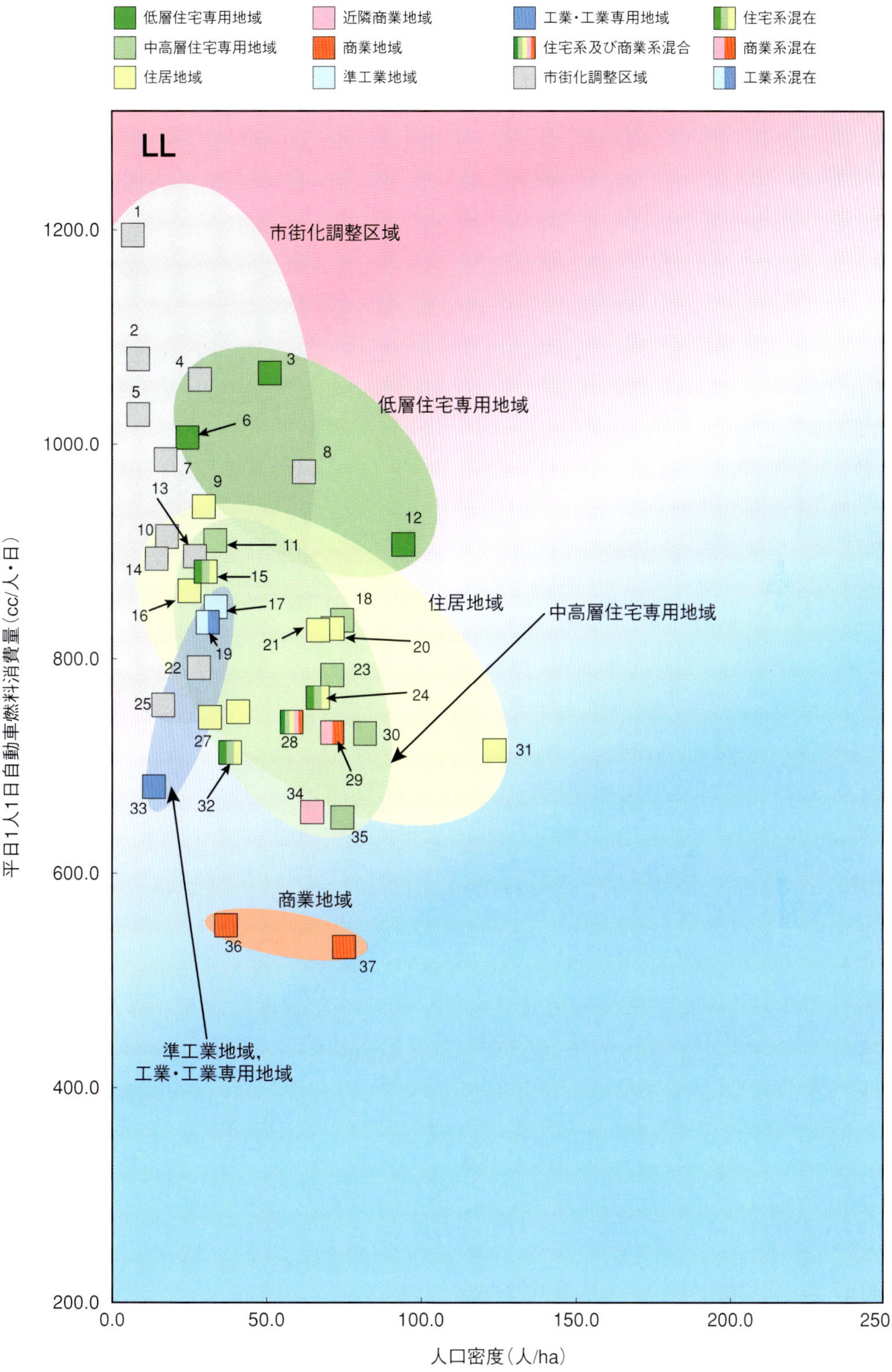

低層住宅専用地域　近隣商業地域　工業・工業専用地域　住宅系混在
中高層住宅専用地域　商業地域　住宅系及び商業系混合　商業系混在
住居地域　準工業地域　市街化調整区域　工業系混在

LL

市街化調整区域
低層住宅専用地域
住居地域
中高層住宅専用地域
商業地域
準工業地域,
工業・工業専用地域

平日1人1日自動車燃料消費量(cc/人・日)
1200.0
1000.0
800.0
600.0
400.0
200.0

0.0　50.0　100.0　150.0　200.0　250.0
人口密度(人/ha)

1 2 3 4 5 6 7 8 9 10 11 12 13 14 15 16 17 18 19 20 21 22 23 24 25 27 28 29 30 31 32 33 34 35 36 37

住宅地タイプ別の人口密度と平日1人1日自動車燃料消費量の関係(地方都市LL)

※図中では大都市圏中心都市に属する住宅地タイプであることを表す「LL」を省略し，番号のみを記載しています。

LL 1

郊外(外部)・駅徒歩圏外・列車少・調整区域(強)タイプ

- 地方都市の中で平日1人1日自動車燃料消費量が最大
- 全住宅地タイプの中で世帯密度が最小
- 地方都市の中で都心からの距離が最大
- 全住宅地タイプの中で駅からの距離が最大
- 全住宅地タイプの中で列車本数が最小
- 地方都市の中でバス停密度が最小
- 全住宅地タイプの中で人口密度が最小
- 地方都市の中で世帯あたり自動車保有台数が最大
- 全住宅地タイプの中で3人以上世帯割合が最大
- 全住宅地タイプの中で行動群1(非車依存ホワイトカラー)割合が最小
- 山地，農地の占める面積が大きい
- 移動には自動車がなければ困難な状況である場合が多い

地方都市

(分類条件)

土地利用規制			
市街化調整区域 75%～			
人口密度	駅から	列車本数	都心から
―	1km～	～114本	5km～

桐生市川内町(2005年10月N撮影)

今治市長沢(2006年1月N撮影)

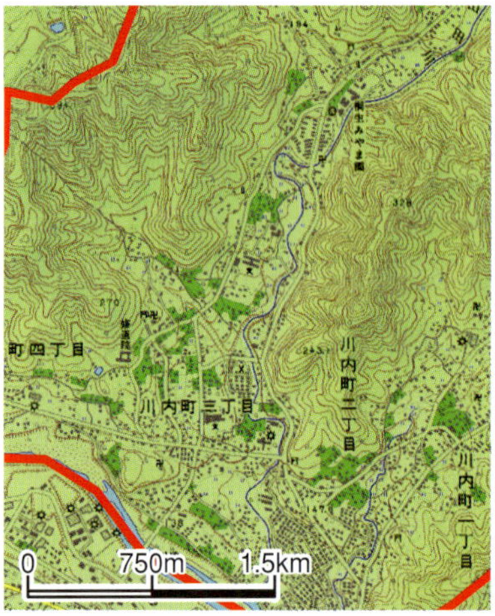

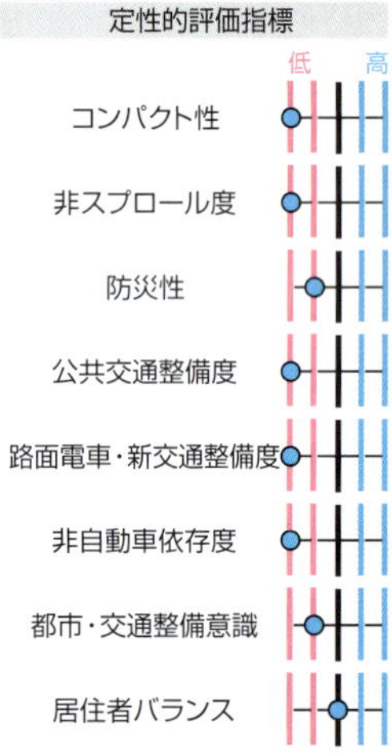

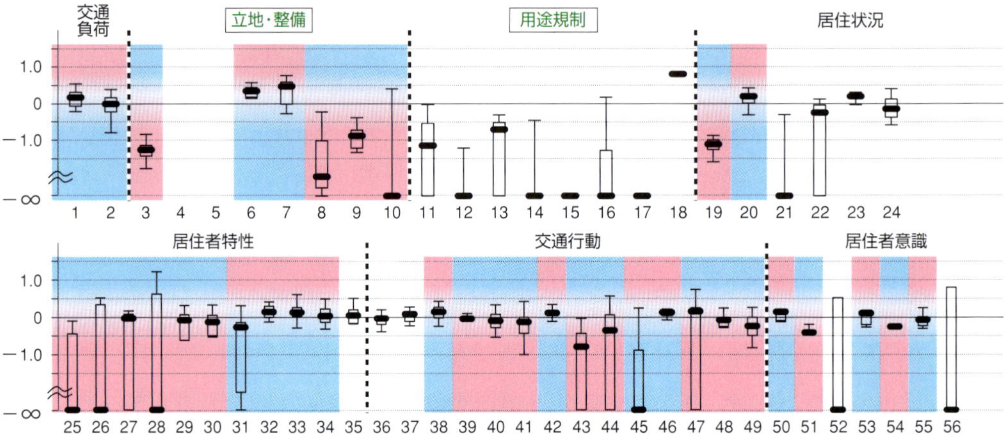

定性的評価指標

コンパクト性
非スプロール度
防災性
公共交通整備度
路面電車・新交通整備度
非自動車依存度
都市・交通整備意識
居住者バランス

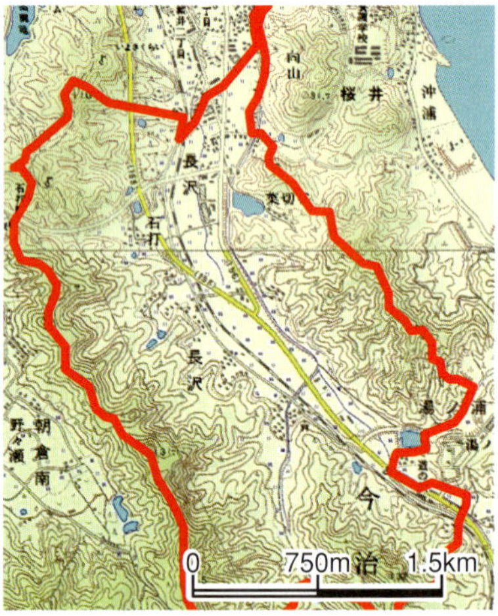

低　高

交通負荷　立地・整備　用途規制　居住状況

居住者特性　交通行動　居住者意識

定量的評価指標

LL

LL 2

駅徒歩圏内・調整区域(強)タイプ

・地方都市の中で平日1人1日自動車燃料消費量が2番目に多い
・全住宅地タイプの中で基盤整備率が最小
・全住宅地タイプの中で行動群3(非車依存学生)割合が最小，行動群11(生徒・児童・園児)割合が最大
・地方都市の中で総移動時間，総移動距離が最大
・地方都市の中でバス分担率，自転車分担率が最小
・山地，農地の占める面積が非常に大きい

地方都市

(分類条件)

土地利用規制			
市街化調整区域 75%～			
人口密度	駅から	列車本数	都心から
—	～1km	—	—

伊万里市白野(2006年12月N撮影)

玉野市東高崎(2006年12月N撮影)

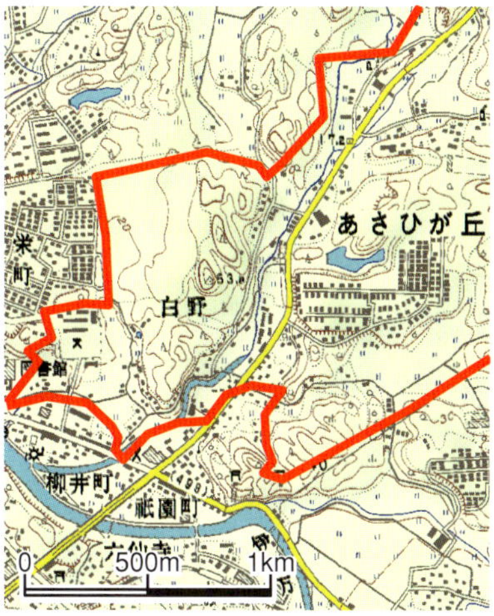

あさひが丘
白野
柳井町
祇園町
0　500m　1km

定性的評価指標

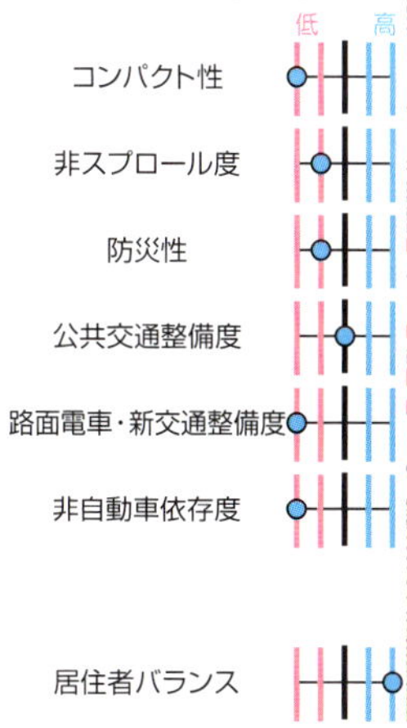

低　高

コンパクト性
非スプロール度
防災性
公共交通整備度
路面電車・新交通整備度
非自動車依存度
居住者バランス

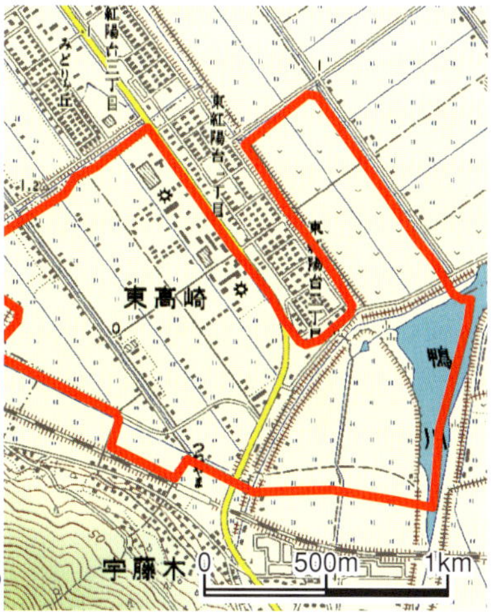

東紅陽台
東高崎
宇藤木
0　500m　1km

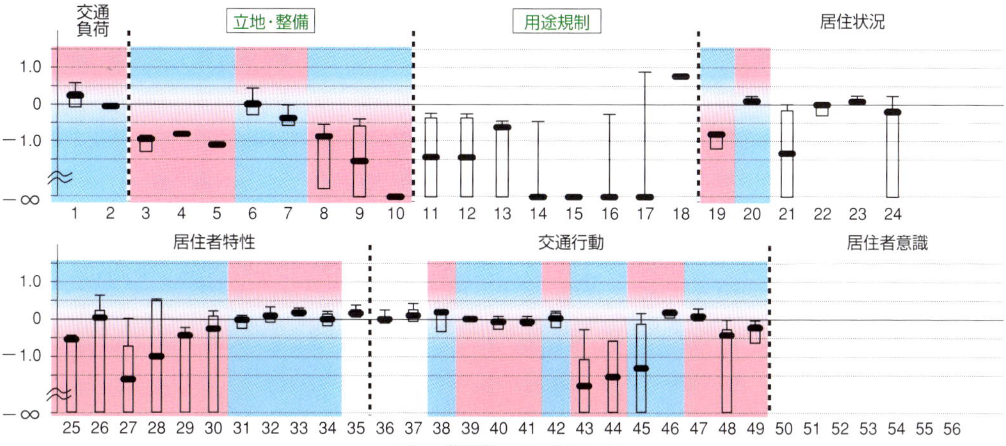

交通負荷　立地・整備　用途規制　居住状況

1.0
0
−1.0
−∞

1 2 3 4 5 6 7 8 9 10 11 12 13 14 15 16 17 18 19 20 21 22 23 24

居住者特性　交通行動　居住者意識

1.0
0
−1.0
−∞

25 26 27 28 29 30 31 32 33 34 35 36 37 38 39 40 41 42 43 44 45 46 47 48 49 50 51 52 53 54 55 56

定量的評価指標

LL 3

低層住宅専用タイプ

・地方都市の中で平日１人１日自動車燃料消費量が３番目に多い
・地方都市の中で休日１人１日自動車燃料消費量が３番目に多い
・全住宅地タイプの中で低層住宅専用地域割合が最大
・全住宅地タイプの中で行動群８(車完全依存就業者)割合が最大
・全住宅地タイプの中で自由滞留時間が最小
・戸建て住宅が立地しているが，建物間の距離が大きく，密集していない場合が多い
・農地，山地などが見られる場合が多い
・基盤整備が行き届いていない場合が多い

地方都市

（分類条件）

土地利用規制			
低層住宅専用地域 90%〜			
人口密度	駅から	列車本数	都心から
—	—	—	—

新居浜市吉岡町(2006年１月N撮影)

大村市須田ノ木町(2002年12月Y撮影)

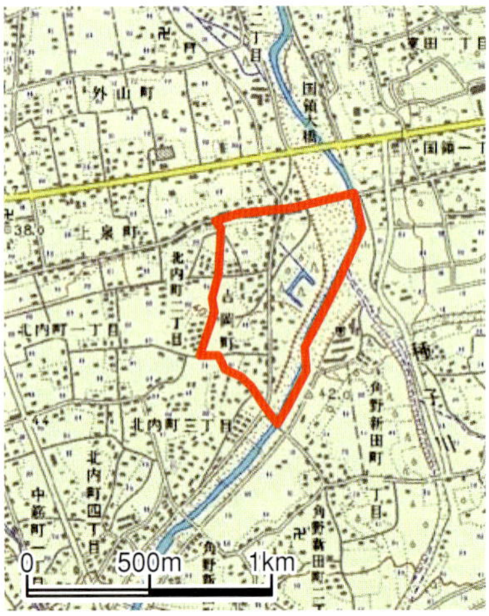

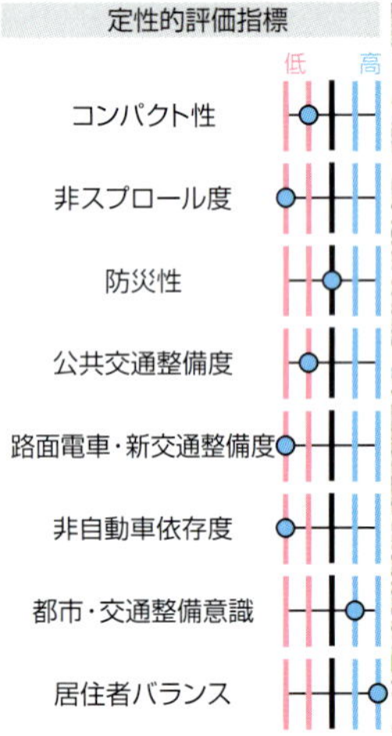

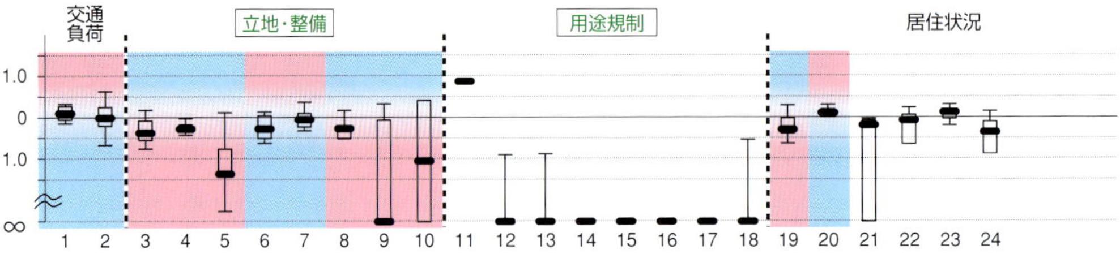

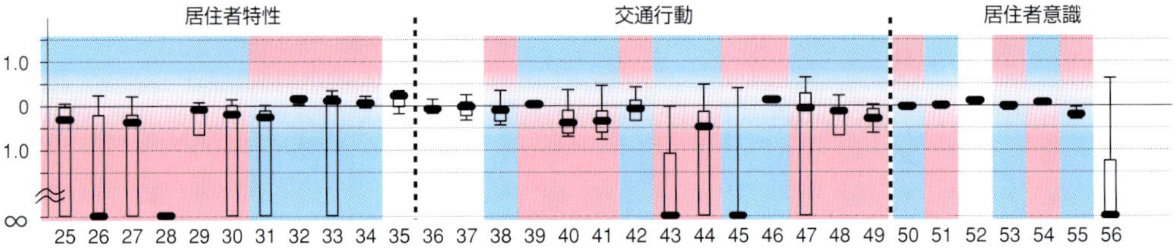

定性的評価指標

低　高

コンパクト性
非スプロール度
防災性
公共交通整備度
路面電車・新交通整備度
非自動車依存度
都市・交通整備意識
居住者バランス

交通負荷　立地・整備　用途規制　居住状況

居住者特性　交通行動　居住者意識

定量的評価指標

LL

LL 4

低密・駅徒歩圏内・線引き境界タイプ

- 地方都市の中で平日１人１日自動車燃料消費量が４番目に多い
- 地方都市の中で休日１人１日自動車燃料消費量が２番目に多い
- 地方都市の中で駅からの距離が最小
- 地方都市の中で１人世帯の割合が最大
- 地方都市の中で行動群３(非車依存在学生)割合が最大，行動群１１(生徒・児童・園児)割合が最小
- 地方都市の中でバス分担率が最小
- 全住宅地タイプの中で意識(環境問題)に「低環境負荷の自動車を利用する」と答えた人の割合が最大，「公共交通を利用する」と答えた人の割合が最小
- 全住宅地タイプの中で意識(まちづくり)に「郊外を開発して欲しい」と答えた人の割合が最大
- 住区の一部に山地，農地を含む

地方都市

(分類条件)

土地利用規制			
市街化調整区域 25～50%			
人口密度	駅から	列車本数	都心から
～50人/ha	～1km	—	—

山梨市小原東(2005年11月N撮影)

伊万里市川東(2006年12月N撮影)

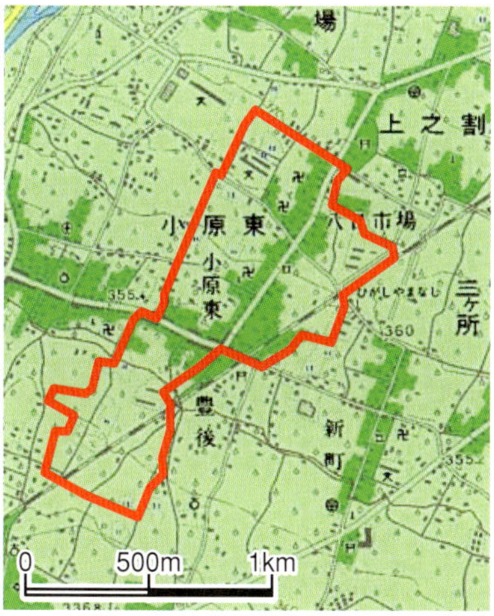

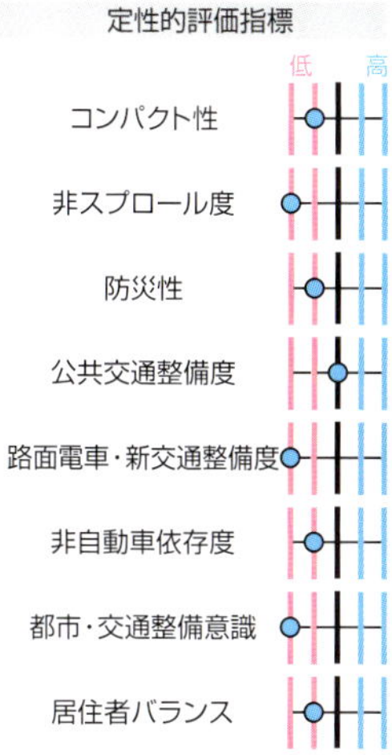

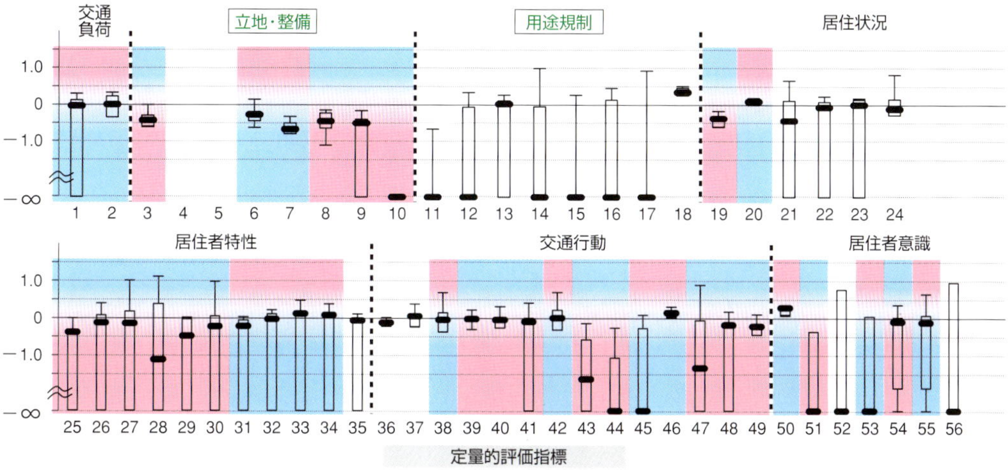

定性的評価指標（低 ― 高）

- コンパクト性
- 非スプロール度
- 防災性
- 公共交通整備度
- 路面電車・新交通整備度
- 非自動車依存度
- 都市・交通整備意識
- 居住者バランス

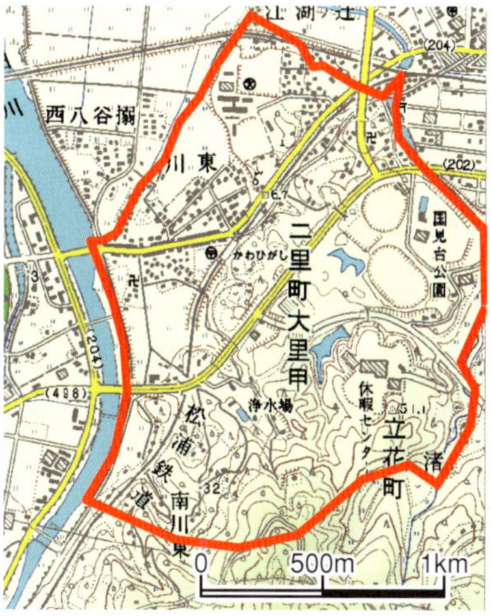

定量的評価指標

LL 5 駅徒歩圏外・列車多・調整区域（強）タイプ

・地方都市の中で平日１人１日自動車燃料消費量が５番目に多い
・地方都市の中で休日１人１日自動車燃料消費量が５番目に少ない
・地方都市の中で集合住宅密度が最小
・全住宅地タイプの中で基盤整備率が最小
・全住宅地タイプの中で市街化調整区域割合が最大
・全住宅地タイプの中で１人世帯割合が最小
・地方都市の中で行動群７（車依存就業者公共交通併用）割合が最小，行動群９（車依存女性就業者）割合が最大
・地方都市の中で市外へ行く人の割合が最大
・地方都市の中で自都市内自由滞留時間が最小
・山地，農地の占める面積が非常に大きい
・移動には自動車がなければ困難な状況である場合が多い

地方都市

（分類条件）

土地利用規制			
市街化調整区域 75%～			
人口密度	駅から	列車本数	都心から
―	1km～	114本～	―

山梨市大野（2005年10月N撮影）　山梨市万力（2005年10月N撮影）

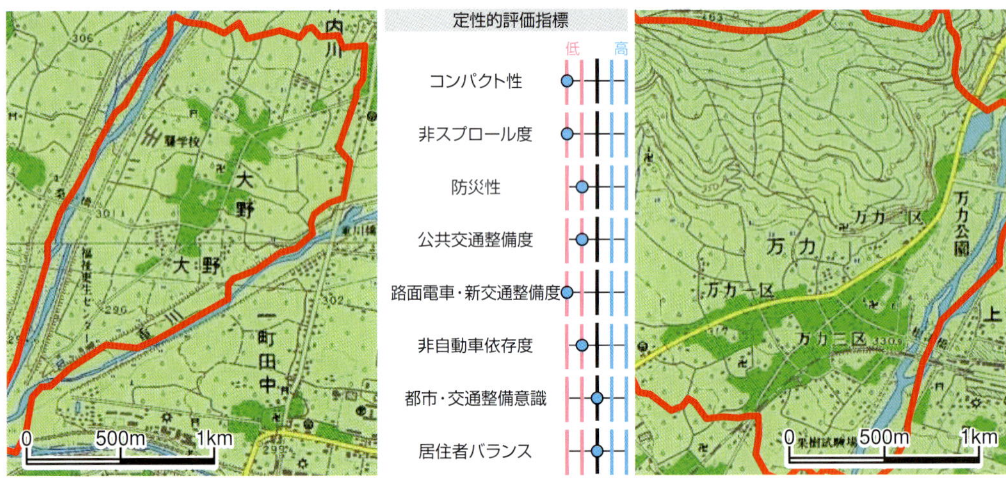

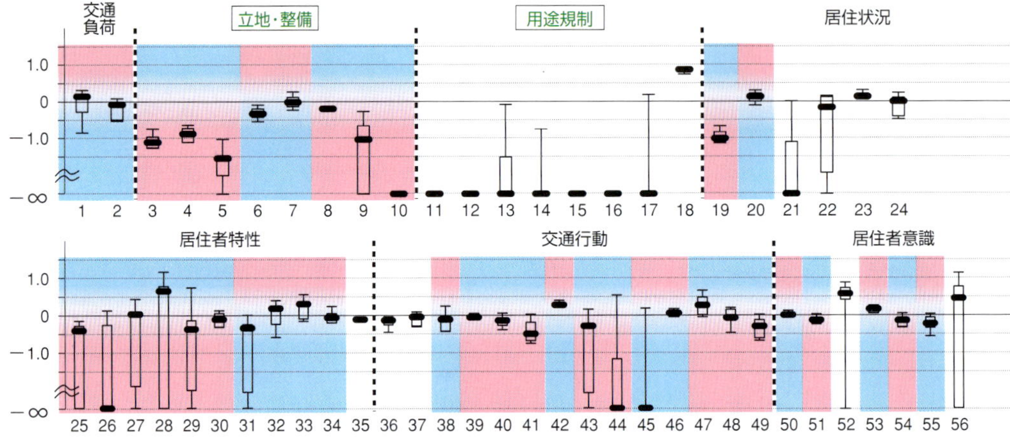

LL

LL 6

低密・低層住宅タイプ

・地方都市の中で平日１人１日自動車燃料消費量が６番目に多い
・地方都市の中で休日１人１日自動車燃料消費量が４番目に少ない
・地方都市の中で自都市内自由滞留時間が最大
・戸建て住宅が立地しているが，建物間の距離が大きく密集していない
・山地，農地などが見られる場合が多い

地方都市

（分類条件）

土地利用規制			
低層住宅専用地域 60～90%			
人口密度	駅から	列車本数	都心から
～50 人/ha	—	—	—

大村市三城町（2006年12月N撮影）

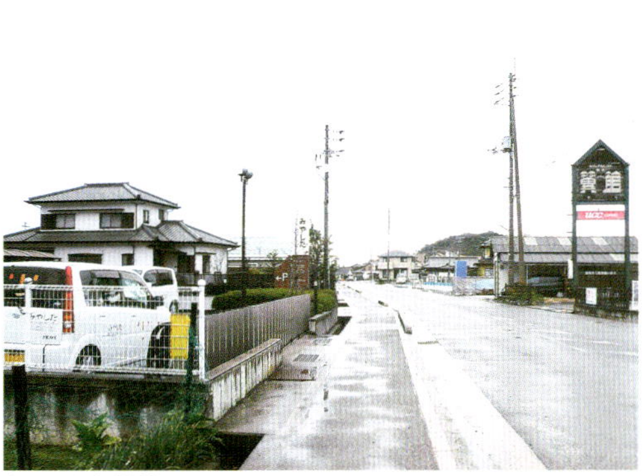

新居浜市松神子（2006年12月N撮影）

定性的評価指標（低／高）

- コンパクト性
- 非スプロール度
- 防災性
- 公共交通整備度
- 路面電車・新交通整備度
- 非自動車依存度
- 都市・交通整備意識
- 居住者バランス

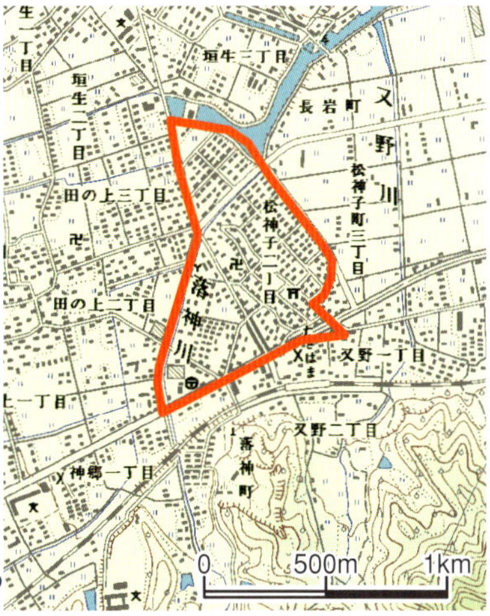

交通負荷 ／ 立地・整備 ／ 用途規制 ／ 居住状況（1～24）

居住者特性 ／ 交通行動 ／ 居住者意識（25～56）

定量的評価指標

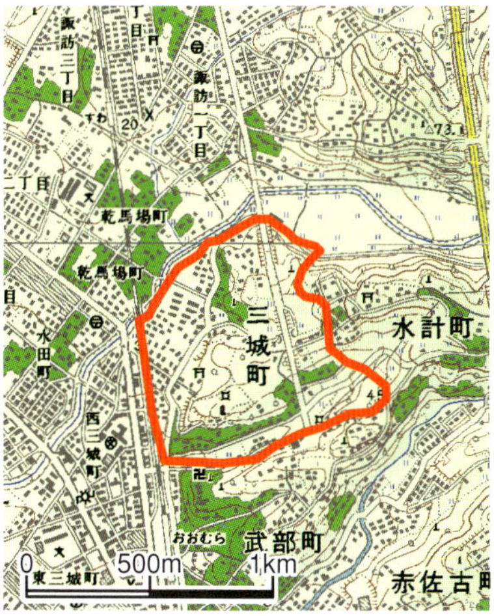

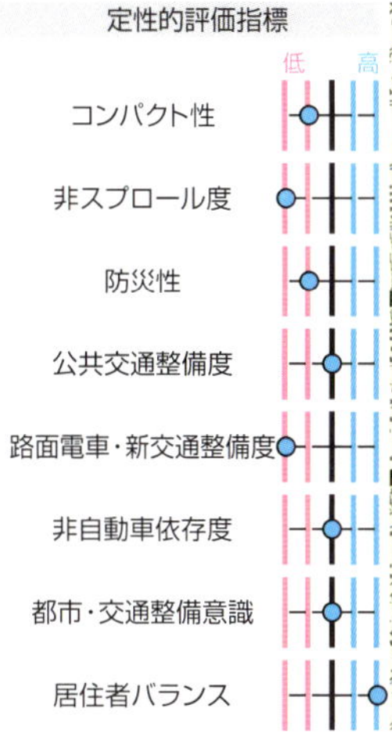

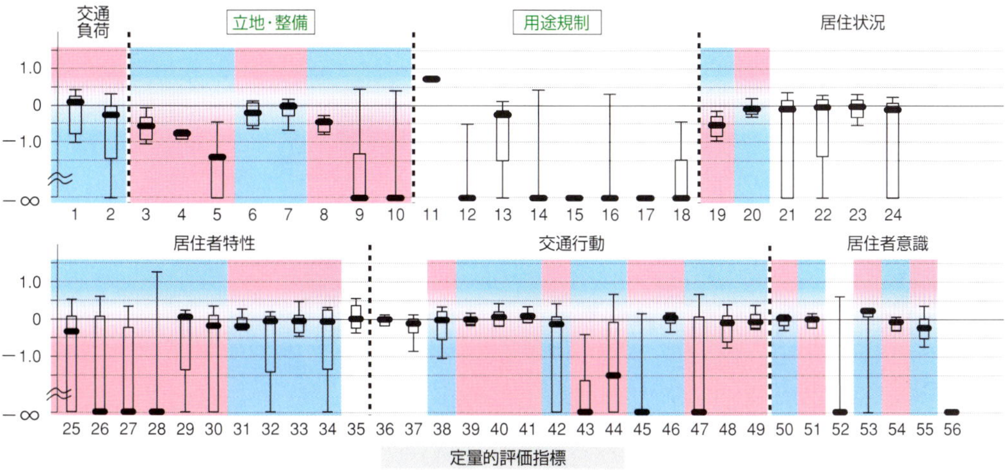

LL 7

都心周辺及び郊外・駅徒歩圏外・調整区域タイプ

・地方都市の中で平日1人1日自動車燃料消費量が7番目に多い
・地方都市の中で休日1人1日自動車燃料消費量が9番目に多い
・地方都市の中で行動群2(非車依存ブルーカラー)割合が最大
・山地，農地の占める面積が比較的大きい
・住区の一部で住宅の開発が進行している場合もある

地方都市

(分類条件)

土地利用規制			
市街化調整区域 50～75%			
人口密度	駅から	列車本数	都心から
—	1km～	—	1.6km～

桐生市西久方町(2005年10月N撮影)

今治市山路町(2006年12月N撮影)

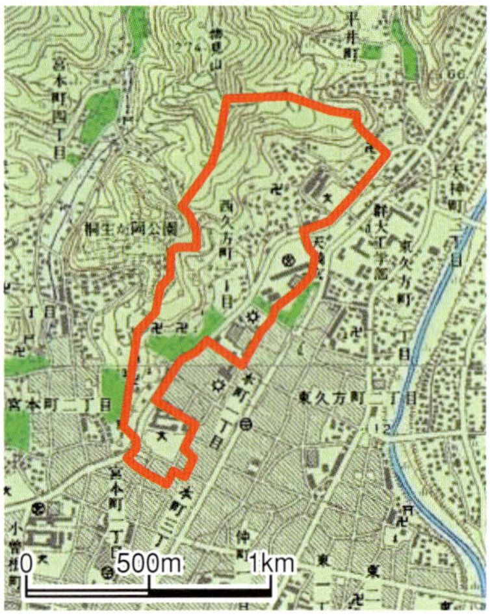

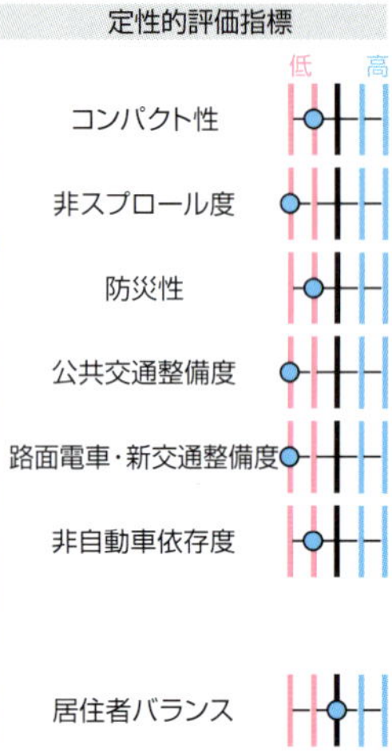

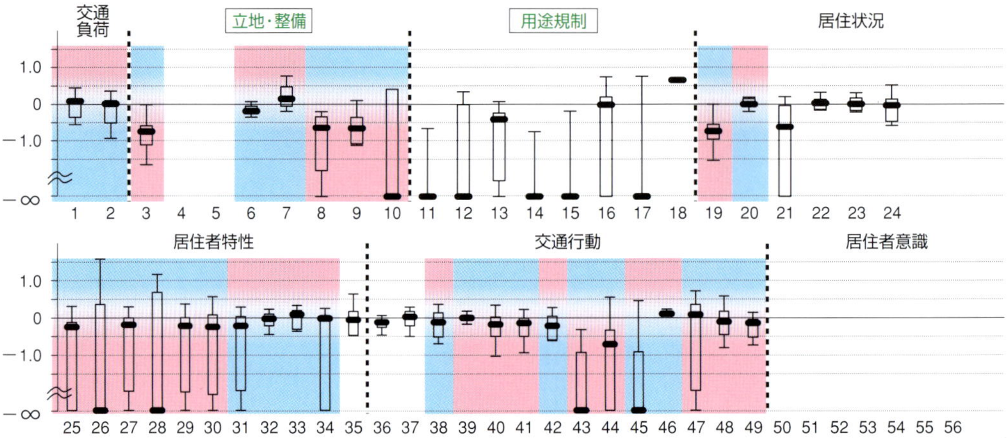

定性的評価指標 (低 / 高)

- コンパクト性
- 非スプロール度
- 防災性
- 公共交通整備度
- 路面電車・新交通整備度
- 非自動車依存度
- 居住者バランス

交通負荷 / 立地・整備 / 用途規制 / 居住状況

居住者特性 / 交通行動 / 居住者意識

定量的評価指標

LL

LL 8

中高密・線引き境界タイプ

・地方都市の中で平日1人1日自動車燃料消費量が8番目に多い
・地方都市の中で行動群7（車依存就業者公共交通併用）割合が最大
・住区の一部に農地，山地を含む
・分類条件としては50人/ha以上であるが，全住区とも50～70人/ha程度で，あまり高密ではない

地方都市

（分類条件）

土地利用規制			
市街化調整区域 25～50%			
人口密度	駅から	列車本数	都心から
50人/ha～	—	—	—

今治市宮下町（2006年12月N撮影）

伊万里市富士町（2006年12月N撮影）

定性的評価指標

低　高

コンパクト性
非スプロール度
防災性
公共交通整備度
路面電車・新交通整備度
非自動車依存度
居住者バランス

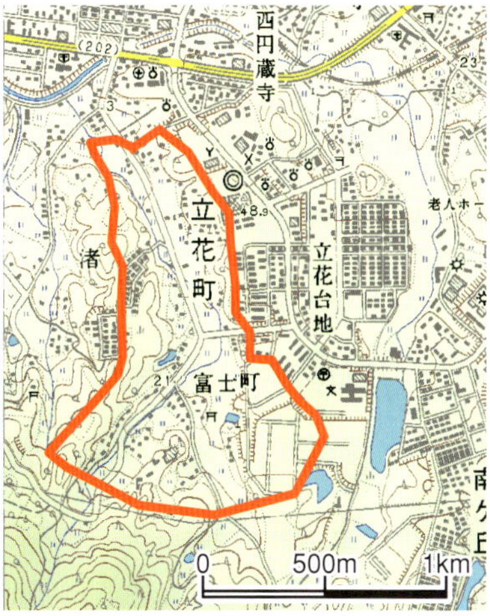

交通負荷　立地・整備　用途規制　居住状況

居住者特性　交通行動　居住者意識

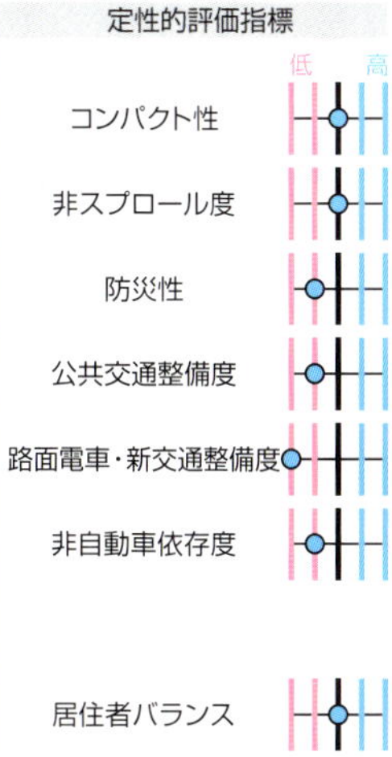

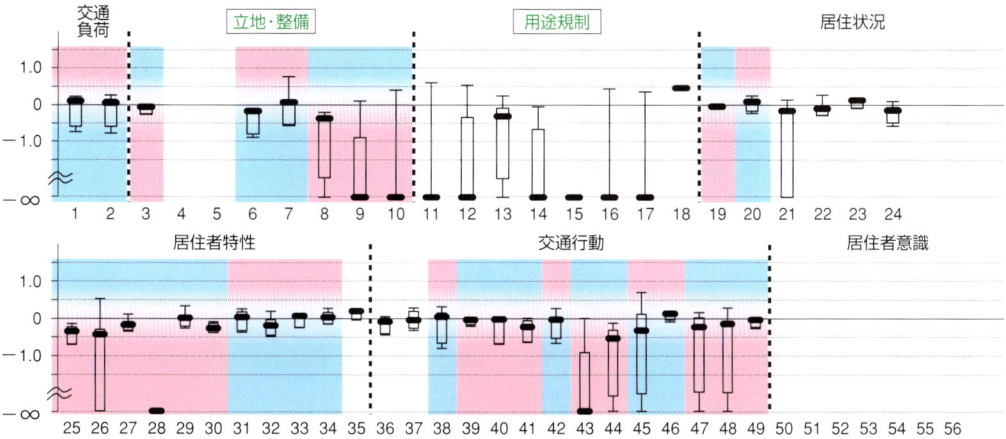

定量的評価指標

LL 9

低密・都心周辺及び郊外・駅徒歩圏内・住居地域タイプ

- 地方都市の中で平日1人1日自動車燃料消費量が9番目に多い
- 全住宅地タイプの中で基盤整備率が最小
- 全住宅地タイプの中で二輪車分担率が最大
- 戸建て住宅，マンションなどの住宅とともに，店舗も混合して立地している
- 建物間の距離が大きく，密集していない場合が多い
- 幹線道路沿いに発達した住宅地である場合が多い

地方都市

（分類条件）

土地利用規制			
住居地域 60%～			
人口密度	駅から	列車本数	都心から
～50 人/ha	～1㎞	—	1.6km～

新居浜市寿町（2005年7月N撮影）　**飯塚市大新**（2004年12月T撮影）

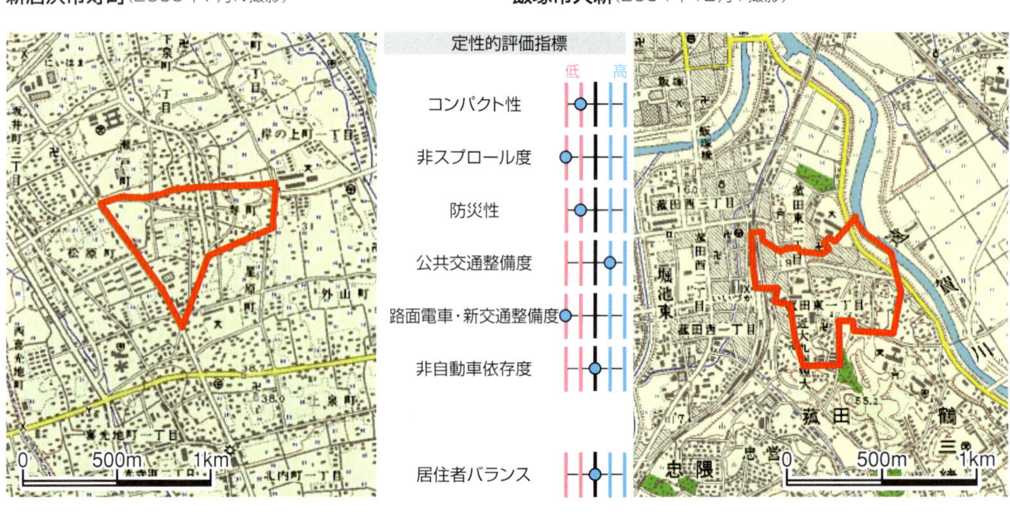

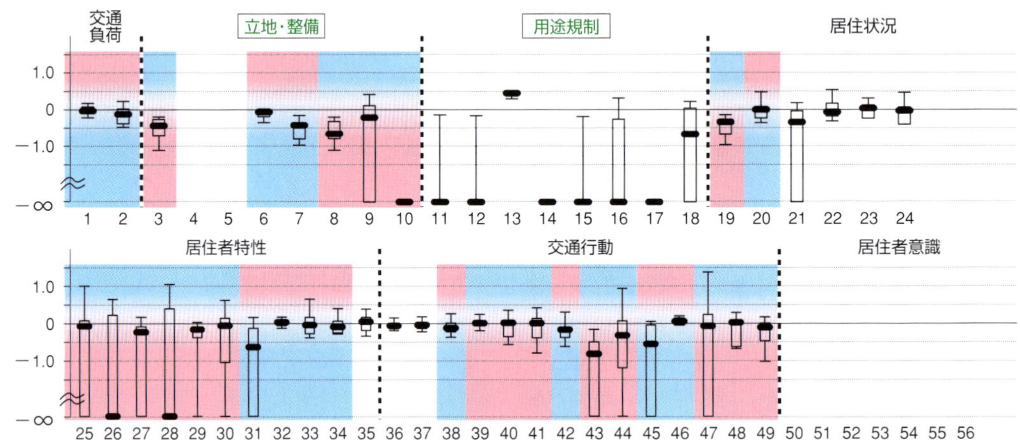

LL 10

駅徒歩圏内・調整区域タイプ

- 地方都市の中で平日１人１日自動車燃料消費量が１０番目に多い
- 地方都市の中で休日１人１日自動車燃料消費量が５番目に多い
- 地方都市の中で意識（まちづくり）に「徒歩・公共交通中心の中心市街地を整備して欲しい」と答えた人の割合が最大
- 農地，山地がある程度の面積を占める
- 道路整備が行き届いていない場合が多い

地方都市

（分類条件）

土地利用規制			
市街化調整区域 50～75％			
人口密度	駅から	列車本数	都心から
—	～１km	—	—

山梨市下神内川（2005年10月N撮影）

人吉市北願成寺町（2006年４月N撮影）

上神内川
下神内
下石森
0 500m 1km

定性的評価指標

低 高

コンパクト性

非スプロール度

防災性

公共交通整備度

路面電車・新交通整備度

非自動車依存度

都市・交通整備意識

居住者バランス

北願成寺町
南願成寺町
九州自然歩道
市
0 500m 1km

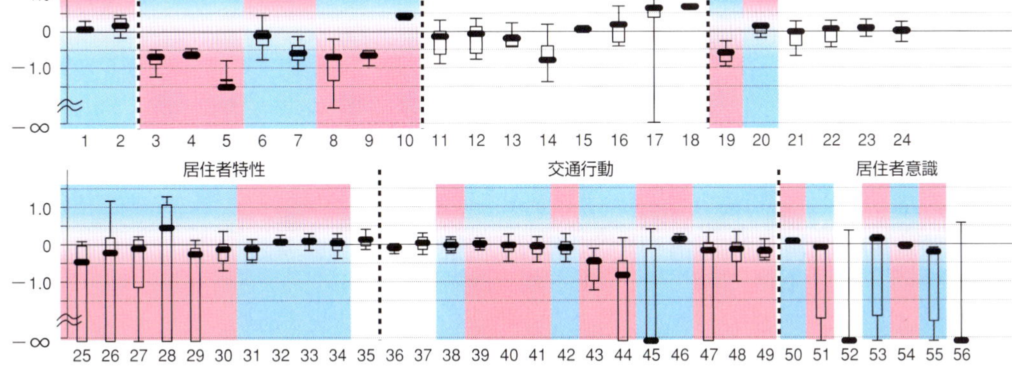

定量的評価指標

LL

LL 11

低密・中高層住宅タイプ

・マンションが立地している一方で，農地，低・未利用地なども見られる場合が多い

地方都市

（分類条件）

土地利用規制			
中高層住宅専用地域 60～90%			
人口密度	駅から	列車本数	都心から
～50人/ha	—	—	—

湯沢市愛宕町５丁目(2002年11月T撮影)

新居浜市中萩町(2006年12月N撮影)

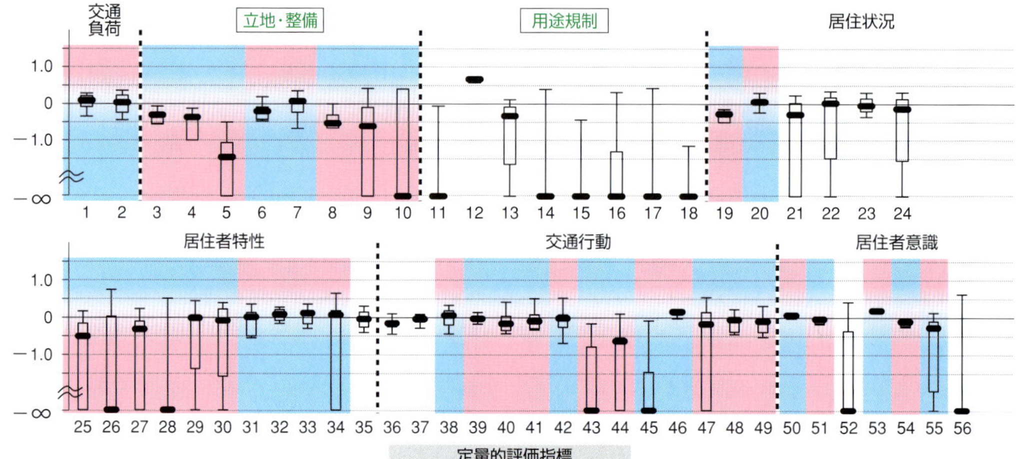

LL 12

中高密・低層住宅タイプ

・地方都市の中で集合住宅密度が最大
・地方都市の中で基盤整備率が最大
・一体的に開発された戸建て住宅地である場合が多い
・売り出し中の新興住宅地で，住宅の建っていない土地も見られる場合が多い

地方都市

（分類条件）

土地利用規制			
低層住宅専用地域 60～90%			
人口密度	駅から	列車本数	都心から
50人/ha～	—	—	—

敦賀市平和町（2006年12月N撮影）

今治市唐子台西（2006年12月N撮影）

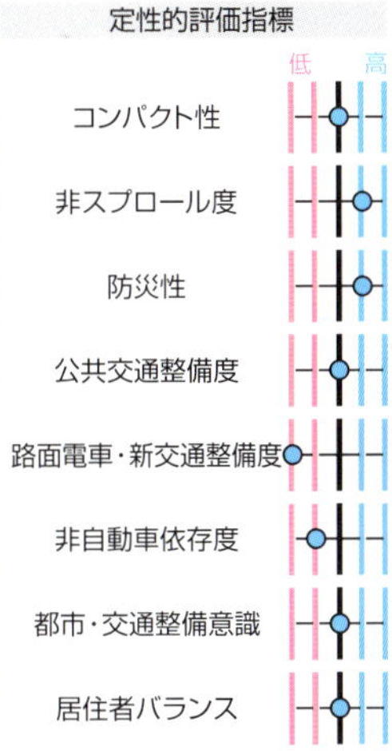

定性的評価指標（低～高）
- コンパクト性
- 非スプロール度
- 防災性
- 公共交通整備度
- 路面電車・新交通整備度
- 非自動車依存度
- 都市・交通整備意識
- 居住者バランス

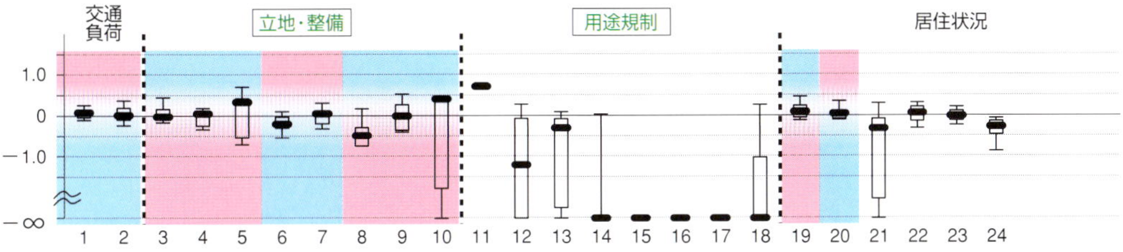

交通負荷／立地・整備／用途規制／居住状況（指標1～24）

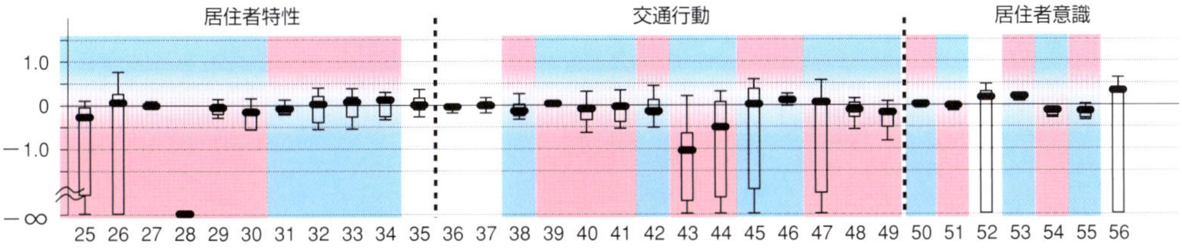

居住者特性／交通行動／居住者意識（指標25～56）

定量的評価指標

LL 13 低密・郊外（内部）・駅徒歩圏外・線引き境界タイプ

・住区の一部に農地，山地を含む
・基盤整備が行き届いていない場合が多い

地方都市

（分類条件）

土地利用規制			
市街化調整区域 25～50％			
人口密度	駅から	列車本数	都心から
～50 人/ha	1 ㎞～	—	～5km

今治市八町西（2006年12月N撮影）

敦賀市市野々（2006年12月N撮影）

定性的評価指標（低 — 高）

コンパクト性
非スプロール度
防災性
公共交通整備度
路面電車・新交通整備度
非自動車依存度
都市・交通整備意識
居住者バランス

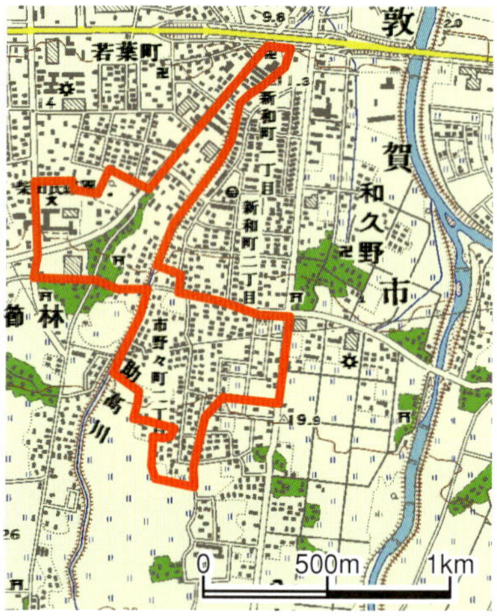

交通負荷　立地・整備　用途規制　居住状況

居住者特性　交通行動　居住者意識

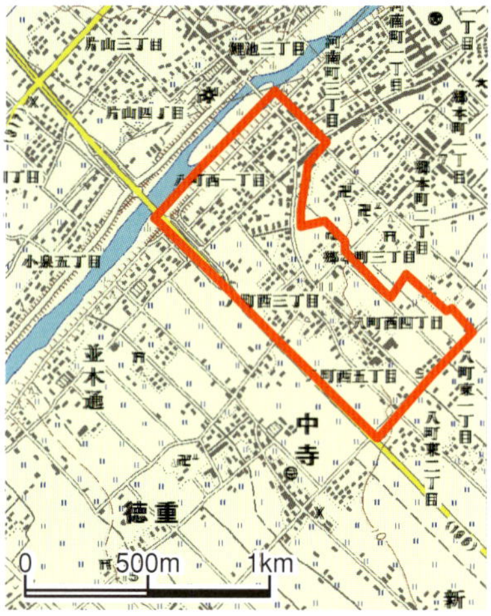

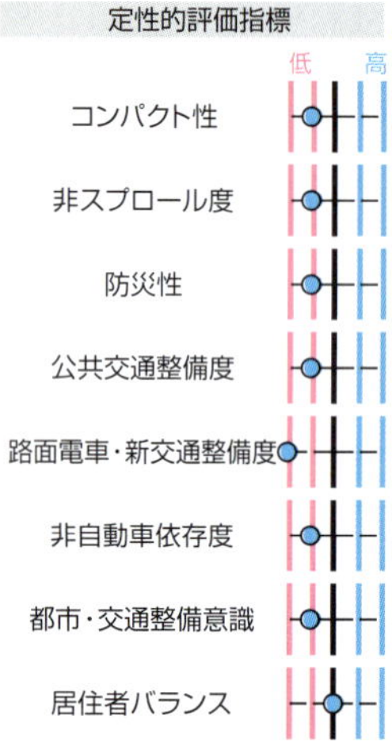

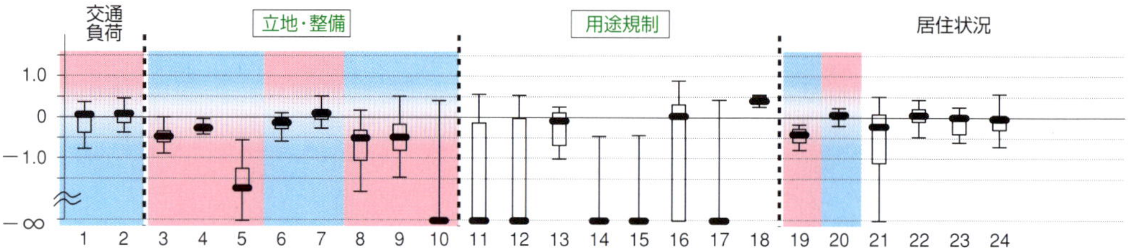

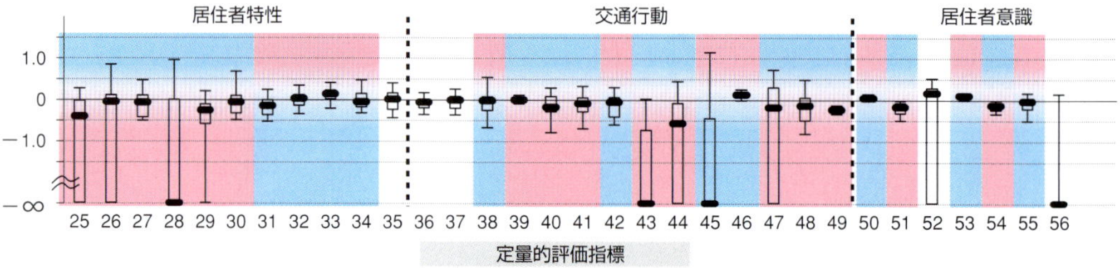

定量的評価指標

LL14

郊外(内部)・駅徒歩圏外・列車少・調整区域(強)タイプ

・全住宅地タイプの中で戸建住宅密度が最小
・地方都市の中で集合住宅密度が最小
・山地，農地の占める面積が非常に大きい
・移動には自動車がなければ困難な状況である場合が多い

地方都市

(分類条件)

土地利用規制			
市街化調整区域 75%〜			
人口密度	駅から	列車本数	都心から
—	1km〜	〜114本	〜5km

敦賀市和久野(2006年12月N撮影)

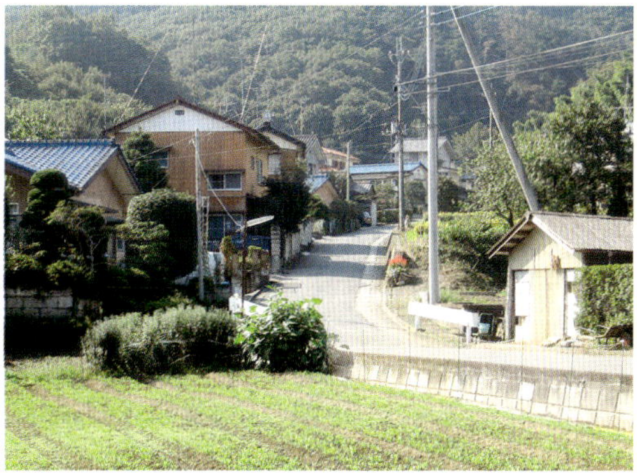

桐生市平井町(2005年10月N撮影)

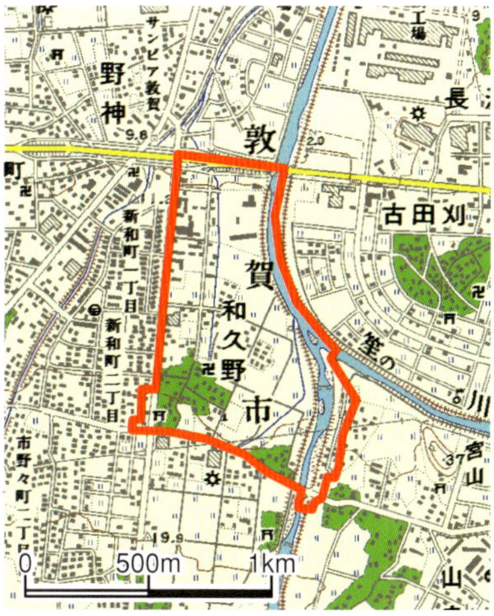

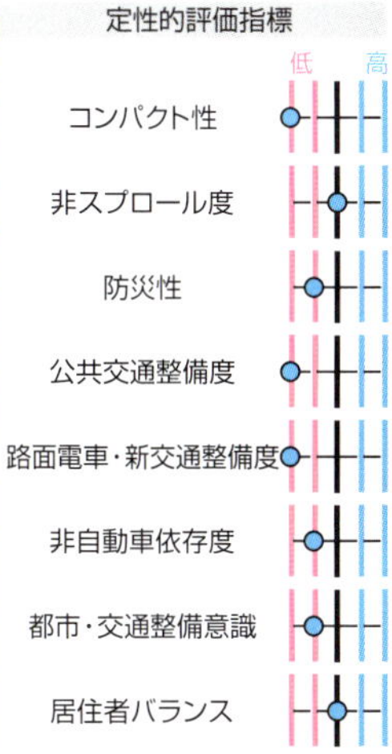

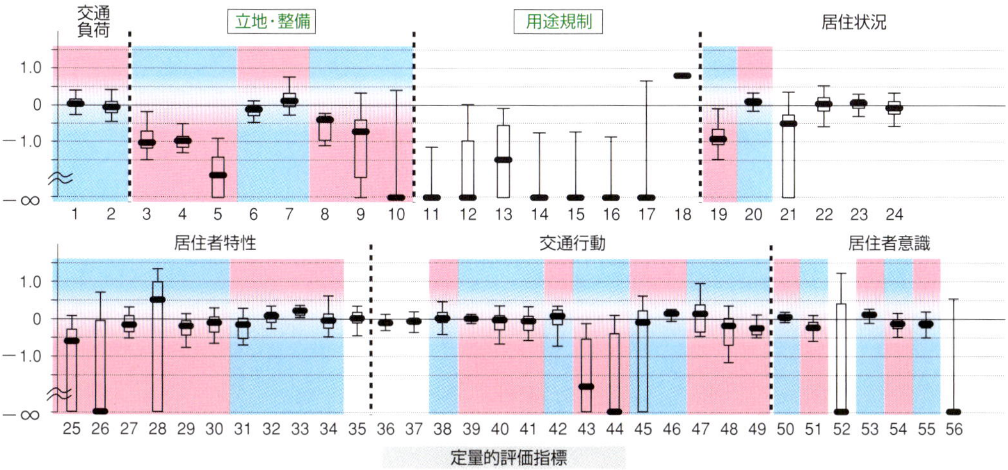

定性的評価指標（低・高）

- コンパクト性
- 非スプロール度
- 防災性
- 公共交通整備度
- 路面電車・新交通整備度
- 非自動車依存度
- 都市・交通整備意識
- 居住者バランス

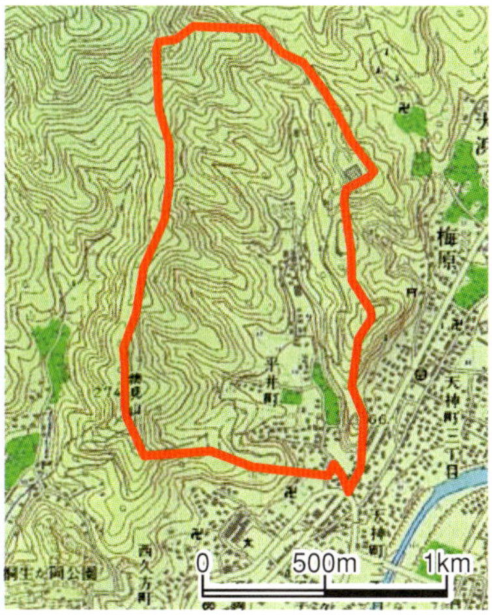

交通負荷　立地・整備　用途規制　居住状況

居住者特性　交通行動　居住者意識

定量的評価指標

LL 15

低密・駅徒歩圏外・住宅系混在タイプ

・地方都市の中で休日1人1日自動車燃料消費量が6番目に多い
・戸建て住宅，マンションなどが混在して立地している
・建物が密集しておらず，低・未利用地が見られる場合が多い

地方都市

（分類条件）

土地利用規制			
住宅系混在（住宅系土地利用割合が最も大きい）			
人口密度	駅から	列車本数	都心から
～50人/ha	1㎞～	—	—

人吉市下林町(2006年4月N撮影)

新居浜市新田町(2006年1月N撮影)

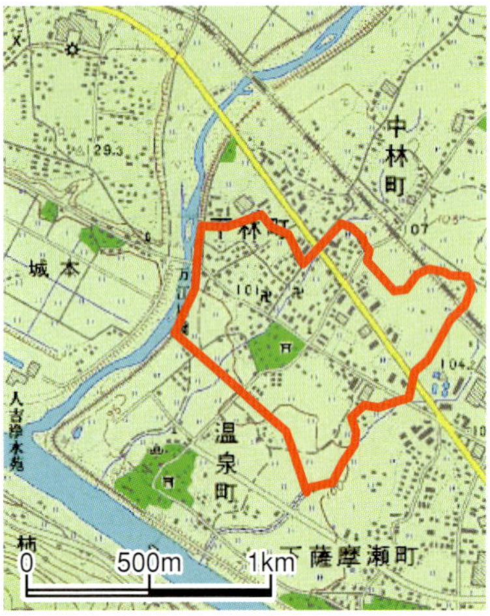

定性的評価指標（低 ← → 高）

- コンパクト性
- 非スプロール度
- 防災性
- 公共交通整備度
- 路面電車・新交通整備度
- 非自動車依存度
- 都市・交通整備意識
- 居住者バランス

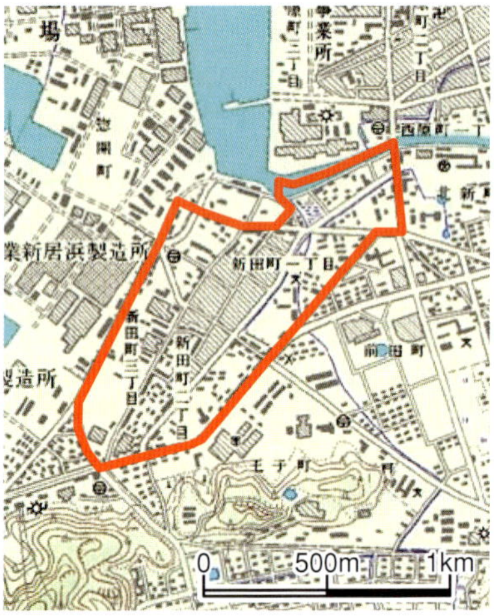

交通負荷　立地・整備　用途規制　居住状況

1.0 0 −1.0 −∞

1 2 3 4 5 6 7 8 9 10 11 12 13 14 15 16 17 18 19 20 21 22 23 24

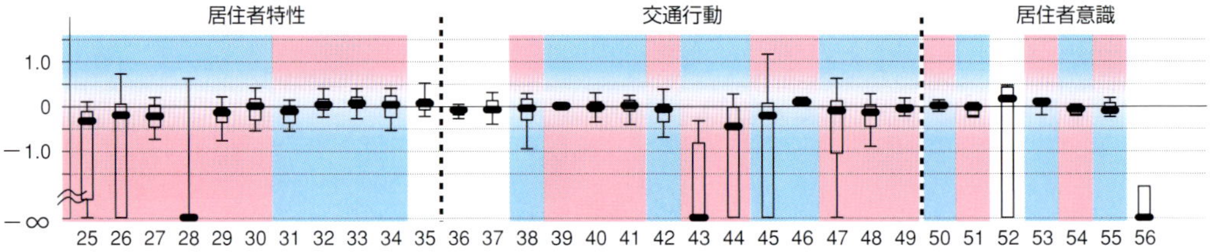

居住者特性　交通行動　居住者意識

25 26 27 28 29 30 31 32 33 34 35 36 37 38 39 40 41 42 43 44 45 46 47 48 49 50 51 52 53 54 55 56

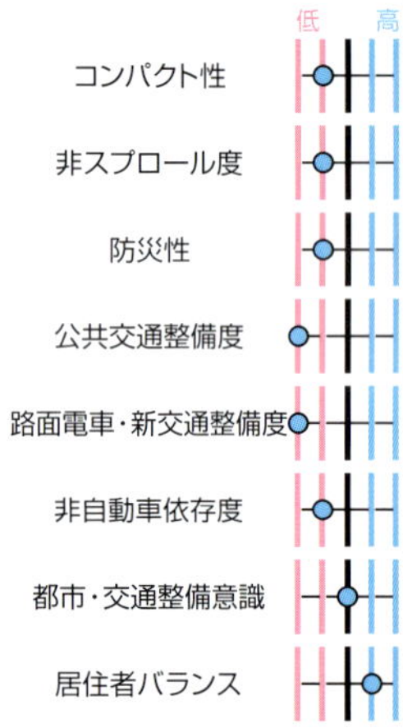

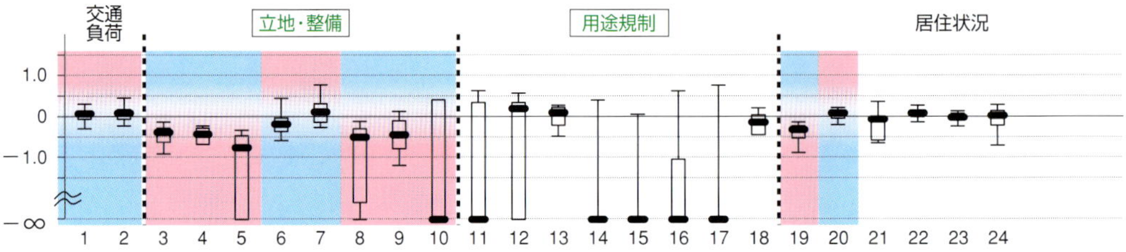

定量的評価指標

LL 16

低密・都心周辺及び郊外・駅徒歩圏外・住居地域タイプ

- 地方都市の中で休日1人1日自動車燃料消費量が7番目に多い
- 全住宅地タイプの中での中で意識（まちづくり）に「自動車中心の中心市街地を整備して欲しい」と答えた人の割合が最大
- 地方都市の中で意識（まちづくり）に「徒歩・公共交通中心の中心市街地を整備して欲しい」と答えた人の割合が最小
- 戸建て住宅，マンションなどの住宅とともに店舗も混合して立地している
- 建物間の距離が大きく，密集していない場合が多い
- 幹線道路沿いに発達した住宅地である場合が多い

地方都市

（分類条件）

土地利用規制			
住居地域 60%～			
人口密度	駅から	列車本数	都心から
～50人/ha	1㎞～	—	1.6km～

今治市鐘場町（2006年1月N撮影）

飯塚市幸袋池田（2004年12月T撮影）

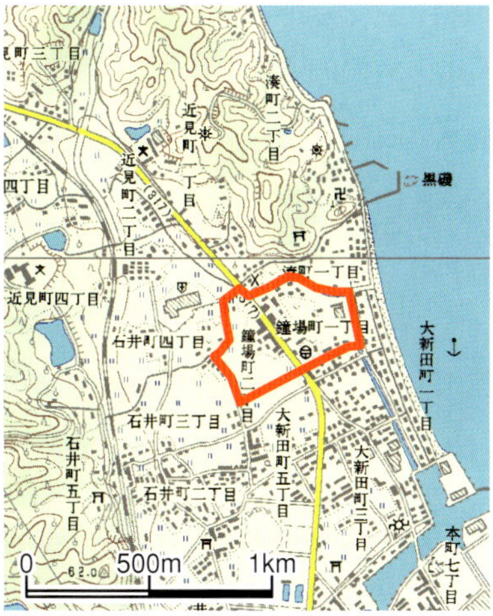

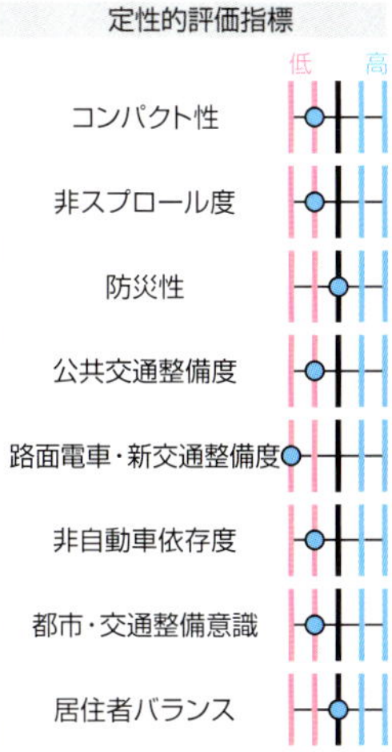

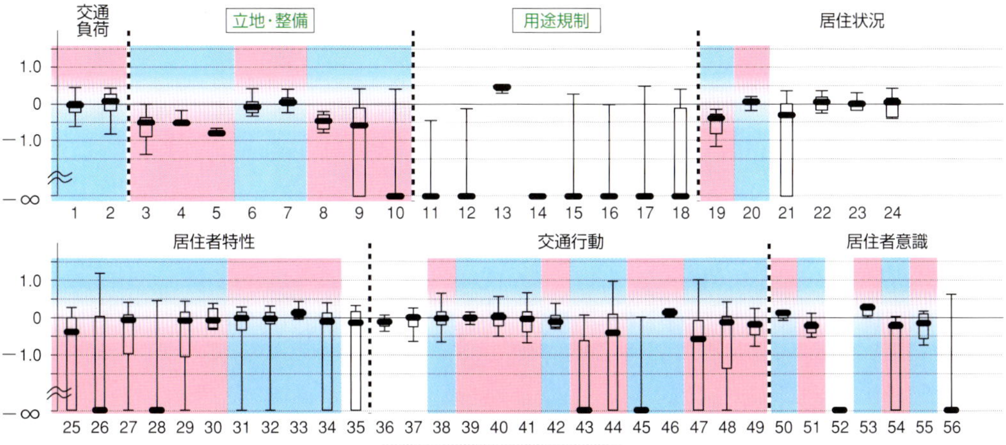

定性的評価指標（低／高）

- コンパクト性
- 非スプロール度
- 防災性
- 公共交通整備度
- 路面電車・新交通整備度
- 非自動車依存度
- 都市・交通整備意識
- 居住者バランス

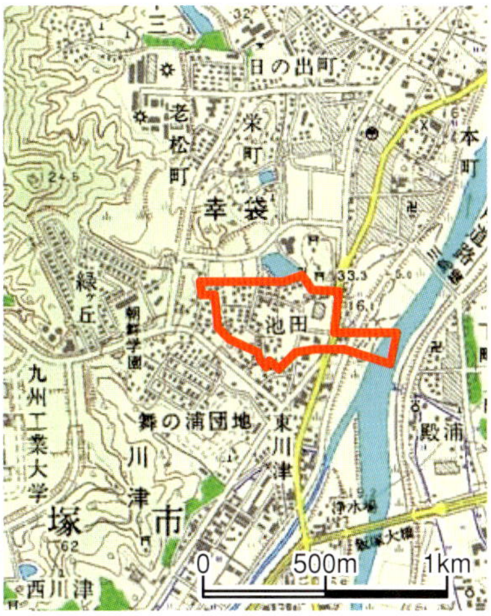

交通負荷　立地・整備　用途規制　居住状況

居住者特性　交通行動　居住者意識

定量的評価指標

LL 17

準工業地域タイプ

- 地方都市の中で休日1人1日自動車燃料消費量が5番目に多い
- 地方都市の中で準工業地域割合が最大
- 工場とともに戸建て住宅，マンション，店舗などが混在して立地している場合が多い

地方都市

（分類条件）

土地利用規制			
準工業地域 60%～			
人口密度	駅から	列車本数	都心から
—	—	—	—

桐生市東久方町（2005年11月N撮影）

湯沢市関口字上寺沢（2002年11月T撮影）

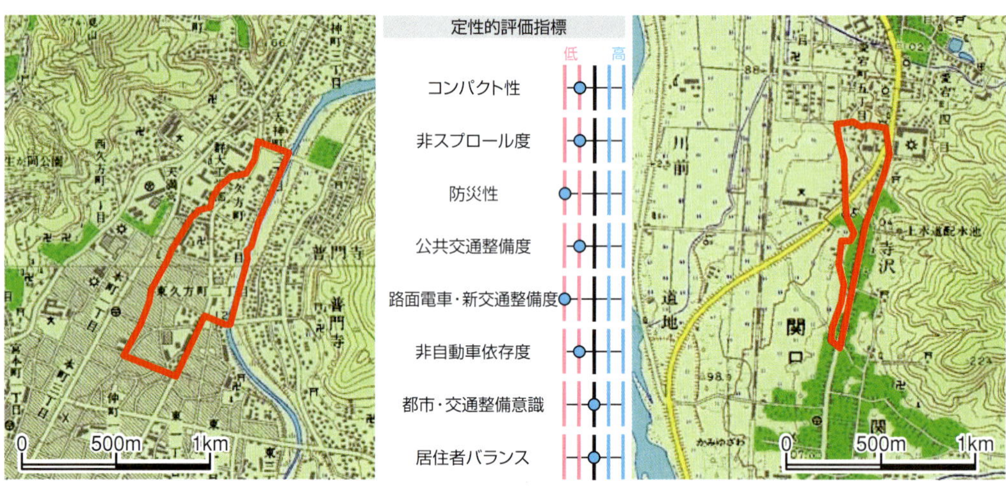

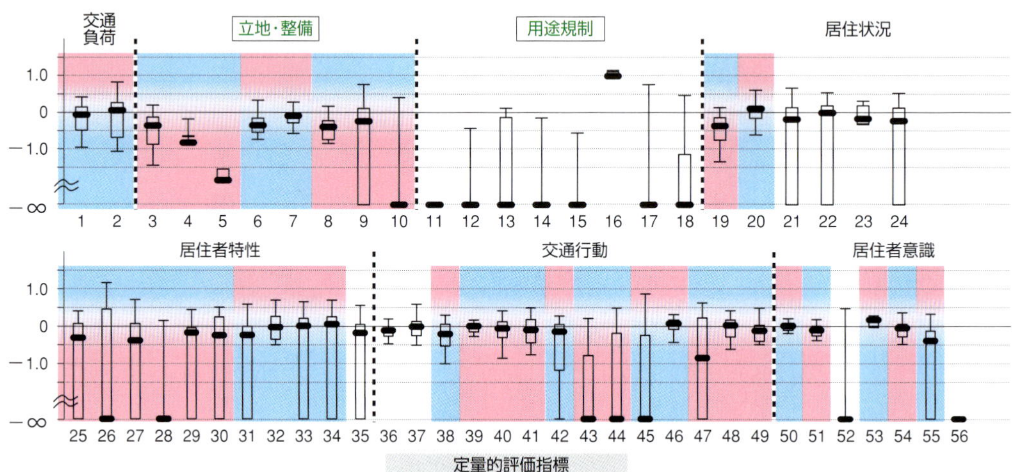

定量的評価指標

LL

LL 18

中高密・駅徒歩圏外・列車少・中高層住宅タイプ

・地方都市の中で行動群10（車依存非就業者）割合が最小
・全住宅地タイプの中で総滞留時間が最大
・マンション，集合住宅団地なども見られるが，戸建て住宅もある程度立地している場合が多い

地方都市

（分類条件）

土地利用規制			
中高層住宅専用地域 60～90%			
人口密度	駅から	列車本数	都心から
50 人/ha～	1km～	～114本	—

敦賀市ひばりケ丘町（2006年12月N撮影）

周南市（旧徳山市）上遠石町（2002年1月I撮影）

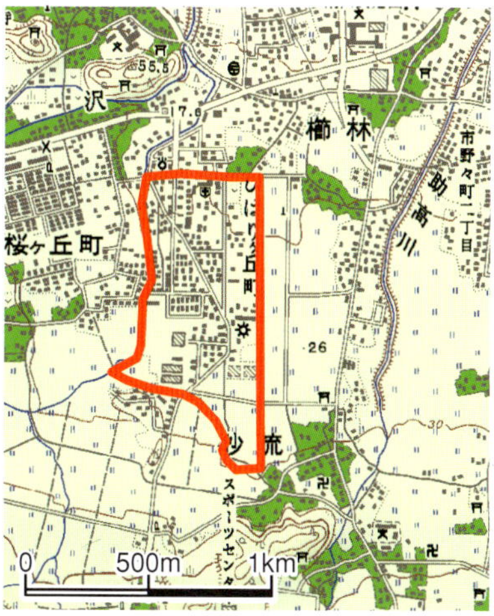

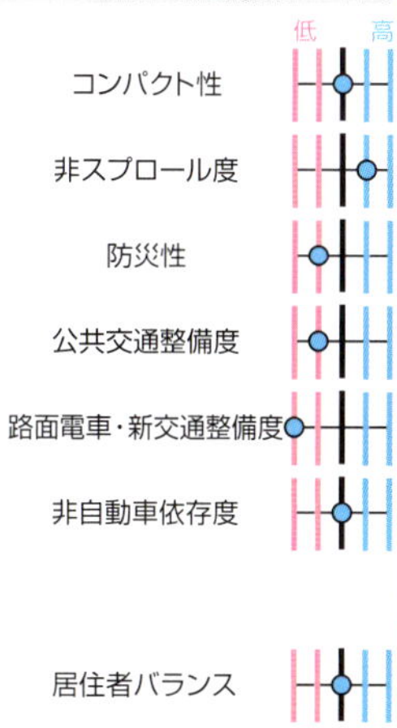

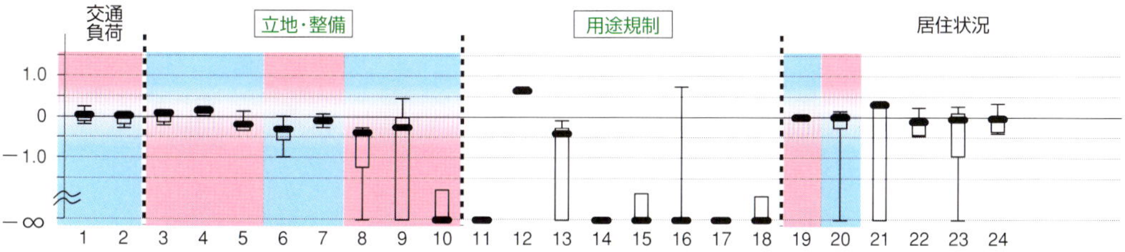

定性的評価指標（低・高）

- コンパクト性
- 非スプロール度
- 防災性
- 公共交通整備度
- 路面電車・新交通整備度
- 非自動車依存度
- 居住者バランス

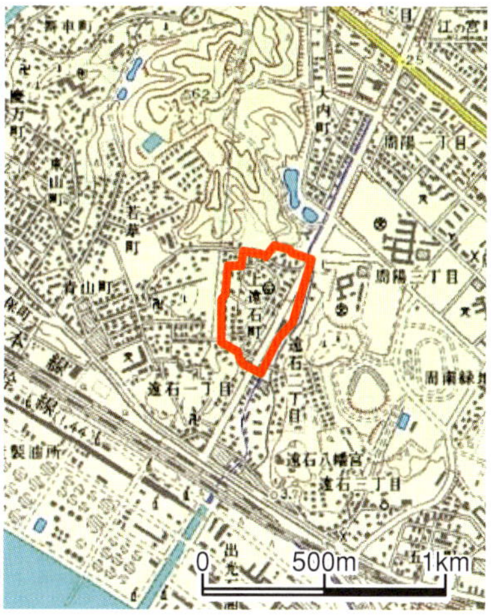

交通負荷／立地・整備／用途規制／居住状況

1.0 0 −1.0 −∞

1 2 3 4 5 6 7 8 9 10 11 12 13 14 15 16 17 18 19 20 21 22 23 24

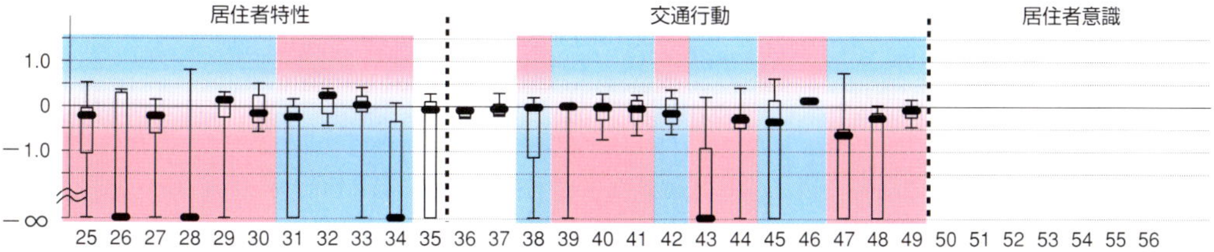

居住者特性／交通行動／居住者意識

1.0 0 −1.0 −∞

25 26 27 28 29 30 31 32 33 34 35 36 37 38 39 40 41 42 43 44 45 46 47 48 49 50 51 52 53 54 55 56

定量的評価指標

LL

工業系混在タイプ

・地方都市の中で休日1人1日自動車燃料消費量が8番目に少ない
・工場とともに戸建て住宅などが混在して立地している

地方都市

（分類条件）

土地利用規制			
工業系混在（工業系土地利用割合が最も大きい）			
人口密度	駅から	列車本数	都心から
—	—	—	—

今治市東門町（2006年1月N撮影）

桐生市錦町（2005年10月N撮影）

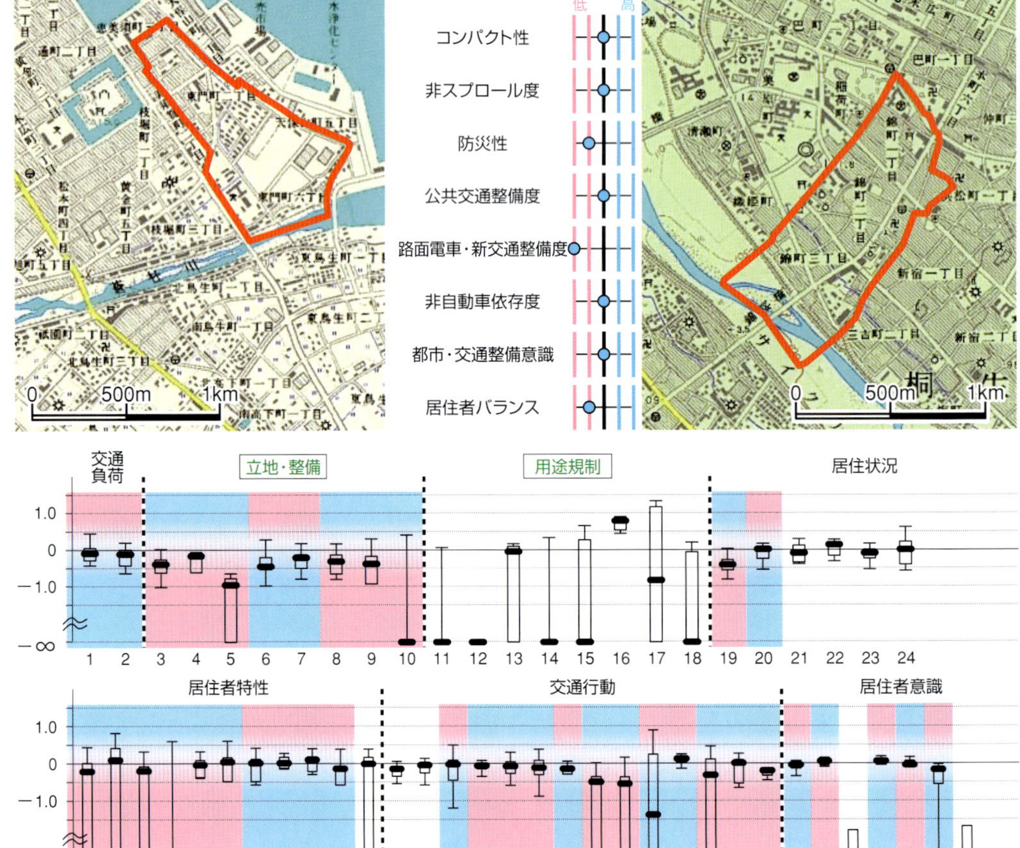

LL 20

中密・駅徒歩圏内・住居地域タイプ

・地方都市の中で休日１人１日自動車燃料消費量が３番目に少ない
・戸建て住宅，マンションなどの住宅とともに，店舗も混合して立地している

地方都市

（分類条件）

土地利用規制			
住居地域 60%～			
人口密度	駅から	列車本数	都心から
50～100人/ha	～1km	—	—

桐生市元宿町（2005年10月N撮影）

小松市本鍛冶町（2006年12月N撮影）

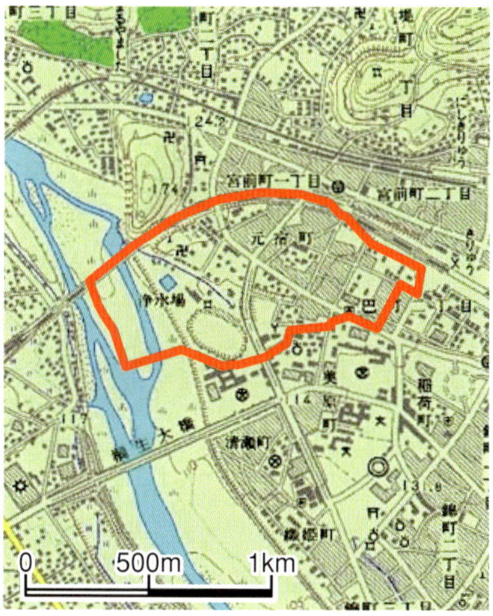

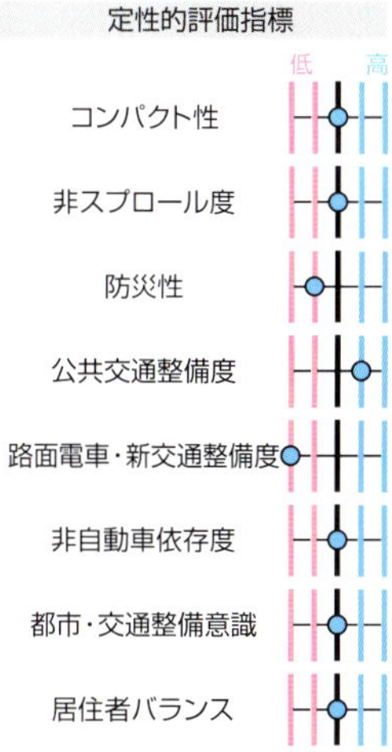

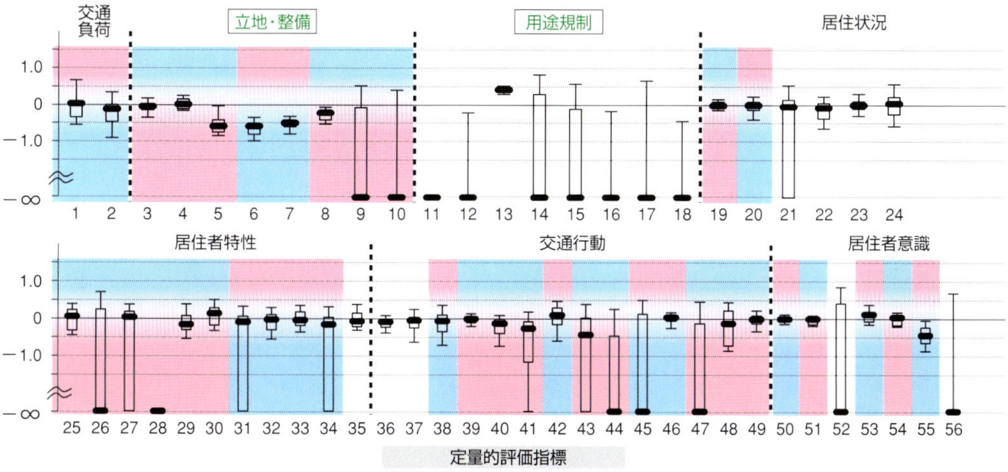

定性的評価指標（低・高）

コンパクト性
非スプロール度
防災性
公共交通整備度
路面電車・新交通整備度
非自動車依存度
都市・交通整備意識
居住者バランス

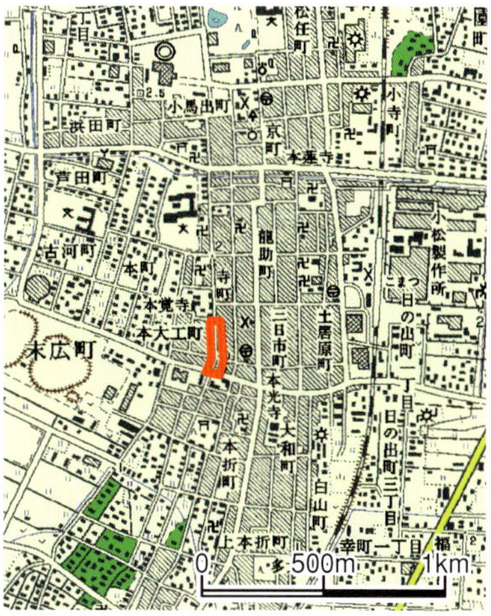

交通負荷　立地・整備　用途規制　居住状況

1.0　0　−1.0　−∞

1 2 3 4 5 6 7 8 9 10 11 12 13 14 15 16 17 18 19 20 21 22 23 24

居住者特性　交通行動　居住者意識

1.0　0　−1.0　−∞

25 26 27 28 29 30 31 32 33 34 35 36 37 38 39 40 41 42 43 44 45 46 47 48 49 50 51 52 53 54 55 56

定量的評価指標

LL

LL 21

中密・駅徒歩圏外・住居地域タイプ

- 地方都市の中で休日1人1日自動車燃料消費量が10番目に多い
- 戸建て住宅, マンションなどの住宅とともに, 店舗も混合して立地している
- 比較的古い住宅が立地している場合が多い

地方都市

（分類条件）

土地利用規制			
住居地域 60%〜			
人口密度	駅から	列車本数	都心から
50〜100人/ha	1km〜	—	—

湯沢市清水町3丁目(2002年11月T撮影)

小松市大川町(2006年12月N撮影)

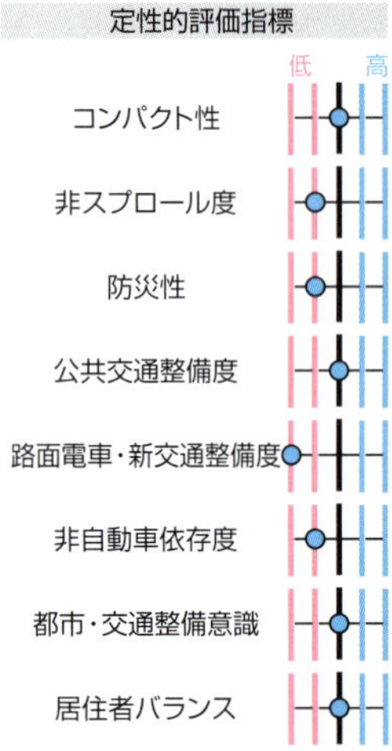

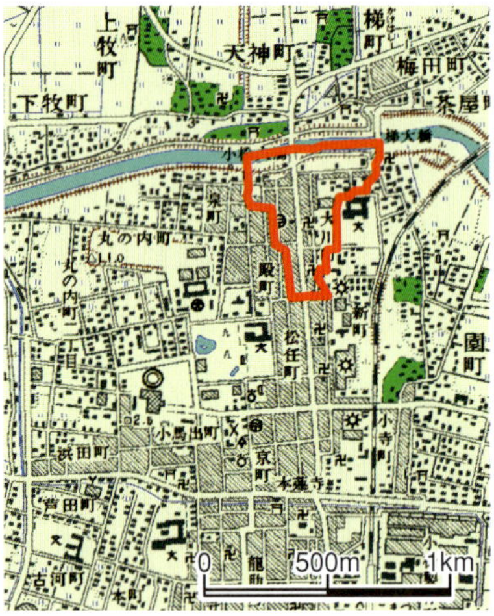

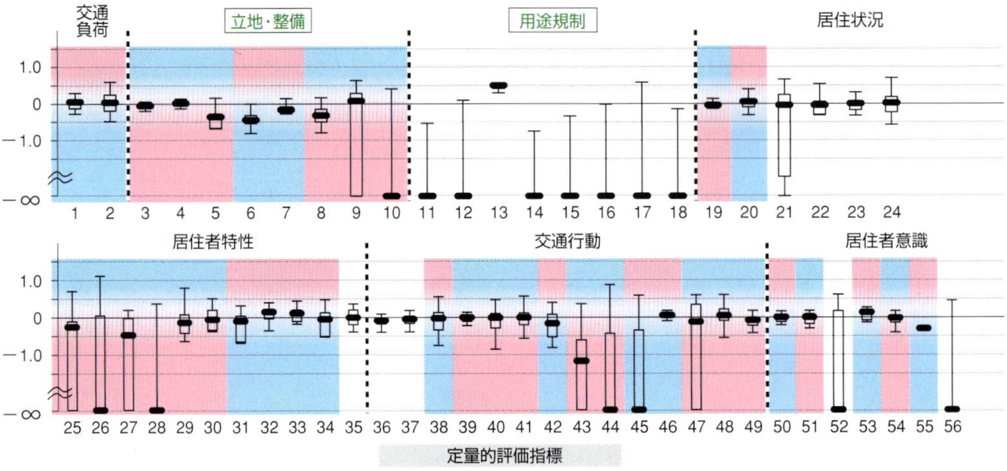

定性的評価指標

定量的評価指標

LL 22

低密・郊外（外部）・駅徒歩圏外・線引き境界タイプ

地方都市

・全住宅地タイプの中で基盤整備率が最小
・全住宅地タイプの中で総移動時間が最小
・全住宅地タイプの中で総滞留時間が最小
・全住宅地タイプの中で鉄道分担率が最小
・住区の一部に農地，山地を含むが，その他の平地には住宅がある程度密集して立地し，集落が形成されている場合が多い

（分類条件）

土地利用規制			
市街化調整区域 25～50%			
人口密度	駅から	列車本数	都心から
～50 人/ha	1 km～	—	5km～

今治市波止浜（2006年1月N撮影）

新居浜市中西町（2006年1月N撮影）

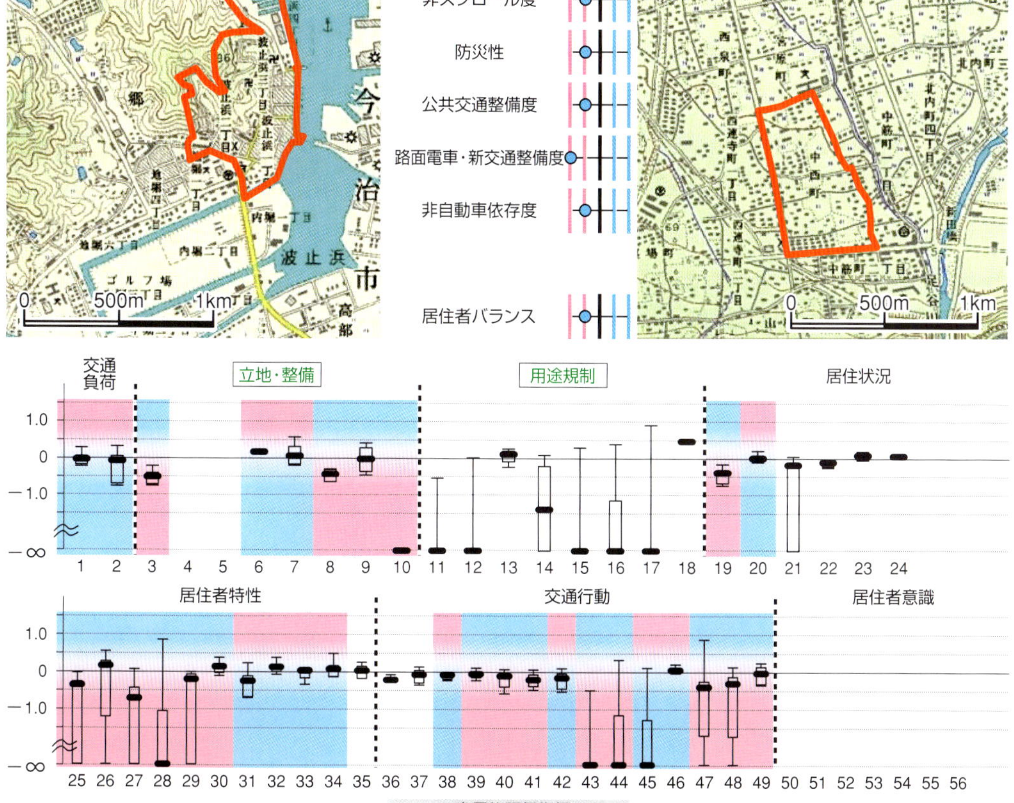

LL

LL 23

中高層住宅専用タイプ

・地方都市の中で中高層住宅専用地域割合が最大
・大規模なマンションが立地している一方で，その他の場所には戸建て住宅も多く立地している場合が多い

地方都市

（分類条件）

土地利用規制			
中高層住宅専用地域 90%～			
人口密度	駅から	列車本数	都心から
—	—	—	—

今治市中堀(2006年1月N撮影)　**新居浜市河内町**(2006年1月N撮影)

交通負荷　立地・整備　用途規制　居住状況

1.0 0 −1.0 −∞

1 2 3 4 5 6 7 8 9 10 11 12 13 14 15 16 17 18 19 20 21 22 23 24

居住者特性　交通行動　居住者意識

1.0 0 −1.0 −∞

25 26 27 28 29 30 31 32 33 34 35 36 37 38 39 40 41 42 43 44 45 46 47 48 49 50 51 52 53 54 55 56

定量的評価指標

LL

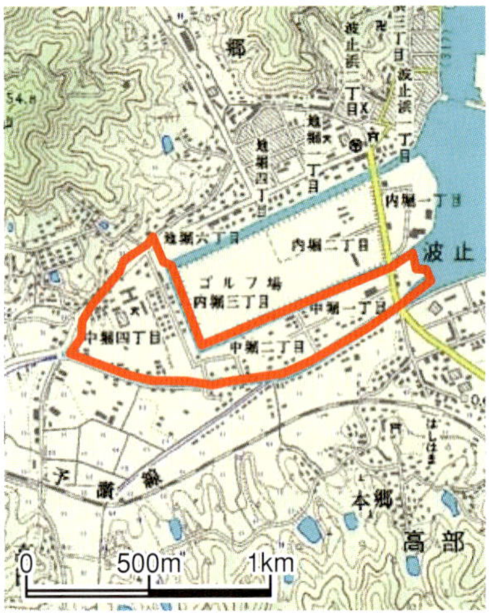

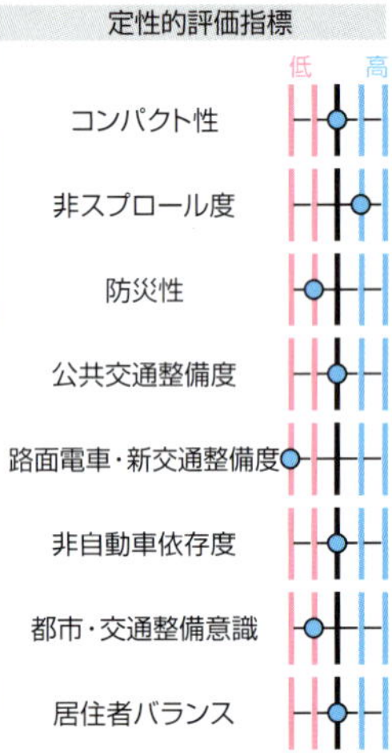

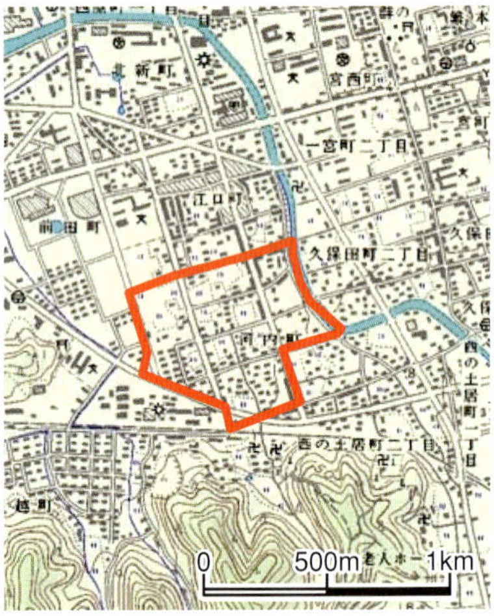

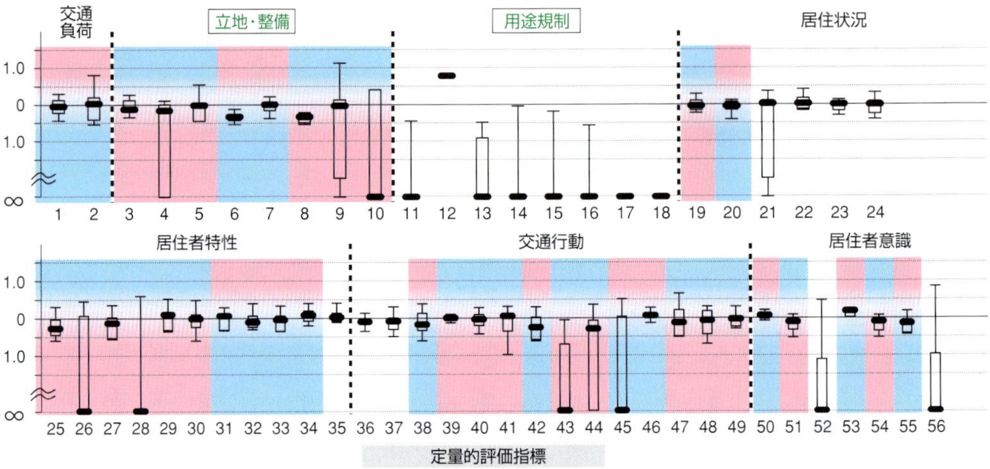

LL 24

中高密・住宅系混在タイプ

・戸建て住宅，マンションなどが混在し，比較的密集して立地している
・農地，山地がある程度の面積を占める場合が多い

地方都市

（分類条件）

土地利用規制			
住宅系混在（宅系土地利用割合が最も大きい）			
人口密度	駅から	列車本数	都心から
50人/ha～	―	―	―

伊万里市二里町八谷搦（東八谷搦）(2002年1月S撮影)

今治市立花町(2006年12月N撮影)

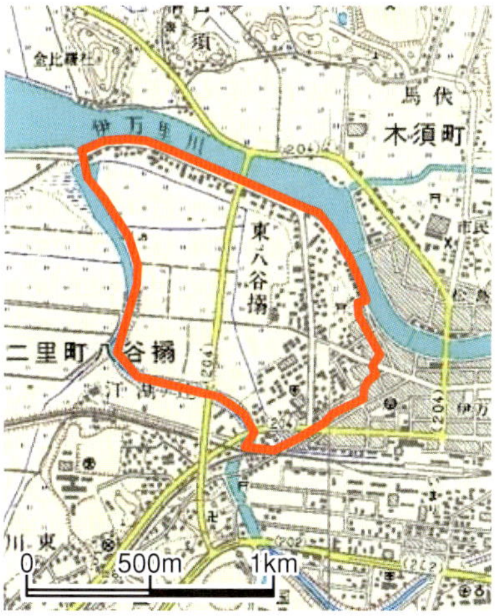

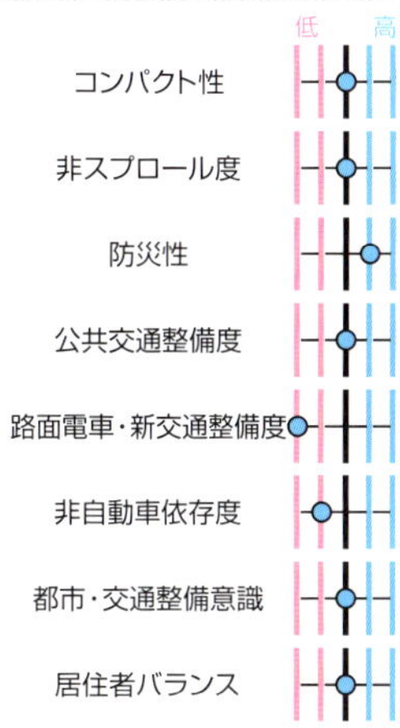

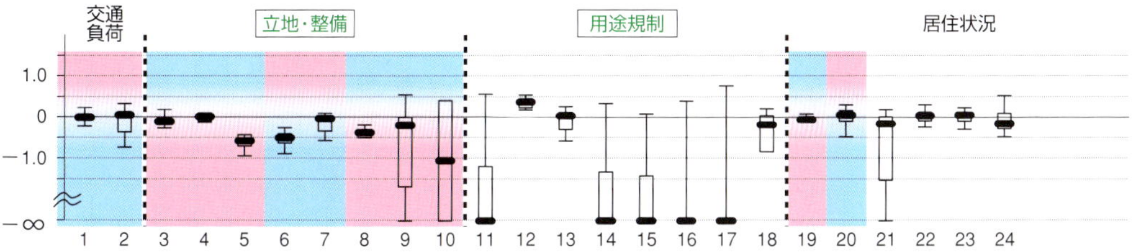

定性的評価指標

	低 ― 高
コンパクト性	
非スプロール度	
防災性	
公共交通整備度	
路面電車・新交通整備度	
非自動車依存度	
都市・交通整備意識	
居住者バランス	

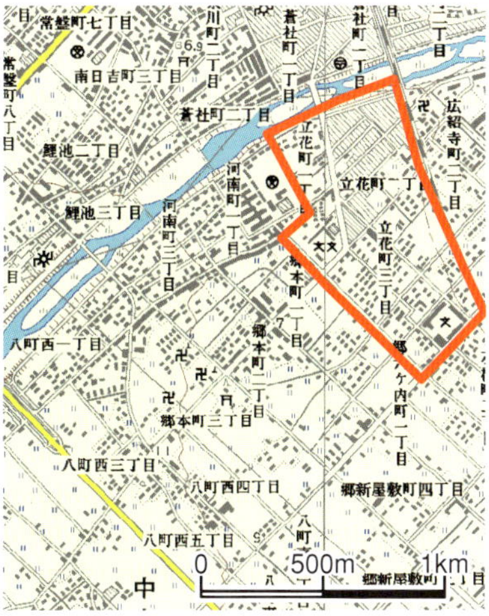

交通負荷 / 立地・整備 / 用途規制 / 居住状況

1.0 / 0 / −1.0 / −∞

1 2 3 4 5 6 7 8 9 10 11 12 13 14 15 16 17 18 19 20 21 22 23 24

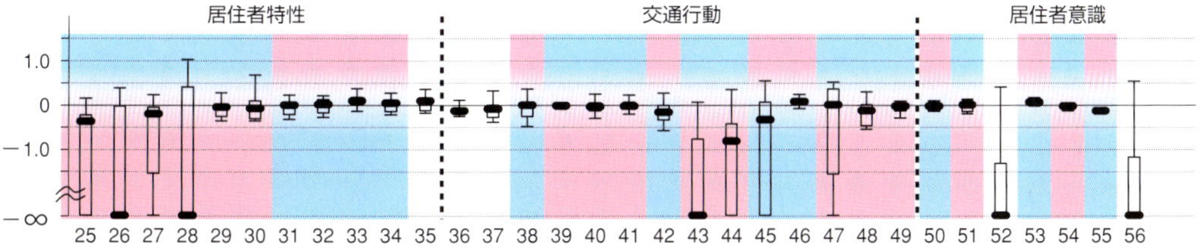

居住者特性 / 交通行動 / 居住者意識

1.0 / 0 / −1.0 / −∞

25 26 27 28 29 30 31 32 33 34 35 36 37 38 39 40 41 42 43 44 45 46 47 48 49 50 51 52 53 54 55 56

定量的評価指標

LL

LL 25

都心及び都心周辺・駅徒歩圏外・調整区域タイプ

・地方都市の中で２人世帯割合が最大
・農地，山地の占める面積が比較的大きいが，その他の平地には住宅がある程度密集して立地し，集落が形成されている場合が多い

地方都市

（分類条件）

土地利用規制			
市街化調整区域 50～75％			
人口密度	駅から	列車本数	都心から
—	1㎞～	—	～1.6km

山梨市下石森（2005年10月N撮影）

新居浜市田所町（2006年12月N撮影）

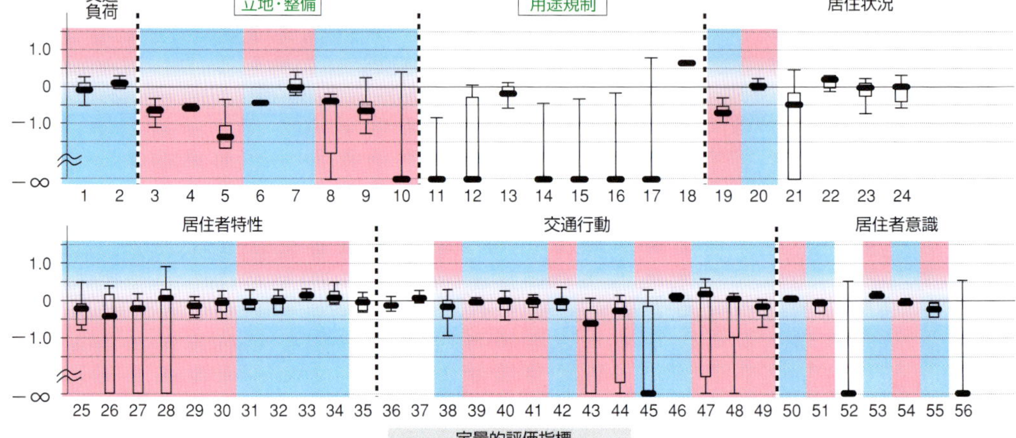

LL

LL 26

低密・都心及び都心周辺・駅徒歩圏内・住居地域タイプ

・地方都市の中で3人以上世帯割合が最小
・全住宅地タイプの中で行動群6（非車依存高齢者）割合が最大
・全住宅地タイプの中で高齢化率が最大
・全住宅地タイプの中で意識（まちづくり）に「郊外を開発して欲しい」と答えた人の割合が最小
・戸建て住宅，マンションなどの住宅とともに，店舗も混合して立地している

地方都市

（分類条件）

土地利用規制			
住居地域 60%～			
人口密度	駅から	列車本数	都心から
～50 人/ha	～1㎞	—	～1.6km

山梨市上神内川（2005年10月N撮影）

桐生市小曽根町（2005年10月N撮影）

定性的評価指標

低　高

コンパクト性
非スプロール度
防災性
公共交通整備度
路面電車・新交通整備度
非自動車依存度
都市・交通整備意識
居住者バランス

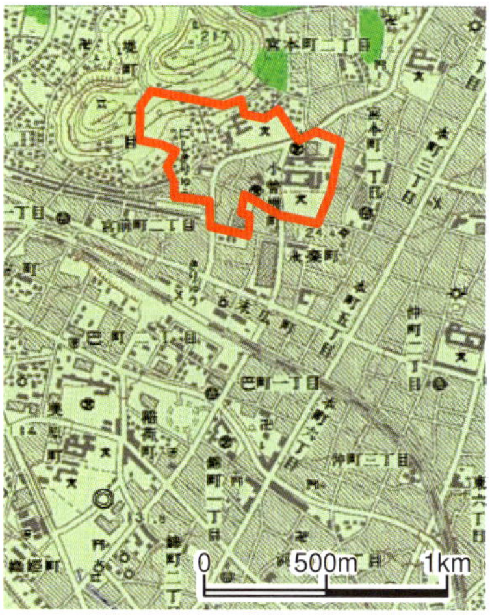

交通負荷　立地・整備　用途規制　居住状況

居住者特性　交通行動　居住者意識

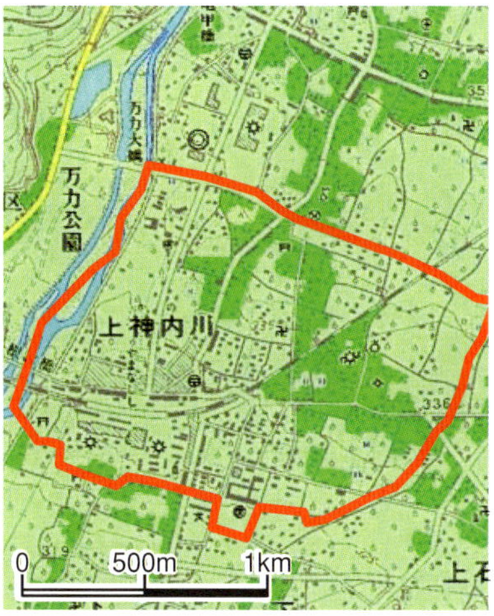

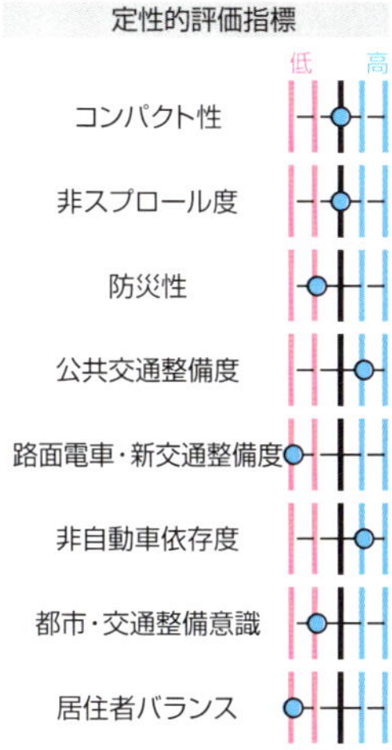

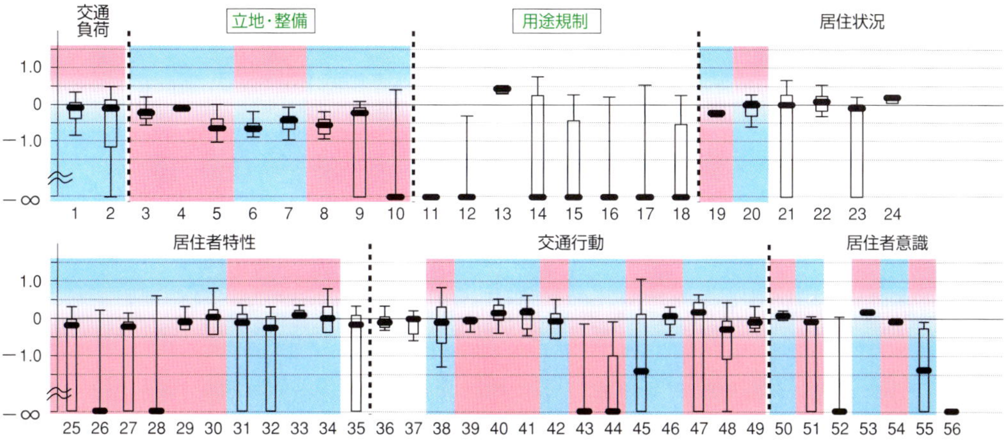

定量的評価指標

LL

LL 27

低密・都心及び都心周辺・駅徒歩圏外・住居地域タイプ

- 地方都市の中で休日１人１日自動車燃料消費量が７番目に少ない
- 地方都市の中で世帯あたり自動車保有台数が最小
- 戸建て住宅，マンションなどの住宅とともに，店舗も混合して立地している

地方都市

（分類条件）

土地利用規制			
住居地域 60%～			
人口密度	駅から	列車本数	都心から
～50 人/ha	1㎞～	—	～1.6km

今治市枝堀町（2006年１月N撮影）

新居浜市宮西町（2006年１月N撮影）

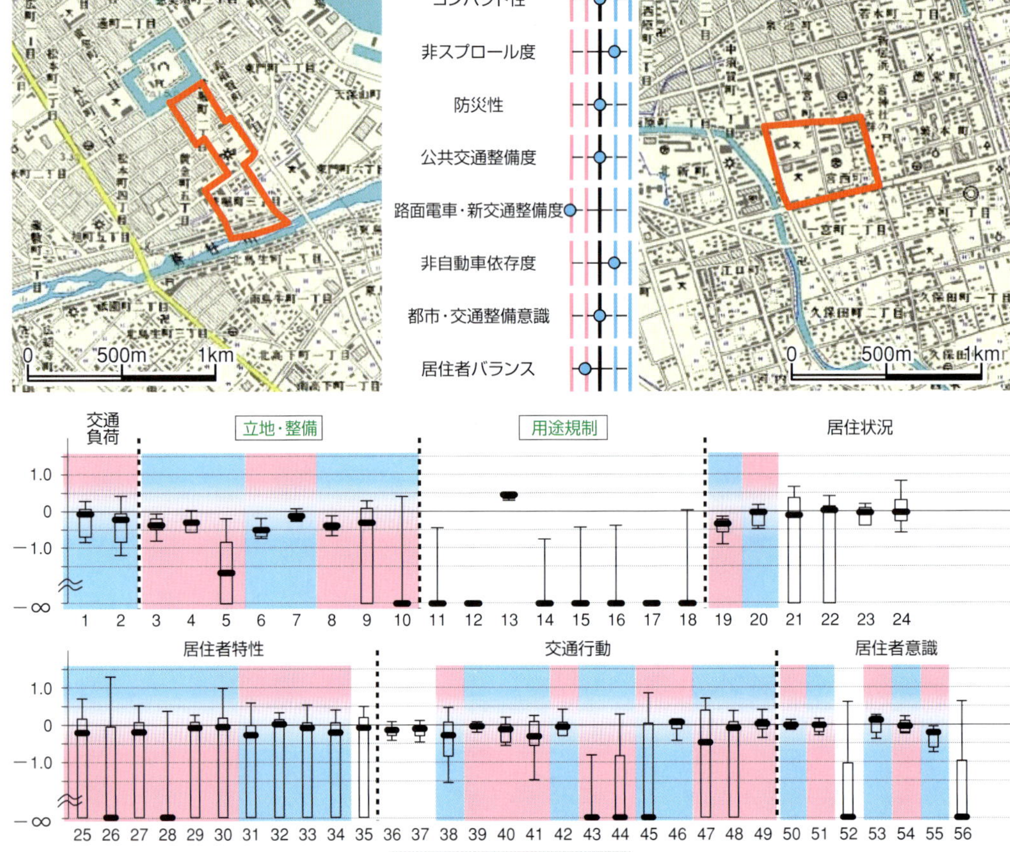

LL

LL 28

住宅系及び商業系混合タイプ

・地方都市の中で平日１人１日自動車燃料消費量が１０番目に少ない
・地方都市の中で休日１人１日自動車燃料消費量が８番目に多い
・店舗，戸建て住宅，マンションなどがある程度密集し，混合して立地している
・道路整備が行き届いている場合が多い

地方都市

（分類条件）

土地利用規制			
住宅系及び商業系混合（住宅系60～80%，残りは商業系）			
人口密度	駅から	列車本数	都心から
—	—	—	—

湯沢市北荒町（2002年11月T撮影）

伊万里市蓮池町（2002年1月S撮影）

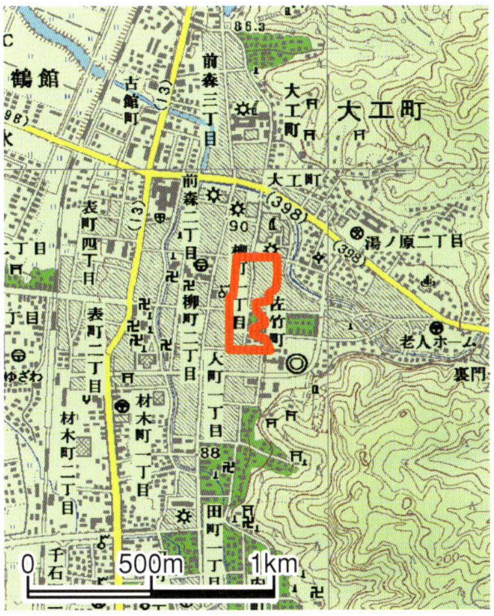

定性的評価指標（低・高）

- コンパクト性
- 非スプロール度
- 防災性
- 公共交通整備度
- 路面電車・新交通整備度
- 非自動車依存度
- 都市・交通整備意識
- 居住者バランス

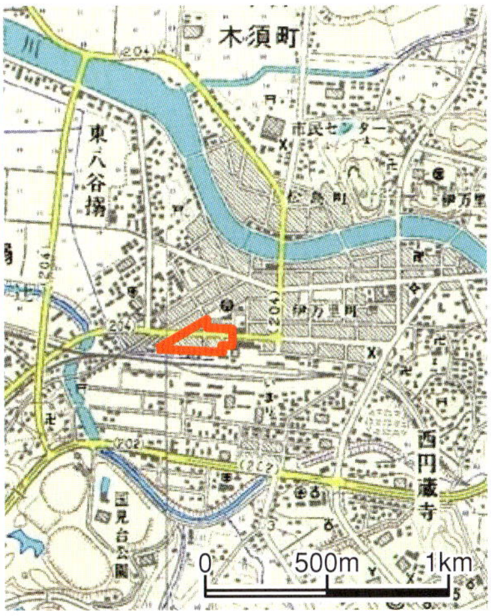

交通負荷　立地・整備　用途規制　居住状況

居住者特性　交通行動　居住者意識

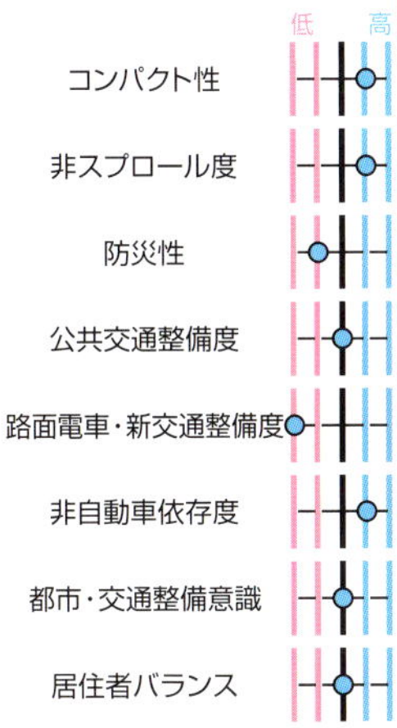

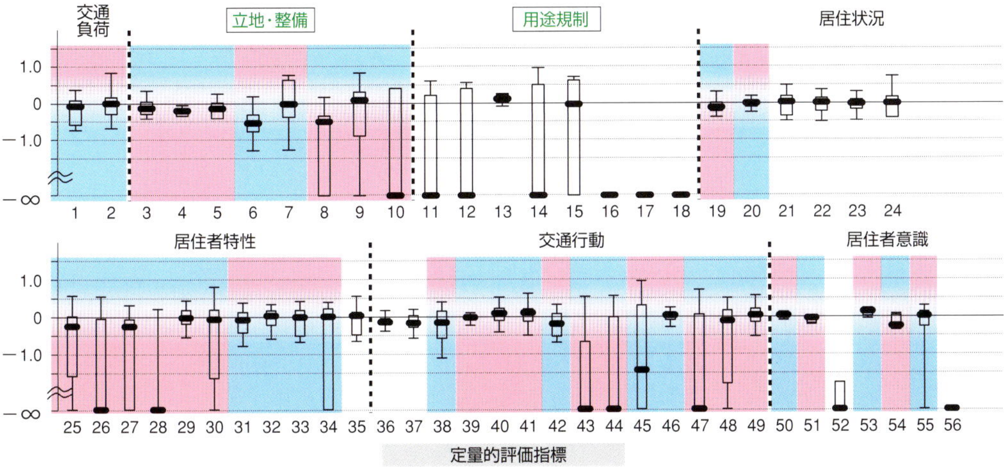

定量的評価指標

LL 29

商業系混在タイプ

・地方都市の中で平日1人1日自動車燃料消費量が9番目に少ない
・地方都市の中で戸建住宅密度が最大
・地方都市の中で列車本数が最大
・地方都市の中で鉄道分担率が最大
・地方都市の中で意識(環境問題)に「低環境負荷の自動車を利用する」と答えた人の割合が最小,「公共交通を利用する」と答えた人の割合が最大
・小規模な店舗とともに,大規模な店舗,マンションなどが混在して立地している

地方都市

(分類条件)

土地利用規制			
商業系混在 (商業系(近隣商業含む)土地利用割合が最も大きい)			
人口密度	駅から	列車本数	都心から
—	—	—	—

今治市常磐町(2006年1月N撮影)

大村市水主町(2006年12月N撮影)

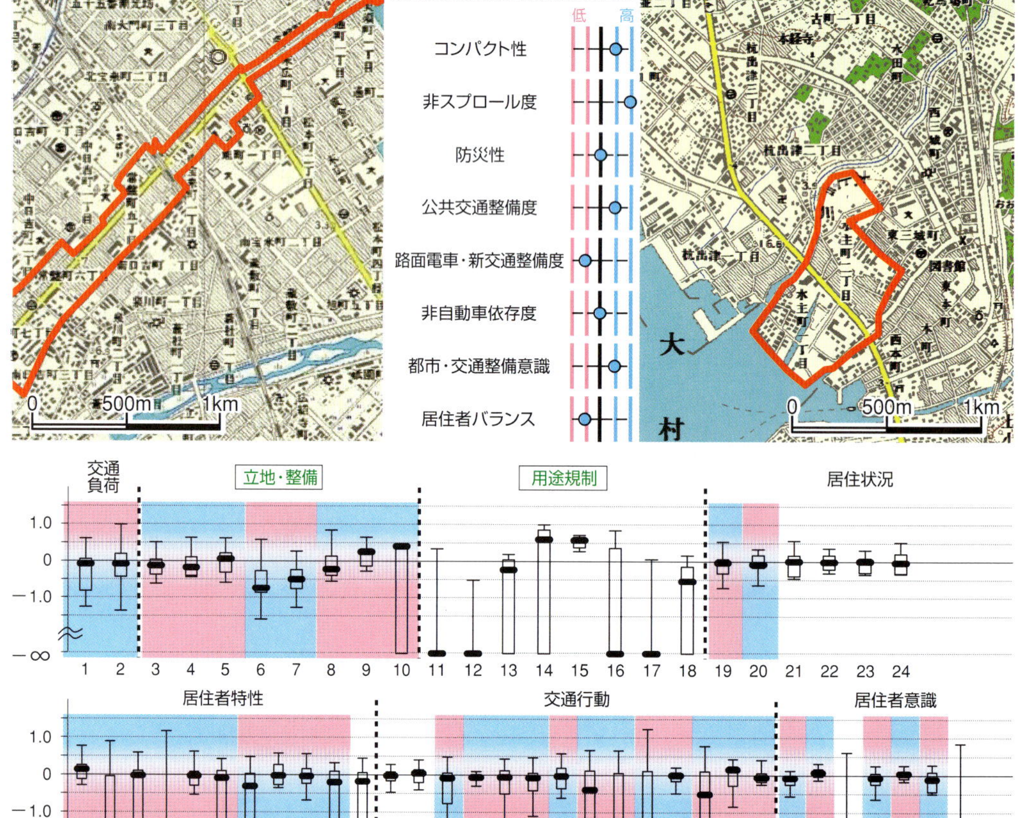

LL

中高密・駅徒歩圏外・列車多・中高層住宅タイプ

・地方都市の中で平日1人1日自動車燃料消費量が８番目に少ない
・大規模なマンション，集合住宅団地などが立地している一方で，戸建て住宅もある程度立地している場合が多い

地方都市

（分類条件）

土地利用規制			
中高層住宅専用地域 60～90%			
人口密度	駅から	列車本数	都心から
50人/ha～	1㎞～	114本～	—

敦賀市松原町（2006年12月N撮影）

敦賀市松葉町（2006年12月N撮影）

0　500m　1km

定性的評価指標

低　高

コンパクト性
非スプロール度
防災性
公共交通整備度
路面電車・新交通整備度
非自動車依存度
都市・交通整備意識
居住者バランス

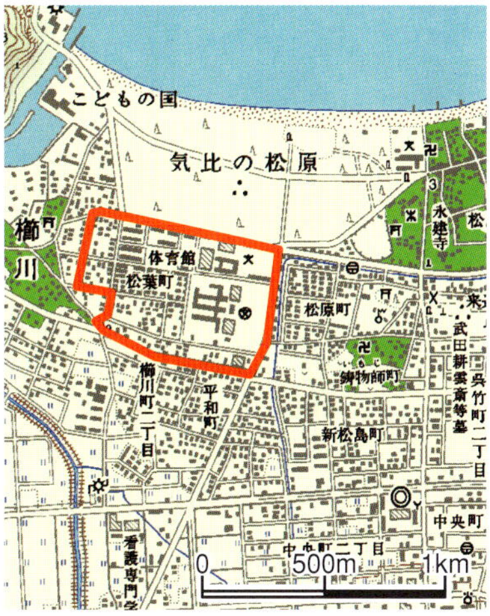

交通負荷　立地・整備　用途規制　居住状況

1.0　0　−1.0　−∞

1 2 3 4 5 6 7 8 9 10 11 12 13 14 15 16 17 18 19 20 21 22 23 24

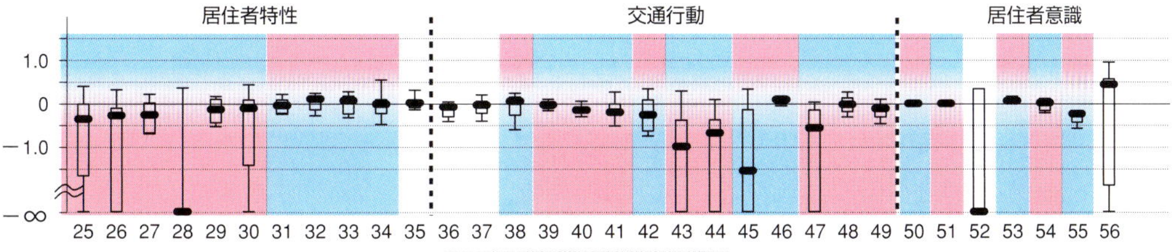

居住者特性　交通行動　居住者意識

1.0　0　−1.0　−∞

25 26 27 28 29 30 31 32 33 34 35 36 37 38 39 40 41 42 43 44 45 46 47 48 49 50 51 52 53 54 55 56

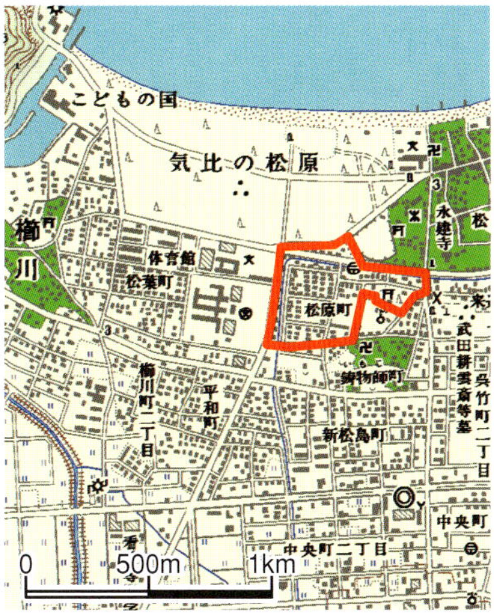

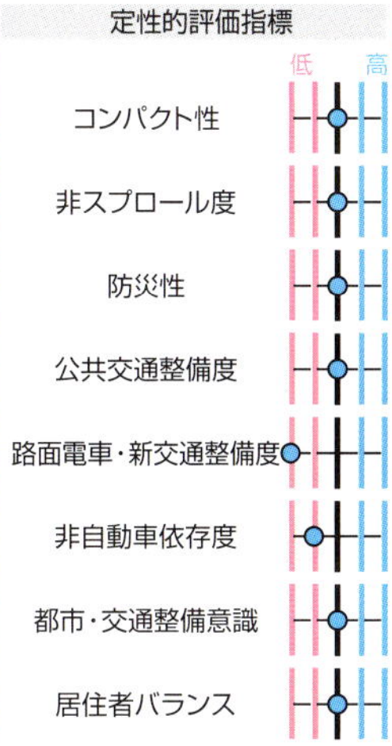

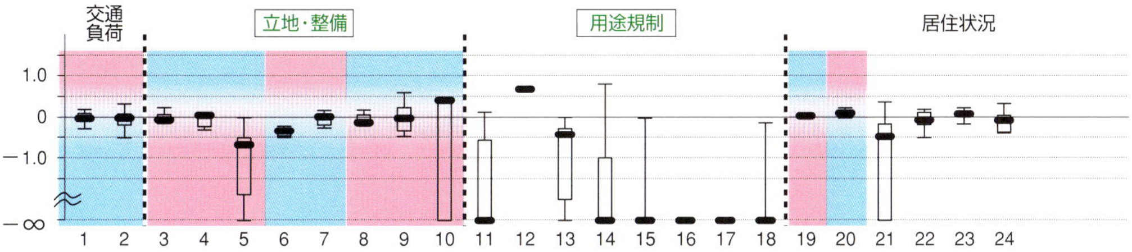

定量的評価指標

LL

LL 31

高密・住居地域タイプ

- 地方都市の中で平日１人１日自動車燃料消費量が７番目に少ない
- 地方都市の中で休日１人１日自動車燃料消費量が６番目に少ない
- 地方都市の中で住宅密度が最大
- 全住宅地タイプの中で基盤整備率が最小
- 地方都市の中で住居地域割合が最大
- 地方都市の中で人口密度が最大
- 地方都市の中で自由滞留時間が最大
- 地方都市の中でタクシー分担率が最大
- 戸建て住宅，アパートなどの住宅とともに店舗も混合しており，密集して立地している

地方都市

（分類条件）

土地利用規制			
住居地域 60%～			
人口密度	駅から	列車本数	都心から
100 人/ha～	—	—	—

小松市松任町（2006年12月N撮影）

沖縄市住吉（2003年11月T撮影）

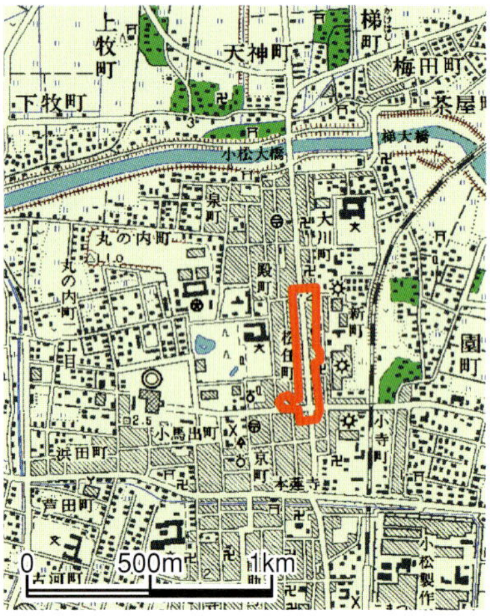

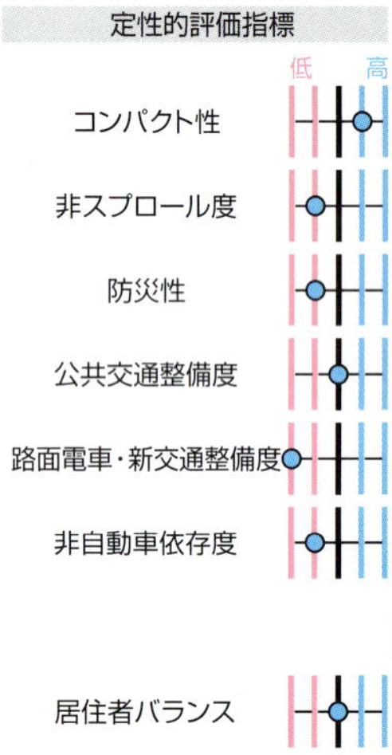

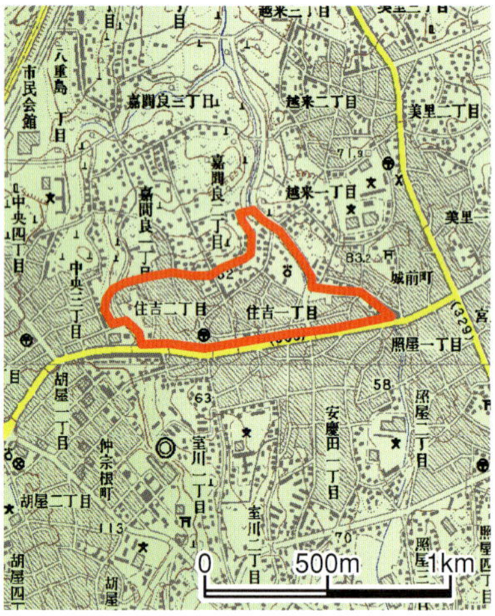

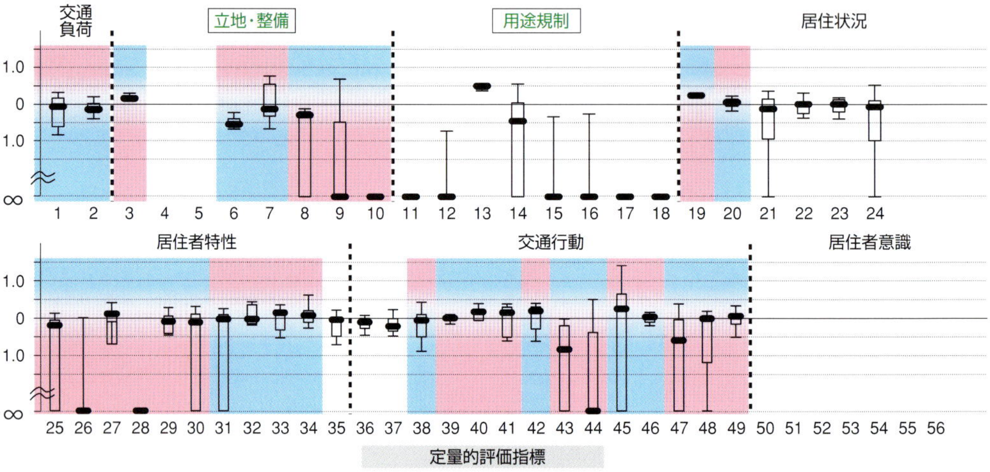

LL

低密・駅徒歩圏内・住宅系混在タイプ

・地方都市の中で平日１人１日自動車燃料消費量が６番目に少ない
・地方都市の中で休日１人１日自動車燃料消費量が１０番目に少ない
・地方都市の中で行動群９(車依存女性就業者)割合が最小
・戸建て住宅，マンションなどが混在して立地している
・建物間の距離が大きく密集していない場合が多い

地方都市

(分類条件)

土地利用規制			
住宅系混在 (住宅系土地利用割合が最も大きい)			
人口密度	駅から	列車本数	都心から
～50人/ha	～1㎞	—	—

敦賀市鉄輪町(2006年12月N撮影)

大村市武部町(2006年12月N撮影)

定性的評価指標（低・高）

- コンパクト性
- 非スプロール度
- 防災性
- 公共交通整備度
- 路面電車・新交通整備度
- 非自動車依存度
- 都市・交通整備意識
- 居住者バランス

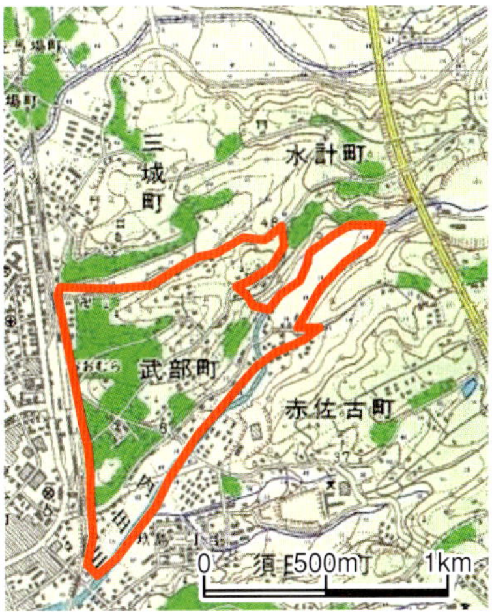

交通負荷／立地・整備／用途規制／居住状況（1～24）

居住者特性／交通行動／居住者意識（25～56）

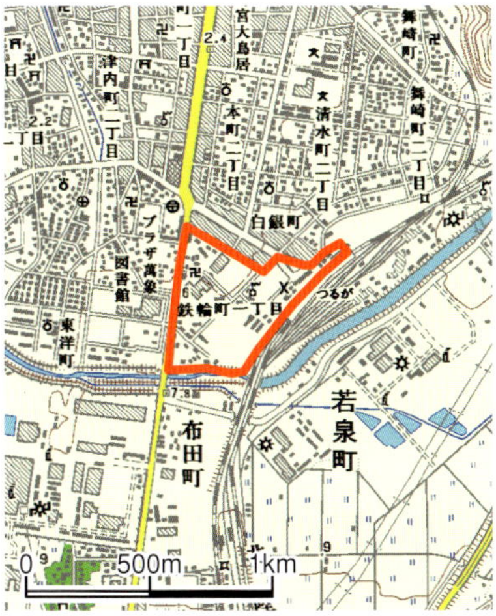

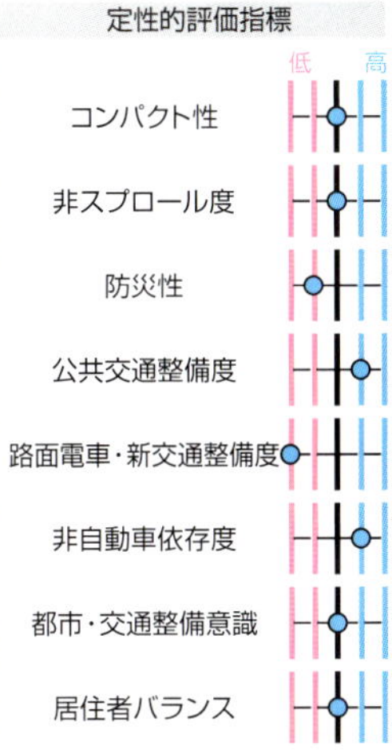

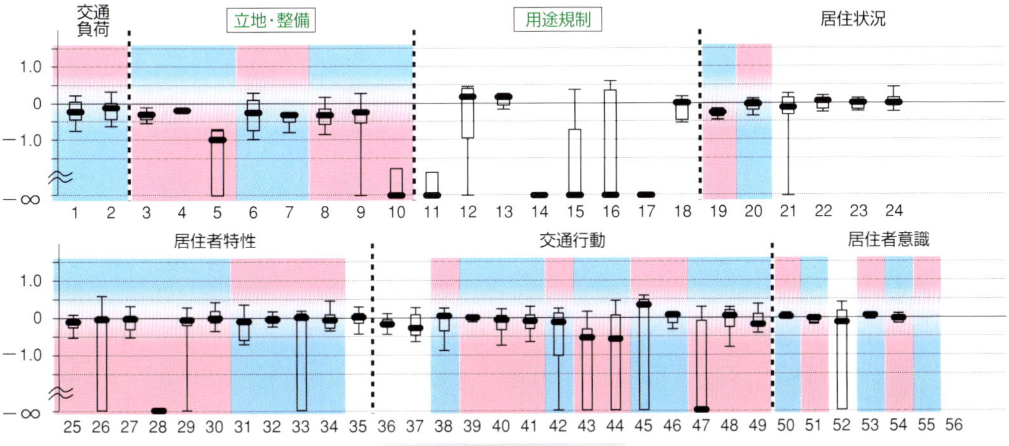

定量的評価指標

LL 33

工業・工業専用地域タイプ

- 地方都市の中で平日1人1日自動車燃料消費量が5番目に少ない
- 地方都市の中で休日1人1日自動車燃料消費量が最大
- 全住宅地タイプの中で工業・工業専用地域割合が最大
- 全住宅地タイプの中で行動群2(非車依存ブルーカラー)割合,行動群5(非車依存就業者)割合,行動群6(非車依存高齢者)割合が最小
- 地方都市の中で行動群4(非車依存農林漁業)割合,行動群10(車依存非就業者)割合が最大
- 地方都市の中で市外へ行く人の割合が最小
- 全住宅地タイプの中でタクシー分担率,二輪車分担率,徒歩分担率が最小,自動車分担率が最大

地方都市

(分類条件)

土地利用規制			
工業・工業専用地域 60%〜			
人口密度	駅から	列車本数	都心から
—	—	—	—

敦賀市東洋町(2006年12月N撮影)

人吉市中林町(2006年4月N撮影)

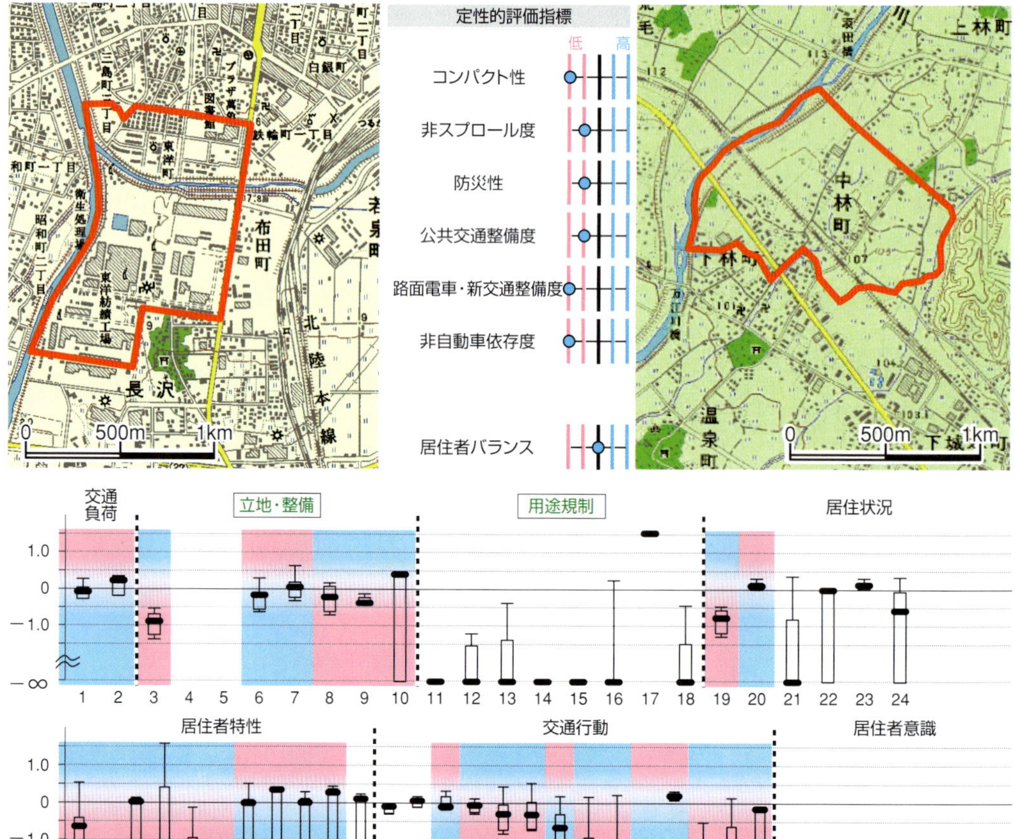

LL 34

近隣商業地域タイプ

- 地方都市の中で平日1人1日自動車燃料消費量が4番目に少ない
- 全住宅地タイプの中でバス停密度が最大
- 地方都市の中で近隣商業地域割合が最大
- 地方都市の中でバス分担率が最小，自転車分担率が最大
- 比較的小規模な店舗が多く立地している

地方都市

（分類条件）

土地利用規制			
近隣商業地域 60%～			
人口密度	駅から	列車本数	都心から
—	—	—	—

湯沢市田町1丁目（2002年11月T撮影）

人吉市下青井町（2006年4月N撮影）

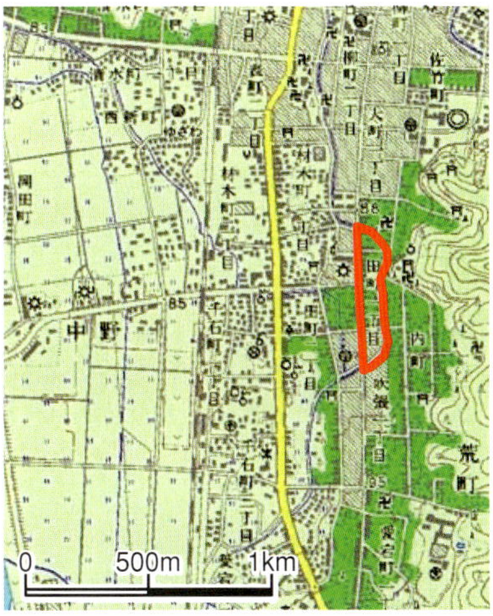

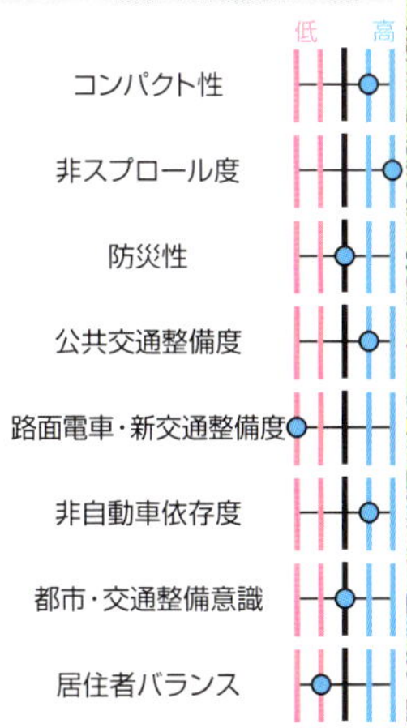

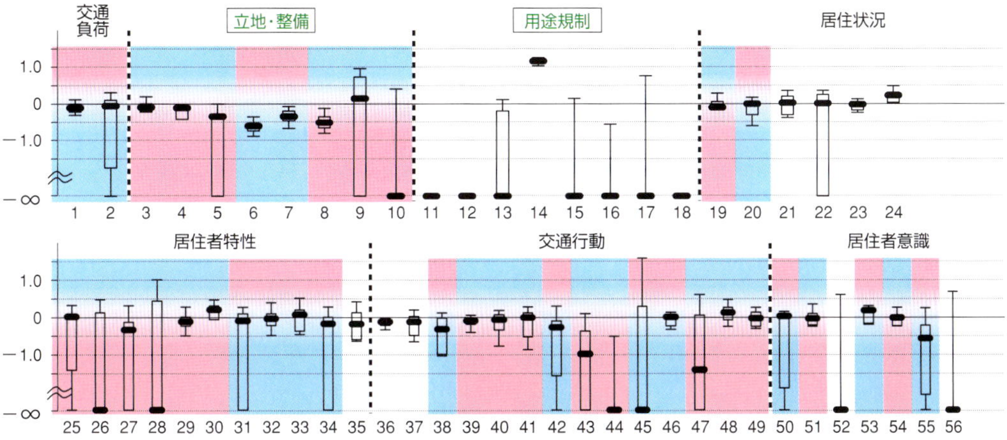

定性的評価指標（低 — 高）

- コンパクト性
- 非スプロール度
- 防災性
- 公共交通整備度
- 路面電車・新交通整備度
- 非自動車依存度
- 都市・交通整備意識
- 居住者バランス

交通負荷 / 立地・整備 / 用途規制 / 居住状況

居住者特性 / 交通行動 / 居住者意識

定量的評価指標

LL 35

中高密・駅徒歩圏内・中高層住宅タイプ

- 地方都市の中で平日１人１日自動車燃料消費量が３番目に少ない
- 地方都市の中で休日１人１日自動車燃料消費量が最小
- 地方都市の中で行動群５(非車依存就業者)割合が最大
- 地方都市の中でバス分担率が最大
- 大規模なマンション，集合住宅団地などが立地している一方で，戸建て住宅もある程度立地している場合が多い
- 分類条件としては50人/ha以上であるが，60～70人/ha程度の住区が多く，あまり高密ではない

地方都市

（分類条件）

土地利用規制			
中高層住宅専用地域 60～90%			
人口密度	駅から	列車本数	都心から
50人/ha～	～1㎞	—	—

飯塚市愛宕団地(2004年12月T撮影)

大村市池田新町(2006年12月N撮影)

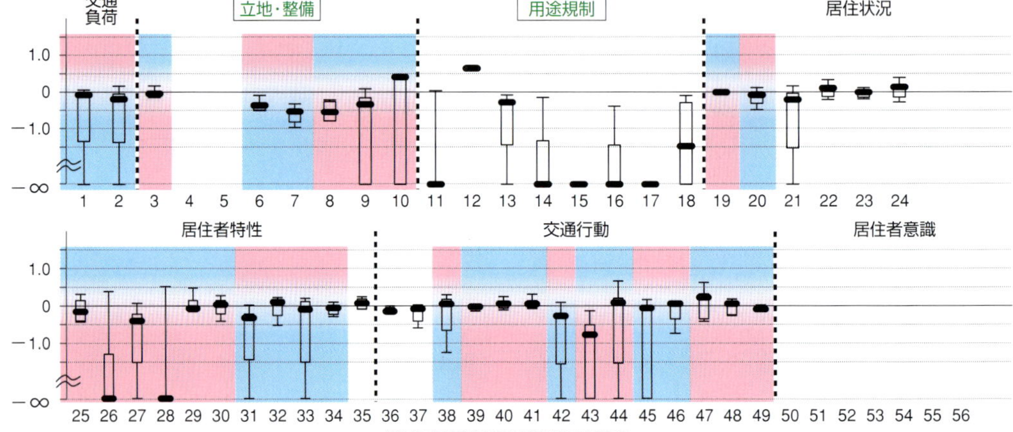

LL 36

低密・商業地域タイプ

・地方都市の中で平日1人1日自動車燃料消費量が2番目に少ない
・地方都市の中で休日1人1日自動車燃料消費量が9番目に少ない
・全住宅地タイプの中で都心からの距離が最小
・地方都市の中で行動群1(非車依存ホワイトカラー)割合が最大，行動群8(車完全依存就業者)割合が最小
・地方都市の中で総移動距離が最小
・地方都市の中でバス分担率，自転車分担率が最小，徒歩分担率が最大
・比較的小規模な店舗が散らばって立地している場合が多い

地方都市

(分類条件)

土地利用規制			
商業地域 60%～			
人口密度	駅から	列車本数	都心から
～50人/ha	—	—	—

湯沢市大町2丁目(2002年1月T撮影)

人吉市五日町(2006年4月N撮影)

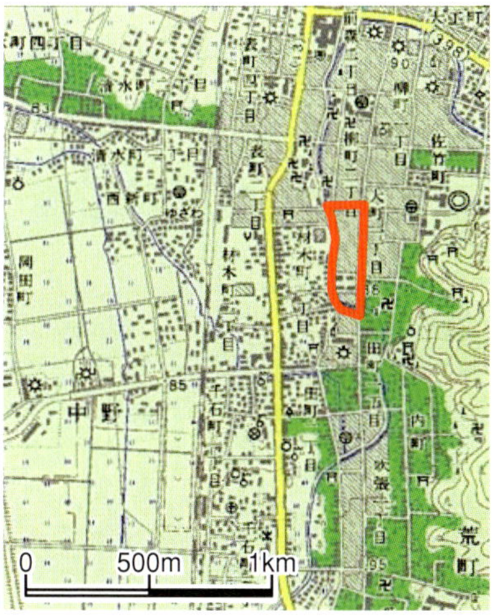

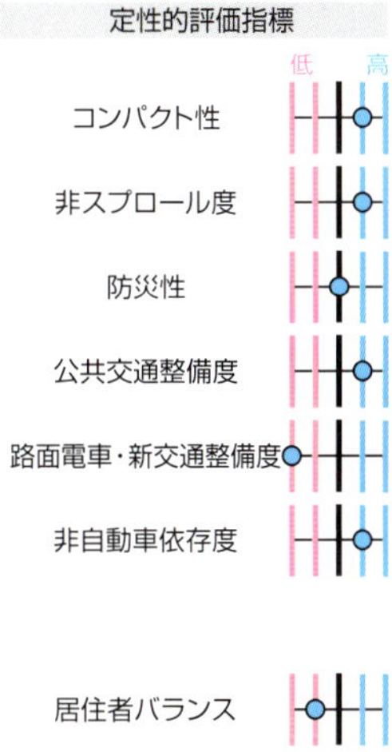

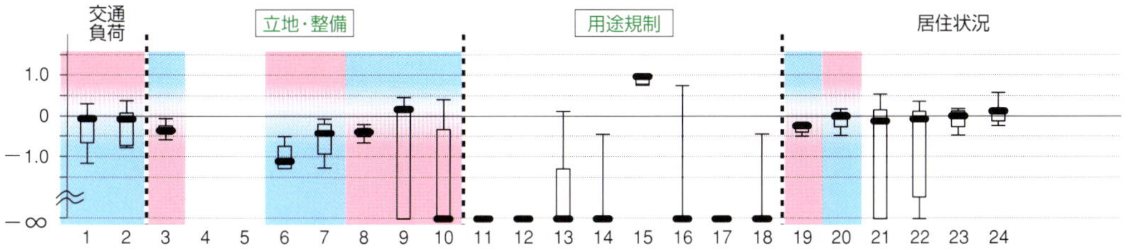

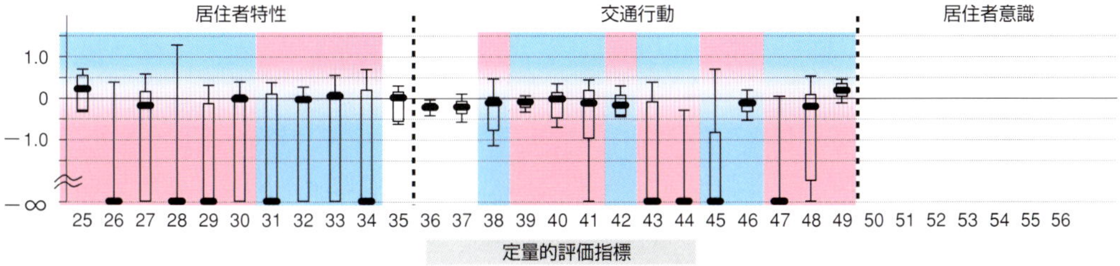

定性的評価指標(低・高)

コンパクト性
非スプロール度
防災性
公共交通整備度
路面電車・新交通整備度
非自動車依存度
居住者バランス

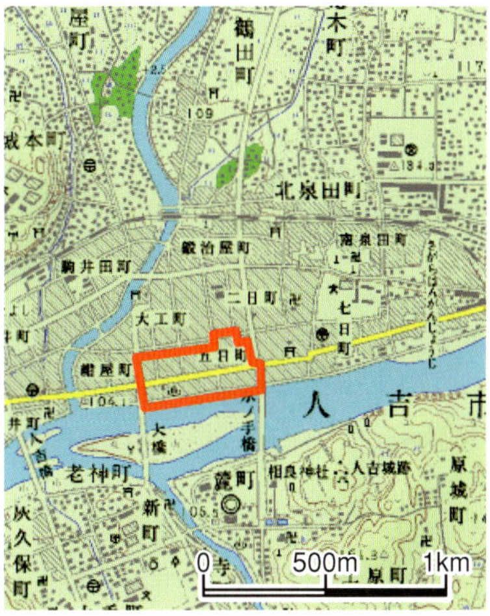

交通負荷　立地・整備　用途規制　居住状況

居住者特性　交通行動　居住者意識

定量的評価指標

LL

LL 37

中高密・商業地域タイプ

・地方都市の中で平日１人１日自動車燃料消費量が最小
・地方都市の中で休日１人１日自動車燃料消費量が２番目に少ない
・地方都市の中で商業地域割合が最大
・地方都市の中で車走行距離が最小
・道路整備が行き届いている場合が多い
・全住宅地タイプの中でバス分担率が最小

地方都市

（分類条件）

土地利用規制			
商業地域 60%〜			
人口密度	駅から	列車本数	都心から
50 人/ha〜	—	—	—

人吉市紺屋町（2006年4月N撮影）

伊万里市伊万里町甲浜町（2002年１月S撮影）

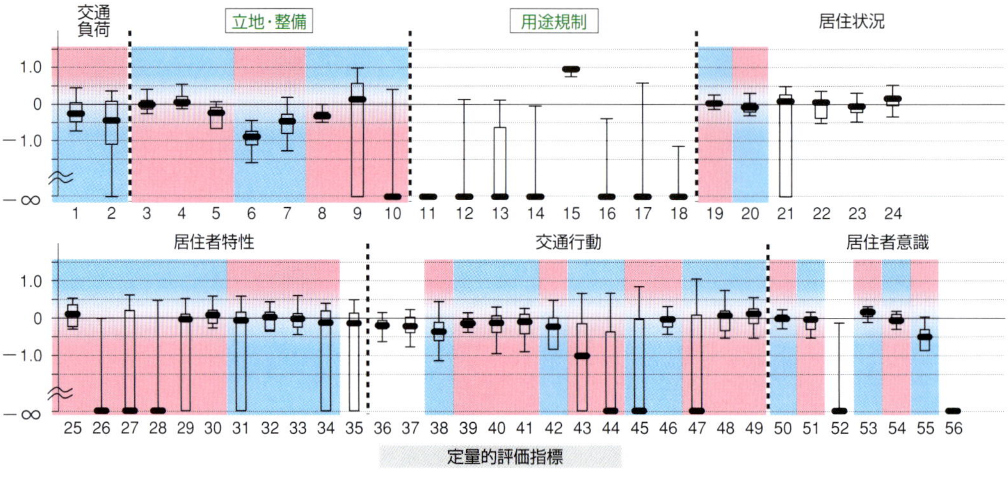

定性的評価指標（低〜高）

- コンパクト性
- 非スプロール度
- 防災性
- 公共交通整備度
- 路面電車・新交通整備度
- 非自動車依存度
- 都市・交通整備意識
- 居住者バランス

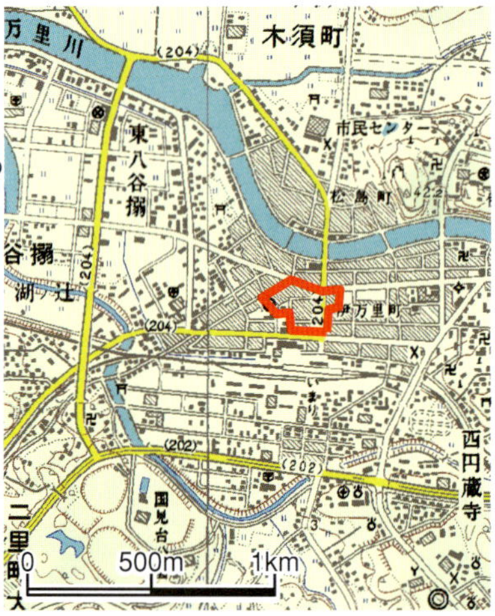

交通負荷　立地・整備　用途規制　居住状況

居住者特性　交通行動　居住者意識

定量的評価指標

LL

第2部
「まちかど図鑑」・資料編

1「まちかど図鑑」が示すこと

前の章でも述べたように，このまちかど図鑑には多様な用途が考えられます。このため，この図鑑から読み出される情報もそれに応じていろいろなものがありえます。ここではまちかど図鑑を活用していく上で，そこから得られると思われるいくつかの基本的な情報を参考までに整理しておきます。

1）美しいとはお世辞にもいえない日本のまち

当初からある程度の予想はしていましたが，このまちかど図鑑のように意図的に美しい対象地区を選ぶということを行わなければ，これだけ多様な住宅地タイプを集めてきても，美しいといえるだけのまちかどがほとんどその中に見当たらないことは誠に残念といえます。日本のまちは以前に比較してきれいになったということも最近言われますが，まだまだ調和のある美しいまちの空間が形成されているとはお世辞にもいえません。特別な景観整備事業を行わないとまちかどが美しくならないというのは，とても残念なことです。普通のありふれたまちかどが美しさを備えていくためにはどうすればよいか，この現状を知った上で今後の工夫と努力がますます求められることになります。

2）パターンはあっても個性に乏しい

本図鑑をしばらく眺めていただければ明らかな通り，日本のまちかどにはいくつかの典型的なパターンがあるといえます。一戸建てが並んだ郊外住宅から都心に至るまで，まちかどの様子にはそれぞれにその場所の土地利用規制や交通条件が明確に影響を与えていることを読み取ることができます。その一方で，パターンはあってもその場所の個性やまちづくりのコンセプトが感じられるケースは決して多いとはいえません。たとえ規制の範囲内であったとしても，個々の敷地の権利者がそれぞれ自分の利益だけを考えて好き勝手に建物をつくっている限り，まちに個性は生まれません。個性やコンセプトを実現するにはそれにみあった計画が必要で，その実現のためにはある程度の私権が制限される場合があることも理解していく必要があります。

3）土地利用コントロールには意義がある

130ページを見れば，地方都市では市街化調整区域の占める割合が高い住宅地タイプ（灰色で表記）ほど，一人当たり自動車燃料消費量が明らかに高い傾向にあります。この逆に26ページなどの大都市圏中心都市では必ずしもそのような傾向は明確でなく，むしろ市街化調整区域では地区の人口密度が低い割りに一人当たり自動車燃料消費量が小さい数字になっています。これは，土地利用規制を通じ，地区内での実際の居住区域が地区全域に広がらず，実質的にコンパクトに管理できていることによるものです。大都市圏域では比較的公共交通が整備されており，目的地となる施設も地方都市に比較して車でなければアクセスできないという状態ではないため，このようなコントロールの効果が生まれたのではないかと類推できます。この結果から大都市圏における市街化調整区域による土地利用規制が，コンパクトで環境負荷の低い居住形態の実現に有効であるといえます。

4）公共交通の重要性

まちかど図鑑全体を通し，利便性の高い公共交通の存在がコンパクトな都市形態の実現と，居住者の交通環境負荷を下げていることを読み取ることができます。住宅地タイプの分類条件としては一般鉄道駅への距離やサービス頻度を指標としていますが，各ページ下の箱ひげ図や定性的指標の中にも公共交通整備水準に関連する指標があります。これらを注意深く読めば，分類条件だけからでは説明が難しかった住宅地タイプの特徴も説明できるようになるものが散見されます。また，一般の鉄道のみならず路面電車の存在も小さくありません。例えば，地方中心都市で最も交通環境負荷の小さい，CL40の住宅地タイプではここに所属する半数以上の地区が路面電車の駅勢圏に存在します。その反面，地方都市の住宅地タイプには，路面電車の駅勢圏にある地区がそもそも存在せず，同時に交通環境負荷が高いことを読み取ることができます。

5）都心居住の担い手を考える

この図鑑では「行動群」という交通行動特性の類似した居住者のグループ分類を用いることにより，居住者構成の側面からも住宅地タイプの特性を考えることができるようにしています。例えば，一般に都心側の住宅地タイプでは一人当たり自動車燃料消費量が少なく，環境負荷が小さいことが読み取れますが，それは自動車を利用できない高齢者の行動群割合が高いためです。今後，都心の住宅地タイプにおいては，将来的にこのような交通環境負荷の低い高齢者が抜けた後に，どのような「行動群」にそこに居住してもらうのがよいか，よく考える必要があります。本書の中では，特にLL37などの住宅地タイプがそれに該当します。現在は地方中心都市においても一部で高齢者も含めた人口の都心回帰が生じており，都市圏全体における居住構成の再配分を考える上で重要な時期にあるといえます。

6）混在型土地利用の効果

交通環境負荷の低いまちづくりを実践するために，住宅や商業などの用途を意図的に混在させるMixed Land Useの手法が近年着目されています。しかし，同じ地区の中に異なる用途が混在することが，交通環境負荷の低下につながるかどうかということは必ずしも実証されているわけではありません。このまちかど図鑑を見る限り，反例もいくつか見つけることができます。例えば，地方中心都市の場合，住宅系及び商業系用途が混合したCL24の住宅地タイプは，より人口密度が低く住宅地に特化したCL34，CL35などの住宅地タイプよりも一人当たり自動車燃料消費量は高い値となっています。

7）地方都市ほど大きな内部差

平日一人当たり自動車燃料消費量に着目すれば，大都市圏中心都市と地方都市における住宅地タイプでは，単に後者の値が高いというだけではありません。各都市タイプの内部での数値の散らばり方にも大きな違いがあります。27ページと131ページの比較からも明らかなように，地方都市では住宅地タイプ間の燃料消費量のばらつきが大きいのに比較し，大都市圏中心都市ではばらつきが相対的に小さくなっています。すなわち，住宅地タイプ間における自動車燃料消費量の順位のみに着目すれば，地方都市は大都市圏中心部に比較して安定性が高いということが言えます。このように検討対象とする住宅地がどの都市タイプに所属し，そのことによってどのような違いが存在するかということについても理解した上で，まちかど図鑑の各ページを用いることが大切です。

なお，本書における指標値の動向などは必ずしも100%論理的に説明できることばかりとは限りません。しかし，そのような結果についても特に手を加えることなく，そのまま提示することを方針としました。一見論理的には説明が難しいことでも，先述した4）のように，箱ひげ図などを参照することによって，説明が可能となる事象も少なくありません。

また，上述した6）などの問題は，現在までその効果が実証されていたわけではなく，むしろ単に直感だけで信じられていたことです。さらに，実際には一定の前提条件がすべてそろわなければそのような直感で信じられていたことが起こらないケースもあると思われます。このように，客観的な情報が全く無かった計画上の一種の「迷信」ともいえる諸事項に対し，このまち図鑑ははじめてメスを入れたということができます。本書のページをくっていただくことで，今までは難しかった判断の参考としていただければ幸いです。

なお，2007年1月に本書の一部を最も早くからコンパクトシティ政策の提言を行っている国際会議（International Conference on Urban Planning and Environment）で公表したところ大きな反響がありました。特に，ネット上で誰もが参加してできる国際的なまち図鑑の構築（Wikipediaの都市計画版）に関する要望を喚起することとなり，将来的に各国で類似の取り組みが進むことも期待されます。今後各所でさらに関連する分析が積み重ねられ，本書だけではよくわからなかった事柄がさらに明確にされていくことを期待しています。

2 「まちかど図鑑」記載事項に関する参考情報

(1) 住宅地タイプの設定方法
(2) 自動車燃料消費量の推計方法
(3) 行動群の設定
(4) 定量的評価指標に関連して
(5) 本書の分析内容に直接関連する論文・書籍リスト
(6) 現地写真撮影者
(7) 住宅地タイプ別該当住区一覧

(1) 住宅地タイプの設定方法[4)]

a. 設定の考え方

本文中でも述べたとおり，今後の都市整備のあり方を検討する際，市町村などの大きなスケールで傾向を論じるより，実際の整備計画単位である町丁目（住区）などの詳細なスケールにおいて計画を立てて実行していくことが現実的な方法といえます。この詳細なスケールが本書で考える「まちかど」（住宅地タイプ）に相当します。本書で用いている住宅地タイプを設定するにあたっては，「類似」した住区を適切にまとめていく方法を採用しています。特定都市や仮想都市に対して数学的なモデルを構築する研究などは既にたくさんありますが，本書では日本に存在するあらゆるタイプの住宅地を，十分な対象住区数を確保することでカバーし，それらを適切に分類することで有用な情報が提供できると考えました。分類に際しては居住者の一人一日当たり自動車燃料消費量の違いを明確にできることを主眼とし，その観点から，以下のような方法で類似した住区を住宅地タイプとしてグループ化しています。

b. 対象とした都市，住区

本書で調査対象とした都市は**付録表－1**に示す大都市圏中心都市から地方都市に及ぶ70都市です。これらの都市の都市計画区域の中からランダムサンプリングされたそれぞれおよそ30住区（70都市全体で1,996住区）を本書の調査対象としました。これは幅広い地区を統計的にカバーするため，過去の全国都市パーソントリップ調査において検証に基づいて既に実施されている選定方法で，本書もその方法に従っています。

c. 検討要因と住宅地タイプ設定の考え方

対象とした住区を有効な住宅地タイプへと分類するためには，各住区における居住者の一人一日当たり自動車燃料消費量に影響を及ぼす諸要因を幅広く検討し，影響の強い要因を組み合わせて住区の分類を行うことが必要となります。本書では，数多くの関連要因を実データに基づいて検討した結果，それらの中から実際にその住区の一人一日当たり自動車燃料消費量に大

付録表−1　都市タイプの内容と調査対象都市

都市タイプ	設定条件	都市名
大都市圏中心都市（CM）	政令指定都市あるいは人口100万人以上の都市	仙台市，横浜市，川崎市，名古屋市，京都市，大阪市，神戸市，広島市，北九州市，福岡市
大都市圏衛星都市（SM）	三大都市圏内における中心都市以外の都市	取手市，熊谷市，所沢市，千葉市，松戸市，町田市，岐阜市，豊橋市，春日井市，津市，大津市，宇治市，堺市，姫路市，奈良市
地方中心都市（CL）	県庁所在地あるいは人口15万人以上の都市	小樽市，旭川市，弘前市，盛岡市，郡山市，宇都宮市，富山市，金沢市，甲府市，松本市，静岡市，浜松市，鳥取市，松江市，岡山市，呉市，下関市，徳島市，長崎市，熊本市，大分市，鹿児島市，那覇市
地方都市（LL）	三大都市圏以外で中心都市の条件を満たさない都市	塩竈市，湯沢市，酒田市，日光市，桐生市，上越市，小松市，敦賀市，山梨市，佐久市，安来市，玉野市，徳山市，今治市，新居浜市，飯塚市，伊万里市，大村市，人吉市，日向市，鹿屋市，沖縄市

きな影響を及ぼしていた，①都市の特性（タイプ），②人口密度，③土地利用規制，④交通条件，⑤都市圏内での位置（都心への距離）といった諸変数を用い，住宅地タイプの分類を実施しました。具体的な各変数の内容を，**付録表−2**に示します。ちなみに，多くの既存研究などで自動車利用に影響があるとされてきた人口密度については，本検討でもその傾向が大きく現れていましたが，そのほかにも土地利用規制など政策的要因の影響もそれに劣らず大きいことが明らかになりました。なお，これらの関連要因のデータは，主として平成4年時点の情報を基に整理しています。

d．住宅地タイプ分類の結果

付録表−2で示した分類指標に基づいて住宅地タイプの設定を行いますが，これら分類指標を完全に組み合わせると，一つの住宅地タイプに含まれる交通行動主体のサンプル数が精度ある結果を得るには足らなくなってしまう場合があります。本書では，「まちかど」図鑑として十分な分析精度が保障できる程度のサンプル数（300以上）を確保することを目標に似通った特性をもつ住区をまとめていき，最終的に**付録表−3**に示す129の住宅地タイプを設定しました。

住宅地タイプについては，都市タイプごとに平日1人1日自動車燃料消費量が多い順に住宅地タイプ番号を割り当てています。都市タイプが大都市圏中心都市（Central City in Metropolitan Area）である住宅地タイプには「CM1」～「CM22」，以下同様に大都市圏衛星都市（Satellite City in Metropolitan Area）では「SM1」～「SM36」，地方中心都市（Central City in Local Area）では「CL1」～「CL40」，地方都市（Local City in Local Area）では「LL1」～「LL37」という番号表記になっています。なお，似通った特性をもつ住区をまとめて住宅地タイプを設定する際，都市タイプの異なる住区をまとめて同じ住宅地タイプとしたケースが4種類｛CM16, SM26｝｛CM3, SM17｝｛CM9, SM23｝｛CM4, SM18, CL30, LL29｝あるため，この重複分をそれぞれ各都市タイプにおける別個の住宅地タイプと捉えると，その数は135種類になります（本文中では主にこの135住宅地タイプという数字を用いています）。

（2）自動車燃料消費量の推計方法[1)]

本書では，居住者の環境負荷の主要指標として平日一日における一人当たり自動車利用に伴う燃料消費量（ガソリン換算）を指標として用いています。なお，鉄道やバスの利用に伴うガソリン消費量

付録表－2　住宅地タイプの設定に用いた諸変数

分類条件	区　分		
①都市タイプ	1：大都市圏中心都市（CM）		
	2：大都市圏衛星都市（SM）		
	3：地方中心都市（CL）		
	4：地方都市（LL）		
②人口密度	1：～50人/ha		
	2：50人/ha～100人/ha		
	3：100人/ha～150人/ha		
	4：150人/ha～		
③土地利用規制	市街化調整区域	25%～50%	
		50%～75%	
		75%～	
	住宅系	低層住宅専用地域	90%～
			60%～90%
		中高層住宅専用地域	90%～
			60%～90%
		住居地域	60%～
	商業系	近隣商業地域	60%～
		商業地域	60%～
	工業系	準工業地域	60%～
		工業・工業専用地域	60%～
	住宅系及び商業系混合（住宅系60%～80%，残りは商業系）		
	混在住区	住宅系混在（住宅系用途の指定割合が最も大きい）	
		商業系混在（商業系用途の指定割合が最も大きい）	
		工業系混在（工業系用途の指定割合が最も大きい）	
④交通条件	最寄り駅までの距離	近：～1km	
		遠：1km～	
	最寄り駅の列車本数（上下合計）	少：～114本	
		多：114本～	
⑤都心までの距離	1：1.6km		
	2：1.6km～　5km		
	3：5km～		

も自動車と同様に算出を行いましたが，交通全体の消費量に占める割合で見ればその比重が小さいため，本書では自動車利用のみを燃料消費量の検討対象としました。一方，自動車利用の中にはガソリンではなく，ディーゼルなどの軽油を利用するものもありますが，それらについてはガソリン利用に換算して分析結果に含めています。具体的には，個人の目的トリップのうち，交通手段として自動車を利用した手段トリップ（アンリンクトトリップ）のみに着目し，そのアンリンクトトリップごとに式(1)及び(2)に基づいてその算出を行いました。なお，本書では各住宅地における居住者の交通を検討対象としており，物流に対しては別途検討が必要といえます。また，居住者による交通であっても，移動距離が80 km以上のトリップは圏域内での行動とはいえないため，検討から除外しています。

$$q = 0.290\,x + 49.3 \qquad (1)$$

$$Q = q \cdot s_c \qquad (2)$$

q（cc/km）：距離当たり燃料消費量　　x（秒/km）：（速度）$^{-1}$

Q（cc）：1トリップ当たり燃料消費量　　s_c（km）：自動車移動距離

付録表－3　住宅地タイプ分類表（その1）

注）分数条件は付録表-2参照

	住宅地タイプ	分類条件 土地利用規制		都市タイプ	人口密度	駅距離	列車本数	都心距離	該当住区数	サンプル数	平日1人1日自動車燃料消費量 (cc)
1	CM17	市街化調整区域25%～	市街化調整区域25%～50%	1	—	—	—	—	17	501	544.5
2	SM8			2	1	近	—	—	11	349	828.8
3	SM7					遠	—	—	18	516	832.9
4	SM30				2,3,4	—	—	—	11	466	539.3
5	CL18			3	1	—	—	1,2	26	886	871.6
6	CL13							3	11	491	927.6
7	CL31				2,3,4	—	—	—	14	596	729.2
8	LL4			4	1	近	—	—	8	515	1060.0
9	LL13					遠	—	1,2	23	755	895.1
10	LL22							3	6	307	791.1
11	LL8				2,3,4	—	—	—	5	293	974.4
12	CM16,SM26		市街化調整区域50%～75%	1,2	—	—	—	—	28	863	590.1
13	CL33			3	1	近	—	—	7	138	703.3
14	CL15					遠	—	—	27	1064	918.0
15	CL9				2,3,4	—	—	—	9	323	965.8
16	LL10			4	—	近	—	—	15	1054	914.3
17	LL25					遠	—	1	13	926	756.3
18	LL7							2,3	17	616	984.7
19	CM3,SM17		市街化調整区域75%～	1,2	—	—	—	—	9	181	740.0
20	CL12			3	—	近	—	—	6	249	939.4
21	CL28				—	遠	—	—	18	816	771.7
22	LL2			4	—	近	—	—	4	258	1079.0
23	LL14				—	遠	少	1,2	34	1402	893.4
24	LL1							3	21	552	1194.6
25	LL5						多	—	9	340	1027.7
26	CM6	住宅系及び商業系混合		1	—	—	—	—	21	641	703.7
27	SM15			2	—	—	—	—	25	806	763.5
28	CL24			3	—	—	—	—	32	958	797.7
29	LL28			4	—	—	—	—	34	860	740.7
30	CM10	住宅系	低層住宅専用地域90%～	1	—	—	—	—	8	170	655.6
31	SM35			2	1,2	近	—	—	4	82	355.0
32	SM4					遠	—	—	12	405	862.3
33	SM36				3,4	—	—	—	8	200	323.9
34	CL7			3	—	—	—	—	20	419	1045.7
35	LL3			4	—	—	—	—	8	257	1066.7
36	CM15		低層住宅専用地域60%～90%	1	—	近	—	—	11	284	618.2
37	CM1					遠	—	—	22	617	938.9
38	SM1			2	1	—	—	—	14	320	1058.0
39	SM28				2	近	—	—	8	193	556.1
40	SM13					遠	—	1,2	12	423	773.8
41	SM12							3	8	311	775.9
42	SM27				3,4	—	—	—	12	410	568.4
43	CL35			3	1	近	—	—	3	103	657.7
44	CL34					遠	—	—	13	388	687.8
45	CL8				2	近	—	—	6	247	988.0
46	CL11					遠	—	—	27	809	945.9
47	CL23				3,4	—	—	—	10	251	822.1
48	LL6			4	1	—	—	—	10	186	1005.8
49	LL12				2,3,4	—	—	—	13	592	906.7
50	CM2		中高層住宅専用地域90%～	1	—	—	—	—	8	161	760.9
51	SM21			2	—	近	—	—	7	228	696.3
52	SM16					遠	—	—	8	288	757.9
53	CL2			3	1	—	—	—	7	178	1154.3
54	CL25				2,3,4	—	—	—	14	335	788.9
55	LL23			4	—	—	—	—	17	496	785.0
56	CM12		中高層住宅専用地域60%～90%	1	1,2	—	—	—	10	264	643.9
57	CM14				3,4	—	—	—	13	314	634.0
58	SM10			2	1	—	—	—	7	195	800.2
59	SM11				2	近	—	—	6	190	789.2
60	SM22					遠	—	—	8	172	689.4
61	SM25				3	—	—	—	10	172	624.6
62	SM29				4	—	—	—	5	205	555.0
63	CL21			3	1	—	—	—	16	280	838.5
64	CL16				2	近	—	—	8	179	891.9
65	CL1					遠	少	—	12	338	1296.6
66	CL17						多	—	24	901	881.9
67	CL36				3,4	—	—	—	12	348	571.5

付録表－3　住宅地タイプ分類表（その2）

注）分数条件は付録表-2参照

	住宅地タイプ	分類条件							該当住区数	サンプル数	平日1人1日自動車燃料消費量 (cc)
		土地利用規制		都市タイプ	人口密度	駅距離	列車本数	都心距離			
68	LL11	住宅系	中高層住宅専用地域60%～90%	4	1	—	—	—	14	447	910.3
69	LL35				2,3,4	近	—	—	6	306	651.6
70	LL18					遠	少	—	7	265	836.4
71	LL30						多	—	10	500	731.1
72	CM7		住居地域60%～	1	1,2	—	—	—	21	475	685.0
73	CM13				3	近	—	—	11	251	636.4
74	CM8					遠	—	—	13	408	678.2
75	CM18				4	—	—	—	20	437	522.1
76	SM14			2	1	近	—	—	13	540	765.1
77	SM2					遠	—	—	12	314	917.3
78	SM19				2	近	—	—	24	485	727.7
79	SM31					遠	—	—	15	253	518.6
80	SM24				3,4	—	—	—	27	579	642.1
81	CL6			3	1	近	—	—	12	213	1056.2
82	CL4					遠	—	—	28	458	1075.1
83	CL20				2	近	—	—	26	725	852.6
84	CL26					遠	—	—	51	1041	786.9
85	CL38				3,4	—	—	1	13	291	502.5
86	CL27							2,3	12	337	784.9
87	LL26			4	1	近	—	1	12	347	750.1
88	LL9							2,3	15	424	942.0
89	LL27					遠	—	1	20	415	746.2
90	LL16							2,3	19	552	862.7
91	LL20				2	近	—	—	23	503	828.1
92	LL21					遠	—	—	29	817	827.2
93	LL31				3,4	—	—	—	11	235	714.9
94	CM22	商業系	近隣商業地域60%～	1	—	—	—	—	10	153	400.6
95	SM6			2	—	—	—	—	6	127	844.6
96	CL5			3	—	—	—	—	18	186	1070.1
97	LL34			4	—	—	—	—	14	327	656.9
98	CM20		商業地域60%～	1	—	—	—	—	35	328	457.5
99	SM34			2	1,2	—	—	—	16	186	461.9
100	SM32				3,4	—	—	—	10	153	503.5
101	CL10			3	1	—	—	—	11	162	956.3
102	CL37				2	近	—	—	22	264	537.3
103	CL40					遠	—	—	11	221	410.2
104	CL39				3,4	—	—	—	18	244	418.1
105	LL36			4	1	—	—	—	13	166	550.4
106	LL37				2,3,4	—	—	—	36	647	531.3
107	CM11	工業系	準工業地域60%～	1	—	—	—	—	20	269	644.9
108	SM3			2	—	—	—	—	16	308	865.9
109	CL19			3	—	—	—	—	23	341	865.6
110	LL17			4	—	—	—	—	27	513	848.3
111	CM9,SM23		工業・工業専用地域60%～	1,2	—	—	—	—	8	161	662.6
112	CL32			3	—	—	—	—	10	146	727.9
113	LL33			4	—	—	—	—	5	91	679.7
114	CM5	混在型	住宅系混在	1	1,2	—	—	—	22	788	725.2
115	CM21				3,4	—	—	—	19	686	418.1
116	SM9			2	1	—	—	—	11	382	800.6
117	SM5				2	—	—	—	25	1286	856.0
118	SM33				3,4	—	—	—	18	824	490.4
119	CL3			3	1	近	—	—	14	653	1113.8
120	CL14					遠	—	—	26	770	921.6
121	CL29				2,3,4	—	—	—	32	1231	737.5
122	LL32			4	1	近	—	—	11	464	712.2
123	LL15					遠	—	—	25	1151	881.1
124	LL24				2,3,4	—	—	—	18	863	762.6
125	CM4,SM18,CL30,LL29		商業系混在	1,2,3,4	—	—	—	—	29	631	731.4
126	CM19		工業系混在	1	—	—	—	—	9	164	480.4
127	SM20			2	—	—	—	—	8	169	714.7
128	CL22			3	—	—	—	—	20	433	832.6
129	LL19			4	—	—	—	—	16	504	835.3

以上のようにして算出したトリップあたりの消費量を各個人で合計し，一人一日あたりの自動車燃料消費量を求めています。

(3) 行動群の設定[5)]

本書では定量的指標の中でその住宅地タイプの居住者の構成上の特徴にも言及しています。行動群とは「交通行動の本質的な違いをマーケティング的な視点からわかりやすく捉えるための個人のグループ」であり，年齢・職業などの社会経済属性や自動車保有状況などから個人をグループ分けするもので，各住宅地タイプにおけるその構成は都市の特性と密接に関連しています。このような居住者の構成を明らかにしておくことは，今後，都市整備メニューや各種規制の導入を考える際に重要な参考情報となります。

行動群の設定方法の詳細は既存発表論文に譲りますが，27万人以上のサンプルを対象に交通行動の面から最もその特徴の差があらわれるような設定を行っています。具体的には**付録表－4**に示す交通行動特性と実際に密接な関係がある6種の社会経済属性を用い，まず分析の基本単位となる131種類の行動主体設定を行っています。その上でこれら行動主体の様々な交通行動特性に対し主成分分析とクラスター分析を適用し，全部で11種類の行動群を設定しました。**付録表－5**に131種類の行動主体の内容と11種類の行動群の対応関係を，**付録図－1**に11の行動群それぞれに関する具体的なイメージを示します。

付録表－4　行動主体の設定に用いた個人属性

区分	項目数	個人属性
1.年齢	2項目	65歳以上
		64歳以下
2.職業	13項目	農林漁業従事者
		技能工・生産工程従事者
		運輸·通信従事者
		管理的職業従事者
		事務的職業従事者
		技術的専門的職業従事者
		販売従事者
		サービス職業従事者
		保安職業従事者
		主婦
		学生（高校生以上）
		生徒・児童・園児
		無職・その他
3.自家用車利用可能性	2項目	高い
		低い
4.自家用車保有台数	3項目	0台
		1台
		2台以上
5.性別	2項目	男
		女
6.世帯人数	5項目	1人
		2人
		3人
		4人
		5人以上

付録表－5　設定された行動主体とそれに対応する行動群
（属性内容は付録表－4参照，行動群ナンバーは付録図－1に対応）

行動主体	行動主体の属性						行動群
1	64歳以下	農林漁業	高い				⑨
2			低い				④
3		技能生産	高い	1台	男	2人以下	⑨
4						3人	⑨
5						4人以上	⑨
6					女		⑨
7				2台以上	男	2人以下	⑧
8						3人	⑧
9						4人	⑧
10						5人以上	⑧
11					女		⑨
12			低い	0台		2人以下	②
13						3人以上	②
14				1台		2人以下	②
15						3人以上	②
16				2台以上			②
17		運輸・通信	高い	1台			⑧
18				2台以上			⑧
19			低い				②
20		管理	高い	1台		2人以下	⑦
21						3人	⑦
22						4人以上	⑦
23				2台以上	男	2人以下	⑧
24						3人	⑦
25						4人以上	⑦
26					女		⑨
27			低い				①
28		事務	高い	1台	男	2人以下	⑦
29						3人	⑦
30						4人以上	⑦
31					女	2人以下	⑨
32						3人	③
33						4人以上	③
34				2台以上	男	3人以下	⑧
35						4人	⑦
36						5人以上	⑧
37					女	3人以下	⑨
38						4人	⑨
39						5人以上	⑨
40			低い	0台		2人以下	①
41						3人	①
42						4人以上	①
43				1台		2人以下	③
44						3人	③

行動主体	行動主体の属性						行動群
45	64歳以下	事務	低い	1台		4人以上	③
46				2台以上			①
47		技術	高い	1台	男	1人	⑨
48						2人以下	⑦
49						3人・4人	⑦
50						5人以上	⑦
51					女		⑨
52				2台以上	男	2人以下	⑧
53						3人・4人	⑧
54						5人以上	⑧
55					女		⑨
56			低い	0台			①
57				1台			③
58				2台以上			②
59		販売	高い	1台		2人以下	⑦
60						3人	⑦
61						4人以上	⑦
62				2台以上		2人以下	⑧
63						3人	⑧
64						4人以上	⑧
65			低い	0台			①
66				1台			①
67				2台以上			①
68		サービス	高い	1台	男	2人以下	⑧
69						3人以上	⑧
70					女		⑨
71				2台以上	男		⑧
72					女		⑨
73			低い	0台			①
74				1台			①
75				2台以上			①
76		保安					⑧
77		主婦	高い	1台		2人以下	⑩
78						3人	⑩
79						4人以上	⑩
80				2台以上		2人以下	⑩
81						3人	⑩
82						4人以上	⑩
83			低い	0台		2人以下	⑤
84						3人	⑤
85						4人以上	⑤
86				1台		2人以下	⑤
87						3人	⑤
88						4人以上	⑤

行動主体	行動主体の属性					行動群
89	64歳以下	主婦	低い	2台以上	2人以下	⑤
90					3人	⑤
91					4人以上	⑤
92		学生	高い	1台		③
93				2台以上		③
94			低い	0台		③
95				1台	3人以下	③
96					4人	③
97					5人以上	③
98				2台以上	3人以下	③
99					4人	③
100					5人以上	③
101		生徒・児童・園児		0台		⑪
102				1台	3人以下	⑪
103					4人	⑪
104					5人以上	⑪
105				2台以上	3人以下	⑪
106					4人	⑪
107					5人以上	⑪
108		無職・その他	高い	1台		⑩
109				2台以上		⑩
110			低い	0台		⑤
111				1台		⑤
112				2台以上		⑤
113	65歳以上	農林漁業				④
114		主婦		0台		⑥
115				1台		⑤
116				2台以上		⑤
117		無職・その他	高い	1台		⑩
118				2台以上		⑩
119			低い	0台	1人	⑥
120					2人	⑥
121					3人以上	⑥
122				1台	2人以下	⑥
123					3人・4人	⑥
124					5人以上	⑥
125				2台以上	4人以下	⑥
126					5人以上	⑥
127		その他	高い	1台		⑧
128				2台以上		⑨
129			低い	0台		①
130				1台		①
131				2台以上		⑥

①非車依存ホワイトカラー

②非車依存ブルーカラー

③非車依存学生

④非車依存農林漁業

⑤非車依存非就業者

⑥非車依存高齢者

⑦車依存就業者公共交通併用

⑧車完全依存就業者

⑨車依存女性就業者

⑩車依存非就業者

⑪生徒・児童・園児

付録図－1　行動群概念図　（イラスト：柳田早映）

（4）定量的評価指標に関連して

a．箱ひげ図について

まちかど図鑑の各ページにおいては，箱ひげ図を用いることによって各住宅地タイプにおける定量的指標の分布を表現しました。箱ひげ図の読み方は凡例のページで解説を行いましたが，実際の指標化を行う方法は以下の（3）式に示すとおりです。

$$\log\_ratio = \log\left(Data_i / Ave_{135}\right) \qquad (3)$$

$Data_i$：$TYPE_i$に該当する住区における個々の指標値
Ave_{135}：住宅地タイプ135種類全体の平均値（住宅地タイプごとの平均値を平均化した値）
ただし，（$Data_i / Ave_{135}$）＝0.0の場合は，$\log\_ratio = -\infty$

b．滞留時間の算出方法について

市街地をコンパクト化してその活性化を進めていこうとすれば，多くの来街者にまちなかに滞在してもらうことでまちの賑わいを確保していくことが考えられます。その際，来街者の回遊行動や滞留時間などを把握することは重要です。本書ではこのような要望に応えるため，居住者の外出先における滞留時間という指標を導入しています。

本書では滞留時間を「トリップとトリップの間の時間」と定義し（**付録図－2**），算出式（4）・(5)を用いて個人のトリップデータより算出します。また市街地活性化の視点から滞留時間は外出先のもののみを算出し，特に本書では「買い物」「社交・娯楽・食事・レクリエーション」「その他私用」目的を対象とした自由滞留時間に着目します。

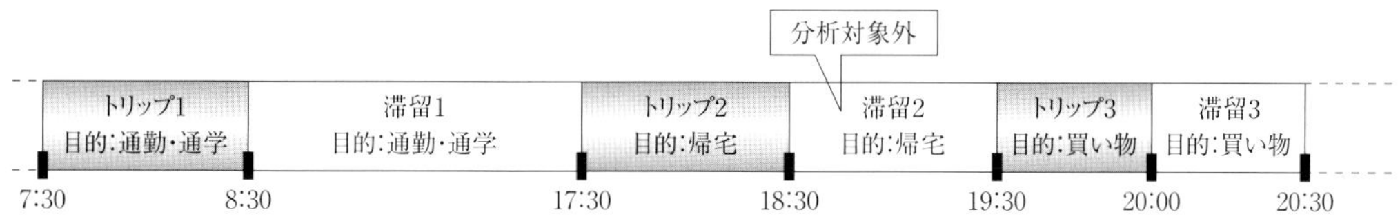

この場合の外出先滞留時間は通勤・通学目的が9時間,買い物目的が30分

付録図－2　滞留時間の概念

$$\tau_{ik} = t^{d}_{i(k+1)} - t^{a}_{ik} \qquad (4)$$

$$T_i = \sum_{k=1}^{m-1} \tau_{ik} \qquad (5)$$

τ_{ik}：個人iのトリップkの後の滞在時間　　$t^{d}_{i(k+1)}$：個人iのトリップ$(k+1)$の後の出発時刻

t^{a}_{ik}：個人iのトリップkの到着時刻　　T_i：個人iの1日あたり滞留時間

(5) 本書の分析内容に直接関連する論文・書籍リスト

1) 谷口守・村川威臣・森田哲夫：個人行動データを用いた都市特性と自動車利用量の関連分析，都市計画論文集，No.34，pp.967－972，1999.

2) 谷口守・村川威臣・森田哲夫：都市間で共通する行動群の設定とその都市交通特性への影響，土木計画学研究・論文集，No.16，pp.601－607，1999.

3) 谷口守・池田大一郎・中野敦：都市コンパクト化に配慮した住宅地整備ガイドライン構築のための基礎分析，土木計画学研究・論文集，No.18－3，pp.431－438，2001.

4) 谷口守・池田大一郎・吉羽春水：コンパクトシティ化のための都市群別住宅地整備ガイドラインの開発，土木計画学研究・論文集，No.19，pp.577－584，2002.

5) 池田大一郎・波部友紀・久田由佳・谷口守：移転可能性を備えた行動群の提案とその特性及び経年的都市滞留分析への適用，土木学会論文集Ⅳ，No.744，pp.113－122，2003.

6) 島岡明生・谷口守・池田大一郎：地方中心都市におけるコンパクトシティ化のための住宅地整備ガイドライン開発，―メニュー方式を用いた都市再生代替案評価の支援―，都市計画論文集，No.38，pp.775－780，2003.

7) 池田大一郎・谷口守・島岡明生：汎用性の高い都市コンパクト化評価支援システム（SLIM CITY）の開発と適用，土木計画学研究・論文集，No.21－2，pp.501－506，2004.

8) 中道久美子・谷口守・松中亮治：都市コンパクト化政策に対する簡易な評価システムの実用化に関する研究，－豊田市を対象にしたSLIM　CITYモデルの応用－，都市計画論文集，No.39－3，pp.67－72，2004.

9) 谷口守・松中亮治・中道久美子：SLIM　CITYを用いた都市コンパクト化政策と水害軽減方策の連携に関する研究，土木計画学研究・論文集，No.22－1，pp.171－176，2005.

10) 島岡明生・谷口守・松中亮治：コンパクト・シティマネジメントにおける行動変容戦略の不可欠性，土木学会論文集Ⅳ，No.786，pp.135－144，2005.

11) 中道久美子・島岡明生・谷口守・松中亮治：サステイナビリティ実現のための自動車依存特性に関する研究，都市計画論文集，No.40－3，pp.37－42，2005.

12) Taniguchi, M. and Ikeda, T.：The Compact City as a Means of Reducing Reliance on the Car; A Model-Based Analysis for a Sustainable Urban Layout,（Ed. By K. Williams）Spatial Planning, Urban Form and Sustainable Transport, Ashgate, pp.139－150, 2005.

13) 中道久美子・谷口守・松中亮治：住宅地タイプの推移に関する主系列分析：人口減少時代の都市構造再編に向けて，土木計画学研究・講演集，No.34，CD－Rom，2006.

(6) 現地画像撮影者

付録表－6　現地画像撮影者（アルファベット順）

略名	氏　名
H	橋本　晋輔
HH	端戸　裕樹
I	池田大一郎
K	楠田　裕子
N	中道久美子
NS	中井　祥太
O	大内　翔平
S	島岡　明生
T	谷口　　守
Y	山本　悠二
YY	吉羽　春水

（7）住宅地タイプ別該当住区一覧

付録表－7　住宅地タイプ別該当住区一覧（大都市圏中心都市）（1）

住宅地タイプ	該当住区
CM 1	仙台市青葉区川平
CM 1	仙台市太白区茂庭台
CM 1	仙台市青葉区東勝山
CM 1	仙台市太白区緑ケ丘
CM 1	仙台市太白区日本平
CM 1	仙台市宮城野区鶴ケ谷
CM 1	横浜市戸塚区秋葉町
CM 1	横浜市戸塚区下倉田町
CM 1	横浜市瀬谷区上瀬谷町
CM 1	○横浜市瀬谷区下瀬谷
CM 1	横浜市瀬谷区北新
CM 1	横浜市港北区下田町
CM 1	横浜市港北区東山田町3丁目
CM 1	京都市右京区鳴滝(御室宇多野)
CM 1	○神戸市北区東有野台
CM 1	神戸市垂水区舞子坂
CM 1	神戸市垂水区塩屋台
CM 1	広島市南区南大河町
CM 1	広島市安佐南区高取南
CM 1	広島市佐伯区五日市町大字美鈴園
CM 1	北九州市小倉南区長行東
CM 1	北九州市戸畑区西鞘谷町
CM 2	川崎市麻生区白山
CM 2	○名古屋市瑞穂区松園町
CM 2	神戸市西区曙町
CM 2	広島市東区戸坂城山町
CM 2	北九州市八幡西区泉ヶ浦
CM 2	福岡市中央区平尾浄水町
CM 2	○福岡市城南区別府団地
CM 2	福岡市早良区南庄
CM 3	○広島市西区山手町
CM 3	北九州市小倉南区大字志井
CM 3	○福岡市西区今宿町
CM 4	仙台市青葉区荒巻本沢
CM 4	○川崎市幸区中幸町
CM 4	○大阪市北区天満1～4丁目
CM 4	神戸市須磨区月見山本町
CM 5	仙台市青葉区旭ケ丘
CM 5	仙台市太白区八木山本町
CM 5	仙台市太白区長町
CM 5	仙台市若林区沖野
CM 5	横浜市戸塚区平戸町
CM 5	横浜市瀬谷区二ツ橋町
CM 5	横浜市保土ヶ谷区岡沢町
CM 5	○横浜市港北区綱島東
CM 5	横浜市港北区東山田町4丁目
CM 5	川崎市麻生区下麻生
CM 5	名古屋市南区中江1～2丁目
CM 5	○京都市左京区北白川
CM 5	京都市左京区吉田
CM 5	京都市伏見区藤ノ森(大亀谷)
CM 5	神戸市東灘区住吉南町
CM 5	広島市東区福田
CM 5	広島市安芸区畑賀
CM 5	北九州市小倉北区篠崎
CM 5	北九州市門司区大里桃山町
CM 5	北九州市八幡東区大谷
CM 5	福岡市東区和白丘
CM 5	福岡市城南区七隈
CM 6	仙台市若林区石名坂
CM 6	仙台市太白区向山
CM 6	横浜市保土ヶ谷区桜ヶ丘
CM 6	川崎市高津区梶ヶ谷
CM 6	川崎市宮前区菅生
CM 6	川崎市多摩区長尾
CM 6	川崎市多摩区菅
CM 6	京都市東山区六原(高台寺南門通)
CM 6	大阪市旭区新森1～7丁目
CM 6	大阪市東住吉区田辺1～6丁目
CM 6	神戸市灘区土山町
CM 6	神戸市長田区重池町
CM 6	○神戸市須磨区大田町
CM 6	神戸市須磨区南落合
CM 6	神戸市垂水区美山台
CM 6	広島市中区宝町
CM 6	広島市安佐南区古市
CM 6	広島市安佐北区亀崎
CM 6	北九州市八幡西区鷹ノ巣
CM 6	北九州市小倉南区若園
CM 6	○福岡市中央区赤坂
CM 7	仙台市青葉区上杉
CM 7	仙台市青葉区川内三十人町
CM 7	仙台市宮城野区館町
CM 7	仙台市太白区西中田
CM 7	仙台市太白区西多賀
CM 7	名古屋市千種区茶屋が坂1丁目
CM 7	○名古屋市中村区烏森町
CM 7	名古屋市熱田区白鳥1～3丁目
CM 7	名古屋市港区東土古町
CM 7	京都市上京区中立(中立売通)
CM 7	広島市中区東千田町
CM 7	広島市東区牛田南
CM 7	広島市南区出汐
CM 7	広島市南区東青崎
CM 7	広島市西区井口明神
CM 7	北九州市八幡西区西神原町
CM 7	○北九州市八幡東区諏訪
CM 7	北九州市戸畑区境川

○：第1部「まちかど図鑑」・本編に画像を掲載した住区

付録表－7　住宅地タイプ別該当住区一覧（大都市圏中心都市）（2）

住宅地タイプ	該当住区
CM 7	福岡市博多区吉塚本町
CM 7	福岡市東区土井1～4丁目
CM 7	福岡市南区向野
CM 8	仙台市若林区中倉
CM 8	仙台市宮城野区幸町
CM 8	横浜市保土ヶ谷区保土ヶ谷町
CM 8	川崎市幸区南加瀬
CM 8	名古屋市瑞穂区太田町
CM 8	名古屋市名東区延珠町
CM 8	○名古屋市港区港北町
CM 8	○広島市中区西川口町
CM 8	広島市西区観音本町
CM 8	北九州市小倉北区日明
CM 8	北九州市若松区西園町
CM 8	福岡市博多区板付
CM 8	福岡市南区向新町
CM 9	○京都市南区吉祥院
CM 9	○大阪市淀川区田川1～3丁目
CM 9	広島市南区宇品東
CM10	○横浜市南区永田山王台
CM10	横浜市南区別所中里台
CM10	○川崎市麻生区千代ケ丘
CM10	川崎市多摩区南生田
CM10	神戸市北区青葉台
CM10	神戸市西区秋葉台
CM10	福岡市南区和田1～4丁目
CM10	福岡市南区大平寺
CM11	川崎市高津区下野毛
CM11	名古屋市西区笠取町
CM11	名古屋市西区大道町
CM11	名古屋市北区指金町
CM11	名古屋市中川区細米町
CM11	名古屋市中川区二女子町
CM11	○名古屋市中川区南脇町
CM11	名古屋市中村区井深町
CM11	京都市上京区乾隆（芦山寺通）
CM11	京都市上京区正親（上長者町）
CM11	京都市上京区小川（油小路通）
CM11	京都市伏見区板橋
CM11	大阪市浪速区桜川2～4丁目
CM11	○大阪市東成区東小橋1～3丁目
CM11	大阪市東成区東中本1～3丁目
CM11	神戸市長田区御蔵通
CM11	広島市安佐南区祇園町大字南下安
CM11	北九州市若松区赤岩町
CM11	福岡市博多区大井
CM11	福岡市東区郷口町
CM12	仙台市青葉区八幡
CM12	仙台市太白区四郎丸字大宮
CM12	○京都市上京区京極（上立売通）
CM12	京都市伏見区醍醐
CM12	京都市山科区音羽
CM12	北九州市若松区子糸町
CM12	北九州市門司区丸山
CM12	○北九州市八幡西区上上津役
CM12	北九州市八幡東区東台良町
CM12	福岡市城南区西片江
CM13	仙台市宮城野区栄
CM13	横浜市中区松影町
CM13	○横浜市中区打越
CM13	○川崎市中原区木月住吉
CM13	名古屋市中村区千成通
CM13	神戸市垂水区仲田
CM13	広島市西区庚午中
CM13	福岡市中央区鳥飼
CM13	福岡市博多区西春町
CM13	福岡市東区御島崎
CM13	福岡市早良区祖原
CM14	○川崎市多摩区登戸新町
CM14	川崎市中原区小杉御殿町
CM14	川崎市中原区井田
CM14	川崎市幸区古市場
CM14	名古屋市昭和区天神町
CM14	大阪市東住吉区湯里1～6丁目
CM14	神戸市中央区上筒井町
CM14	神戸市兵庫区熊野町
CM14	神戸市垂水区星が丘
CM14	北九州市八幡西区千代ヶ崎
CM14	福岡市南区寺塚
CM14	○福岡市城南区鳥飼
CM14	福岡市西区壱岐団地
CM15	横浜市瀬谷区本郷
CM15	横浜市南区唐沢
CM15	横浜市港北区仲手原
CM15	川崎市多摩区東生田
CM15	名古屋市千種区法王町
CM15	名古屋市天白区八幡山
CM15	名古屋市昭和区楽園町
CM15	神戸市灘区篠原北町
CM15	神戸市北区鈴蘭台西町
CM15	○神戸市須磨区潮見台町
CM15	○福岡市東区香椎
CM16	仙台市太白区東大野田
CM16	横浜市港北区東山田町
CM16	京都市北区上賀茂
CM16	京都市北区大宮
CM16	○京都市左京区松ヶ崎
CM16	京都市中京区清水（下河原通）
CM16	京都市右京区嵯峨（嵯峨天龍寺）
CM16	京都市山科区御陵

○：第1部「まちかど図鑑」・本編に画像を掲載した住区

付録表−7　住宅地タイプ別該当住区一覧(大都市圏中心都市)(3)

住宅地タイプ	該当住区
CM16	京都市山科区勧修寺
CM16	京都市西京区境谷(西境谷・東境谷)
CM16	大阪市福島区海老江1〜8丁目
CM16	広島市西区古江上
CM16	北九州市小倉南区津田
CM16	○福岡市早良区大字重留・重留
CM17	横浜市戸塚区深谷町
CM17	川崎市高津区諏訪
CM17	京都市左京区上高野
CM17	京都市東山区今熊野(東大路)
CM17	京都市伏見区深草
CM17	京都市伏見区下鳥羽
CM17	京都市　伏見区南浜(上油掛町)
	(下油掛町)
	(片桐町)
	(両替町)
	(三栖向町)
	(新町)
	(京町)
CM17	京都市西京区桂
CM17	大阪市港区八幡屋1〜4丁目
CM17	大阪市旭区赤川1〜4丁目
CM17	広島市安佐北区可部南
CM17	○広島市安芸区瀬野
CM17	北九州市小倉北区井堀町
CM17	北九州市門司区奥田
CM17	○北九州市八幡西区小嶺
CM17	北九州市八幡西区平尾町
CM17	北九州市小倉南区沼本町
CM18	横浜市南区中島町
CM18	川崎市川崎区貝塚
CM18	川崎市川崎区藤崎
CM18	川崎市幸区小向西町
CM18	名古屋市東区前浪町
CM18	名古屋市南区北頭町
CM18	○名古屋市南区呼続元町
CM18	名古屋市名東区藤森西町
CM18	名古屋市中村区藤江町
CM18	大阪市福島区玉川1〜4丁目
CM18	大阪市天王寺区大道1〜5丁目
CM18	大阪市天王寺区堂ヶ芝1〜2丁目
CM18	大阪市東住吉区桑津1〜5丁目
CM18	大阪市淀川区三国本町1〜3丁目
CM18	大阪市淀川区木川東1〜4丁目
CM18	大阪市住之江区粉浜西1〜3丁目
CM18	神戸市東灘区深江本町
CM18	神戸市兵庫区門口町
CM18	○神戸市長田区戸崎通
CM18	福岡市南区大橋団地
CM19	京都市上京区西陣(寺之内通)

住宅地タイプ	該当住区
CM19	○京都市上京区出水(知恵光院通)
CM19	京都市南区上鳥羽
CM19	京都市右京区西院(西院第二)
CM19	大阪市福島区大開1〜4丁目
CM19	○大阪市港区市岡1〜4丁目
CM19	大阪市東成区神路1〜4丁目
CM19	大阪市住之江区南港中2〜4丁目
CM19	神戸市兵庫区浜中町
CM20	仙台市青葉区一番町
CM20	仙台市青葉区花京院
CM20	横浜市南区山王町
CM20	川崎市川崎区大師本町
CM20	名古屋市中区門前町
CM20	名古屋市千種区千種通
CM20	京都市中京区本能(錦小路通)
CM20	京都市中京区銅駝(寺町通)
CM20	京都市中京区柳池(御幸町通)
CM20	京都市中京区生祥(麩屋町通)
CM20	京都市下京区安寧(西洞院通)
CM20	○京都市下京区格致(醒ヶ井通)
CM20	京都市下京区豊園(仏光路通)
CM20	京都市下京区醒泉(天使突抜)
CM20	京都市下京区郁文(猪熊通)
CM20	京都市下京区有隣
CM20	大阪市北区中崎1〜3丁目
CM20	大阪市北区西天満1〜5丁目
CM20	大阪市天王寺区上本町1〜9丁目
CM20	大阪市浪速区日本橋東1〜3丁目
CM20	○大阪市浪速区大国1〜3丁目
CM20	神戸市中央区布引町
CM20	神戸市中央区花隅町
CM20	広島市中区榎町
CM20	広島市中区上八丁堀
CM20	広島市中区舟入町
CM20	広島市東区若草町
CM20	北九州市小倉北区京町
CM20	北九州市若松区本町
CM20	北九州市門司区栄町
CM20	北九州市門司区浜町
CM20	福岡市中央区渡辺通
CM20	福岡市博多区石城町
CM20	福岡市博多区古門戸町
CM20	福岡市博多区博多駅前
CM21	横浜市戸塚区矢部町
CM21	横浜市保土ヶ谷区上星川町
CM21	○横浜市港北区大豆戸町
CM21	川崎市高津区新作
CM21	川崎市宮前区鷺沼
CM21	川崎市宮前区宮崎
CM21	川崎市宮前区土橋

○:第1部「まちかど図鑑」・本編に画像を掲載した住区

付録表－7　住宅地タイプ別該当住区一覧（大都市圏中心都市）(4)

住宅地タイプ	該当住区
CM21	川崎市川崎区鋼管通
CM21	○川崎市中原区小杉陣屋町
CM21	名古屋市守山区高島町
CM21	京都市北区紫野
CM21	京都市右京区太秦安井
CM21	大阪市港区波除1～5丁目
CM21	大阪市旭区高殿1～7丁目
CM21	大阪市住之江区新北島1～4丁目
CM21	神戸市東灘区住吉台
CM21	神戸市東灘区甲南町
CM21	神戸市灘区仲原通
CM21	広島市佐伯区海老園
CM22	仙台市宮城野区五輪
CM22	仙台市若林区新寺
CM22	仙台市青葉区通町
CM22	仙台市宮城野区萩野町
CM22	○横浜市保土ヶ谷区岩間町
CM22	名古屋市北区東水切町
CM22	京都市中京区富有（富小路通）
CM22	京都市中京区朱雀第五（三条通）
CM22	京都市中京区朱雀第三（壬生）
CM22	○京都市下京区植柳（油小路通）

○：第1部「まちかど図鑑」・本編に画像を掲載した住区

付録表－8　住宅地タイプ別該当住区一覧（大都市圏衛星都市）（1）

住宅地タイプ	該当住区
SM 1	千葉市中央区川戸町
SM 1	○千葉市花見川区浪花町
SM 1	町田市野津田町
SM 1	町田市真光寺町
SM 1	町田市能ヶ谷町
SM 1	町田市薬師台
SM 1	町田市常磐町
SM 1	町田市小山町
SM 1	岐阜市長良竜東町1～5丁目
SM 1	豊橋市多米東町1～3丁目
SM 1	豊橋市北岩田1～2丁目
SM 1	大津市鶴の里
SM 1	奈良市佐保台1～3丁目
SM 1	○奈良市登美が丘1～6丁目
SM 2	岐阜市茜部野瀬1～3丁目
SM 2	○岐阜市雄稔桜町1～4丁目
SM 2	岐阜市布屋町
SM 2	豊橋市今橋町
SM 2	豊橋市向山町
SM 2	○春日井市東野新町
SM 2	春日井市西高山町
SM 2	津市末広町
SM 2	姫路市中地
SM 2	姫路市須磨区袋尻
SM 2	姫路市花田町小川
SM 2	奈良市三条大路1～5丁目
SM 3	岐阜市六条江東1～3丁目
SM 3	岐阜市宮北町
SM 3	岐阜市柳森1～2丁目
SM 3	豊橋市入船町
SM 3	豊橋市野田町
SM 3	豊橋市北島町
SM 3	豊橋市東森岡1～2丁目
SM 3	春日井市中切町
SM 3	春日井市上ノ町
SM 3	春日井市細木町
SM 3	津市島崎町
SM 3	堺市堺区錦綾町
SM 3	○堺市堺区柏木町
SM 3	姫路市市之郷町1～4丁目
SM 3	姫路市東延末
SM 3	○奈良市南京終町1～7丁目
SM 4	○千葉市花見川区こてはし台
SM 4	町田市大蔵町
SM 4	津市大字津興
SM 4	大津市日吉台
SM 4	宇治市木幡御蔵山
SM 4	宇治市木幡南山
SM 4	宇治市広野町大開
SM 4	奈良市四条大路南町

住宅地タイプ	該当住区
SM 4	奈良市押熊町
SM 4	奈良市敷島町1～2丁目
SM 4	○奈良市千代ケ丘1～3丁目
SM 4	奈良市青垣台1～3丁目
SM 5	取手市白山
SM 5	取手市新町
SM 5	○千葉市花見川区検見川町1～3・5丁目
SM 5	松戸市上本郷
SM 5	○松戸市河原塚
SM 5	松戸市五香六実
SM 5	町田市森野
SM 5	町田市旭町
SM 5	町田市南成瀬
SM 5	岐阜市寿町1～7丁目
SM 5	豊橋市曙町
SM 5	春日井市中央台
SM 5	春日井市高座台
SM 5	津市上浜町1丁目
SM 5	津市南丸之内
SM 5	津市柳山津興
SM 5	津市高茶屋小森町
SM 5	津市城山1～3丁目
SM 5	大津市一里山
SM 5	大津市瀬田
SM 5	大津市馬場
SM 5	堺市西区鳳南町
SM 5	堺市堺区松屋町
SM 5	奈良市富雄元町1～4丁目
SM 5	奈良市朱雀1～6丁目
SM 6	豊橋市花田1～3番町
SM 6	豊橋市南松山町
SM 6	津市八町1～3丁目
SM 6	○津市栄町1～4丁目
SM 6	○姫路市鍵町
SM 6	姫路市須磨西御幸
SM 7	熊谷市大字肥塚
SM 7	熊谷市大字広瀬
SM 7	所沢市大字牛沼
SM 7	千葉市若葉区高品町
SM 7	○千葉市中央区生実町
SM 7	千葉市緑区誉田町1～3丁目
SM 7	町田市図師町
SM 7	岐阜市河渡1～6丁目
SM 7	岐阜市栗野東1～5丁目
SM 7	豊橋市瓜郷町
SM 7	春日井市西八田町
SM 7	津市栗真中山町
SM 7	津市雲出伊倉津
SM 7	大津市田上里町
SM 7	宇治市五ケ庄広岡谷

○：第1部「まちかど図鑑」・本編に画像を掲載した住区

付録表－8　住宅地タイプ別該当住区一覧（大都市圏衛星都市）（2）

住宅地タイプ	該当住区
SM 7	姫路市上大野1～6丁目
SM 7	姫路市井ノ口
SM 7	○奈良市青山1～8丁目
SM 8	岐阜市川部1～6丁目
SM 8	岐阜市高田1～6丁目
SM 8	豊橋市松井町
SM 8	春日井市高蔵寺町
SM 8	春日井市春日井上ノ町
SM 8	○津市一身田町
SM 8	津市白塚町
SM 8	○津市西阿漕町岩田
SM 8	津市一身田中野
SM 8	大津市雄琴
SM 8	大津市坂本
SM 9	所沢市東所沢和田
SM 9	町田市鶴間
SM 9	岐阜市西鶉1～6丁目
SM 9	岐阜市野一色1～8丁目
SM 9	豊橋市東脇1～4丁目
SM 9	○春日井市高蔵寺町北
SM 9	春日井市勝川町
SM 9	津市観音寺町
SM 9	○津市江戸橋1～3丁目
SM 9	大津市大江
SM 9	大津市大阪本
SM 10	○取手市青柳
SM 10	岐阜市南蝉1～2丁目
SM 10	○春日井市白山町
SM 10	春日井市下八田町
SM 10	津市大園町
SM 10	大津市滋賀里
SM 10	姫路市須磨区英賀宮台
SM 11	取手市戸頭
SM 11	○取手市台宿
SM 11	○千葉市中央区登戸1～5丁目
SM 11	大津市錦織
SM 11	大津市尾花川
SM 11	堺市堺区櫛屋町東
SM 12	熊谷市別府
SM 12	○千葉市若葉区小倉台1～7丁目
SM 12	松戸市栗ヶ沢
SM 12	春日井市押沢台
SM 12	奈良市青葉台1～4丁目
SM 12	○奈良市学園大和町1～5丁目
SM 12	奈良市帝塚山南1～5丁目
SM 12	奈良市神切1～5丁目
SM 13	所沢市花園
SM 13	所沢市東新井町
SM 13	所沢市大字上安松
SM 13	松戸市八ヶ崎
SM 13	○松戸市新松戸南3丁目
SM 13	町田市南大谷
SM 13	町田市成瀬
SM 13	町田市成瀬台
SM 13	町田市高ヶ坂
SM 13	岐阜市若福町
SM 13	○津市長岡町
SM 13	姫路市西新在家1～3丁目
SM 14	熊谷市大字新堀
SM 14	千葉市中央区末広1～5丁目
SM 14	千葉市中央区村田町
SM 14	岐阜市今嶺1～4丁目
SM 14	岐阜市白山町1～3丁目
SM 14	岐阜市鏡島市場
SM 14	豊橋市中橋良町
SM 14	春日井市堀之内町
SM 14	春日井市下屋敷町
SM 14	○春日井市知多町
SM 14	姫路市仁豊野
SM 14	姫路市網干区垣内中町
SM 14	○奈良市大森町
SM 15	○取手市取手
SM 15	取手市東
SM 15	熊谷市末広
SM 15	所沢市元町
SM 15	所沢市くすのき台
SM 15	千葉市中央区新宿1～2丁目
SM 15	松戸市新松戸7丁目
SM 15	町田市鶴川
SM 15	豊橋市白河町
SM 15	豊橋市牛川薬師町
SM 15	豊橋市西岩田1～6丁目
SM 15	津市岩田
SM 15	津市下弁財町津興
SM 15	宇治市五ケ庄西浦
SM 15	宇治市宇治壱番
SM 15	宇治市宇治野神
SM 15	宇治市宇治妙楽
SM 15	堺市南区槇塚台
SM 15	堺市西区上野芝向ケ丘町
SM 15	堺市堺区寺地町東
SM 15	堺市堺区緑ケ丘中町
SM 15	堺市北区百舌鳥本町
SM 15	姫路市東今宿1～6丁目
SM 15	○奈良市三条添川町
SM 15	奈良市中登美ケ丘1～2丁目
SM 16	○取手市井野団地
SM 16	千葉市中央区葛城1～3丁目
SM 16	○松戸市牧の原
SM 16	町田市小山田桜台

○：第1部「まちかど図鑑」・本編に画像を掲載した住区

付録表－8　住宅地タイプ別該当住区一覧（大都市圏衛星都市）（3）

住宅地タイプ	該当住区
SM16	豊橋市西郷町
SM16	大津市野郷原
SM16	堺市堺区六条通
SM16	姫路市八代東光寺町
SM17	所沢市大字上山口
SM17	○千葉市花見川区犢橋町
SM17	千葉市花見川区武石町
SM17	岐阜市洞
SM17	岐阜市岩田西1～3丁目
SM17	○姫路市的形町的形
SM18	熊谷市銀座
SM18	熊谷市桜木町
SM18	熊谷市美土里町
SM18	○町田市原町田
SM18	○津市乙部
SM19	熊谷市月見
SM19	熊谷市赤城町
SM19	熊谷市河原町
SM19	熊谷市曙町
SM19	熊谷市桜町
SM19	所沢市東住吉
SM19	松戸市岩瀬
SM19	○松戸市小金
SM19	豊橋市東橋良町
SM19	豊橋市北側町
SM19	豊橋市高師石塚町
SM19	春日井市味美町
SM19	春日井市中新町
SM19	津市南新町
SM19	津市八幡町津
SM19	大津市中ノ庄
SM19	大津市大萱
SM19	大津市本堅田
SM19	大津市唐崎
SM19	○宇治市六地蔵町並
SM19	宇治市莵道荒槇
SM19	宇治市莵道出口
SM19	宇治市小倉町東山
SM19	姫路市白浜町寺家1～2丁目
SM20	熊谷市大字高柳
SM20	○千葉市中央区蘇我町1～2丁目
SM20	○松戸市松飛台
SM20	町田市忠生
SM20	岐阜市尼ケ崎町1～2丁目
SM20	大津市月輪
SM20	堺市堺区昭和通
SM20	姫路市須磨区構
SM21	○松戸市高塚神殿（梨香台団地）
SM21	岐阜市早田本町1～4丁目
SM21	大津市美空町
SM21	堺市東区西野
SM21	○姫路市広畑区小松町1～4丁目
SM21	姫路市大津区長松
SM21	奈良市東紀寺町1～3丁目
SM22	取手市井野
SM22	取手市井野台
SM22	所沢市けやき台
SM22	岐阜市長良城西町1～2丁目
SM22	豊橋市朝丘町
SM22	○春日井市穴橋町
SM22	○宇治市伊勢田町砂田
SM22	姫路市北夢前台1～2丁目
SM23	春日井市長塚町
SM23	大津市晴嵐
SM23	姫路市網干区福井
SM23	○姫路市御国野町西御着
SM23	○奈良市西九条町1～5丁目
SM24	熊谷市榎町
SM24	熊谷市見晴町
SM24	所沢市旭町
SM24	所沢市北有楽町
SM24	所沢市西所沢
SM24	所沢市南住吉
SM24	所沢市星の宮
SM24	松戸市樋之口
SM24	岐阜市白菊町1～6丁目
SM24	岐阜市西野町1～9丁目
SM24	岐阜市加納大黒町1～6丁目
SM24	豊橋市南栄町
SM24	○春日井市天神町
SM24	春日井市ことぶき町
SM24	津市藤方米津
SM24	宇治市五ケ庄一里塚
SM24	宇治市五ケ庄福角
SM24	宇治市莵道車田
SM24	宇治市槇島町南落合
SM24	宇治市小倉町西浦
SM24	宇治市大久保平盛
SM24	堺市堺区桜之町東
SM24	堺市堺区出島海岸通
SM24	姫路市双葉町
SM24	奈良市手貝町
SM24	奈良市元興寺町
SM24	○奈良市学園朝日町1～5丁目
SM25	所沢市喜多町
SM25	所沢市弥生町
SM25	○松戸市常盤平3丁目
SM25	松戸市六高台4丁目
SM25	町田市中町
SM25	春日井市不二ガ丘

○：第1部「まちかど図鑑」・本編に画像を掲載した住区

付録表－8　住宅地タイプ別該当住区一覧（大都市圏衛星都市）（4）

住宅地タイプ	該当住区
SM25	大津市大平
SM25	○堺市堺区南向陽町
SM25	堺市堺区宿屋町東
SM25	堺市堺区五月町
SM26	熊谷市大字柿沼
SM26	熊谷市大字原島
SM26	熊谷市大字新島
SM26	熊谷市大字久下
SM26	熊谷市大字村岡
SM26	所沢市大字荒幡
SM26	所沢市北中
SM26	所沢市北原町
SM26	○千葉市若葉区加曽利町
SM26	町田市相原町
SM26	宇治市槇島町北内
SM26	○堺市西区草部
SM26	姫路市勝原区丁
SM26	姫路市飾西
SM27	○取手市西
SM27	所沢市和ケ原
SM27	松戸市三矢小台4丁目
SM27	○松戸市古ヶ崎2丁目
SM27	松戸市常盤平柳町
SM27	松戸市大金平4丁目
SM27	町田市本町田
SM27	町田市成瀬が丘
SM27	岐阜市大洞桜台1～8丁目
SM27	宇治市神明宮東
SM27	宇治市神明宮北
SM27	宇治市伊勢田町名木1丁目
SM28	所沢市向陽町
SM28	○千葉市中央区大森町
SM28	○松戸市南花島3丁目
SM28	松戸市平賀
SM28	町田市玉川学園
SM28	町田市つくし野
SM28	町田市南つくし野
SM28	津市垂水潮見ヶ丘
SM29	松戸市小金原6丁目
SM29	岐阜市正木1～2丁目
SM29	○宇治市小倉町南浦
SM29	堺市西区浜寺諏訪森町中
SM29	○堺市北区南長尾町
SM30	所沢市若狭
SM30	○千葉市花見川区幕張町1～6丁目
SM30	松戸市栗山
SM30	春日井市高森台
SM30	大津市南郷
SM30	宇治市木幡熊小路
SM30	堺市東区日置荘原寺町
SM30	堺市中区福田
SM30	堺市北区常磐町
SM30	奈良市七条西町1丁目
SM30	○奈良市東九条町
SM31	熊谷市箱田
SM31	熊谷市中西
SM31	○千葉市稲毛区穴川1～4丁目
SM31	豊橋市向山台町
SM31	豊橋市平川町
SM31	豊橋市中ノ町
SM31	春日井市八光町
SM31	春日井市町屋町
SM31	春日井市松ケ島町
SM31	大津市富士見台
SM31	大津市田上黒津町
SM31	大津市際川
SM31	堺市北区蔵前町
SM31	堺市北区黒土町
SM31	○姫路市鷹匠町
SM32	熊谷市弥生町
SM32	熊谷市宮本町
SM32	所沢市御幸町
SM32	岐阜市高岩町
SM32	豊橋市新吉町
SM32	豊橋市中柴町
SM32	大津市長等
SM32	大津市中央
SM32	○堺市堺区住吉橋町
SM32	○姫路市琴岡町
SM33	所沢市緑町
SM33	所沢市松葉町
SM33	所沢市小手指町
SM33	所沢市中新井
SM33	千葉市美浜区高浜1～6丁目
SM33	千葉市美浜区真砂1～5丁目
SM33	○松戸市小山
SM33	松戸市稔台
SM33	松戸市胡録台
SM33	松戸市西馬橋幸町
SM33	松戸市新松戸1丁目
SM33	町田市小川
SM33	大津市北大路
SM33	宇治市開町
SM33	堺市南区新檜尾台
SM33	堺市中区深井中町
SM33	○堺市堺区香ヶ丘町
SM33	奈良市西大寺国見町1～2丁目
SM34	熊谷市本町
SM34	熊谷市宮町
SM34	熊谷市筑波

○：第1部「まちかど図鑑」・本編に画像を掲載した住区

付録表ー8　住宅地タイプ別該当住区一覧（大都市圏衛星都市）（5）

住宅地タイプ	該当住区
SM34	熊谷市本石
SM34	熊谷市宮前町
SM34	所沢市日吉町
SM34	千葉市中央区市場町
SM34	○松戸市本町
SM34	豊橋市広小路1～3丁目
SM34	春日井市中央通
SM34	春日井市角崎町
SM34	津市中央
SM34	津市東丸之内
SM34	姫路市南町
SM34	姫路市東山町
SM34	○奈良市内侍原町
SM35	○千葉市稲毛区稲丘町
SM35	津市半田高松山
SM35	○宇治市広野町寺山
SM35	奈良市青野町
SM36	取手市新取手
SM36	所沢市こぶし町
SM36	○千葉市稲毛区稲毛台町
SM36	千葉市若葉区都賀の台1～4丁目
SM36	松戸市栄町5丁目
SM36	宇治市木幡檜尾
SM36	○宇治市南陵町2丁目
SM36	宇治市明星町2丁目

○：第1部「まちかど図鑑」・本編に画像を掲載した住区

付録表－9　住宅地タイプ別該当住区一覧（地方中心都市）（1）

住宅地タイプ	該当住区
CL 1	旭川市春光町3区
CL 1	盛岡市愛宕町
CL 1	盛岡市目ヶ丘
CL 1	郡山市富田町坦ノ腰
CL 1	宇都宮市若草
CL 1	○宇都宮市戸祭
CL 1	宇都宮市緑
CL 1	○金沢市泉野出町
CL 1	下関市王司観音町
CL 1	下関市勝谷新町1～4
CL 1	大分市葛木団地
CL 1	那覇市鐘原町
CL 2	弘前市文京町
CL 2	郡山市田村町徳定字蚕沢
CL 2	富山市秋吉
CL 2	○岡山市今村
CL 2	○徳島市名東町
CL 2	熊本市東野1～4
CL 2	大分市千歳
CL 3	小樽市若竹町
CL 3	旭川市北永山
CL 3	旭川市緑町
CL 3	弘前市川先1～4丁目
CL 3	盛岡市西仙北
CL 3	富山市荒川
CL 3	富山市新庄町
CL 3	富山市堀
CL 3	富山市安養坊
CL 3	甲府市中小川原
CL 3	○岡山市下中野
CL 3	下関市古屋町
CL 3	熊本市世安町
CL 3	○大分市片島
CL 4	旭川市神楽
CL 4	弘前市蔵主町
CL 4	弘前市向外瀬字木別
CL 4	盛岡市南仙北
CL 4	郡山市富久山町久保田字三卸堂
CL 4	郡山市富久山町福原字福原
CL 4	○宇都宮市戸祭元町
CL 4	宇都宮市元今泉
CL 4	宇都宮市江曽島町
CL 4	宇都宮市東簗瀬
CL 4	宇都宮市北若松原
CL 4	金沢市疋田町
CL 4	甲府市長松寺
CL 4	甲府市国母
CL 4	松本市笹部2丁目
CL 4	浜松市三島町
CL 4	浜松市宮竹町
CL 4	浜松市渡瀬町
CL 4	浜松市北島町
CL 4	鳥取市新品治町
CL 4	鳥取市田島
CL 4	松江市馬潟町
CL 4	呉市青山町
CL 4	長崎市毛井首町
CL 4	長崎市城栄町
CL 4	長崎市住吉町
CL 4	○大分市小中島
CL 4	大分市木の上
CL 5	小樽市錦町
CL 5	小樽市山田町
CL 5	弘前市北横町
CL 5	郡山市大槻町字下町
CL 5	郡山市富久山町久保田字久保田
CL 5	金沢市春日町
CL 5	金沢市武蔵町
CL 5	○松本市城東2丁目
CL 5	静岡市八幡2丁目
CL 5	静岡市一番町
CL 5	浜松市八幡町
CL 5	浜松市寺島町
CL 5	浜松市木戸町
CL 5	鳥取市茶町
CL 5	鳥取市桶屋町
CL 5	岡山市門田屋敷本町
CL 5	呉市朝日町
CL 5	○大分市東大道町
CL 6	弘前市撫牛子1～4丁目
CL 6	郡山市田村町守山字大町
CL 6	○宇都宮市西川田本町
CL 6	富山市向新庄
CL 6	富山市新庄新町
CL 6	金沢市三口町
CL 6	松本市開智2丁目
CL 6	松本市大字並柳
CL 6	松江市堂形町
CL 6	呉市天応宮町
CL 6	徳島市南島田町
CL 6	○大分市東新川・西新川
CL 7	旭川市末広東
CL 7	弘前市桜ケ丘1～5丁目
CL 7	弘前市清原1～4丁目
CL 7	弘前市千年1～4丁目
CL 7	盛岡市東黒石野
CL 7	盛岡市つつじが丘
CL 7	盛岡市西青山
CL 7	富山市新金代
CL 7	金沢市つつじが丘

○：第1部「まちかど図鑑」・本編に画像を掲載した住区

付録表－9　住宅地タイプ別該当住区一覧（地方中心都市）(2)

住宅地タイプ	該当住区
CL 7	甲府市大手
CL 7	○甲府市屋形
CL 7	松本市寿台9丁目
CL 7	○岡山市富士見町
CL 7	呉市焼山ひばりが丘町
CL 7	呉市焼山本庄1～5丁目
CL 7	下関市長府浜浦町
CL 7	下関市長府新四王司町
CL 7	大分市椿が丘
CL 7	鹿児島市田上台1～4
CL 7	鹿児島市西陵1～4
CL 8	旭川市神楽岡
CL 8	弘前市城南1～5丁目
CL 8	金沢市しじま台
CL 8	○金沢市馬替
CL 8	鳥取市美萩野1～3
CL 8	○大分市大字寒田寒田北町
CL 9	郡山市片平町新蟻塚
CL 9	松本市浅間温泉1丁目
CL 9	静岡市松富上組
CL 9	鳥取市卯垣1～5
CL 9	○岡山市福田
CL 9	下関市彦島老町1～3
CL 9	長崎市田上町
CL 9	○長崎市小江原町
CL 9	長崎市畝刈町
CL 10	旭川市各条
CL 10	弘前市土手町
CL 10	郡山市駅前1～2丁目
CL 10	郡山市熱海町熱海1～6丁目
CL 10	宇都宮市東宿郷
CL 10	浜松市板屋町
CL 10	浜松市鍛冶町
CL 10	浜松市元城町
CL 10	○長崎市宝町
CL 10	長崎市賑町
CL 10	○大分市大字坂の市(駅通)
CL 11	旭川市東光
CL 11	旭川市末広
CL 11	弘前市茂森新町1～5丁目
CL 11	弘前市宮園1～5丁目
CL 11	弘前市城西1～5丁目
CL 11	弘前市浜の町東1～5丁目
CL 11	盛岡市緑が丘
CL 11	盛岡市松園
CL 11	盛岡市上田堤
CL 11	盛岡市東山
CL 11	盛岡市北天昌寺
CL 11	富山市水橋館町
CL 11	金沢市法島町
CL 11	松本市横田1丁目
CL 11	松江市比津が丘
CL 11	○岡山市山崎
CL 11	呉市焼山泉ヶ丘1～2丁目
CL 11	下関市彦島山中町
CL 11	○徳島市山城町
CL 11	熊本市桜木1～3
CL 11	大分市舞鶴町
CL 11	大分市ふじが丘南区
CL 11	鹿児島市玉里団地
CL 11	那覇市字仲井奥
CL 11	那覇市字古島
CL 11	那覇市首里崎山1～4丁目
CL 11	那覇市首里寒川1～2丁目
CL 12	小樽市蘭島
CL 12	小樽市塩谷
CL 12	松本市大字島内
CL 12	○松本市大字島立
CL 12	○長崎市立岩町
CL 12	長崎市北陽町
CL 13	宇都宮市野沢町
CL 13	富山市森
CL 13	富山市四方荒屋
CL 13	松本市大字芳川村井町
CL 13	鳥取市湖山町北1～6
CL 13	○岡山市小山
CL 13	呉市天応東久保1～2丁目
CL 13	呉市広町(27町)
CL 13	下関市彦島竹の子島町
CL 13	○徳島市国府町府中
CL 13	熊本市南高江町
CL 14	小樽市清水町
CL 14	小樽市桜
CL 14	旭川市忠和
CL 14	旭川市高砂台
CL 14	郡山市長者1～3丁目
CL 14	郡山市横塚1～6丁目
CL 14	○宇都宮市梁瀬町
CL 14	富山市掛尾町
CL 14	金沢市鈴見町
CL 14	甲府市貢川
CL 14	甲府市大里
CL 14	松本市大字筑摩
CL 14	静岡市中島
CL 14	浜松市船越町
CL 14	鳥取市東今在家
CL 14	松江市春日町
CL 14	松江市西津田1～8
CL 14	松江市古志原町
CL 14	松江市上乃木町

○：第1部「まちかど図鑑」・本編に画像を掲載した住区

付録表－9　住宅地タイプ別該当住区一覧（地方中心都市）（3）

住宅地タイプ	該当住区
CL 14	松江市浜乃木1～5
CL 14	松江市乃木福富町
CL 14	呉市長谷町
CL 14	下関市椋野町・椋野上町・椋野町2～3
CL 14	徳島市北矢三町
CL 14	○大分市迫・種具
CL 14	那覇市字上の屋
CL 15	小樽市オタモイ
CL 15	小樽市緑
CL 15	小樽市桂園町
CL 15	小樽市銭函
CL 15	旭川市東鷹栖
CL 15	宇都宮市兵庫塚町
CL 15	富山市安養坊
CL 15	○甲府市砂田町
CL 15	松本市寿豊丘
CL 15	松本市大字岡田町
CL 15	静岡市北
CL 15	静岡市小鹿
CL 15	静岡市向敷地
CL 15	浜松市篠原町
CL 15	鳥取市叶
CL 15	鳥取市徳尾
CL 15	鳥取市布勢
CL 15	鳥取市江津
CL 15	○岡山市四御神
CL 15	下関市安岡町・安岡町3～8
CL 15	徳島市八万町
CL 15	長崎市宿町
CL 15	熊本市城山大塘町
CL 15	熊本市小山町
CL 15	鹿児島市吉野町
CL 15	鹿児島市伊敷町
CL 15	那覇市字識名
CL 16	旭川市東旭川
CL 16	弘前市松原東1～5丁目
CL 16	静岡市みずほ5丁目
CL 16	○岡山市赤田
CL 16	呉市西城1～2丁目
CL 16	熊本市清水本町
CL 16	大分市上野丘西
CL 16	○大分市敷戸北
CL 17	小樽市梅ヶ枝町
CL 17	小樽市入船
CL 17	旭川市各条西
CL 17	郡山市台新1～2丁目
CL 17	宇都宮市御幸が原町
CL 17	宇都宮市峰
CL 17	金沢市三口新町
CL 17	○甲府市富士見

住宅地タイプ	該当住区
CL 17	甲府市新田
CL 17	甲府市武田
CL 17	甲府市上石田
CL 17	静岡市下川原5丁目
CL 17	静岡市瀬名
CL 17	静岡市北安東4丁目
CL 17	浜松市安松町
CL 17	浜松市鴨江町・鴨江1～4丁目
CL 17	鳥取市青葉町1～2
CL 17	下関市山の口町
CL 17	下関市山の田中央町
CL 17	熊本市横手1～5
CL 17	熊本市綿が丘
CL 17	熊本市神水1～2
CL 17	熊本市健軍本町
CL 17	○大分市勢家町
CL 18	小樽市長橋
CL 18	小樽市幸
CL 18	小樽市高嶋
CL 18	小樽市富岡
CL 18	小樽市最上
CL 18	小樽市松ヶ枝
CL 18	小樽市奥沢
CL 18	盛岡市内丸
CL 18	宇都宮市駒生町
CL 18	宇都宮市竹林町
CL 18	金沢市南新保町
CL 18	静岡市大谷
CL 18	浜松市泉町・泉1～4丁目
CL 18	鳥取市正蓮寺
CL 18	鳥取市安長
CL 18	松江市殿町
CL 18	松江市黒田町
CL 18	松江市宮田町
CL 18	松江市東津田町
CL 18	岡山市東川原
CL 18	○岡山市三野
CL 18	下関市彦島福浦町
CL 18	○徳島市西須賀町
CL 18	熊本市御幸笛田町
CL 18	熊本市清水町山室
CL 18	鹿児島市冷水町
CL 19	小樽市住吉町
CL 19	旭川市流通団地
CL 19	旭川市永山
CL 19	弘前市南大町1～2丁目
CL 19	郡山市安積町荒井字方八丁
CL 19	郡山市喜久田町菖蒲池
CL 19	宇都宮市茂原
CL 19	富山市黒崎

○：第1部「まちかど図鑑」・本編に画像を掲載した住区

付録表－9　住宅地タイプ別該当住区一覧（地方中心都市）（4）

住宅地タイプ	該当住区
CL 19	富山市塚原
CL 19	○金沢市元菊町
CL 19	金沢市若宮町
CL 19	甲府市幸町
CL 19	松本市白坂1丁目
CL 19	松本市渚3丁目
CL 19	静岡市新川1丁目
CL 19	静岡市田町3丁目
CL 19	静岡市神明町
CL 19	鳥取市興南町
CL 19	○岡山市島田本町
CL 19	岡山市旭本町
CL 19	下関市幡生宮ノ下町
CL 19	徳島市出来島本町
CL 19	熊本市上熊本1～3
CL 20	旭川市東
CL 20	弘前市徳田町
CL 20	弘前市御幸町
CL 20	弘前市城東1～5丁目
CL 20	盛岡市中野
CL 20	郡山市日和田町字日和田
CL 20	宇都宮市雀の宮
CL 20	○宇都宮市宮原
CL 20	宇都宮市大和
CL 20	宇都宮市西川田
CL 20	富山市愛宕
CL 20	富山市久方町
CL 20	金沢市横川町
CL 20	甲府市右上条
CL 20	甲府市朝気
CL 20	静岡市用宗5丁目
CL 20	浜松市新津町
CL 20	浜松市上島1～7丁目
CL 20	○岡山市長岡
CL 20	呉市吉浦中町1～3丁目
CL 20	呉市汐見町
CL 20	下関市秋根本町1～2
CL 20	徳島市中昭和町
CL 20	徳島市かちどき橋
CL 20	長崎市扇町
CL 20	鹿児島市郡元1～3
CL 21	旭川市春光町1区
CL 21	弘前市大開1～4丁目
CL 21	郡山市堤1～3丁目
CL 21	富山市鴨島
CL 21	富山市成川原
CL 21	富山市水橋中村町
CL 21	甲府市荒川
CL 21	松本市蟻ケ崎4丁目
CL 21	○岡山市大安寺東町
CL 21	○岡山市平田
CL 21	呉市神原町
CL 21	徳島市南蔵本町
CL 21	熊本市御領町
CL 21	熊本市蓮場町
CL 21	大分市三差二区
CL 21	鹿児島市池の上町
CL 22	小樽市色内
CL 22	弘前市石渡1～5丁目
CL 22	郡山市安積1～4丁目
CL 22	宇都宮市西川田南
CL 22	富山市上赤江町
CL 22	金沢市白菊町
CL 22	○甲府市湯田
CL 22	松本市庄内2丁目
CL 22	静岡市曲金5丁目
CL 22	静岡市古庄
CL 22	浜松市西浅田1～2丁目
CL 22	浜松市天竜川町
CL 22	鳥取市宮長
CL 22	松江市中朝日町
CL 22	呉市仁方桟橋通
CL 22	○徳島市北沖州
CL 22	徳島市論田町
CL 22	熊本市田崎1～3
CL 22	大分市畑中
CL 22	鹿児島市上荒田町
CL 23	下関市綾羅木南町
CL 23	○長崎市ダイヤランド2丁目
CL 23	○大分市明野東
CL 23	鹿児島市緑ヶ丘町
CL 23	鹿児島市明和1～5
CL 23	鹿児島市武岡1～5
CL 23	鹿児島市桜ヶ丘1～6
CL 23	那覇市赤平1～2丁目
CL 23	那覇市大名1～3丁目
CL 23	那覇市首里島堀1～5丁目
CL 24	旭川市曙
CL 24	旭川市北門町
CL 24	旭川市春光台
CL 24	旭川市緑ヶ丘
CL 24	弘前市本町
CL 24	盛岡市若園町
CL 24	郡山市久留米1～6丁目
CL 24	宇都宮市鶴田町
CL 24	宇都宮市旭
CL 24	富山市金代
CL 24	甲府市富竹
CL 24	甲府市愛宕
CL 24	甲府市東光寺

○：第1部「まちかど図鑑」・本編に画像を掲載した住区

付録表－9　住宅地タイプ別該当住区一覧（地方中心都市）(5)

住宅地タイプ	該当住区
CL 24	○甲府市朝日
CL 24	浜松市天神町
CL 24	鳥取市片原1～5
CL 24	松江市石橋町
CL 24	松江市雑賀町
CL 24	松江市幸町
CL 24	○岡山市築港栄町
CL 24	下関市宮田町1～2
CL 24	下関市長府松小田本町
CL 24	徳島市中央通
CL 24	徳島市中常三島町
CL 24	長崎市大手町
CL 24	長崎市滑石5丁目
CL 24	長崎市葉山町1,2丁目
CL 24	熊本市武蔵丘1～2
CL 24	熊本市白山1～3
CL 24	那覇市松屋1～2丁目
CL 24	那覇市字与儀
CL 24	那覇市高良1～3丁目
CL 25	郡山市安積町荒井字紫宮山
CL 25	富山市上庄町
CL 25	富山市ひよどり高台
CL 25	富山市清水中町
CL 25	○甲府市天神町
CL 25	松本市県2丁目
CL 25	静岡市上足洗2丁目
CL 25	呉市畝原町
CL 25	下関市長府新松原町
CL 25	下関市川中本町
CL 25	熊本市清水町大字新地
CL 25	○大分市永興
CL 25	鹿児島市紫原1～7
CL 25	鹿児島市東谷山1～3
CL 26	旭川市南
CL 26	旭川市本町
CL 26	弘前市堅田字高田
CL 26	弘前市紺屋町
CL 26	盛岡市梨木町
CL 26	盛岡市舘向町
CL 26	盛岡市志家町
CL 26	盛岡市茶畑
CL 26	盛岡市新庄町
CL 26	盛岡市北夕顔瀬町
CL 26	盛岡市中屋敷町
CL 26	郡山市小原田1～5丁目
CL 26	郡山市菜根1～5丁目
CL 26	郡山市咲田1～2丁目
CL 26	○宇都宮市松原
CL 26	○宇都宮市大曽
CL 26	宇都宮市幸町
CL 26	宇都宮市越戸町
CL 26	宇都宮市峯町
CL 26	宇都宮市下栗
CL 26	金沢市入江
CL 26	金沢市八日市出町
CL 26	金沢市東兼六町
CL 26	甲府市塩部
CL 26	甲府市寿
CL 26	甲府市高畑
CL 26	松本市桐2丁目
CL 26	松本市女鳥羽3丁目
CL 26	静岡市山崎2丁目
CL 26	浜松市葵町
CL 26	浜松市領家1～3丁目
CL 26	鳥取市御弓町
CL 26	松江市北田町
CL 26	松江市青葉台
CL 26	岡山市西大寺中野本町
CL 26	岡山市下伊福
CL 26	岡山市花尻ききょう町
CL 26	岡山市若葉町
CL 26	岡山市福吉町
CL 26	岡山市福浜町
CL 26	呉市吉浦松葉町
CL 26	下関市丸山町1～5
CL 26	下関市向山町
CL 26	下関市汐入町
CL 26	下関市長府中土居本町
CL 26	徳島市伊賀町
CL 26	徳島市安宅
CL 26	徳島市津田本町
CL 26	大分市大字佐野(佐野)
CL 26	鹿児島市照国町
CL 26	那覇市字楚辺
CL 27	金沢市昌栄町
CL 27	静岡市登呂4丁目
CL 27	静岡市丸子3丁目
CL 27	呉市仁方西神町
CL 27	○下関市南大坪町
CL 27	○徳島市中吉野町
CL 27	長崎市西小島2丁目
CL 27	長崎市家野町
CL 27	大分市大津町
CL 27	鹿児島市下荒田1～4
CL 27	鹿児島市鴨池新町
CL 27	鹿児島市谷山塩屋町
CL 28	小樽市祝津
CL 28	宇都宮市下平出町
CL 28	松本市大字神林
CL 28	松本市大字笹賀

○：第1部「まちかど図鑑」・本編に画像を掲載した住区

付録表−9　住宅地タイプ別該当住区一覧（地方中心都市）(6)

住宅地タイプ	該当住区
CL 28	松本市大字里山辺
CL 28	松江市法吉町
CL 28	松江市渓佐田町
CL 28	松江市竹天町
CL 28	松江市大庭町
CL 28	松江市大草町
CL 28	○岡山市西大寺川口
CL 28	下関市小月5区町・小月宮の町・小月京泊
CL 28	徳島市川内町
CL 28	○徳島市大原町
CL 28	長崎市東町
CL 28	鹿児島市中山町
CL 28	鹿児島市下福元町
CL 28	那覇市字宮城
CL 29	小樽市新光
CL 29	旭川市豊岡
CL 29	旭川市大町
CL 29	旭川市神居
CL 29	弘前市桔梗野1～5丁目
CL 29	弘前市城東中央1～5丁目
CL 29	盛岡市山岸
CL 29	盛岡市安倍館町
CL 29	盛岡市厨川
CL 29	郡山市桑野1～5丁目
CL 29	金沢市北安江町
CL 29	甲府市千塚
CL 29	浜松市中沢町
CL 29	浜松市鹿谷町
CL 29	鳥取市江崎町
CL 29	鳥取市吉方温町1～4
CL 29	松江市内中原町
CL 29	長崎市小菅町
CL 29	○長崎市小ヶ倉町2丁目
CL 29	熊本市八王寺町
CL 29	熊本市新屋敷1～3
CL 29	熊本市江津1～2
CL 29	熊本市川尻町
CL 29	熊本市壺川1～2
CL 29	○大分市萩原
CL 29	鹿児島市大滝町
CL 29	鹿児島市武1～3
CL 29	那覇市字安謝
CL 29	那覇市字松川
CL 29	那覇市儀保1～4丁目
CL 29	那覇市首里汀良1～3丁目
CL 29	那覇市字小禄
CL 30	弘前市駅前1～3丁目
CL 30	富山市稲荷町
CL 30	鳥取市富安
CL 30	○呉市西中央1～5丁目
CL 30	下関市吉見東本町・吉見本町2丁目
CL 30	○長崎市目覚町
CL 30	熊本市子飼本町
CL 30	鹿児島市南林寺町
CL 31	小樽市花園
CL 31	盛岡市北山
CL 31	富山市高屋敷
CL 31	甲府市山宮
CL 31	静岡市羽鳥
CL 31	静岡市大岩本町
CL 31	鳥取市湯所町1～7
CL 31	鳥取市雲山
CL 31	呉市東三津田町
CL 31	呉市警固屋1～9丁目
CL 31	呉市阿賀中央1～9丁目
CL 31	○徳島市南佐古六番町
CL 31	○長崎市高尾町
CL 31	長崎市深堀町1丁目
CL 32	旭川市東鷹栖東
CL 32	弘前市和徳字松ケ枝
CL 32	盛岡市中川町
CL 32	郡山市富久山町福原字陣場
CL 32	富山市草島
CL 32	○金沢市観音堂町
CL 32	○松本市南松本2丁目
CL 32	松本市野溝木工1丁目
CL 32	浜松市丸塚町
CL 32	鳥取市幸町
CL 33	小樽市朝里
CL 33	富山市水橋述ヶ堂
CL 33	松本市大字出川町
CL 33	○松本市大字芳川小屋
CL 33	○岡山市大多羅
CL 33	呉市吉浦西城町
CL 33	熊本市龍田町陣内
CL 34	小樽市潮見台
CL 34	小樽市望洋台
CL 34	旭川市旭岡
CL 34	郡山市富田町字向館
CL 34	宇都宮市山本町
CL 34	宇都宮市八幡台
CL 34	甲府市堀之内
CL 34	浜松市富塚町
CL 34	岡山市津島本町
CL 34	○岡山市古京町
CL 34	呉市焼山中央1～6丁目
CL 34	○大分市下松岡(松岡)
CL 34	那覇市字銘刈
CL 35	富山市下堀
CL 35	○大分市王子山の手町

○：第1部「まちかど図鑑」・本編に画像を掲載した住区

付録表－9　住宅地タイプ別該当住区一覧（地方中心都市）（7）

住宅地タイプ	該当住区
CL 35	○大分市政所
CL 36	松本市南原2丁目
CL 36	呉市西鹿町1～2丁目
CL 36	呉市伏原1～3丁目
CL 36	呉市和庄本町
CL 36	下関市新垢田南町
CL 36	○長崎市西北町
CL 36	熊本市新大江1～3
CL 36	○大分市田室町
CL 36	大分市大字賀来(桑原)
CL 36	鹿児島市永吉町
CL 36	那覇市三原1～3丁目
CL 36	那覇市字寄宮
CL 37	小樽市稲穂
CL 37	弘前市桶屋町
CL 37	盛岡市中央通
CL 37	郡山市堂前町
CL 37	○宇都宮市大通り
CL 37	宇都宮市駅前通
CL 37	富山市八人町
CL 37	○甲府市丸の内
CL 37	松本市中央2丁目
CL 37	松本市深志3丁目
CL 37	浜松市海老塚町・海老塚1～2
CL 37	浜松市肴町
CL 37	浜松市田町
CL 37	鳥取市末広温泉町
CL 37	松江市東本町1～5
CL 37	松江市大正町
CL 37	岡山市幸町
CL 37	呉市中央1～7丁目
CL 37	徳島市幸町
CL 37	徳島市中通町
CL 37	熊本市下通1～2
CL 37	熊本市細工町1～5
CL 38	金沢市長町
CL 38	金沢市菊川
CL 38	鳥取市相生町1～4
CL 38	呉市寺本町
CL 38	○徳島市北前川町
CL 38	長崎市愛宕3丁目
CL 38	長崎市旭町
CL 38	長崎市下西山町
CL 38	○大分市金池南町
CL 38	鹿児島市薬師1～2
CL 38	那覇市久米1～2丁目
CL 38	那覇市字壺川
CL 38	那覇市樋川1～2丁目
CL 39	盛岡市開運橋通
CL 39	盛岡市肴町
CL 39	静岡市泉町
CL 39	静岡市鷹匠2丁目
CL 39	静岡市七間町
CL 39	鳥取市元町
CL 39	鳥取市瓦町
CL 39	松江市西茶町
CL 39	岡山市野田屋町
CL 39	岡山市桑田町
CL 39	下関市長門町
CL 39	○徳島市二軒屋町
CL 39	徳島市西新町
CL 39	徳島市佐古三番町
CL 39	○大分市中島西
CL 39	鹿児島市樋の口町
CL 39	那覇市泉崎1～2丁目
CL 39	那覇市安里1～2丁目
CL 40	宇都宮市材木町
CL 40	富山市丸の内
CL 40	富山市西中野本町
CL 40	金沢市尾張町
CL 40	○甲府市相生
CL 40	○下関市田中町
CL 40	長崎市出来大工町
CL 40	長崎市油屋町
CL 40	長崎市篭町
CL 40	鹿児島市東千石町
CL 40	那覇市久茂地1～3丁目

○：第1部「まちかど図鑑」・本編に画像を掲載した住区

付録表－10　住宅地タイプ別該当住区一覧（地方都市）（1）

住宅地タイプ	該当住区
LL 1	日光市清滝丹勢町
LL 1	桐生市梅田町
LL 1	○桐生市川内町
LL 1	安来市久白町
LL 1	安来市西荒島町
LL 1	玉野市八浜町大崎
LL 1	玉野市八浜町八浜
LL 1	玉野市八浜町波知
LL 1	玉野市山田
LL 1	玉野市西田井地
LL 1	玉野市東田井地
LL 1	玉野市梶岡
LL 1	玉野市胸上
LL 1	玉野市渋川
LL 1	玉野市長尾
LL 1	玉野市迫間
LL 1	玉野市用吉
LL 1	玉野市槌ヶ原
LL 1	○今治市長沢
LL 1	鹿屋市上野町
LL 1	沖縄市登川
LL 2	安来市荒島町
LL 2	○玉野市東高崎
LL 2	○伊万里市白野
LL 2	人吉市鬼木町
LL 3	塩竈市字伊保石
LL 3	上越市御殿山町
LL 3	敦賀市泉ヶ丘町
LL 3	○新居浜市吉岡町
LL 3	飯塚市相田団地
LL 3	飯塚市東が丘
LL 3	○大村市須田ノ木町
LL 3	日向市花が岡
LL 4	桐生市稲荷町
LL 4	桐生市織姫町
LL 4	桐生市相生町
LL 4	○山梨市小原東
LL 4	佐久市中央区南町
LL 4	佐久市平賀新町
LL 4	○伊万里市川東
LL 4	日向市往還
LL 5	小松市丸内公園町
LL 5	○山梨市大野
LL 5	○山梨市万力
LL 5	山梨市正徳寺
LL 5	山梨市落合
LL 5	山梨市一町田中
LL 5	山梨市下栗原
LL 5	山梨市鴨居寺
LL 5	安来市吉佐町

住宅地タイプ	該当住区
LL 6	湯沢市新町
LL 6	周南市（旧徳山市）平原町
LL 6	周南市（旧徳山市）坂本西
LL 6	○新居浜市松神子
LL 6	新居浜市上泉町
LL 6	大村市竹松町
LL 6	○大村市三城町
LL 6	人吉市麓町
LL 6	人吉市原城町
LL 6	沖縄市八重島
LL 7	桐生市小梅町
LL 7	桐生市琴平町
LL 7	○桐生市西久方町
LL 7	上越市大字戸野目
LL 7	上越市大字藤巻
LL 7	敦賀市金山
LL 7	玉野市宇野
LL 7	玉野市玉原
LL 7	玉野市和田
LL 7	玉野市日比
LL 7	○今治市山路町
LL 7	新居浜市桜木町
LL 7	飯塚市栄町
LL 7	日向市梶木
LL 7	鹿屋市新生町
LL 7	鹿屋市笠野原町
LL 7	沖縄市知花
LL 8	日光市稲荷町1～3丁目
LL 8	○今治市宮下町
LL 8	飯塚市日の出町
LL 8	○伊万里市富士町
LL 8	鹿屋市西原1～4
LL 9	湯沢市関口字小田川原
LL 9	湯沢市成沢字上堤
LL 9	上越市大字高田新田
LL 9	○新居浜市寿町
LL 9	新居浜市松木町
LL 9	○飯塚市大新
LL 9	飯塚市五穀神
LL 9	飯塚市川島
LL 9	飯塚市鯰田上町
LL 9	大村市小路口町
LL 9	大村市原口町
LL 9	大村市竹松本町
LL 9	大村市大川田町
LL 9	大村市小路口本町
LL 9	日向市切島山1
LL 10	桐生市清瀬町
LL 10	桐生市堤町
LL 10	上越市大字荒町

○：第1部「まちかど図鑑」・本編に画像を掲載した住区

付録表－10　住宅地タイプ別該当住区一覧(地方都市)(2)

住宅地タイプ	該当住区
LL 10	上越市大字薄袋
LL 10	敦賀市山泉
LL 10	○山梨市下神内川
LL 10	佐久市住吉町
LL 10	佐久市猿久保
LL 10	佐久市石神
LL 10	玉野市田井
LL 10	玉野市築港
LL 10	玉野市甲藤木
LL 10	伊万里市六仙寺
LL 10	○人吉市北願成寺町
LL 10	日向市切島山2
LL 11	○湯沢市愛宕町5丁目
LL 11	湯沢市裏門1丁目
LL 11	湯沢市千石町3丁目
LL 11	湯沢市関口字桐木田
LL 11	湯沢市成沢字成沢
LL 11	酒田市住吉町
LL 11	酒田市宮野浦
LL 11	日光市清滝安良沢町
LL 11	上越市大字土合
LL 11	上越市大字松村新田
LL 11	周南市(旧徳山市)東一の井手
LL 11	○新居浜市中萩町
LL 11	人吉市下薩摩瀬町
LL 11	沖縄市諸見里
LL 12	塩竈市大日向
LL 12	酒田市若宮町
LL 12	上越市昭和町
LL 12	○敦賀市平和町
LL 12	玉野市東紅陽台
LL 12	周南市(旧徳山市)瀬戸見町
LL 12	周南市(旧徳山市)江の宮町
LL 12	今治市唐子台東
LL 12	○今治市唐子台西
LL 12	飯塚市上三緒第2
LL 12	伊万里市栄町・弁天町
LL 12	日向市浜町
LL 12	沖縄市南桃原
LL 13	日光市本町
LL 13	桐生市境野町
LL 13	桐生市広沢町
LL 13	上越市東城町
LL 13	上越市中門前
LL 13	敦賀市金ヶ崎町
LL 13	○敦賀市市野々
LL 13	玉野市御先
LL 13	○今治市八町西
LL 13	今治市東村南
LL 13	今治市東村
LL 13	今治市小泉
LL 13	新居浜市西喜光地町
LL 13	飯塚市幸袋本町
LL 13	飯塚市西川津
LL 13	飯塚市高雄区
LL 13	日向市広見
LL 13	日向市日向台
LL 13	日向市畑浦
LL 13	鹿屋市北田町
LL 13	沖縄市桃原
LL 13	沖縄市大里
LL 13	沖縄市高原
LL 14	日光市所野
LL 14	桐生市宮本町
LL 14	○桐生市平井町
LL 14	桐生市菱町
LL 14	上越市大字岩木
LL 14	○敦賀市和久野
LL 14	山梨市三ヶ所
LL 14	山梨市下井尻
LL 14	山梨市南
LL 14	山梨市北
LL 14	山梨市市川
LL 14	山梨市東後屋敷
LL 14	山梨市東
LL 14	佐久市荒田・下宿
LL 14	安来市宮内町
LL 14	安来市今津町
LL 14	安来市切川町
LL 14	安来市目坂町
LL 14	安来市黒井田町
LL 14	今治市延喜
LL 14	新居浜市清水町
LL 14	新居浜市高津町
LL 14	新居浜市八幡
LL 14	人吉市西間下町
LL 14	人吉市西間上町
LL 14	日向市大王町
LL 14	日向市美砂
LL 14	鹿屋市上谷町
LL 14	鹿屋市郷之原町
LL 14	鹿屋市下?川町
LL 14	鹿屋市川西町
LL 14	沖縄市古謝
LL 14	沖縄市比屋根
LL 14	沖縄市与儀
LL 15	酒田市泉町
LL 15	日光市下鉢石町
LL 15	上越市北城町
LL 15	上越市大字夷浜

○：第1部「まちかど図鑑」・本編に画像を掲載した住区

付録表－10　住宅地タイプ別該当住区一覧（地方都市）(3)

住宅地タイプ	該当住区
LL 15	小松市八幡
LL 15	小松市南浅井町
LL 15	敦賀市莪野町
LL 15	周南市（旧徳山市）桜木
LL 15	新居浜市久保田町
LL 15	○新居浜市新田町
LL 15	新居浜市本郷
LL 15	新居浜市中村
LL 15	飯塚市西壱岐須
LL 15	飯塚市西横田
LL 15	大村市久原町
LL 15	○人吉市下林町
LL 15	日向市亀崎東
LL 15	日向市永江町
LL 15	日向市曽根町
LL 15	鹿屋市寿1～8
LL 15	沖縄市山内
LL 15	沖縄市山里
LL 15	沖縄市美里
LL 15	沖縄市松本
LL 15	沖縄市泡瀬
LL 16	湯沢市裏門3丁目
LL 16	湯沢市杉沢字森道上
LL 16	酒田市錦町
LL 16	日光市久次良町
LL 16	日光市安川町
LL 16	小松市梯町
LL 16	小松市串町
LL 16	小松市西原町
LL 16	佐久市取出町
LL 16	玉野市向日比
LL 16	玉野市明神町
LL 16	周南市（旧徳山市）栗南
LL 16	周南市（旧徳山市）秋本
LL 16	○今治市鐘場町
LL 16	新居浜市西泉町
LL 16	○飯塚市幸袋池田
LL 16	大村市沖田町
LL 16	大村市宮小路
LL 16	人吉市下城本町
LL 17	塩竈市港1～2
LL 17	湯沢市小豆田
LL 17	湯沢市材木町2丁目
LL 17	○湯沢市関口字上寺沢
LL 17	湯沢市岩崎字北三条
LL 17	酒田市東町
LL 17	桐生市新宿
LL 17	桐生市三吉町
LL 17	桐生市浜松町
LL 17	桐生市東

住宅地タイプ	該当住区
LL 17	○桐生市東久方町
LL 17	桐生市天神町
LL 17	上越市大字藤野新田
LL 17	上越市大字中田原
LL 17	上越市大字高崎新田
LL 17	小松市有明町
LL 17	小松市島町
LL 17	敦賀市中央町
LL 17	周南市（旧徳山市）峠
LL 17	周南市（旧徳山市）西光寺
LL 17	今治市南日吉町
LL 17	今治市北高下町
LL 17	今治市衣干町
LL 17	飯塚市片島本町
LL 17	大村市古賀島町
LL 17	大村市森園町
LL 17	大村市協和町
LL 18	塩竈市泉沢
LL 18	○敦賀市ひばりケ丘町
LL 18	周南市（旧徳山市）泉原町
LL 18	○周南市（旧徳山市）上遠石町
LL 18	伊万里市立花台
LL 18	人吉市二日町
LL 18	沖縄市照屋
LL 19	塩竈市舟入1～2
LL 19	塩竈市新浜1～3
LL 19	塩竈市北浜1～4
LL 19	湯沢市古館町
LL 19	酒田市幸町
LL 19	○桐生市錦町
LL 19	上越市高土町
LL 19	小松市符津町
LL 19	敦賀市昭和町
LL 19	敦賀市長沢
LL 19	敦賀市岡山町
LL 19	○今治市東門町
LL 19	飯塚市駅通り
LL 19	大村市松原本町
LL 19	大村市富の原
LL 19	日向市清正
LL 20	塩竈市南錦
LL 20	塩竈市南
LL 20	塩竈市新富
LL 20	塩竈市玉川1～3
LL 20	塩竈市石堂
LL 20	塩竈市赤坂
LL 20	塩竈市錦
LL 20	塩竈市藤倉1～3
LL 20	塩竈市小松崎
LL 20	酒田市南千日町

○：第1部「まちかど図鑑」・本編に画像を掲載した住区

付録表－10　住宅地タイプ別該当住区一覧（地方都市）（4）

住宅地タイプ	該当住区
LL 20	酒田市栄町
LL 20	酒田市御成町
LL 20	酒田市寿町
LL 20	○桐生市元宿町
LL 20	小松市御宮町
LL 20	小松市寺町
LL 20	○小松市本鍛冶町
LL 20	小松市松生町
LL 20	周南市(旧徳山市)田中
LL 20	飯塚市旧芳雄
LL 20	伊万里市上土井町
LL 20	人吉市老神町
LL 20	日向市高砂町
LL 21	塩竈市芦畔
LL 21	塩竈市母子沢
LL 21	塩竈市長沢
LL 21	塩竈市今宮
LL 21	○湯沢市清水町3丁目
LL 21	酒田市北新町
LL 21	酒田市上本町
LL 21	上越市幸町
LL 21	○小松市大川町
LL 21	小松市浜田町
LL 21	小松市桜木町
LL 21	小松市八幡町
LL 21	小松市川辺町
LL 21	小松市青路町
LL 21	小松市南陽町
LL 21	敦賀市栄新町
LL 21	安来市新十神町
LL 21	周南市(旧徳山市)上御弓丁
LL 21	周南市(旧徳山市)月丘町
LL 21	周南市(旧徳山市)今住町
LL 21	今治市郷本町
LL 21	新居浜市北新町
LL 21	新居浜市松原町
LL 21	飯塚市西新町
LL 21	大村市松並
LL 21	人吉市鶴田町
LL 21	人吉市南町
LL 21	日向市長江団地
LL 21	日向市江良町
LL 22	日光市細尾町
LL 22	日光市清滝1～4丁目
LL 22	佐久市田町
LL 22	佐久市原
LL 22	○今治市波止浜
LL 22	○新居浜市中西町
LL 23	酒田市北千日町
LL 23	酒田市千日町
LL 23	酒田市堤町
LL 23	上越市南新町
LL 23	上越市大字子安新田
LL 23	敦賀市新和町
LL 23	周南市(旧徳山市)東山町
LL 23	周南市(旧徳山市)西金剛山
LL 23	周南市(旧徳山市)東金剛山
LL 23	周南市(旧徳山市)西北山
LL 23	○今治市中堀
LL 23	○新居浜市河内町
LL 23	新居浜市平形町
LL 23	新居浜市南小松原町
LL 23	飯塚市市の間
LL 23	伊万里市陣内
LL 23	日向市川路団地
LL 24	上越市稲田
LL 24	敦賀市舞崎町
LL 24	敦賀市松栄町
LL 24	敦賀市呉竹町
LL 24	山梨市小原西
LL 24	周南市(旧徳山市)楠木町
LL 24	今治市別宮町
LL 24	今治市中日吉町
LL 24	今治市北鳥生町
LL 24	○今治市立花町
LL 24	伊万里市船屋町
LL 24	伊万里市新天町
LL 24	伊万里市東円蔵寺
LL 24	○伊万里市二里町八谷搦(東八谷搦)
LL 24	日向市西草葉
LL 24	沖縄市胡屋
LL 24	沖縄市宮里
LL 24	沖縄市中央
LL 25	日光市若杉町
LL 25	○山梨市下石森
LL 25	山梨市上石森
LL 25	佐久市長土呂
LL 25	安来市安来町
LL 25	安来市飯島町
LL 25	玉野市玉
LL 25	玉野市奥玉
LL 25	○新居浜市田所町
LL 25	人吉市瓦屋町
LL 25	人吉市東間下町
LL 25	鹿屋市新栄町
LL 25	鹿屋市打馬1～2
LL 26	湯沢市幸町1丁目
LL 26	日光市御幸町
LL 26	日光市東和町
LL 26	○桐生市小曽根町

○：第1部「まちかど図鑑」・本編に画像を掲載した住区

付録表－10　住宅地タイプ別該当住区一覧（地方都市）(5)

住宅地タイプ	該当住区
LL 26	○山梨市上神内川
LL 26	伊万里市幸善町
LL 26	伊万里市柳井町
LL 26	伊万里市祇園町
LL 26	大村市乾馬場町
LL 26	大村市片町
LL 26	人吉市南泉田町
LL 26	日向市向江町
LL 27	塩竈市権現堂
LL 27	塩竈市向ケ丘
LL 27	湯沢市元清水
LL 27	湯沢市清水町4丁目
LL 27	小松市古河町
LL 27	小松市白嶺町
LL 27	小松市向本折町
LL 27	周南市(旧徳山市)鐘桜町
LL 27	○今治市枝堀町
LL 27	今治市祇園町
LL 27	○新居浜市宮西町
LL 27	飯塚市片島勝守町
LL 27	飯塚市特前第3
LL 27	伊万里市下松島町
LL 27	人吉市土手町
LL 27	人吉市寺町
LL 27	人吉市相良町
LL 27	日向市中原
LL 27	日向市山下
LL 27	鹿屋市曽田町
LL 28	○湯沢市北荒町
LL 28	日光市石屋町
LL 28	日光市相生町
LL 28	上越市大字中屋敷
LL 28	上越市五智新町
LL 28	小松市竜助町
LL 28	敦賀市津内町
LL 28	敦賀市新松島町
LL 28	敦賀市沢
LL 28	玉野市羽根崎町
LL 28	周南市(旧徳山市)大内町
LL 28	周南市(旧徳山市)毛利町
LL 28	今治市馬越町
LL 28	新居浜市一宮町
LL 28	新居浜市喜光地町
LL 28	伊万里市上黒尾町
LL 28	伊万里市相生町
LL 28	伊万里市松島町
LL 28	伊万里市西円蔵寺
LL 28	○伊万里市蓮池町
LL 28	大村市西大村本町
LL 28	人吉市北泉田町
LL 28	日向市春原
LL 28	日向市原町
LL 28	日向市平野町
LL 28	鹿屋市本町
LL 28	鹿屋市共栄町
LL 28	沖縄市上池
LL 28	沖縄市越来
LL 28	沖縄市中宗根
LL 28	沖縄市嘉間良
LL 28	沖縄市久保田
LL 28	沖縄市園田
LL 28	沖縄市城前
LL 29	弘前市駅前1～3丁目
LL 29	日光市上鉢石町
LL 29	日光市中鉢石町
LL 29	日光市松原町
LL 29	桐生市仲町
LL 29	○今治市常磐町
LL 29	今治市恵美須町
LL 29	今治市末広町
LL 29	今治市南宝来町
LL 29	飯塚市昭和通
LL 29	○大村市水主町
LL 29	人吉市中青井町
LL 29	日向市八坂
LL 29	鹿児島市南林寺町
LL 30	塩竈市清水沢1～4
LL 30	塩竈市松陽台1～3
LL 30	塩竈市青葉ケ丘
LL 30	酒田市若竹町
LL 30	酒田市若原町
LL 30	酒田市東大町
LL 30	酒田市緑町
LL 30	敦賀市三島町
LL 30	○敦賀市松原町
LL 30	○敦賀市松葉町
LL 31	塩竈市桜ケ丘
LL 31	酒田市北今町
LL 31	酒田市北里町
LL 31	日光市清滝中安戸町
LL 31	小松市梅田町
LL 31	小松市古城町
LL 31	○小松市松任町
LL 31	伊万里市下土井町
LL 31	沖縄市安慶田
LL 31	○沖縄市住吉
LL 31	沖縄市室川
LL 32	上越市大手町
LL 32	上越市西本町
LL 32	上越市栄町

○：第1部「まちかど図鑑」・本編に画像を掲載した住区

付録表－10　住宅地タイプ別該当住区一覧（地方都市）(6)

住宅地タイプ	該当住区
LL 32	上越市左内町
LL 32	○敦賀市鉄輪町
LL 32	新居浜市庄内町
LL 32	飯塚市大字立岩
LL 32	飯塚市鯰田簀子町
LL 32	大村市杭出津町
LL 32	大村市植松
LL 32	○大村市武部町
LL 33	酒田市両羽町
LL 33	○敦賀市東洋町
LL 33	敦賀市呉羽町
LL 33	伊万里市黒川町塩屋
LL 33	○人吉市中林町
LL 34	湯沢市千石町4丁目
LL 34	○湯沢市田町1丁目
LL 34	湯沢市吹張1丁目
LL 34	湯沢市吹張2丁目
LL 34	湯沢市藤森1丁目
LL 34	小松市京町
LL 34	小松市蓑輪町
LL 34	敦賀市元町
LL 34	周南市(旧徳山市)西松原
LL 34	周南市(旧徳山市)中磯町
LL 34	人吉市上新町
LL 34	○人吉市下青井町
LL 34	人吉市七日町
LL 34	日向市南町
LL 35	酒田市新橋
LL 35	酒田市駅東
LL 35	○飯塚市愛宕団地
LL 35	大村市諏訪
LL 35	○大村市池田新町
LL 35	大村市古町
LL 36	塩竈市東玉川
LL 36	○湯沢市大町2丁目
LL 36	酒田市日吉町
LL 36	酒田市山居町
LL 36	日光市上鉢石町
LL 36	安来市南十神町
LL 36	今治市片原町
LL 36	飯塚市向町
LL 36	大村市本町
LL 36	○人吉市五日町
LL 36	人吉市九日町
LL 36	日向市都町
LL 36	日向市上町
LL 37	塩竈市旭
LL 37	塩竈市尾島
LL 37	塩竈市宮町
LL 37	湯沢市大町1丁目
LL 37	湯沢市表町3丁目
LL 37	湯沢市柳町1丁目
LL 37	酒田市相生町
LL 37	酒田市二番町
LL 37	桐生市本町
LL 37	桐生市末広町
LL 37	桐生市宮前町
LL 37	桐生市永楽町
LL 37	上越市仲町
LL 37	上越市住吉町
LL 37	敦賀市神楽町
LL 37	敦賀市本町
LL 37	周南市(旧徳山市)橋本町
LL 37	周南市(旧徳山市)栄町
LL 37	周南市(旧徳山市)千代田町
LL 37	周南市(旧徳山市)戒町
LL 37	今治市米屋町
LL 37	新居浜市港町
LL 37	新居浜市泉宮町
LL 37	新居浜市中須賀町
LL 37	飯塚市本町
LL 37	飯塚市南通り
LL 37	飯塚市新飯塚
LL 37	伊万里市東新町
LL 37	伊万里市本町
LL 37	伊万里市今町
LL 37	伊万里市方町
LL 37	伊万里市朝日町
LL 37	○伊万里市伊万里町甲浜町
LL 37	人吉市駒井田町
LL 37	人吉市鍛冶屋町
LL 37	○人吉市紺屋町

○:第1部「まちかど図鑑」・本編に画像を掲載した住区

著者紹介

谷口　守（たにぐち　まもる）

1961年神戸市生まれ，京都大学大学院工学研究科交通土木工学専攻博士課程単位修得退学，工学博士，現在岡山大学大学院環境学研究科教授，社会資本整備審議会・国土審議会専門委員．主な著書：「Cities in Competiotion」(Longman，分担)，「環境を考えたクルマ社会」(技報堂出版，共著)，「Spatial Planning, Urban Form and Sustainable Transport」(Ashgate，分担)など．

松中　亮治（まつなか　りょうじ）

1971年生まれ，京都大学大学院工学研究科交通土木工学専攻修了，博士(工学)，現在岡山大学大学院環境学研究科助教授．主な著書：「都市アメニティの経済学」(学芸出版，共著)，「図説　都市地域計画」(丸善，分担)，「Funding Transport Systems」(Pergamon，共著)，「Transport Policy and Funding」(Elsevier，共著)など．

中道久美子（なかみち　くみこ）

1981年愛媛県生まれ．岡山大学大学院自然科学研究科博士前期課程修了，環境理工学修士．現在岡山大学大学院環境学研究科博士後期課程在学中，独立行政法人日本学術振興会特別研究員(DC1)，2006年仁科賞受賞．

ありふれた　まちかど図鑑

定価はカバーに表示してあります。

2007年3月30日　1版1刷発行

ISBN978-4-7655-1716-4 C3051

著　者　谷口　守
松中亮治
中道久美子

発行者　長　滋彦

発行所　技報堂出版株式会社

〒101-0051　東京都千代田区神田神保町1-2-5
(和栗ハトヤビル6階)

電　話　営　業 (03)(5217)0885
編　集 (03)(5217)0881

FAX (03)(5217)0886

振替口座　00140-4-10

http://www.gihodoshuppan.co.jp/

日本書籍出版協会会員
自然科学書協会会員
工学書協会会員
土木・建築書協会会員

Printed in Japan

装幀　ジンキッズ　印刷・製本　技報堂